国家“十二五”重点图书船舶与海洋出版工程

中国海洋工程年鉴

（2013版）

编　者　中国船舶信息中心
上海熔圣船舶海洋工程技术有限公司

上海交通大学出版社

内 容 提 要

该年鉴是国内首部全面反映我国海洋工程行业发展的史料文献，详实记载我国 2012 ~ 2013 海洋工程行业领域的行业政策规划、海洋油气产业、海洋工程产业、海洋工程装备分类、主要海洋工程产业聚集区、主要海洋工程装备制造和科研设计企业、重大项目完工及国际合作交流等整体发展状况。读者对象：国内外海洋工程装备制造企业、各大造船厂、中海油系统、海洋工程施工企业、海洋工程设计院所、船舶与海洋工程类高校等国内海工相关企业中的工程技术人员、高级管理者、经营者、科研工作者及行业主管部门的决策者。

图书在版编目（CIP）数据

中国海洋工程年鉴：2013 版 / 中国船舶信息中心，上海熔圣船舶海洋工程技术有限公司编．—上海：上海交通大学出版社，2014
ISBN 978-7-313-10657-5

Ⅰ. ①中… Ⅱ. ①中… ②上… Ⅲ. ①海洋工程—中国—2013—年鉴 Ⅳ. ① P75-54

中国版本图书馆 CIP 数据核字（2013）第 284061 号

中国海洋工程年鉴（2013 版）

编　　者：中国船舶信息中心
上海熔圣船舶海洋工程技术有限公司
出版发行：上海交通大学出版社　　地　　址：上海市番禺路 951 号
邮政编码：200030　　电　　话：021-64071208
出 版 人：韩建民
印　　制：上海万卷印刷有限公司　　经　　销：全国新华书店
开　　本：889mm × 1194mm 1/16　　印　　张：20.5
字　　数：502 千字　　插　　页：20
版　　次：2014 年 1 月第 1 版　　印　　次：2014 年 1 月第 1 次印刷
书　　号：ISBN 978-7-313-10657-5/P
定　　价：500.00 元

CABLES FOR A MOVING WORLD
英国 TRATOS 海洋工程电缆
based on BS6883 – IEC 60092-353 NEK606
TRATOS OIL&GAS NEK606 防泥浆电缆
TRATOS OIL&GAS BS6883 阻燃耐火等
TRATOS MFX Umbilical 一体化脐带缆
Case study:Jasmine(UK)
£5 million supplied to ConocoPhillips
for specialist fire resistant cables
for Phase 1 of the Jasmine development
in the Central North sea, 2012
TRATOS Tt

渤海船舶重工有限责任公司是集
造船，修船，钢结构加工，海洋工程，冶金设备和大型水电、核电设备制造
为一体的大型现代企业和国家级重大技术装备国产化研制基地

为新加坡百国盛环球航运公司建造的320000吨超大型原油船

一号30万吨级船坞主尺度长X宽X深：
480米X107米X12.75米

二号30万吨级船坞主尺度长X宽X深：
400米X72米X21米

5万吨级可逆双台阶注水式干船坞

兴船报国　　打造精品
创新超越　　做强主业

中国海运江苏造船基地是中国海运（集团）总公司围绕“百年中海、世界一流”的发展目标，保障国家煤、电、油运输的重大决策项目，是中国海运（集团）总公司和江苏省建立高层战略合作的重大投资项目。于2007年5月注册成立的中海工业（江苏）有限公司，位于江苏省扬州市江都沿江开发区，占地295万平方米，岸线长3500米，总投资100亿元人民币。

六年来，公司坚持科学发展，拥有“三坞一台”、900吨龙门吊车及其配套的造船用生产设施设备，已经形成批量造船和年造船350万载重吨的能力。于2009年9月，成功实施2号船坞“六船并造”、“六浮三出”，开创了国内大吨位船舶并造先河；于2010年11月，刷新了国内船厂建设期内最短时间实现年交船百万载重吨纪录；于2012年12月，成功建成交付当今世界最大、设备最先进的上海海事大学4.8万吨远洋教学实习船“育明”轮。公司已成功建成交付船舶80余艘，600多万载重吨，2010~2012年公司连续三年实现年交船过百万载重吨。

2013年，公司积极应对危机，坚定信心，创新实干，克难奋进拓市场，转型挖潜，提升管理保目标，坚持精益造船，精细管理。公司正在开工建造11万吨阿芙拉油船、10000TEU集装箱船，同时将在大型LPG船和VLCC等高科技、高附加值船舶及海工产品项目上实现突破，热诚为全球船东服务。

中海工业（江苏）有限公司

CHINA SHIPPING INDUSTRY（JIANG SU）CO.,LTD.

- 巴拿马运河加深拓宽工程
- 马迹山宝钢矿石中转码头水下炸清礁工程
- 毛利塔尼亚友谊港4、5号泊位扩建工程疏浚项目
- 舟山永跃船厂30万吨级船坞围堰拆除及港区炸清礁工程
- “海凌二号”解体打捞
- 采矿设备
- 石油钻井导管架整体海上拆除

http://www.ydi.hk

远东国际工程有限公司

地址：香港中环德辅道中121号远东发展大厦21楼03室

电话：00852-21913683

传真：00852-21849811

宁波代表处

地址：浙江省宁波市江东区中兴路717号华宏国际中心10-2

电话：0574-87301629　　传真：0574-87303250

手机：13806679031　　董事长：裘尧云

邮箱：yuandong@ydi.hk　　yaoyun.qiu@ydi.hk

资质荣誉

施工安装

欧佩亚拥有丰富的RTP管道海上安装技术理论和具备海上安装经验的项目经理，代理多家海内外铺管船10余艘，具备海上安装的技术和硬件实力，业务范围包括：海上铺管、拖拉登陆与修筑围堰工程、沼泽铺管、中点接头对接、热膨胀弯与立管安装、电缆铺设、预挖沟与后挖沟、陆上管道安装等。

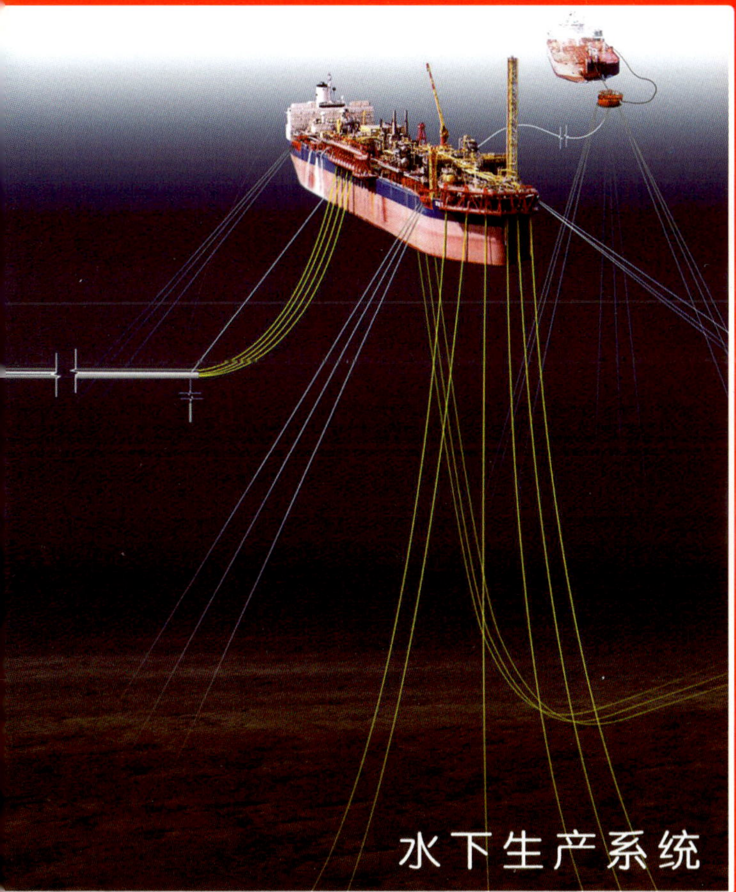
水下生产系统

海工吊机

半潜式钻井平台

成品油船

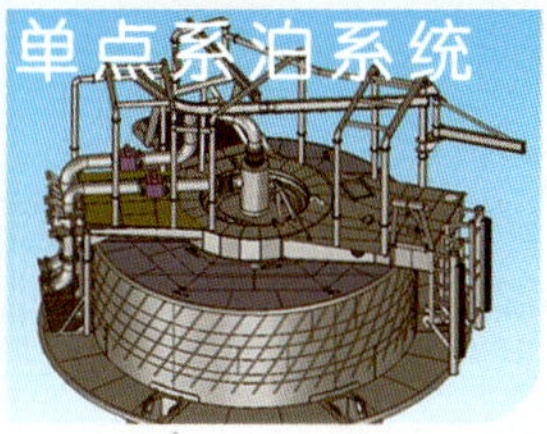
单点系泊系统

资产完整性管理

欧佩亚拥有自主研发的基于RBI与FFS分析的完整性管理软件：SPR—IM，能提供海底管道全生命周期的完整性管理服务。

检测和维修

欧佩亚能提供海底和陆地管道腐蚀泄漏检测技术与服务，帮助查找泄漏源，以便在不对管道及结构进行破坏及不影响周边环境的条件下对管道进行修复更换。

海洋管道测试

300吨拉伸
压缩试验机

扭转试验机

25吨电子
万能试验机

弯曲疲劳试验机

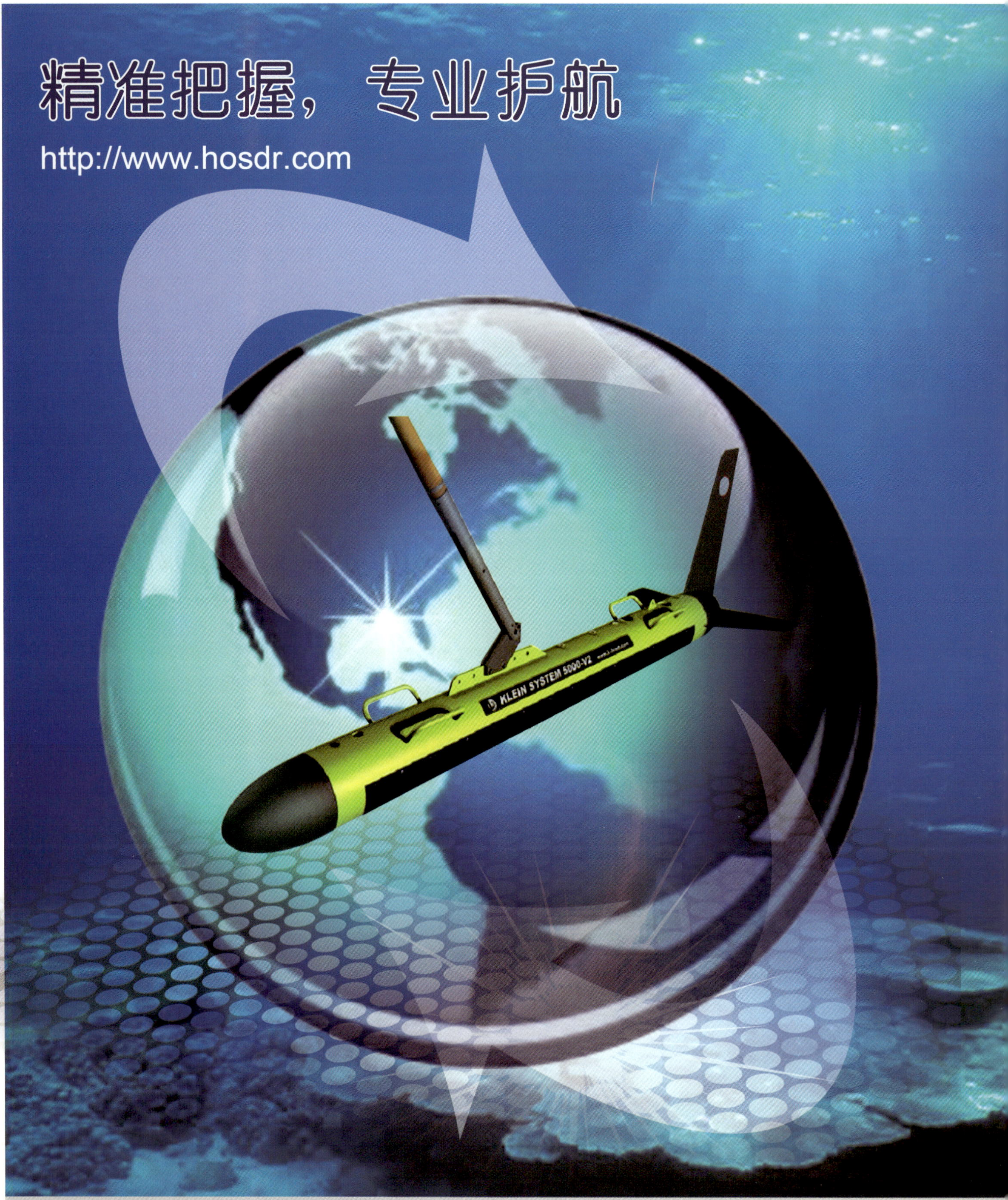
精准把握，专业护航
http://www.hosdr.com
KLEIN SYSTEM 5000-V2

中国船舶信息中心
SHIP BUILDING INFORMATION CENTER OF CHINA

中国船舶信息中心（SICC）是中国领先的船舶工业信息与服务供应商
CHINA'S LEADING SERVICE PROVIDER OF THE SHIPBUILDING INDUSTRY INFORMATION

中国船舶信息中心是我国船舶行业唯一的综合性科技信息研究机构。
成立50年来，始终致力于为船舶行业管理决策、企业科研生产经营以及金融财经等组织机构提供权威性综合研究咨询与信息资源服务。中心设有13个研究部，并拥有国防科技工业声像中心、国际标准化组织（ISO）船舶与海洋技术委员会（TC8）秘书处、中国船舶重工集团公司经济研究中心、中船重工传媒、中国船舶重工集团公司网管中心、中国船舶重工集团公司展览办公室等等。

中心拥有多位政府特殊津贴获得者和数十名省部级有突出贡献专家；拥有多支以博士、硕士为骨干的专业化团队；在船舶工业和国防科技工业研究咨询、战略规划、信息资源建设、期刊网络声像传媒等业务领域享有极高声誉。50年来，共完成5000多项情报课题和多种形式的信息产品，共获得国家级、省部级成果奖百余项。

根植中国造船，传递专业信息，以知识共创财富。
中国船舶信息中心正在向国内一流、国际知名的研究咨询机构昂首迈进！

地址：北京市朝阳区双泉堡甲2号
电话：010-64831738

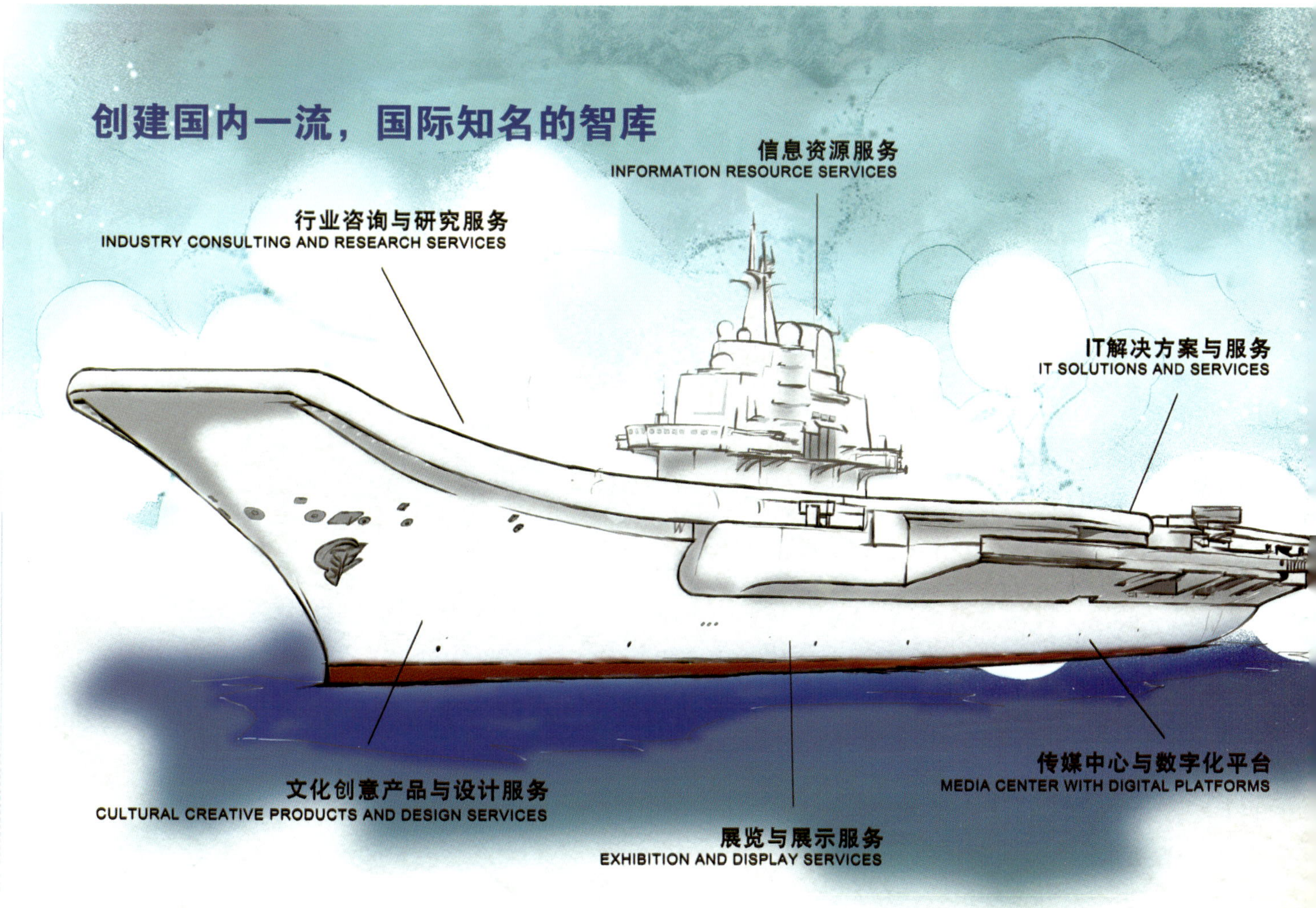

中国海洋工程年鉴编辑委员会

王新奇　中国船舶重工集团公司生产经营部船舶处处长

仲晨华　海军工程大学教授

邵秘华　大连海事大学环境与工程学院教授

缪旭弘　海军装备研究院舰船所高级工程师

裘尧云　宁波市远东水下工程有限公司总经理

赵　强　陕西柴油机重工有限公司总工程师

章繁荣　无锡市海鹰加科海洋技术有限责任公司总工程师

张晓灵　中海油（天津）管道工程技术有限公司总工程师

王望生　武昌船舶重工有限责任公司副总经理

李芳成　广东海洋大学教授

杜文才　海南大学信息科学技术学院院长

王道儒　海南省海洋开发规划设计研究院院长

曹志强　湖南华菱湘潭钢铁有限公司副总经理

谢　荣　江苏海事职业技术学院教授

胡以怀　上海海事大学教授

郑西涛　上海摩西海洋工程有限公司董事长

王道增　上海市应用数学和力学研究所教授

刘锦昆　胜利油田胜利勘察设计研究院有限公司首席技术官

刘海笑　天津大学教授

居龙华　扬州汇龙潜水工程有限公司总经理

张　戟　中港疏浚有限公司总工程师

李红涛　中国船级社天津分社副主任

游亚戈　中国科学院广州能源研究所博士

董俊华　中国科学院金属研究所研究员

陈令新　中国科学院烟台海岸带研究所所长

陈建民　中国石油大学（华东）石油工程学院教授

林宜艳　中国水产广州建港工程公司总工程师

田海庆　中石化胜利石油管理局钻井院海洋研究所所长
韩宗奎　蓬莱巨涛海洋工程重工有限公司总经理
陈　刚　上海外高桥造船有限公司副总工程师
江华涛　法国船级社海洋工程部总经理
姜会志　天津天易海上工程有限公司副总经理
王多银　重庆交通大学河海学院院长
王广东　总后勤部军事交通运输研究所博士
徐定杰　哈尔滨工程大学教授
陈国金　杭州电子科技大学教授
左文锵　中国船舶重工集团第七〇一研究所经营处副处长
王文祥　中海石油（中国）有限公司北京研究中心机械首席工程师
李东亮　中海石油（中国）有限公司北京研究中心资深工程师
刘　旭　中海油气电集团国际贸易有限公司资深工程师
王宏志　大连海事大学油液检测中心主任
麦荣枝　广州广船国际股份有限公司副总经理
张乐山　江苏韩通船舶重工有限公司副总经理
金　余　上海船厂船舶有限公司副总经理
严　騆　上海利策科技有限公司总裁
沈　光　上海市基础工程集团有限公司第四工程公司经理
陈狄明　浙江海翔航务工程有限公司总经理
包东明　镇江中船设备有限公司 副总经理
李小平　中国船舶及海洋工程设计研究院总工程师
唐立志　中国石油天然气管道局第六工程公司总工程师
周　海　中交上海航道勘察设计研究院有限公司总经理
王永良　中船澄西船舶修造有限公司总经理
张宝吉　上海海事大学院长助理
宫红升　利丰海洋工程有限公司副总裁

刘永江　南通润邦海洋工程装备有限公司常务副总经理
邓　露　湖南大学土木工程学院教授
杨　进　中国石油大学（北京）石油工程学院教授
张广浩　德国劳氏船级社（中国）有限公司海工部经理
张开华　上海东海风力发电有限公司副总经理
冯　琦　上海宏华海洋油气装备有限公司总工程师
江　强　太平洋造船集团联合首席执行官
刘生法　广州船舶及海洋工程设计研究院副总工程师
张纪刚　青岛理工大学教授
柳林涛　中国科学院测量与地球物理研究所研究员博士
孙元政　渤海船舶职业学院教授
蒋昌波　长沙理工大学教授
赵成壁　华南理工大学教授
李　泽　江苏龙源振华海洋工程有限公司总经理
文世鹏　山东海盛海洋工程集团有限公司副厂长
腾　瑶　烟台中集来福士海洋工程有限公司助理总裁
洪　敏　青岛海西电气有限公司副总经理
蔡连财　中远航运股份有限公司技术总经理
佘　良　广东粤新海洋工程装备股份有限公司总工程师
蒋志勇　江苏科技大学船舶与海洋工程学院院长
戴文凯　上海振华重工（集团）股份有限公司常务副总裁
施　炜　中远船务工程集团有限公司海工经营部总经理
张宏捷　金海重工股份有限公司总裁助理

中国海洋工程年鉴编辑出版工作人员

总 编 辑：李彦庆

主　　编：安斌峰

副 主 编：韩　光　张英香　李升江

执行主编：王　婧　赵泽华

责任编辑：李广良　吴显沪

编写人员：王文祥　王　婧　王　颖　王增国　尤学刚　刘华祥　刘　旭
刘健奕　张小凯　张广浩　李东亮　李保坤　范　维　周长江
赵泽华　徐正海　徐晓丽　郭腾飞　曹　林　曾晓光

审校人员：申琪昕　刘　免　刘祯祺　吴建章　吴显沪　栗超群

图文设计：陈　强　张　莉

地　　址：北京市朝阳区双泉堡甲 2 号（邮编：100192）
上海市城银路 555 弄绿地领海 13 号楼 9F（邮编：200444）

编 辑 部：电话 010-64831738　021-36586025

发 行 部：电话 021-36586023　传真 021-66740223

E-mail：offshore601@163.com

http：//www.chinaoffshore.com.cn

编辑说明

在“提高海洋资源开发能力，发展海洋经济，保护海洋生态环境，坚决维护国家海洋权益，建设海洋强国。”的号召下，中国的海洋工程产业发展迎来来了战略性的巨大发展机遇。因为要提高海洋资源开发能力，发展海洋经济，保护海洋生态环境，坚决维护国家海洋权益，建设海洋强国，最根本的就是要依靠海洋工程产业技术装备的高端发展和应用，要依赖过硬顶级的技术装备，尤其是深海装备技术研发与应用。

在海洋油气装备建造的国际市场格局方面，近年来中国整个产业链企业奋起直追，不断挑战、冲击韩国、新加坡和欧美占据优势地位的领域，令世界刮目相看。在海洋工程产业链中设计、研发、建造、配套、材料、总成、总包和服务的多方面深入发展，开始逐步向高端市场发展。中国许多船厂和海洋工程企业纷纷以欧美的技术质量、中国的成本价格和世界级的性价比这样一个简单明了的发展定位，逐步确立和增强国际竞争力。

相反的另一方面是，世界海洋工程界也同样深切地感受来自中国海洋工程行业发展的机会。基于中国在海洋工程行业的井喷式发展，越来越多的国际公司纷纷与中国公司广泛合作，还在中国建点布局，视全球海洋工程建造转移中国的发展趋势为黄金机遇。

2013版《中国海洋工程年鉴》详实记载我国2012～2013海洋工程行业领域的行业政策规划、海洋油气产业、海洋工程产业、海洋工程装备分类、主要海洋工程产业聚集区、主要海洋工程装备制造和科研设计企业、重大项目完工及国际合作交流等整体发展状况。《年鉴》汇总国内海洋工程技术和装备的制造商和供应商，创建一个海洋工程装备制造商与油气终端用户的交流平台，发挥合力辅助开发、试制、设计、建造、运营等相关企业协力抢抓历史机遇、强化品牌意识、拓展市场空间，推广优质产品、业绩和成功经验，重点展示和推荐给相关政府部门、海洋油气公司、船东、投资机构、施工单位、国际知名海洋工程承办商及国内外海洋工程建设项目招标机构，为我国海洋工程事业发展助力。

2013版《中国海洋工程年鉴》编辑工作由中国海洋工程年鉴编辑委员会、中国船舶信息中心和中国海洋工程网共同负责，在编辑工程中广泛征求了国家相关部委、主管部门、行业协会、工程学会、生产企业等各界领导、专家、学者的意见和建议。在此向关心和支持年鉴编辑工作的行业同仁一并表示感谢！

本年鉴是行业首次编辑，收录的文字、数据、图表等信息量很多，书中存在的疏漏和错误，请读者给予指正。力争办成一部具有权威性、史料性、参考性的工具书。

中国海洋工程年鉴编辑委员会

二〇一三年十二月

目 录

第五章　2012 中国海洋工程装备技术发展情况

第六章　2012 主要省市海洋工程装备产业发展情况

第七章　2012 中国海洋工程装备主要建造企业发展情况

第八章　2012中国主要海洋工程装备研发设计单位发展情况

第九章 2012 中国海洋工程装备产业主要政策

第十章 国际合作与交流

第十一章 2012～2013年全球海洋工程装备产业数据

第十二章　2012 年中国海洋工程行业大事记

图表索引

第一章　世界海洋工程装备产业总体情况

第一章 世界海洋工程装备产业总体情况

一、海洋工程装备产业范畴

海洋工程装备是人类开发、利用和保护海洋活动中使用的各类装备的总称，主要指海洋资源（特别是海洋油气资源）勘探、开采、加工、储运、管理及后勤服务等方面的大型工程装备和辅助性装备。通常所说的海洋工程装备是狭义的概念，主要指海洋油气资源开发装备，包括：海洋油气钻井装备、海洋油气生产装备、海洋工程船舶，以及这些装备的配套设备和系统。随着海洋资源开发范围的拓展，海洋工程装备的范畴将进一步扩大。本报告研究的范畴即为狭义概念的海洋工程装备。

（一）勘探与开发装备

勘探与开发装备是在海洋油气资源调查、勘察和钻井过程中使用的装备，主要包括：物探船，工程勘察船，自升式钻修井/作业平台，座底式钻台，半潜式钻井平台，钻井船，起重铺管船，铺缆船，半潜自航工程船，全球综合资源调查船等。

钻井装备是其中的主要装备类型，数量多，价值量大。自升式钻井平台受桩腿结构限制，主要用于水深150米以下的海域，市场价格一般在2亿美元左右；当代先进的半潜式钻井平台和钻井船，最大工作水深均能达到3 000米以上，市场价格约为5~7亿美元。钻井系统是钻井装备的核心设备，价格昂贵，通常在几千万至上亿美元不等。

（二）生产与加工装备

生产与加工装备用于海洋油气资源的生产阶段，可分为固定式生产平台和浮式生产平台。

固定式生产平台主要包括：导管架平台、混凝土平台等。混凝土平台对地基要求很高，使用受到限制。导管架平台使用水深一般小于300米。

浮式生产装备主要包括：浮式生产储卸油装置（FPSO）、半潜式生产平台（Semi-FPS）、张力腿式平台（TLP）、深吃水立柱式平台（Spar）、浮式液化天然气生产储卸装置（LNG-FPSO或FLNG）、浮式液化石油气生产储卸装置(LPG-FPSO)、浮式钻井生产储卸装置(FDPSO)等。当前，TLP最大作业水深可到1 500米，而FPSO、半潜式生产平台、SPAR的作业水深都已超过2 000米，最大接近2 500米。

浮式生产储卸油装置（FPSO）——其尺度、处理能力和成本等变化很大。小型FPSO日处理原油3~5万桶，超大型FPSO可日处理原油20万桶以上。具有储油能力，可用在没有输油管道或铺设管道成本高昂的油田，基本不受工作水深限制，也能适应各种海况。甲板面积大，上部油气处理设施的布置相对容易，可经油轮改装，也可重新改装、布置。

半潜式生产平台（Semi-FPS）——原油日处理能力从2~25万桶不等，甲板宽大，可支持数量较多的立管，水动力性能较好，适用于水下井口多且分散的油田，基本不受工作水深限制，能适应各种海况。

张力腿式平台（TLP）——其张力钢索始终处于张紧状态，生产作业时几乎没有升沉运动和平移运动，可使用干式采油树，非常适用于重油或石蜡含量高的油田。但其工作水深受到张力索重量的限制。

深吃水立柱式平台（Spar）——可使用干式采油树，减少油井维护成本，基本不受工作水深限制，甲板可变，载荷也比较大。但建造过程中浮体和上部模块的总装比较困难，成本高。

浮式储卸油装置（FSO）则为FPSO变种，本身不具备油气生产加工能力，主要功能是储存和卸油，通常与半潜式生产平台、张力腿式平台、深吃水立柱式平台等装备配合使用。

生产平台的价格差异较大，主要由作业水域、油气田情况、生产能力以及装备是改装还是新建等多种因素决定。如：一艘由油船改装而成的FPSO造价仅为1亿美元，而一艘日产原油15万桶的新建大型FPSO总造价为8亿美元。据业界估计，壳牌石油公司在建的年产350万吨LNG超大型LNG-FPSO总造价有可能超过40亿美元，将成为当今世界上最贵的海洋工程装备。

（三）储存与运输装备

储存与运输装备是海洋油气开发过程中用于油气储存和运输的装备，主要为储运船舶和管道、包括浮式储卸装置(FSO)、穿梭油船、穿梭LNG船、浮式液化天然气储存及再气化装置(LNG-FSRU)、海底管道等。

（四）作业与辅助服务装备

作业与辅助服务装备在海洋油气资源开发的各个阶段用于工程作业和辅助服务的各类船舶，主要有：起重船/浮吊，三用工作船和多用途工作船，平台供应船，压裂船，潜水作业支持船，半潜运载船（驳），生活支持平台（船），修井平台（船），平台守护船，环保/救援船，ROV支持船，多功能动力定位船，多功能工作船等。

起重船、半潜运载船（驳）、潜水支持船、ROV支持船等主要用在海洋油气田的海上建设阶段；多用途工作船、平台供应船、守护应急船等主要用于配合钻井平台和生产平台开展工作。

海洋工程船舶虽然吨位较小，但价格却很昂贵，一艘12缆高性能物探船造价约1.7亿美元，一艘2.3万马力三用工作船造价也高达1.5亿美元。

（五）水下系统和作业装备

水下系统和作业装备指在海洋油气开发中处于水面以下的作业系统和装备，主要有：水下基盘、水下管汇和井口头、水下采油树、水下防喷器、水下成橇化生产装置、水下抽油设备、水下集输管汇系统、水下压缩机、水下分离器、水下增压泵、水下控制系统、水下脐带缆系统、水下设施测试装置及系统、管道铺设张紧器、海底电缆、水下设施应急维修设备、应急减灾和消防设备、ROV/AUV和多功能水下机械手、载人深潜器、海底管线切割/焊接设备、海底挖沟机、海底管线检测和维修设备等。

（六）配套系统与设备

配套设备和系统是海洋工程装备不可或缺的、通常总装企业不能制造、由专业供应商提供的设备和系统，主要有：地震勘探系统，锚泊系统，动力定位系统，海洋平台甲板机械，海洋平台控制系统，海洋平台电站，海上发电用内燃机/双燃料燃气轮机/天然气压缩机，分油机，压载泵，钻机，自升式平台钻井系统，钻井/生产隔水管，自升式平台升降系统/锁紧系统/滑移系统，FPSO单点系泊系统，海上钻井／修井／固井／井下作业系统，油气加工处理系统，水下铺管系统，海洋物探专业设备等。

配套系统和设备技术含量、复杂性、价值量也比较大。例如，一套包括井口、采油树、BOP、管汇在内的水下生产系统的价格通常在1亿美元以上。

二、海洋工程装备产业特点

海洋工程装备是海洋经济发展的前提和基础，处于海洋产业价值链的核心环节，是战略性新兴产业的重要组成部分，也是高端装备制造业的重要方向，具有知识技术密集、物资资源消耗少、成长潜力大、综合效益好等特点，是发展海洋经济的先导性产业。

（一）多学科交叉

海洋工程装备是海上油气资源开发的前提条件，涉及油气资源勘探开发、矿产资源勘探开发、船舶及海洋结构物设计、海洋环境保护、海洋探测等多个技术门类，集信息、新材料、新能源等新兴技术于一体。

（二）产业链长

海洋工程装备是平台结构、钻采系统、生产模块、处理系统、生活模块、系泊及定位系统、动力系统、海事设备系统、通信导航系统等众多系统的集成，需要使用造船、冶金、机电、纺织、化工、能源、采掘、新材料等多个产业的产品。

（三）专业化程度高

海洋工程装备面向海洋油气开发的调查、勘探、开发、生产、储存和运输、拆卸等阶段，各阶段都会使用不同装备，而且在同一阶段内根据不同的海洋环境条件、作业要求，也会使用不同的装备，使海洋工程装备呈现出多品种、小批量的特征。例如，钻井装备主要在勘探阶段使用，自升式钻井平台主要面向150米以内的浅水海域，半潜式钻井平台主要面向深水且海况恶劣的区域，钻井船主要面向深水且海况较好的区域。而在欧洲北海、挪威海以及北冰洋海域，还要使用特殊定制的钻井装备。

（四）高风险、高投入、高可靠性

海洋环境复杂恶劣，海上作业的难度和风险比陆上明显增加，使海洋工程装备的造价很高，尤其是深水油气开发装备，技术集成度高、设计制造周期长、过程控制复杂、可靠性和安全性要求高、资金投入量大，动辄数亿、十几亿美元。

三、海洋工程装备产业格局

海洋工程装备产业在海洋油气开发活动中不断发展壮大，随着海洋油气开发从浅水走向超深水，目前海洋工程装备产品领域已经从浅水（200米以浅）和中深水（200～500米）的中低端装备向深水（500～1 500米）和超深水（1 500米以深）的高端装备拓展，产业技术水平不断提高，产业规模持续扩大。“十一五”期间，世界海洋工程装备产业年均市场容量约500～600亿美元，是同期世界造船产业年均市场容量（1 396.6亿美元）的36%以上，已经成为主要造船国竞相发展的高端装备制造业。“十二五”开局之年，即2011年，全球仅钻井装备、生产装备、海洋工程船舶和少量配套设备在内的海洋工程装备订单金额就高达690亿美元，超过同期船舶市场规模，成为世界船舶工业新接订单的主要来源。2012年，全球海洋工程装备成交量突破800亿美元大关，再创历史新高。

世界海洋工程装备产业基本形成了“欧美设计及关键配套+亚洲总装制造”的整体产业格局。欧美公司垄断着海洋工程总包、装备研发设计、平台上部模块和少量高端装备总装建造、关键通用和专用配套设备集成供货等领域，并垄断了海洋工程装备运输与安装、水下生产系统安装、深水铺管作业市场，处于整个海洋工程产业价值链的高端。

亚洲是目前世界海洋工程装备总装建造基地，韩国、新加坡、中国和阿联酋是主要建造国。此外，巴西、俄罗斯等国依托本国海洋油气开发需要，积极进入海洋工程装备建造领域。总体来看，在海洋工程装备总装建造领域，已形成以韩国、新加坡为第一梯队，中国为第二梯队，阿联酋和巴西等国为第三梯队的产业格局，巴西已经成为世界海洋工程装备建造领域不可忽视的一支重要力量。

（一）韩国海洋工程装备产业

韩国现在处于世界海洋工程装备产业领头羊的位置，占据世界海洋工程装备总装市场约50%的份额，除了承接近海油气田开发所需的浅海生产平台总包建造合同外，其核心产品领域为深水浮式钻井装备（半潜式钻井平台和钻井船）和生产装备（FPSO、FLNG、LNG-FSRU）总包建造，其基本垄断了钻井船和高端生产装备总包建造市场。在海洋工程船舶方面，韩国船厂主要建造三用工作船（AHTS）、多用途船（MPP）、多功能供应船（MSV）和起重铺管船。

韩国海洋工程装备产业是随着其造船业而发展起来的，并依托其世界领先的造船能力和技术，跻身于第一梯队。韩国海洋工程装备产业高度集中，除了少数几家造船企业从事海洋工程船舶建造外，海洋油气钻采装备建造几乎为现代重工、三星重工、大宇造船（全称大宇造船与海洋工程公司）和STX造船（全球STX海洋工程与造船公司）四大造船企业所垄断。

（二）新加坡海洋工程装备产业

新加坡处于世界海洋工程装备产业第一梯队，占据世界海洋工程装备建造市场20%左右的份额，其核心产品领域是自升式钻井平台和半潜式钻井平台总包建造以及FPSO改装，占据了50%以上的市场。新加坡海洋工程装备产业主体是胜科海事集团和吉宝岸外海事集团两大海事集团，在半潜式钻井平台、自升式钻井平台及FPSO升级与改装方面的实力和市场份额居于世界领先地位。

20世纪90年代后，世界造船中心向亚洲国家转移，日本、韩国、中国逐步成为世界三大造船主体。新加坡虽具有一定的造船优势，但与三大强国相比，无论是资金、人才还是造船基础设施都不占优势。其在船舶建造方面没有与三大造船强国展开大规模竞争，而是充分发挥独特地理位置的优势，一方面积极发展船舶修理及改装业务，另一方面大力发展海洋工程装备建造、修理和改装业务，且及时把握住世界海洋工程产业成长的契机，通过与欧美国家知名设计公司和油气公司合作，利用欧盟技术对其出口不受管制的优势，进入欧美国家海上油气开采装备产业链，积极承担自升平台、半潜式平台、FPSO等主力海洋工程装备的维修和改装任务，同时积极从中国等国家引进技术人才，培养自已的设计开发能力，在亚洲率先吹响了向国际海洋工程装备市场进军的号角，并最终发展成为世界第二大海洋工程装备建造国。

（三）其他国家海洋工程装备产业

阿联酋和巴西等新兴国家处于第三梯队。阿联酋依托中东地区海洋油气开发的需要，从船舶修理起家，逐渐在浅海自升式钻井台建造、FPSO改装和更新、小型海洋工程船舶建造领域占据一定市场地位。巴西依托本国海洋油气开发，通过积极推行本土化制造战略和市场换技术战略，成为了世界海洋工程装备建造的新兴国家，也是未来市场竞争的重要力量。

（编写：赵泽华　李保坤　张广浩　李东亮　王增国　尤学刚）

第二章　中国海洋油气产业概述和发展状况分析

第二章 中国海洋油气产业概述和发展状况分析

世界经济复苏的不确定性上升，能源资源竞争将更加激烈，全球能源资源供给仍将长期偏紧。预计我国经济在较长时间内仍将保持平稳较快发展，国内油气需求将继续保持刚性增长，海洋油气将是我国油气的重要来源。“十二五”时期，煤炭、石油等化石能源仍将是我国能源供应的主体，在石油开发利用上，国家将有序推进国内原油勘探开发，努力使国内原油产量稳定在2亿吨左右。

一、我国面临严峻的油气资源供应形势

从国内看，“十二五”期间，我国经济将继续保持平稳较快发展，工业化和城镇化不断深入，石化化工产品内需市场潜力巨大。“十二五”国民经济和相关行业发展情况，采用多种方法测算，预计“十二五”时期我国成品油需求增速为5.5%。

随着中国石油消费量的快速增长，中国石油进口持续增加，原油对外依存度也不断提高。1993年，中国首次成为原油净进口国，当年原油对外依存度为6%。随后这一数据不断攀升，至2008年达到49%，2009年首次突破50%警戒线，达到51.3%。2011年，中国石油产量2.1亿吨，与2010年持平，原油进口2.54亿吨，原油对外依存度达56.5%，再创历史新高。

根据《全国矿产资源规划（2008~2015）》预测，到2020年中国原油对外依存度将达到60%，从现在形势发展看，如果中国不能加快开发海洋油气，我国原油对外依存度将可能提前达到预测值。2010年发布的《能源蓝皮书》同样预测称，“10年后，中国原油对外依存度将达到64.5%。”显然，对外依存度不断高升给我国能源安全带来极大挑战，面临巨大风险。

二、我国海洋油气资源储量十分丰富

幸运的是，我国海洋油气资源储量十分丰富。根据第三次油气资源评价结果，我国海上石油资源246亿吨，占全国石油资源总量的23%，海洋天然气资源为16万亿立方米，占总量的30%。而我国海洋油气探明程度较低，海洋石油探明程度仅为12%，海洋天然气探明程度仅为11%，远低于世界平均水平，尚处于储量发现的高峰期和开发的初期。

三、开发海洋是解决能源短缺的重要途径

在陆域资源不足和产量增长有限的情况，开发海洋将成为解决我国能源短缺，保障能源安全的重要战略举措。迄今为止，我国已形成松辽油区、东部及南方油区、西部油区、近海四大产油区（见图1）。

目前，我国海洋油气勘探主要在水深300米以内的浅水区，深水海域油气勘探活动尚处于初期阶

段。在近海油气田的开发中，主要集中在渤海、珠江口、琼东南、莺歌海、北部湾和东海六个含油气盆地，并形成了四个油气开发区：渤海油气开发区、珠江口油气开发区、南海西部油气开发区和东海油气开发区，其中渤海地区最为集中。

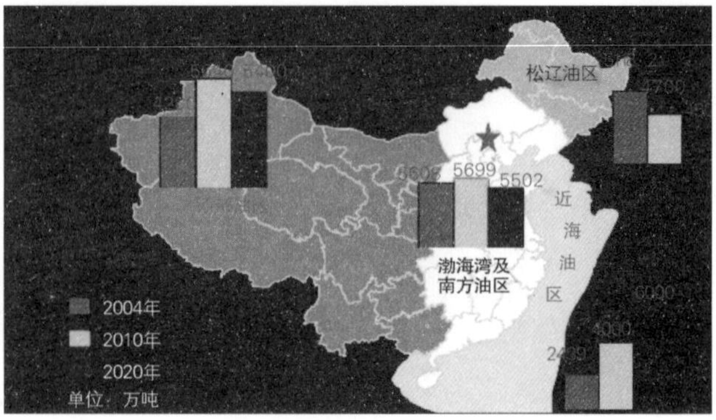

图 1 2010 年后我国将形成并起的四大产油区

四、我国海洋工程装备需求分析

中海油、中石油和中石化三大油公司承担着我国海洋油气开发的任务，中海油是目前我国海洋油气开发的主要力量，生产了我国境内大部分海洋油气。

进入新世纪以来，海洋石油产量所占比重逐年增加，2000年产油1 810万吨，天然气42亿立方米。2005年产油2 763万吨，占全国总产量的6.5%，产气50亿立方米，占全国总产量的10.3%。建成了渤海、南海西部、南海东部三个石油生产基地。

（一）中海油海洋油气开发战略及装备需求

中海油从1982年2月15日成立至今30年来，累积生产油气5.85亿吨，中国海域年产油气5 000万吨，建成了“海上大庆”油田，建立起比较完整的海洋石油工业体系，实现了公司发展历史上的第一次跨越。

中海油将正面临实现“二次跨越”发展的历史机遇，《中国海油“二次跨越”发展纲要》对公司未来的发展进行了总体部署：第一步到2020年，公司的油气总产量比2010年翻一番，专业技术服务领域的国际竞争力基本达到国际一流；第二步到2030年，油气总产量比2010年增长两倍，专业技术服务领域的国际竞争力达到国际一流（见图2）。

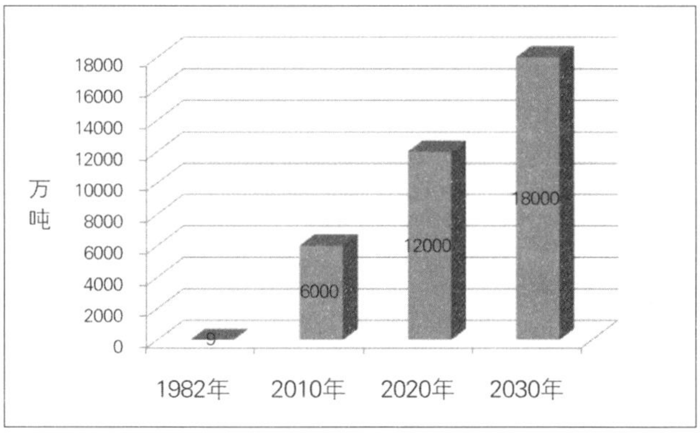

图 2 中海油气产量增长情况及计划

2011年，公司在14个国家获得了31个油气勘探区块，总面积为153 892平方千米。坚持突出油气核心业务，持续加大油气勘探力度，全年完成二维地震采集1 362平方千米，三维地震采集1 128平方千米，完成探井14口，钻井进尺37 477米。

“十二五”期间，中海油将从浅水和常规油气领域向深水和非常规油气领域进军，对装备的需求也将不断提上议事日程。根据2012年中海油服海洋工程装备发展战略，其通过调结构发展高端工作船，配合深水战略发展深水工作船，计划订造4艘三用工作船和8艘平台供应船（见图3）。

2012年5月，“海洋石油981”南海首钻，标志着我国首次独立进行深水油气勘探开发；当月，我国首艘深水铺管起重船——“海洋石油201”赴南海铺管作业。中海油总公司6月23日公告，在南海海域对外开放9个区块，供与外国公司进行合作勘探开发油气资源。区块总面积为16.01万平方千米，大部分水深都在2 000米以上，部分区块水深达到4 000米。8月28日，中国海洋石油总公司继2012年6月之后，又一次公布了2012年第二批共26个中国海域开放区块，供国外公司进行合作开发。这次公布的26个区块中，有22个在南海，超过了80%。

（二）中石油海洋油气开发战略及装备需求

中国石油集团投入勘探开发的区块全部在渤海湾滩海，石油资源量为16.08亿吨，探明率为14.9%。经过多年努力，已先后在辽河、大港、冀东海域发现多个工业油气田。目前，冀东油田具有探明石油地质储量6.8亿吨，控制储量3.7亿吨，预测储量3.3亿吨。大港油田通过预探、评价找到张东、张东东、赵东、关家堡、埕海5个含油构造，三级储量2.24亿吨，其中探明3 521万吨、控制5 119万吨、预测1.276 8亿吨。辽河滩海地区已发现6个含油气区带，累计探明石油地质储量1.267 9亿吨，探明天然气地质储量16.28亿立方米，在笔架岭和海南油田基本形成了年产20万吨的生产能力（见图4）。

中石油在南海矿权总面积16.93×10^4平方千米，共22个区块，南海探区水深200~3 000米，平均水深1 212米（见图5）。

今后的几年，中石油在海上业务将不断增加，作业环境也将从滩浅海逐渐向深海转变，海洋油气勘探开发投资将持续增长，海洋工程技术服务市场需求将日益旺盛，海洋钻采平台、海底管线等海洋结构物的建造安装量将明显增加（见表1）。

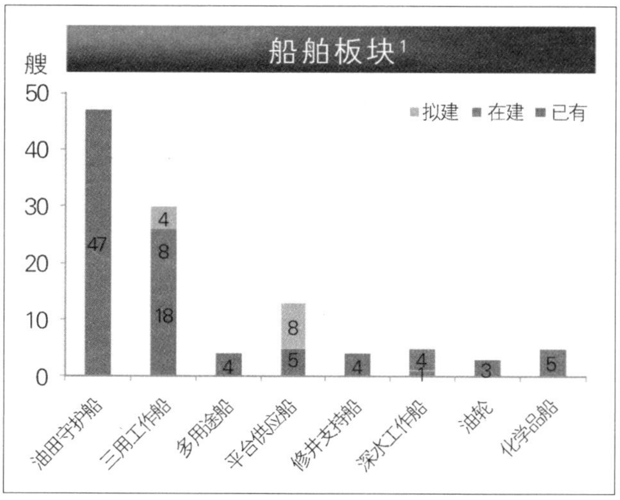

图3 中海油服海洋工程装备发展情况

图4 渤海探区勘探形势图

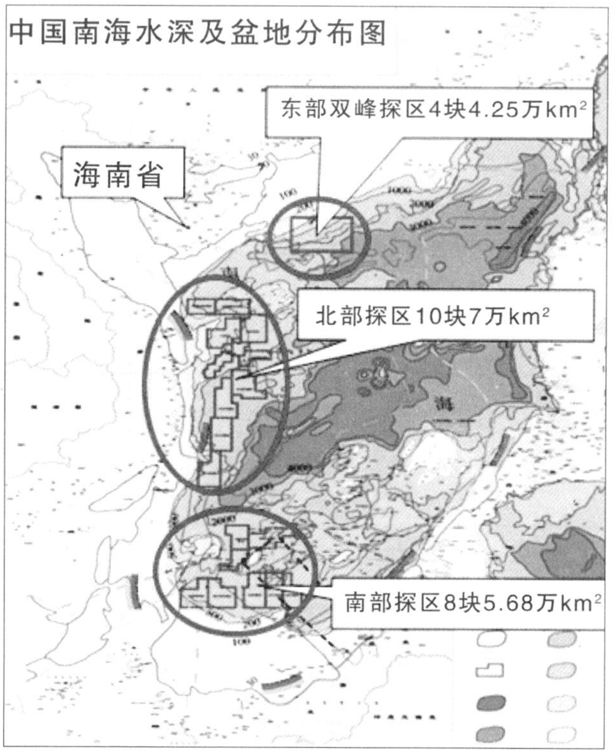

图5 中国南海水深及盆地分布图

（三）中石化海洋油气开发战略及装备需求

自从20世纪60年代走向海洋以来，中石化在我国渤海湾、东海、南黄海、雷琼、北部湾、琼东南6个盆地（见图6）登记总面积83 998平方千米，中海油联合登记6个区块，中石化海域探区目前已落实石油储量40 630×10^4吨（不含凝析油939.72×10^4吨，见表2）。

中石化经过40年的发展，勘探开发装备有了长足的进展，已拥有钻井平台11座，大型开发平台5座，普通开发平台104座，作业平台5座，工程船舶40艘。

总体来说，中石化海洋石油勘探开发技术及装备水平还需要进一步大规模提升，才能满足现代化海洋开发的需求。目前，中国石化登记海域多属于近浅海海域，也有少量海域水深在500m

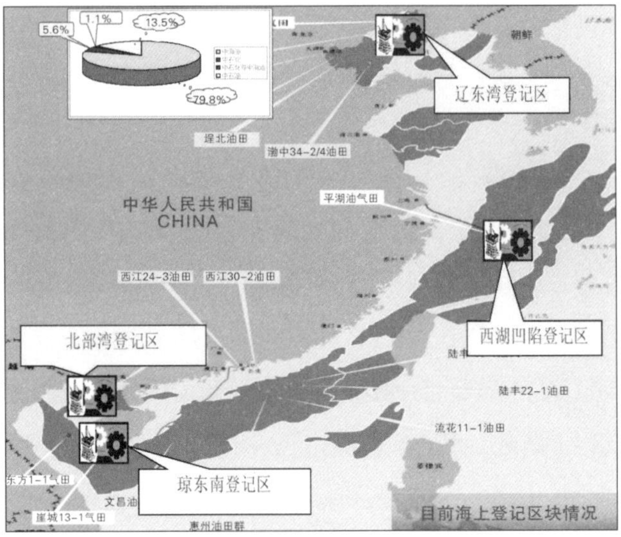

图 6 中石化登记海洋油气区块

表1 中石油南海各矿权区块基础数据表

盆地名称	矿权面积（10^4km^2）	矿权区块(个)	水深（m）
琼东南	1.09	2	1 000～1 300
中建南	5.92	8	500～3 000
曾母	1.62	2	200～1 700
北康	2.23	3	1 000～1 800
南薇西	1.82	3	1 500～2 000
双峰	4.25	4	
合计	16.93	22	

表2 中石化落实的石油储量

序号	油田名称	目前落实的石油储量		溶解气地质
		面积（km^2）	储量（10^4t）	储量（10^8m^3）
1	埕岛	143.9	38 462	179.6
2	平湖	2.9	800	0.86

（续表）

序号	油田名称	目前落实的石油储量		溶解气地质
3	东海宝云亭	1.3	106	0.78
4	东海武云亭	7.1	547	9.35
5	残雪	6.5	630	12.3
6	断桥	4.5	85	
合计		166.2	40 630	202.89

表3 中石化修井作业平台

名称	型式	作业水深（m）	钩载能力（kN）	建造时间
胜利作业1号	自升式	15	800	1988年
胜利作业2号	坐底式	7	800	1995年
胜利作业3号	自升式	25	1 000	2002年
胜利作业4号	自升式	18	1 350	2007年
3个修井模块	模块式			2001年

以上。在一段时间内近浅海油田仍是中国石化海洋油气的主要开发阵地。浅海新油田，特别是数量众多的中小型区块，资源情况与油田环境差异大，经济适应的开发模式和装备有现实需求；浅海已开发油田安全性及提高采收率成为需要迫切解决的难题。

“十二五”期间根据中石化海洋石油勘探开发形势的发展需求，结合国内外海洋石油工程技术发展趋势，坚持满足高效高速勘探开发海上油田需要的原则，按照自行研发与引进相结合的思路，合理规划海洋石油工程技术发展、加大科研投入及装备设施的配套完善，制订出明确的发展目标，有计划、有步骤地实施，使中石化海洋工程逐步发展并达到或接近世界先进水平。

继续完善配套渤海浅海（水深0~50m）油气田（埕岛油田、辽东东区块）勘探开发技术装备，在“十二五”建成500万吨年生产能力。

发展配套浅海（水深60~150m）物探、钻井、开发、工程服务技术装备，形成具有自主知识产权的设计建造能力，使中石化具备在东海等浅海中深水区块开发大型油气田能力。初步配套和探索深水（500~2 000m）油气田勘探开发技术，以保证中石化在南海琼东南等深水区块勘探开发打开新局面。

加强基础研究设施建设，大幅提高海洋工程的科研设计能力，力争海上油气田技术与装备的研究水平达到国际先进水平。

（编写：赵泽华 李保坤 张广浩 李东亮 王增国 尤学刚）

第三章　2012中国海洋工程行业发展总体情况

第三章 2012中国海洋工程行业发展总体情况

2012年，在高油价的刺激下，世界海洋油气开发形势持续向好，海洋工程装备需求快速增加，海洋工程装备市场空前繁荣。同时，随着《海洋工程装备制造业中长期发展规划》、《海洋工程装备创新发展战略》和《船舶工业"十二五"发展规划》等重大规划和发展战略逐步落实，发改委和工信部等国家部委通过科研专项等方式为中国海洋工程装备产业发展提供重要政策支持，地方政府也大力推动本地区海洋工程装备产业发展，中国海洋工程装备产业在装备建造、市场开拓、科技开发、技术进步和重大项目建设等方面取得重要突破，运行状况良好。

一、行业基本情况

中国海洋工程装备建造企业和科研机构主要分布在东南沿海地区，其中环渤海、长三角和珠三角是主要聚居区，辽宁、山东、江苏、上海、广东、福建等为中国海洋工程装备大省（市），汇聚了中国大部分研发设计机构、建造企业和一批骨干配套企业。配套企业除在上述三大基地较为集中外，湖北、湖南、重庆、陕西、河南等地也有较多分布。

按照所属行业，中国海洋工程装备建造企业主要有三大类：船舶系统企业、石油系统企业和机械制造企业构成，中央企业居于主导地位（见表4）。

表4 我国海洋工程装备产业格局

企业类型	典型企业	业务类型	主要特点
船舶系统企业	中船重工、中船工业、中远船务、中集来福士、江苏熔盛等	装备建造（海洋平台及海洋工程船舶+通用配套设备）	建造能力、设施设备、工艺流程和配套产品相近，具备先天优势
石油系统企业	中海油、中石油、中石化等	装备建造（平台+专用配套设备）、海洋工程服务	熟悉海洋油气开发程序，在油气处理模块及相关系统的设计建造、海上安装作业和承接订单方面具备优势
机械制造企业	振华重工等	装备建造（海洋平台及海洋工程船舶）	行业跨度较大，技术上不占优势，但在资本运作、企业管理、市场营销方面实力较强

二、生产经营情况

（一）主要海洋工程产品完工交付情况

2012年，完工交付自升式钻井平台2座、半潜式钻井平台2座、圆筒型海洋钻探储油工作平台1座，半潜式起重生活平台1座、自升助航式作业平台1座。其中：大连船舶重工交付自升式钻井平台1座；中集来福士交付自升式钻井平台、半潜式钻井平台和半潜式起重生活平台各1座；南通中远船务交付圆筒型海洋钻探储油工作平台和半潜式钻井平台各1座；招商局重工交付自升助航式作业平台1座（见表5）。

大连船舶重工继2011年交付我国首座具备完全自主知识产权的300英尺自升式钻井平台（DSJ-300型）后，2012年又交付一座自主设计的DSJ-300型自升式钻井平台。中集来福士在半潜式钻井平台领域实现批量化建造，向中海油服欧洲钻井公司交付总包建造的第3座深水半潜式钻井平台（COSL Promoter），也是中集来福士完成交付的第6座深水半潜式钻井平台。

在海洋工程船方面，中国企业也取得较大突破，中国第一艘300米饱和潜水工作母船"深潜号"在武船集团青岛海西湾基地正式交付，太平洋造船集团首艘自主设计的高效环保型AHTS海工船—SPA 80顺利交付，上海振华重工建造的4 500吨浮式起重船单钩起重量亚洲第一。

表5 2012年中国企业交付的主要海洋工程装备产品

企 业	名 称	数 量
大连船舶重工集团公司	自升式钻井平台	1
中集来福士海洋工程有限公司	半潜式钻井平台	1
中集来福士海洋工程有限公司	自升式钻井平台	1
中集来福士海洋工程有限公司	半潜式起重生活平台	1
南通中远船务工程有限公司	圆筒型海洋钻探储油工作平台	1
南通中远船务工程有限公司	半潜式钻井平台	1
招商局重工	自升助航式作业平台	1

（二）主要海洋工程产品新订单承接情况

2012年，中国企业抓住国际海洋工程装备市场繁荣的时机（见表6），加大接单力度，又承接了一大批海洋工程装备订单。其中，自升式钻井平台7座，分别为大连船舶重工集团公司、上海外高桥造船有限公司、江苏扬子江船业集团公司、招商局重工集团和大连中远船务工程有限公司获得；半潜式钻井平台1座，为烟台中集来福士海洋工程有限公司获得；钻井船2艘，为上海船厂船舶有限公司获得；FPSO（圆筒形）2艘，为南通中远船务获得；半潜式支持/生活平台、钻井辅助驳船/平台合计共6艘，分别为中远船务旗下企业和江苏熔盛重工获得；自升式作业平台1座，为金海重工获得。此外，惠生海洋工程有限公司获得比利时Exmar集团浮式LNG液化再气化存储装置（下称"FLRSU"）项目的总承包合同，填补我国在浮式液化天然气装备领域的空白。江苏扬子江船业集团公司、江苏熔盛重工、金海重工均为首次进入海洋平台建造领域。

三、科技开发与技术进步

2012年，中国企业在海洋工程装备研发、设计、建造及海工配套设备科技开发方面取得一系列成果，海洋工程装备研发和建造继续向着系列化、深水化和高端化方向发展。

（一）海洋工程装备系列化研发

中国企业在自升式钻井平台、海洋工程船系列化研发方面继续取得突破性进展。大连船舶重工

表6 2012年新接主要海洋工程装备产品订单

企 业	名 称	数 量
大连船舶重工集团	自升式钻井平台	2
惠生重工	浮式LNG液化再气化存储装置	1
金海重工	自升式作业平台	1
熔盛重工	钻井辅助驳船	1
上海船厂	钻井船	2
上海外高桥	自升式钻井平台	1
扬子江造船	自升式钻井平台	1
招商局重工集团	自升式钻井平台	2
中集来福士	半潜式钻井平台	1
中远船务工程有限公司（启东）	半潜式支持平台	1
大连中远船务工程有限公司	自升式钻井平台	1
广州中远船务工程有限公司	钻井辅助驳船	2
南通中远船务工程有限公司	FPSO（圆筒形）	1
南通中远船务工程有限公司	FPSO（圆筒形）	1
南通中远船务工程有限公司	钻井辅助平台	1
南通中远船务工程有限公司	半潜式生活平台	1

在300英尺和350英尺自升式钻井平台实现自主设计的基础上，于2012年又开发出400英尺自升式钻井平台，具备在自升式钻井平台领域的系列化自主设计和建造能力。武昌船舶重工在系列海洋平台工作船总装建造的基础上，通过引进消化吸收改进，进行了大量的试验，自主开发了WS-1、WS-2型系列产品，形成了新一代高效节能的专利船型，进行了8000HP~32000HP多用途平台工作船的系列船型开发。太平洋造船集团自主设计了“SPA 80”型全电力推进小型三用工作船、SPP 17、SPP 35、SPU1000等系列海洋工程船产品，完成了从联合设计到自主设计的转变。

（二）深水海洋工程装备建造

中国自行设计、自主集成建造的“蛟龙号”载人潜水器成功完成7 000米级海试，最大下潜深度达到7 062米，创造了水下和海底作业11小时零35分钟的记录，具备了在全球99.99%海底畅行无阻的能力，成为继美、法、俄、日后世界上第五个掌握大深度载人深潜技术的国家。南通中远船务为挪威SEVAN公司建造的第六代半潜式圆筒型海洋钻井平台“SEVAN BRASIL”（希望2号）具备12 500英尺（3 810米）水深和40 000英尺（12 192米）井深的钻井能力，打破国内海工建造新纪录。708所联合上海船厂等自主研发的TIGER系列钻井船可在3 000~5 000英尺（914~1 524米）水深的海域进行勘探、钻井和生产井施工作业，最大钻井深度可达30 000英尺（9 144米）。广州中船黄埔造船有限公司承建的3 000米深水多功能海洋工程船“海洋石油286”号是中国首艘作业能力达到3 000米水深的多功能海洋工程船，具有深水大型结构物吊装、脐带缆与电缆敷设、饱和潜水作业支持、深水设施检验及维护等多项功能。

（三）海洋工程装备高端化研制

武昌船舶重工有限责任公司承建UT788CD型

深水三用工作船“海洋石油681”在江苏启东交付，该船是中国新一代集深海抛锚、拖拽、定位及平台供应功能于一体的最高端船舶，具有对外进行消防、浮油回收功能及ROV水下机器人功能，代表国际海洋工程装备制造的最高水平。上海振华重工承造的“华西5000”号大型全回转海工起重船试吊实验获成功，最重吊起4 958吨的试重水箱，成为“单钩亚洲第一”的起重船。招商局重工交付世界上第一艘带动力定位的5万吨级以上自航式半潜船“海洋石油278”，该船含压载水的装载量为50 424吨，总载重量53 500吨，载重量在世界同类船舶中排名第二。

（四）海洋工程配套设备研发与建造

武汉船用机械有限责任公司自主研发设计的新产品——油缸变幅吊车顺利通过了中国船级社认证，填补了国产自主研发油缸变幅吊车的空白；自主开发的大型转叶式舵机列入2012年度国家重点新产品计划，标志着该公司转叶式舵机开发转入系列化、批量化生产。中船绿洲以锚泊机械为重点，开展180吨定位绞车及系统、250吨锚系处理绞车、鲨鱼钳/挡缆桩及艉滚筒等新产品研发，完成深水定位系泊导向装置及掣链装置的样机试制、试验验收。华南船机完成600吨重型海洋起重机、80吨钻井船用海洋起重机、65吨挖泥船用龙门行走起重机等多项新产品的研发及设计工作。

四、主要海洋工程建设项目

（一）启东中远船务海工二期建设项目启动

2012年3月，中远船务（启东）海洋工程有限公司（启东中远海工）二期建设项目日前顺利通过中远集团总公司的核准，进入全面生产建设阶段。

目前一期工程已基本建成，并形成了1座海工专用船坞、1座滑道、1座海工起运码头的生产能力。二期工程拟新建1座滑道、1座舾装码头、切割加工及部件装焊车间、分段装焊车间等生产设备设施，同时完成办公楼、辅助生活办公楼等设施建设。建成后，启东中远海工将形成每年建造6座海工产品，钢材加工量为13万吨的生产规模。

（二）扬子江与卡塔尔合资海工制造基地建设

江苏扬子江与卡塔尔投资者合作在江苏太仓港经济技术开发区投资建设扬子江海洋工程制造基地，征用沿江滩地1 500亩，占用长江深水岸线1 500米，计划总投资7.5亿美元，项目全部建成投产后将形成年产海洋钻井平台6~10座等大型海洋工程装备设计制造能力。

（三）三一海洋重工产业园珠海开建

广东省珠海市高栏港经济区三一海洋重工产业园正式宣布破土动工，三一集团计划用3到5年时间，将三一海洋重工（珠海）产业园建设成为年产值达300亿元以上的园区，并在10年内实现产业园总投资200亿元，总产值超600亿元的目标。届时，海洋工程装备将继三一重工的工程机械板块、三一国际煤炭机械板块之后，成为三一开展的第三大业务板块。

（四）舟山市船舶与海洋工程装备基地入列

舟山市船舶与海洋工程装备基地被列入第三批“国家新型工业化产业示范基地”，成为继上海长兴岛、江苏南通、青岛经济技术开发区后的又一个国家船舶与海洋工程基地，对加快推进舟山群岛新区现代海洋产业基地建设意义重大。此外，黄埔造船龙穴二期海洋工程建设项目进展顺利，武船双柳特种船舶基地造船区部分建成投产。

（编写：赵泽华 王 颖 王 婧 周长江 徐正海 王文祥 刘 旭）

第四章　2012中国主要海洋工程装备发展情况

第四章 2012中国主要海洋工程装备发展情况

中国海洋工程装备产业链相对齐全，覆盖面较广，主要产品包括自升式钻井平台、半潜式钻井平台、钻井船、钻井辅助平台（驳船）、FPSO/FSO（新建和改装）以及平台供应船和三用工作船等各类海洋工程船。

一、钻井装备

我国在钻井平台领域已具备较强的设计建造能力和较强的国际竞争力，特别是在自升式钻井平台方面已具备完全自主知识产权产品。

自升式钻井平台领域。大连船舶重工继2011年交付我国首座具备完全自主知识产权的300英尺自升式钻井平台（DSJ-300型）后，2012年交付又一座自主设计的DSJ-300型自升式钻井平台。2012年3月，大连船舶重工承建的“海洋一号”自升式钻井平台在埃及东部红海苏伊士湾海域开始钻井作业，它是中国石化集团新星石油公司与埃及的合资公司--中萨钻井公司首个自升式钻井平台，设计最大作业水深400英尺，最大钻井深度3万英尺，一次定位能完成40口井以上钻井作业，整个平台全部实现自动控制，是埃及国内同类型海上钻井平台中设计和装备最先进、作业能力最大的海上钻井平台。此外，我国首个海洋工程装备——自升式钻井平台国家综合标准化示范项目启动仪式在上海外高桥造船有限公司举行。项目建设周期持续到2015年12月，计划完成约300项技术和管理标准的制定工作，并开展20项国家标准或行业标准的制定工作。此外，力争参与2~3项与海洋工程相关的国际标准制定。

半潜式钻井平台领域。中集来福士承接北海深水半潜式钻井平台总包合同，开始进行符合北海、巴伦支海、北极圈的恶劣冰区海况要求的钻井平台设计建造技术研究。中集来福士为中海油服欧洲钻井公司交付总包建造的第3座深水半潜式钻井平台（COSL Promoter），也是中集来福士完成交付的第6座深水半潜式钻井平台“COSL Promoter”号，标志着中集来福士在半潜式钻井平台领域实现批量化建造。南通中远船务为挪威SEVAN公司建造的第六代半潜式圆筒型海洋钻井平台“SEVAN BRASIL”（希望2号）成功交付。该平台具备12 500英尺（3 810米）水深和40 000英尺（12 192米）井深的钻井能力，打破国内海工建造新纪录。同月，南通中远船务第六代深水半潜式钻井平台”GM4000”出坞。此外，我国首座自主设计、建造的第六代深水半潜式钻井平台“海洋石油981”在南海海域正式开钻，这是我国石油公司首次独立进行深水油气勘探开发。

钻井船方面。国内首次自主设计并负责建造的深海钻井船在上海船厂船舶有限公司开工，实现了国内水深1 000米左右钻井船自主设计、总包建造的零突破。

2012年，中国企业还抓住钻井装备市场持续繁荣的有利时机，加大接单力度，承接了一大批钻井装备订单。其中，自升式钻井平台7座，分别为大连船舶重工集团公司、上海外高桥造船有限公司、江苏扬子江船业集团公司、招商局重工集团和大连中远船务工程有限公司获得；半潜式钻井平台1座，为烟台中集来福士海洋工程有限公司获得；钻井船2艘，为上海船厂船舶有限公司获得（见表7）。

表7 2012年新接主要钻井装备订单

企 业	名 称	数 量
大连船舶重工集团	自升式钻井平台	2
上海外高桥	自升式钻井平台	1
扬子江造船	自升式钻井平台	1
招商局重工集团	自升式钻井平台	2
大连中远船务工程有限公司	自升式钻井平台	1
中集来福士	半潜式钻井平台	1
上海船厂船舶有限公司	钻井船	2
熔盛重工	钻井辅助驳船	1

二、生产装备

2012年，除南通中远船务交付圆筒型海洋钻探储油工作平台1座外，大连中远船务等企业也完工交付一定数量的FPSO、FSO改装订单。中国海洋石油总公司（中海油）在天津进行的中国首个浮式LNG接收站建设项目破土动工，并租用法国GDF Suez公司145 000立方米级LNG-SRV（LNG穿梭再气化船）用作LNG船兼LNG接收站，运输处于液化状态的LNG，并在海上实施气化后通过管道向陆地运输。

2012年，中海油能源发展股份有限公司投资建造的3万立方米液化天然气（LNG）船设计合同签署，上海船舶研究设计院承担该船的基本设计和详细设计任务。该船总长约185.2米，设计舱容量为3万立方米，采用独立C型货舱技术，主推进系统采用双燃料发动机电力推进（DFDE），废气排放指标将大大降低，是一艘真正意义上的节能减排、环境友好型船舶。建成后将用于国内大型LNG接收终端和LNG卫星站间的二程转运，以解决沿海、沿江城市天然气季节性调峰和月度不均匀供气的运输问题，每年可转运约90万吨LNG。该船是国内首艘中小型LNG运输船，也是世界上舱体最大的C型LNG船。

2012年6月，沪东中华自主研发设计的首艘17.2万方LNG船开工建造。该型船总长290米，船宽46.95米，型深26.25米，设计吃水11.50米，结构吃水12.50米，主机为MAN6S70-C8.2，具有良好的航运经济性和绿色环保性。该项目首批建造4艘，业主为美孚/商船三井，至此沪东中华建造的LNG船数量达到10艘。

新订单承接方面，南通中远船务承接FPSO（圆筒形）订单2艘，惠生海洋工程有限公司获得比利时Exmar集团浮式LNG液化再气化存储装置（下称

“FLRSU”）项目的总承包合同，填补我国在浮式液化天然气装备领域的空白（见表8）。该装置为非自航驳船，计划于2014年第四季度开始商业运营，将成为世界上首座投入运营的浮式LNG生产装置。

三、海洋工程船舶

中国是世界上最主要的海洋工程船舶建造国之一，按数量计在全球海洋工程船市场的占有率在30%左右，中国企业建造的主要船型为平台供应船、三用工作船等。

2012年，中国企业在海洋工程船建造方面又取得一系列突破。武昌船舶重工有限责任公司交付了世界顶级的UT788CD型深水三用工作船“海洋石油681”号，总长93.4米，宽22米，深9.5米，使用柴电混合动力，是新一代集深海抛锚、拖拽、定位及平台供应功能于一体的高端船舶，兼具对外进行消防、浮油回收功能及ROV水下机器人功能，代表国际海洋工程装备制造的最高水平。该船是国家深水发展战略中重要的一部分，是3 000米深水钻井平台“海洋石油981”配套建造的主要配套船舶，由Rolls-Royce设计公司设计。该船的完工交付，将填补我国在深水大型多用途工作船领域的空白。同时，中国第一艘300米饱和潜水工作母船“深潜号”在武船集团青岛海西湾基地正式交付。

太平洋造船集团完成了自主设计的“SPA 80”型全电力推进小型三用工作船首制船交付，还自主研发和设计了SPP 17、SPP 35、SPU 1000等系列海工船产品。太平洋造船集团的海工船设计能力已经完成了从联合设计到自主设计的转变，已掌握从前端概念设计、基础设计到后端详细设计、生产设计的整条设计链，大幅提升了对海工船建造项目的整体管控能力，打破了以往海工船前期设计多为欧美、新加坡公司垄断的局面。目前太平洋造船集团已累计交付117艘海工船，位居世界各船厂首位。

上海振华重工承造的“华西5000”号大型全回转海工起重船试吊实验获成功，最重吊起4 958吨的试重水箱，成为“单钩亚洲第一”的起重船。该船长178

表8 2012年新接主要生产装备订单

企 业	名 称	数 量
惠生重工	浮式LNG液化再气化存储装置	1
南通中远船务工程有限公司	FPSO（圆筒形）	1
南通中远船务工程有限公司	FPSO（圆筒形）	1

米、型深17米、型宽48米，臂架固定尾吊时主钩最大起重量4 500吨，全回转主钩最大起重量3 000吨，副钩最大起重量900吨，配备10台额定拉力110吨的工作锚机，适用于无限航区作业。主要用于300米水深海洋工程、跨海大桥等大型结构物的吊装作业及海上作业支持，加装浮箱后可满足水域5米吃水作业。

招商局重工（深圳）有限公司“华海龙”3万吨自航半潜船交付，该船是中国第一艘具有DP-1动力定位的3万吨自航半潜船。具有DP-1动力定位和四点锚泊定位两套船舶定位系统，采用电力推进，可在无限航区航行及进行半潜作业。世界上第一艘带动力定位的5万吨级以上自航式半潜船“海洋石油278”也在招商局重工交付。该船船体总长221.6米，型宽42米，型深13.3米，半潜吃水26.8米，含压载水的装载量为50 424吨，总载重量53 500吨，载重量在世界上同类船舶中排名第二，具有DP-2动力定位功能，电力驱动。

靖江南洋船舶制造有限公司建造的中国最大海上风电安装船“华尔辰”号出坞。该工程船为双体船设计，是中国最大的集风塔打桩、风电设备安装于一体的海上风电设备工程安装施工船舶，总造价人民币3亿元左右。该船船长90米，船宽50米，型深6.8米。船体上配置83米高的主吊钩平台，主吊钩平台安装一台400吨能360度回转的起重机，最大吊高为120多米。该船除能进行风电安装外，还可以进行风机桩基的打桩作业、风机整体运输和风机散件安装等功能，实现海上风电施工一体化作业，可以完成以往一个船队的作业量，大大提高了施工效率。

此外，目前世界最先进的溢油应急回收船“海特191”号投入使用。“海特191”号是全国海事系统中型溢油应急回收船首制船舶，配置的收油技术在世界溢油应急回收船上是首次使用，主要包括自动调节流道翼流板、轴流泵舷外排水、动态斜面（DIP）收油及真空泵抽油方式等最先进的回收溢油技术，可一次性回收中高粘度浮油640立方米，收油效率每小时可达200立方米；同时，该船采用了全方位溢油监视、跟踪、探测雷达系统，能搜索方圆数公里海面溢油；此外，该船在首、尾甲板配备了大型起吊设备，能直接在船上吊装围油栏等围控设备。

2012年5月，我国首艘3 000米深水铺管起重船“海洋石油201”奔赴南海，与“海洋石油981”号半潜式钻井平台会合，进行试铺管。“海洋石油201”是世界上第一艘同时具备3 000米级深水铺管能力、4 000吨级重型起重能力和DP-3级动力定位能力的深水铺管起重船，能在除北极外的全球无限航区作业；配置了包括全电力推进、变频驱动、DP-3动力定位、深水“S”型双节点铺管系统、4 000吨重型海洋工程起重机。

四、海洋工程配套

2012年7月，中国自行设计、自主集成建造的“蛟龙号”载人潜水器成功完成7 000米级海试，最大下潜深度达到7 062米，创造了水下和海底作业11小时零35分钟的记录，具备了在全球99.99%海底畅行无阻的能力，成为继美、法、俄、日后世界上第五个掌握大深度载人深潜技术的国家。

2012年，振华重工获得中国平台桩腿出口第一单，与阿联酋公司签订协议，获得全套起重船抬升机构、桩腿合同。长期以来，国内用于海上石油钻井平台等海工装备的关键配套件，包括抬升机构、桩腿等皆依赖进口。此次合同的签订标志着该公司在2012年年初率先实现出口抬升系统后，又成功出口桩腿关键配套件。此外，振华重工还积极采用国产高强钢和弦管替代国外钢材。

（编写：赵泽华 王 颖 王 婧 周长江 徐正海 王文祥 刘 旭）

第五章　2012中国海洋工程装备技术发展情况

第五章 2012中国海洋工程装备技术发展情况

一、2012年海洋工程装备技术研发与进步

钻井装备方面，相关装备技术研发取得重要进展。国内首座自主设计、建造的第六代深水半潜式钻井平台“海洋石油981”投入使用；首次自主设计建造的深海钻井船在上海船厂船舶有限公司开工；南通中远船务为挪威SEVAN公司建造的第六代半潜式圆筒型海洋钻井平台“SEVAN BRASIL”（希望2号）成功交付；中集来福士开始进行符合北海、巴伦支海、北极圈的恶劣冰区海况要求的钻井平台设计建造技术研究；首个海洋工程装备国家综合标准化示范项目启动。

生产装备方面，在国际浮式LNG装置迅速兴起的背景下，国内也逐步开始了浮式LNG相关研发建造工作。中国首个浮式LNG接收站建设项目破土动工；惠生重工获得1艘浮式LNG液化再气化存储装置订单使中国进入浮式液化天然气装备竞争行列；中海油能源发展股份有限公司投资建造3万立方米液化天然气（LNG）船；沪东中华自主研发设计的首艘17.2万方LNG船开工。

海洋工程船舶方面，多型海工船舶取得技术突破。我国首艘3 000米深水铺管起重船“海洋石油201”奔赴南海进行试铺管；靖江南洋船舶制造有限公司建造的中国最大海上风电安装船“华尔辰”号出坞；中国第一艘具有DP-1动力定位的3万吨自航半潜船、世界上第一艘带动力定位的5万吨级以上自航式半潜船交付；太平洋造船集团完成了自主设计的“SPA 80”型全电力推进小型三用工作船首制船交付并自主研发和设计了SPP 17、SPP 35、SPU 1000等系列海工船产品；武昌船舶重工有限责任公司交付了世界顶级的UT 788CD型深水三用工作船；上海振华重工承造的“华西5000”号大型全回转海工起重船试吊实验获成功。

海洋工程配套及水下作业装备方面，中国自行设计、自主集成建造的“蛟龙号”载人潜水器成功完成7 000米级海试，最大下潜深度达到7 062米，创造了水下和海底作业11小时零35分钟的记录，具备了在全球99.99%海底畅行无阻的能力，成为继美、法、俄、日后世界上第五个掌握大深度载人深潜技术的国家。

二、2012年海洋工程科研项目概况

（一）工业和信息化部海洋工程装备科研项目概况

为加快贯彻落实国务院发布的《“十二五”国家战略性新兴产业发展规划》，工业和信息化部、国家发展和改革委员会、财政部联合发布的《高端装

备制造业“十二五”发展规划》，以及工业和信息化部、国家发展和改革委员会、科学技术部、国务院国有资产监督管理委员会、国家海洋局联合发布的《海洋工程装备制造业中长期发展规划》，引导企业加强深海资源开发所需装备的研制，形成我国开发深海资源装备的设计制造能力，工信部制定并发布了《海洋工程装备科研项目指南（2012年）》。

指南围绕海洋资源勘探、开采、储存运输和服务四大环节的需求，选择《海洋工程装备制造业中长期发展规划》明确的部分急需海洋工程装备重点产品和关键技术，按照海洋资源勘探、开采、作业装备，关键系统和设备，基础共性技术和标准等三个领域，形成了2012年海洋工程装备研发的重点方向(见表9）。

表9 2012年海洋工程装备研发的重点方向

海洋资源勘探、开采、作业装备	深海半潜式生产平台总体设计关键技术研究
	浮式液化天然气生产储卸装置（LNG-FPSO）总体设计关键技术研究
	深海半潜式支持平台研发
	浮式液化天然气储存及再气化装置（LNG-FSRU）总体设计关键技术研究
	海上油田环保作业船研发
关键系统和设备	海洋钻井平台用深海隔水管系统研究及关键部件研制
	深海轻型J型海底管道铺设系统研制
	水下连接系统及关键设备研制
	FPSO原油外输系统集成技术研究及关键设备研制
	悬链式单点系泊装置研制
	内转塔式单点系泊系统开发及液体旋转接头研制
	海洋平台及FPSO用大容量发电模块设计技术研究
	LNG-FSRU再气化模块总体设计关键技术研究及相关设备研制
	深海作业起重机主动升沉补偿系统研制
基础共性技术和标准	岛礁中型（总长300米级）浮式结构物关键技术研究
	海洋工程涡激振动（VIV）和与涡激运动(VIM)专用工程计算软件开发
	自升式钻井平台设计建造信息化管理技术研究
	海洋工程装备设计建造标准体系顶层研究

（二）国家科技部海洋工程装备科研项目概况

科技部863计划海洋技术领域本着挺进深远海、深化近浅海的原则，坚持军民结合，以维护国家海洋战略利益和培育海洋新兴产业为导向，以形成海洋技术作业能力为目标，突破一批前沿核心技术，产学研用相结合，开发重大装备和技术系统，初步形成深海环境观测、运载作业和资源勘探开发的技术能力，为实现海洋技术由近浅海向深远海的战略转移，建设海洋强国提供高技术保障。2012年科技部863计划海洋技术领域支持重点是：

（1）深海关键技术与装备重点转向。重点支持深海油气地球物理勘探、深海钻井装备和水下生产系统关键技术与装备研发；支持海底观测网核心设备、组网及运行管理等关键技术研发；支持深海移动工作站关键技术研发。

（2）海洋油气勘探开发技术主题。重点支持海洋大位移井等复杂条件下先进钻井技术研发。

（3）海洋监测技术主题。重点支持海洋声场–动力环境同步监测、新型高频地波雷达、船载海洋动力环境监测及海洋环境监测设备工程化等研发。

（4）深海探测与作业技术主题。重点支持水下导航与定位、新型运载平台、大洋矿产资源勘查开发以及深海通用产品等技术研发。

（5）海洋生物资源开发利用主题。重点支持深海微生物取样、培养与利用、海洋生物功能基因和远洋渔业捕捞与深加工等技术研发。

2012年度国家863计划海洋技术领域备选项目（见表10）。

（三）国家发改委海洋工程装备科研项目概况

为贯彻落实《国务院关于加快培育和发展战略性新兴产业的决定》精神，增强海洋工程装备产业的创新能力和国际竞争力，按照《海洋工程装备产业创新发展战略（2011~2020年）》关于实施海洋工程装备产业创新发展工程的部署，国家发改委按照“市场为牵引、创新为驱动、总装为龙头、配套为骨干”的发展思路，面向国内国际两个市场，结合主力装备、新型装备、关键配套设备和系统的发展特点，依托海洋工程装备总装制造骨干企业，带动配套设备制造企业，掌握总体设计技术和建造技术，重点突破海洋深水勘探装备、钻井装备、生产装备、工程船舶的设计制造核心技术，全面提升自主研发设计、专业化制造及设备配套能力。

2012年专项组织方式为：结合我国海洋工程装备研发和产业化基础，市场需求和工程订单情况，顶层设计，定向申报。由总装制造企业牵头，联合配套设备企业共同申报。分年度安排，滚动支持。

对于主力装备，重点支持提高自主开发设计能力，优先选择已落实依托工程订单可完成实船建造的企业。对于新型装备，重点支持总装建造技术开发和提高集成设计能力，设计图纸通过船级社审核，力争取得工程订单。对于关键配套设备和系统，重点支持系统集成设计技术、成套试验和检测技术以及制造技术研发和产业化，需具备实船试验条件或实现实船安装。

2012年重点支持项目（见表11）。

三、2012 年海洋工程领域专利情况

中国海洋工程装备产业领域的专利申请基本上呈逐年递增趋势。特别是从2007年至今，申请量快速增加，表明了近年来海洋工程装备产业领域的专利申请呈现极为活跃的态势。相当多的船企与新兴资本将目标对准了利润丰厚的海洋平台、浮式生产系统等这些细分产业，使得海洋工程装备产业在近几年得到了迅猛发展和长足进步。

表10 2012年度国家863计划海洋技术领域备选项目

序号	项目名称	主要承担单位	主要推荐单位	申请编号
1	海底观测网试验系统	中国科学院声学研究所、浙江大学、中国海洋大学、国家海洋局第二海洋研究所、同济大学、清华大学深圳研究生院、中天科技海缆有限公司、成都赛威讯信息技术研究所	上海市科学技术委员会、深圳市科技工贸和信息化委员会、浙江大学流体动力与机电系统国家重点实验室、有关专家等	SQ2011SF10B03805 SQ2011SF10B03582 SQ2011SF10B00089 SQ2011SF10B02007
2	深水油气勘探开发关键技术与装备	中国石油集团东方地球物理勘探有限责任公司、中海油田服务股份有限公司、湖北海山科技有限公司、宝鸡石油机械有限责任公司、江汉石油钻头股份有限公司、中海石油（中国）有限公司深圳分公司、中国船舶重工集团公司第七〇二研究所、沪东中华造船（集团）有限公司、上海利策科技有限公司、北京高泰深海技术有限公司、河北恒安泰油管有限公司等	陕西省科学技术厅、中国海洋石油总公司、中国船舶工业集团公司、工业装备结构分析国家重点实验室、有关专家等	SQ2011SF10B02350 SQ2011SF10B00560 SQ2011SF10B00438 SQ2011SF10B01143 SQ2011SF10B00768 SQ2011SF10B00988 SQ2011SF10B03114 SQ2011SF10B03728 SQ2011SF10B04068 SQ2011SF10B04162 SQ2011SF10B01730 SQ2011SF10B03999 SQ2011SF10B01848
3	深海滑翔机研制及海上试验研究	天津大学、华中科技大学、中国科学院沈阳自动化研究所、中国海洋大学等	天津市科学技术委员会、有关专家等	SQ2011SF10C03110 SQ2011SF10B02992 SQ2011SF10B03064 SQ2011SF10B02942
4	深海通用技术与产品研制（Ⅱ期）	中国科学院沈阳自动化研究所、中国科学院新疆理化技术研究所、北京工业大学、四川省宜宾普什驱动有限责任公司、国营林泉电机厂等	北京市科学技术委员会、四川省科学技术厅、贵州省科学技术厅、新疆维吾尔自治区科学技术厅、有关专家等	SQ2011SF10B03210 SQ2011SF10B02020 SQ2011SF10B02999 SQ2011SF10B03525 SQ2011SF10B02871
5	深海多金属结核和富钴结壳采掘与运输关键技术及装备	长沙矿冶研究院有限责任公司、中南大学等	深海矿产资源开发利用技术国家重点实验室	SQ2011SF10B01707
6	海底60米多用途钻机系统技术开发与应用研究	湖南科技大学、中国科学院海洋研究所等	湖南省科技厅	SQ2011SF10B00791
7	深水高精度水下综合定位系统研制	哈尔滨工程大学、国家海洋局北海分局等	有关专家	SQ2011SF10B00845
8	海上大位移井钻完井关键技术开发	中国石化集团胜利石油管理局、中国石油集团钻井工程技术研究院等	有关专家	SQ2011SF10B02085 SQ2011SF10B02499

（续表）

序号	项目名称	主要承担单位	主要推荐单位	申请编号
9	低压易漏底层钻井关键技术及装备	中国石化集团胜利石油管理局、西安理工大学等	有关专家	SQ2011SF10B01580
10	高频地波雷达关键技术与设备研制	湖北中南鹏力海洋探测系统工程有限公司、武汉大学等	湖北省科学技术厅、中国船舶重工集团公司等	SQ2011SF10B01592 SQ2011SF10B02606
11	海洋动力环境监测关键技术与设备	山东省科学院海洋仪器仪表研究所、中船重工715所、中国科学院声学研究所、中船重工710所、北京明航科技发展有限公司等	青岛市科学技术局、中国船舶重工集团公司、有关专家等	SQ2011SF10B02042 SQ2011SF10B02942 SQ2011SF10C03922 SQ2011SF10B02606
12	海洋环境监测设备适用性检验技术	武汉德威斯电子技术有限公司、北京盈想东方科技发展有限公司、中船重工715所、山东省科学院海洋仪器仪表研究所、中船重工710所等	湖北省科学技术厅、中国船舶重工集团公司、国家海洋监测设备工程技术研究中心、声纳技术国防科技重点实验室、有关专家等	SQ2011SF10B01592 SQ2011SF10B01067 SQ2011SF10B00526 SQ2011SF10C03922 SQ2011SF10B03986 SQ2011SF10B02606
13	海洋生态环境高通量生物检测技术开发	宁波大学、重庆西信天元数据资讯有限公司、厦门大学等	宁波市科技局、有关专家等	SQ2011SF10B03333 SQ2011SF10C02724
14	深海与极地生物探测获取与应用技术系统研究	国家海洋局三所、中船重工710所、中科院南海海洋研究所、中国极地研究中心等	广东省科技厅、国家海洋局、有关专家等	SQ2011SF10B00616 SQ2011SF10B02216 SQ2011SF10B00748 SQ2011SF10B03597
15	典型海洋生物重要功能基因开发与利用	中山大学、浙江大学、中国水产科学研究院黄海水产研究所、中国海洋大学、中国科学院海洋研究所等	教育部、有关专家等	SQ2011SF10B00370 SQ2011SF10B00751 SQ2011SF10B00244 SQ2011SF10B00542 SQ2011SF10C03978 SQ2011SF10B01065 SQ2011SF10B01066 SQ2011SF10B00228 SQ2011SF10B01547
16	远洋渔业捕捞与加工关键技术研究	上海海洋大学、上海开创远洋渔业有限公司、中国水产科学研究院东海水产研究所、中船重工701所等	中国渔业协会、浙江省科技厅、中国水产流通与加工协会、海洋渔业资源捕捞与养护产业技术创新战略联盟、有关专家等	SQ2011SF10B03698 SQ2011SF10C03861 SQ2011SF10B03072 SQ2011SF10C02377 SQ2011SF10B01640 SQ2011SF10B03605

表11 2012年重点支持项目

<table>
<tr><th>类别</th><th colspan="2">研发重点及目标</th></tr>
<tr><td rowspan="5">主力装备及配套设备</td><td>主力装备名称</td><td>相应配套设备和系统</td></tr>
<tr><td>30万吨深水浮式生产储卸装置（FPSO）设计建造技术研发及产业化。平台工作水深2 000米以上，完成实船设计和总包建造</td><td>FPSO单点系泊系统、原油装卸系统、大功率平台电站等</td></tr>
<tr><td>1 200米水深半潜式海洋钻井支持平台设计建造技术研发及产业化。完成实船设计和总包建造</td><td>深水锚泊定位系统、钻井动力变频驱动系统、高速柴油机发电机组等</td></tr>
<tr><td>1 500米作业水深钻井船设计建造技术研发及产业化。完成实船设计和总装建造</td><td>钻井包、定位绞车、海洋工程起重机等</td></tr>
<tr><td>3 000米水深多功能水下作业支持船设计建造技术研发及产业化。完成实船设计和总装建造</td><td>海洋工程起重机、锚绞车、鲨鱼钳、挡缆桩等</td></tr>
<tr><td rowspan="2">新型装备</td><td colspan="2">中深水大陆架油气开采张力腿（TLP）平台研发设计。平台适用水深200～500米，实现干式井口作业，完成方案设计并通过船级社审核，力争取得工程订单</td></tr>
<tr><td colspan="2">自升式生产储卸油平台研发设计。平台储油容量5 000立方米左右，完成方案设计并通过船级社审核，力争取得工程订单</td></tr>
</table>

2012年，我国公开的海洋工程装备领域专利申请总量为367项，比2011年增长16.1%。从海洋工程装备产业领域国内专利申请的分类号统计中可以看出，与其他领域的分类号相比，海洋平台（即B63B35/44分类号）的申请量远大于其他领域的申请量，海洋平台领域的专利申请十分活跃，属于目前技术研发的重点区域。

从海洋工程装备领域排名靠前的申请人的省市、国别分布情况中可以看出，国内企业分布以从大连至上海等一线沿海省市为主，国内申请的国外申请人大多分布在美国、挪威、荷兰等欧美传统海上采油、造船国家。中集集团及其下属单位、中海油、上海交通大学、中科院沈阳自动化所等国内相关企业、高校、科研机构构成了专利申请的主力军。

（编写：王 颖 王 婧 周长江 徐正海 王文祥 刘 旭）

第六章　2012主要省市海洋工程装备产业发展情况

第六章 2012主要省市海洋工程装备产业发展情况

一、辽宁省

(一)企业和科研院所

辽宁省拥有船舶及海洋工程装备制造企业200余家，其中船舶制造企业24家，船舶修理及改装业务企业25家，海洋工程装备制造企业5家，游艇建造企业近30家，船舶配套企业100余家，海洋工程装备制造主要有5家，分别为大连船舶重工、渤海船舶重工、大连中远船务、STX(大连)海洋工程、渤海装备辽河重工。

(二)主要海工产品

辽宁省主要海洋工程装备产品包括风电安装船、钻井平台、钻井船、浮式生产储油船等。

(三)生产经营情况

2012年，辽宁省造船完工量创历史新高。该省造船完工量达1 170.73万载重吨，同比增长6.43%；累计承接订单536.26万载重吨，同比增长149.42%；手持船舶订单1 822万载重吨，同比下降5.92%。其中，交付海工产品(钻井平台、钻井船、浮式生产储油船等)11座，实现产值近100亿元，同比增长23%。

(四)科技开发与技术进步

大连船舶重工JU 2000形成批量化建造，并成功开发了拥有自主知识产权的300英尺(DSJ-300)、350英尺(DSJ-350)和400英尺(DSJ-400)自升式钻井平台。大连中远船务承接的世界首艘超深水钻井船“大连开拓者”号项目，即将交付使用，该项目填补了我国海工装备制造业在钻井船建造领域的空白，打破了世界深水钻井船由韩国船企垄断的格局。渤船重工海洋工程领域的2艘修井/完井船已完工交付。渤海装备辽河重工完成了完全自主知识产权的风电安装船、CP 300自升式钻井平台的批量设计建造，现已完成CP 400自升式钻井平台的研发设计工作。

二、河北省

(一)企业和科研院所

河北省目前有1个海洋工程修理及改装企业——山海关船舶重工有限责任公司。

(二)主要海洋工程产品

河北省主要的海洋工程装备产品和服务包括FPSO和FSO改装，自升式平台及海洋风电安装船的建造，生活模块及其他配套产品。

(三)生产经营情况

山海关船舶重工有限责任公司积极拓展海洋工程装备市场，海洋工程制造已成为企业新的经济增长点。近年来承接了“胜利二号”、“胜利四号”作业平台、“渤海六号”、“渤海十号”、“渤海十二号”

钻井平台修理及FPSO改装任务，在海洋工程项目制造与改装方面积累了丰富的经验和实力，发展海洋工程产业已具备一定的基础和市场优势。2010年及2011年，河北省山海关船舶重工有限责任公司承接了11个海工修理项目及一个改装项目。

2012年，山海关船舶重工有限公司陆续承接了FSO改装（“北珠”）、海洋平台修理（“渤8”、“渤9”）工程。其中，重达1 250吨的“北方之珠”号艏部单点系泊装置塔楼吊装合拢定位已于2013年初顺利完成。这不仅是山船重工目前在漂浮状态下完成的最大吨位的吊装作业，而且创下吊装高度达98米的最高吊装纪录。

（四）主要建设项目

山船重工百万吨造船基地已基本建成，修船基地进入收尾阶段；造船设施改造项目总投资22.4亿元，于2011年完成全部项目建设，2012年年底项目竣工验收；修船扩建项目总投资不超过20亿元，预计2013年6月完工。项目建成后，年新增海洋平台建造、改装5座、大型船舶改装30艘、高附加值船舶修理30艘的生产能力。

山海关船舶配套产业园项目一期计划占地面积2 877亩，重点引进船用舾装件及小型设备、舱盖及分段制造、船用阀门及各种管道零件、船用电缆及附件、甲板机械、机舱设备、机电仪类企业，计划实现总投资60亿元，产业园区一期正在建设中。

三、天津市

（一）企业和科研院所

2012年，天津市拥有规模以上船舶工业企业38家，从业人员1.4万余人。其中船舶制造企业9个，船用配套设备制造企业5个，船舶修理及拆船企业24个。天津市船舶工业企业共有船台16座，船坞6个，码头14个。天津市主要有5个海洋工程装备及服务企业，分别为渤油船舶工程有限公司、新港船舶重工有限责任公司、博迈科海洋工程股份有限公司、海洋石油工程股份有限公司和俊昊海洋工程有限公司。

（二）主要海洋工程产品

天津市在海洋工程装备领域的主要产品和服务包括：海上平台维修，钢结构的设计与建造，生活模块设计与建造，电气模块设计与建造，海上工程施工，以及海洋工程装备相关的机械、电气、管线、仪表的设计安装与维修等。

（三）生产经营情况

2012年，天津市船舶工业企业完成工业总产值55亿元，同比增长10%；销售收入48亿元，同比增长11%。实现利润1亿元。造船完工量62万载重吨，同比增长88%。

2012年，海洋石油工程股份有限公司先后运行22个海上油气田开发项目和1个陆上LNG模块建造项目，其中11个位于南海海域、7个位于渤海海域、2个位于东海海域、3个海外项目。“流花4-1”海管、“番禺4-2/5-1”调整、曹妃甸单点改造等3个项目顺利完工，其余项目均安全有序运行。

新港船舶重工有限责任公司是国内较早进入海洋工程制造业的企业之一，早在1986年天津新港船厂成功的为埕北油田制造的U/A公用设施/生活模块。之后，又先后按照国际规范为中海油建造了阿帕奇，QK17，QK18，PL19-3C模块以及“自立”、“南堡”等海上石油平台。20世纪90年代开始先后承接了SZ36-1，QH32-6，QK17-2，墨西哥湾等生活模块及SZ36-1，LUNDINPM-3，LD10-1CEP，CFD11，SPM，BZ25-1 SPM工作模块的加工设计工作。在2002年和2005年先后为大连新船重工承接建造的文昌13-1/2FPSO和青岛北海重工承接建造的XJ23-1 FPSO浮式生产储油船的生产设计工作。近几年，又承接了来福士建造的美国Remedial Super M2半潜可移动平台的结构详细设计及生产设计工作（见表12）。

（四）科技开发与科技进步

2012年，天津市各船舶工业企业积极开展技术创新，加强科研开发。天津新港船舶重工在市场需求低迷、竞争激烈的条件下，高度重视高新产品储备和技术工艺研发工作，以“三高”产品为开发方向，完成了5 000吨起重船、JU 2000E海洋石油自升式钻井平台、德国75 000吨船等项目的投标、设计

表12 新港船舶重工近年承接建造和设计的海洋石油工程

序号	业主	项目	制造厂商
1	海洋石油	BH-5，BH-7平台改造工程	海洋平台公司
2	海洋石油	SZ36-1生活模块	海洋平台公司
3	海洋石油	QH32-6生活模块	海洋平台公司
4	海洋石油	JZ9-3SLPW组块	海洋平台公司
5	海洋石油	QK17-2生活模块	新港船厂
6	海洋石油	SZ36-1处理模块	韩国现代重工
7	海洋石油	“自立号”生活模块	新港船厂
8	海洋石油	PL19-3工作模块	海洋平台公司
9	海洋石油	“阿帕奇”生活模块	新港船厂
10	韩国现代重工	LUNDIN PM-3 中央处理模块	越南船厂
11	海洋石油	文昌13-1/2 FPSO	大连新船重工
12	海洋石油	LD10-1CEP组块结构加工设计	海洋建造公司
13	海洋石油	CFD11 SPM 加工设计	海洋石油平台公司
14	海洋石油	BZ25-1 SPM 加工设计	海洋石油平台公司
15	海洋石油	NB35-2 生活楼加工设计	新港船厂
16	渤海石油	FPSO生产设计	北海船厂
17	渤海工贸	PL19-3 C，B模块加工设计	新港船厂
18	渤海工贸	墨西哥湾生活模块结构加工设计	新港船厂
19	美国Remedial	SUPER M2半潜可移动平台详设及生产设计	来福士船厂

方案评审、前期技术准备工作；积极推进PCTC汽车滚装船、美国墨西哥湾火车轮渡等项目的前期技术开发工作，为经营接单提供了强有力的技术支撑。公司在加大“三高”产品和海工产品开发的同时，还积极争取国家政策、资金支持，并取得实质进展，从而有效增强了企业发展后劲。

2012年，海洋石油工程股份有限公司持续加大研发投入力度，推动技术创新，开展各级科研项目研究116项，重点开展了“深水海底管道铺设技术”、“水下分离器及其相关技术”等深水及水下工程技术课题的研究，为推动公司深水战略的实施积极进行技术储备。

（五）重大建设项目情况

天津新港船舶重工临港造修船基地造船区建设已基本完成。2012年12月，公司总部及管理部室搬至临港造修船基地办公，这标志着公司临港造修船基地投入正式运营。在临港区基础设施建设的三年时间里，新区生产流程不断理顺，综合管理逐步完善，设施能力快速释放。截至目前，新区已累计开工建造船舶出坞17艘/93.68万载重吨，其中完工12艘/55.8万载重吨，企业生产重心已完全转移至临港区。1好生活辅助楼及配餐中心等一批生产生活保障项目投入使用。修船区2号修船码头、1号出海口码头等规划建设项目进展顺利，基本竣工。

四、山东省

（一）企业和科研院所

2012年，全省拥有规模以上海洋工程装备制造企业7个，分别为青岛北海船舶重工有限责任公司、烟台中集来福士海洋工程有限公司、海洋石油工程（青岛）有限公司、青岛武船重工有限公司、大宇造船海洋（山东）有限公司、国营青岛造船厂、黄海造船有限公司。

（二）主要产品

山东省拥有青岛、烟台两大海工装备制造基地，主要海洋工程装备产品包括自升式钻井平台、半潜式钻井平台、FPSO、三用工作船、平台供应船以及水下驳船等。其中，自升式钻井平台涵盖从150英尺、300英尺、375英尺到400英尺、425英尺等不同工作水深的产品序列；半潜式钻井平台拥有COSL系列深水半潜式钻井平台以及Schahin系列深水半潜式钻井平台等品牌产品。

（三）生产经营情况

2012年，山东省共交付自升式钻井平台及半潜式钻井平台各1座、其他海工项目17个。新接订单自升式钻井平台1座、半潜式钻井平台3座、半潜式运输船2艘、其他各类海工项目15个，合同金额共计146亿元。截止到2012年底，山东省手持自升式钻井平台7座、半潜式钻井平台5座、半潜式起重平台1座、半潜式运输船2艘、其他各类海工项目17个。

（四）科技开发与技术进步

青岛海德威科技有限公司《船舶压载水处理系统的研制》通过专家组验收，项目研制的船舶压载水处理系统已通过了实船试验，获得了国际海事组织的最终认可，通过了中国船级社和挪威船级社的型式认可，其全世界独一无二的电催化高级氧化技术，高效的杀菌能力和极低的功耗等各项优势，已经超越了欧洲品牌，是中国船配产品民族品牌的一大跨越。

国家863计划“深水海底管道铺设技术”课题通过国家验收，该课题所取得的成果使中国海油的深水技术水平得到极大提升，使中国进军深海的步伐迈出了更加坚实的一步。

中集来福士交付的深水半潜式起重生活平台EXPLORER LIFTER基础设计、详细设计和生产设计均由中集来福士自主完成，实现了中国海工企业在深海平台从“购买技术”到自主设计的一次跨越。

五、江苏省

（一）企业和科研院所

江苏省作为我国第一造船大省，2012年江苏省的造船完工量、承接新船订单、手持船舶订单量三大指标均处于全国第一，拥有发展海洋工程装备的先天优势。目前，江苏省从事海洋工程装备制造主要有江苏熔盛重工、惠生（南通）重工、南通中远船务、扬子江船业集团、南通润邦海工、镇江船厂等6家单位。

（二）主要海工产品

江苏省在海洋工程装备制造领域已经具备了一定的技术基础和较强的建造实力，目前已基本实现浅水油气装备的自主设计建造，部分还有工程船舶已形成品牌，深海装备制造取得一定突破。主要海洋工程装备产品包括自升式钻井平台、半潜式居住平台、浮式生产储油船（FPSO）、浮式天然气液化再气化生产存储平台（FLRSU）、LNG再气化装置、钻井包、铺管起重船等海工装备。

（三）生产经营情况

2012年江苏省海工产值突破100亿元，交付各类海工装备产品12艘。新承接了半潜式居住平台、浮式生产储油船（FPSO）、浮式天然气液化再气化生产存储平台（FLRSU）、LNG再气化装置、钻井包等产品。

南通中远船坞交付“希望者2号”钻井平台、GM 4000半潜式钻井修井平台、“海上安装者”号风电安装船、国内首制钻井辅助船和5.9万吨穿梭油轮等5艘海工产品；

江苏熔盛重工交付亚洲首艘3 000米深水铺管起重船；

惠生（南通）重工交付世界首艘浮力塔式钻井及生产平台；

南通振华交付抛石整平船、管节沉放船等3艘海工产品；

南通润邦海工交付1艘风电安装船；

镇江船厂交付了海洋工程辅助船；

10家企业接获海工装备订单30个产品，合同额达30.4亿美元，同比增长35%。其中，南通中远船务（含启东基地）新接订单14.4亿美元，占到全省的半壁江山。扬子江船业集团签订了3.4亿美元两座SUPER 116E自升式钻井平台海洋工程合同。熔盛重工新接获1艘2 000米深水钻井支持驳船总包合同。惠生重工比利时Zxmar公司获得了世界首座浮式液化再气化存储装置（FLRSU）总包建造订单。

（四）科技开发与技术进步

江苏省非常重视海工装备的发展，规划到“十二五”末期，建成集研发设计、高端制造于一体的海工装备基地，形成年产各类海工装备15~20艘的生产能力。近年来江苏省海洋工程装备的发展加紧了步伐，通过引进技术及自主自行研制，成功建造了一批海洋工程装备，为江苏海洋工程装备开发奠定了坚实的基础，形成了一定的技术储备和建造能力，所生产的全国首台圆柱形30万桶FPSO生产储油平台及首台3 000米水深全自动铺管起重船已交付使用。

南通中远船务公司作为江苏省重点海工装备制造企业，多年来从新加坡、韩国、日本等海工装备建造强国高薪聘请了20余名从事海工设计、建造和管理领域的顶级专家，建立了400多人的设计团队，同时成立了省级海洋工程设计研发中心，并抓紧申报国家级海洋工程设计研发中心。通过吸引海外高端人才，南通中远船务迅速提高了自身的研发能力和建造能力，海工装备的订单不断增长，已经跃居全国前列。

六、上海市

上海市作为我国主要的船舶制造地区之一，近年来，一直把海洋工程装备作为促进造船业升级、提升竞争优势的主要途径，以技术创新为突破，以公共研发平台为基础，将海洋工程装备列为上海市高新技术产业化九大重点推进领域之一，并于2008年出台了《上海推进海洋工程装备高新技术产业化行动方案》。

（一）企业基本情况

上海市拥有上海外高桥造船有限公司、上海船厂船舶有限公司、上海振华重工（集团）股份有限公司、上海中远船务，中船重工集团公司第七〇四研究所、中国船舶工业公司第七〇八研究所、上海船舶研究设计院、上海佳豪船舶工程设计股份有限公司、上海交通大学等数量众多的海洋工程装备制造企业及科研院所，在海洋工程装备设计、建造安装、配套、工程管理等方面居于国内首位。

（二）主要产品

当前，上海市主要海洋工程装备产品包括自升式钻井平台、半潜式钻井平台、深水钻井船、多缆物探船、FPSO上部模块，铺管船、挖泥船、抛石平整船、风电设备安装船等。

（三）生产经营情况

2012年，上海外高桥造船有限公司与中石油集团签订了1座400英尺自升式钻井平台总包建造合同，加上2011年与挪威公司签署的2+3合同，外高桥公司已手持3+3座自升式平台订单。

上海中远船务工程有限公司从浮式生产储油轮（FPSO）的设计和建造技术输出开始，正式进入巴西海工装备建造市场，以高质量的详细设计、生产设计以及现场技术服务，得到了巴西合作方的高度认可。上海中远船务成功实现了从“技术服务”到“项目建造”的华丽转身，2012年一举承接了8艘FPSO生活模块的建造订单，成功进军巴西海工主流市场，站上了海工装备制造领域的新起点；

2012年，振华重工自升式平台抬升机构自主研发及产业化取得成功，成为国内第一家交付钻井平台抬升系统的企业，2012年再次从F&G公司获得一套自升式平台抬升系统订单，并从阿联酋公司获得了一套石油平台抬升机构及桩腿建造订单。自2011年研发成功至今，F&G公司相继向振华重工订购了10套抬升系统及10套提升系统电控装置，累计金额超过1亿美元。

（四）科技开发与技术进步

上海船厂多年跟踪多缆物探船科技发展和市场应用趋势，目前已成为国内唯一成功建造多缆物探船的船厂，积累了丰富的经验。“钻井船关键技术研究”取得突破，钻井船总包建造任务2012年已经开工，将完整实施开发设计、船体建造、重要设备采购、全船设备安装调试的全过程总包。

上海振华重工在铺管设备、重型锚绞机、全回转吊机、动力定位推进器及控制系统、自升式平台抬升与锁紧系统、海上钻井设备等六大类海洋工程设备系统的科技研发相继取得突破，共获得国家发明专利 19项、实用新型专利23项。公司海上超大型起重船已成为品牌产品，起重铺管船已成功交付4条，其中包括国内同类型船舶的首次出口订单；起重铺管核心设备的研发也同步跟进，核心部件实现装船业绩，公司已被认定为国家海上起重铺管核心装备工程技术研究中心。

外高桥造船公司建造的“海洋石油981”号3 000米深水半潜式钻井平台已经在南海开钻，成功启动了我国保护南海油气资源的深海第一钻。

七、浙江省

(一)企业和科研院所

浙江省拥有舟山中远船务工程有限公司、太平洋造船集团等海洋工程装备制造企业。同时，金海重工股份有限公司、惠生(舟山)海洋工程有限公司、万泰海洋工程有限公司正在筹备或建设海洋工程基地，舟山进入国家海洋工程装备重点产业基地布局，以舟山为中心辐射全省的海工装备产业基础逐步形成。

(二)主要产品

浙江省主要海洋工程装备产品包括多用途工作船、三用工作船、平台供应船、3.8万吨自航式半潜船以及415WC可移动自升式起重平台等。

(三)生产经营情况

2012年，浙江省共交付三用工作船11艘、平台供应船2艘、多用途工作船3艘，其他海工项目2个，新接平台供应船9艘、自升式作业平台1座、浮式LNG液化再气化存储装置1艘。

(四)科技开发与技术进步

太平洋造船集团成功交付了首艘自主设计的全球最先进的小型三用工作船—SPA 80全电力推进DP-2 80吨AHTS船。SPA 80通过独特的船体线型设计，在保持良好的抗风浪能力的前提下降低了航行阻力，在相同的经济航速时，其油耗可降低20%以上。最重要的是SPA 80还获得了法国船级社的"清洁船舶"(Clean Ship)证书，前瞻性地满足未来更加严格的环保要求。

(五)产业发展

舟山地区还充分利用其适宜发展海洋工程装备的优越岸线条件、较为雄厚的船舶建造实力以及良好的发展基础，先后引进太平洋海洋工程(舟山)有限公司(一期建设完成，二期筹建中)和舟山惠生海洋工程有限公司两大现代化海洋工程装备制造企业，着力发展海洋工程装备制造能力，加快推进舟山的海洋综合开发试验区的建设，目前太平洋海洋工程(舟山)有限公司已开展海洋工程装备修理和制造业务，初具规模。同时，金海重工股份有限公司、舟山中远船务工程有限公司和浙江正和造船有限公司则通过各种方式进军海洋工程装备制造业，其中金海重工已接获一座90米的海洋工程生活平台订单、舟山中远则依托中远集团公司建造多类型海工辅助船等。

八、福建省

(一)企业和科研院所

至2012年末，福建省拥有修造船船企业及相关联的企事业单位280余家，其中规模以上修造船企业84余家，具备建造万吨级以上船舶的企业50余家。其中，厦门船舶重工股份有限公司、马尾造船股份有限公司和东南造船厂是海洋工程船骨干建造企业。

(二)主要海洋工程产品

福建省主要的海洋工程装备产品为各类海洋工程船舶，包括平台供应船、多功能平台供应船、三用工作船、半潜式支持船、工作拖船等。

(三)生产经营情况

2012年，福建省规模以上船企(不含渔船、游艇、船舶配套)完成工业总产值223亿元，同比下降9%；出口产值107亿元，同比下降6%；修船产品产量2 620艘/23亿元，艘数同比增加102艘，产值下降10%。出口创汇12亿美元(含游艇)，同比下降5.29%。

造船完工836艘/178万吨，同比下降6%；新承接订单858艘/128万载重吨，合同金额139亿元，与去年同期相比艘数增加258艘，吨位减少7万吨，金额增加24亿元；手持订单362艘213万载重吨，合同金额189亿元，与去年同期相比艘数增加23艘，吨位减少75万载重吨，合同金额基本持平。

全年实现销售收入164亿元，同比下降11%；实现利润9.1亿元，同比下滑12%。其中：漳州地区下降1%，龙海地区下降4%，福安地区下降3%，福州地区下降9%，省船集团公司下降13%。

福建省造船企业从2006年开始步入海洋工程船建造领域，目前承接订单均以海洋工程船为主导产品，仅东南造船厂已累计完工200余艘，2012年交船30艘，完成工业总产值23亿元，同比增长13%，出口创汇3.07亿美元。2012年，福建省全省新接海洋工程船订单为27艘，交付42艘，手持订单26艘。

（四）科技开发与科技进步

2012年4月28日，马尾造船股份有限公司“87米平台供应船”属省内首创，主要技术指标达到国际同类船舶领先水平。

2012年3月2日，福建省科学技术奖励委员会办公室评审通过马尾造船股份有限公司70米平台供应船为省科学技术奖二等奖。

（五）发展规划

福建省加快战略性新兴产业发展实施方案，以特种船舶与海洋工程装备和海洋资源开发为重点，推进海洋经济试点省建设。到2015年，销售收入800亿元，年均增长25%以上。要着力引进国内外海洋工程研发团队，重点发展双体半潜居住辅助平台、海洋平台供应船、大马力多用途海洋工作船、环保多功能型海工辅助船等特种船、海洋工程船。高起点建设连江船舶工业园区和厦船三期技改工程，将连江船舶工业园区打造成国内有影响力的海工辅助船生产基地。大力发展船用机械配套产业和海工装备产业，提高福建省船舶制造的配套能力。

九、广东省

（一）企业和科研院所

2012年，全省海洋工程装备制造企业主要有6个，分别为广州中船黄埔造船有限公司、广东中远船务工程有限公司、招商局重工（深圳）有限公司、广东粤新海工装备股份有限公司、广州市番禺灵山造船厂有限公司、广新海事重工股份有限公司。

（二）主要产品

广东省主要海洋工程装备产品包括钻井平台、移动式多功能修钻井平台、钻井模块，生活模块、海上起重船、大型铺管船、挖泥船、物缆船和钻探船、多用途工作船、全回转顶推轮、三用工作船以及平台供应船等。

（三）生产经营情况

2012年广东省完成海洋工程装备产值51亿元，同比增长4%。2012年海洋工程装备建造交付三用工作船31艘、救助船2艘、半潜式生活起重平台1座、自升式钻井平台1座、半潜运输船1艘、非自航半潜驳船1艘、半潜式自航工程船1艘、自升助航式作业平台1座，其他海工项目3个。新承接自升悬臂式钻井平台2座、平台供应船14艘、三用工作船16艘、其他海工项目4个。

（四）科技开发与技术进步

招商局重工为海洋石油工程股份有限公司建造的“海洋石油278”半潜式自航船是世界上第一艘带动力定位的5万吨级以上的自航式半潜船，载重量在世界上同类船舶中排名第二。

粤新海工为中石化集团上海海洋石油局建造的1.6万马力三用工作船“勘探225”是世界著名海洋工程辅助船设计公司——挪威哈佛公司最新船型”HAVYARD 843 CD”的全球首制船，是国内第一艘获得挪威船级社颁发的“绿色护照”的三用工作船，是国内第一艘满足国际海事组织规定的“PSPC”涂层新标准的三用工作船，是国内第一艘采用康斯博公司全新研发的船舶自动化系统的三用工作船，是国内主机功率最大的三用工作船之一。

十、湖北省

（一）企业和科研院所

湖北省拥有有船舶和海洋工程装备制造及配套企业385家，科研设计机构21家。其中比较著名的有武昌船舶重工有限责任公司、武汉船用机械有限责任公司、中国舰船研究设计中心、武汉第二船舶设计研究所、武汉船用电子推进装置研究所、武汉理工大学等。目前，湖北省已形成了较为完备的产业体系。

（二）主要海洋工程产品

湖北省主要海洋工程产品包括平台供应船、多功能平台供应船、三用工作船等。此外，湖北省还可为海洋工程船和海洋平台提供配套，产品涵盖特种甲板机械、海工起重设备、平台升降系统、推进及动力定位系统、原油装卸系统等。

（三）生产经营情况

2012年，湖北省船舶工业实现总产值512亿元，同比增长17.23%。武昌船舶重工有限责任公司获得1艘21 000马力平台供应船新接订单，拥有1艘平台供应船手持订单，全年交付海洋工程船6艘。6月，武汉船用机械有限责任公司为天津海恒提供的300英尺自升式海洋平台（海恒一号）集成打包配套的关键产品设备——齿轮齿条式液压升降系统顺利通过船检试验。9月17日，公司与天津德赛机电有限公司签订的2座90米自升式平台关键设备合同生效，该合同包括2船套升降系统、2船套桩腿齿条、2台符合API-2C规范的190吨吊车和2台符合API-2C规范的20吨吊车。

根据规划，到2015年，湖北船舶及海洋工程装备产业将完成总产值1 000亿元(其中海洋工程装备产业500亿元)，力争完成1 200亿元(其中海洋工程装备产业600亿元)；出口创汇50亿美元；培育1家年产值超200亿元、2家年产值超100亿元的企业。

（四）科技开发与科技进步

2012年10月27日，武昌船舶重工有限责任公司“万马力级三用工作船自主研制”科技成果通过湖北省科技厅组织的科技成果鉴定，认为该项目具有完全自主知识产权，在航行速度、装载量、装载率、单位系柱拖力消耗功率等主要性能指标达到同类船舶国际领先水平，综合性能指标达到国际先进水平。该项目利用区域化设计技术进行功能的重新分配和系统的优化布置，突破了船机桨最佳配合的船型技术、长轴系设计、安装的关键技术；以中间产品为导向进行模块化建造，完成了实船研制。该船与国外同类船舶相比，装载量提高了63%，装载系数提高了20%，甲板载货面积提高了45.8%，设计航速下节省功率达8.1%，服务航速下节省功率达13.3%，单位拖桩力的功率消耗降低了5.2%。

2012年，武汉船用电子推进装置研究所与中海油田服务有限公司在北京正式签署了《深水油田工程船3MW级电力推进系统》课题联合研制合同。该课题属于国家科技重大专项——深水油田工作支持船及配套技术项目的子课题之一。合同的签署为该所自行研发的电力推进系统及配套设备进入海洋工程市场打下坚实基础。

2012年，武汉船用机械有限责任公司先后在齿条双向同步切割、低碳超厚板无预热齿形切割、齿条板冷切割等研究方向寻求突破，探索出齿条冷切割参数和工艺方案，并成功运用于在制产品。新加工齿条在同等齿面粗糙度情况下，齿距误差大幅减小，齿形外形质量大幅提高，同时因减少了预热环节，加工成本得到大幅下降，生产效率得到切实提高。

（五）主要建设项目

2012年，国家科技部对武船集团组织申报的“武汉国家高端船舶与海洋工程装备高新技术产业化基地”进行了评审。国家科技部高新司、湖北省科技厅及基地骨干企业、研究院所代表参加了评审会。与会专家一致认为：该基地拥有良好的产业发展基础，符合国家调整产业结构、转变经济发展方式、发展战略新兴产业的要求，对推进我国高端船舶及海洋工程装备技术创新和产业化、集群化发展，实施“中部崛起”战略具有重要意义，同意通过论证。该基地将挂靠武船集团，充分发挥已有技术与产业资源优势，辐射带动区域相关产业形成特色产业集群，成为打造湖北省“十二五”千亿船舶产业，实现产业结构调整和转型升级的中坚力量。

延伸阅读：

我国主要海洋工程企业和并购情况

目前国内从事海洋工程建造企业可分为两个层次：第一层次包括烟台来福士海洋工程有限公司、大连船舶重工集团有限公司、上海外高桥造船公司、青岛北海船舶重工有限责任公司、上海船厂船舶有限公司、南通中远船务工程有限公司、招商局（深圳）重工等企业，主要从事钻井平台和浮式生产系统建造；第二层次则包括江苏熔盛重工股份有限公司、黄船重工、武船重工有限公司、蓬莱巨涛海洋工程重工公司、江苏韩通船舶重工有限公司、天津新河重工公司以及一些有海工建造实力的地方船企，这些船企目前掌握着一定数量的海工辅助船和工程船订单，实力相对第一层次而言较弱，成员更为庞杂。总之，国内能建造海洋工程企业数量不多，约30多家左右。其中烟台来福士海洋工程有限公司手持订单最多，达到13座，大连船舶重工集团有限公司产品覆盖了自升式钻井平台、深水半潜式平台、建造类型最多；上海外高桥造船公司首次承建了世界上最先进的第6代3 000米深水钻井平台，建造技术最难。现就国内涉及海洋工程业务企业做以汇总（见表13）。

企业并购情况

随着国内企业在海洋工程装备制造领域技术的积累，向产业链高端挺进的趋势逐步显现。到目前为此，在国内海工装备领域投资并购的企业中，最为典型是2010年8月振华重工控股股东中交股份，以1.25亿美元收购了全球领先的海上钻井平台设计服务和装备供货商美国F&G公司100%股份，依托于F&G全球领先的海上钻井平台设计服务能力，在集团海洋工程装备设计及制造能力将有较大的

表13 中国主要海洋工程建造商情况

企业名称	海洋工程业务简要说明
大连船舶重工集团有限公司	目前已形成自升式钻井平台、半潜式钻井平台、浮式生产储油船为主体的海洋工程装备系列产品，其中大型自升式钻井平台实现系列化、规模化生产，2007年交付了一艘当代世界先进水平的400英尺的自升式钻井平台
上海外高桥造船公司	主要海工产品为FPSO和半潜式钻井平台。2002年首次承建15万吨FPSO，成功进入海洋工程领域；2007年，该公司实现海洋工程装备制造产值12.1亿元，交付了30万吨级FPSO，承接了第六代3 000米的深水半潜式钻井平台，进一步拓展高端海洋工程建造市场新领域
烟台来福士海洋工程有限公司	由新加坡方控股的中外合资企业，是中国唯一一家由外资控股、100%按国外先进模式进行管理的造船企业。近两年，该公司连续建造了3艘第三代SSP（圆桶形FPSO），成为世界上第一个建造第三代SSP的造船企业。2009年底，该公司在建海洋工程产品13个，包括自升式钻井平台、半潜式钻井平台等
青岛北海船舶重工有限责任公司	从1981年开始进入海洋工程装备建造领域，2007年，该公司在海洋工程市场颇为露脸：首次利用修船坞建造了山东省吨位最大、技术含量最高的10万吨级FPSO交付，为中国海洋石油总公司建造了1艘3万吨级的亚洲最大导管架下水驳船，交付自升式钻井平台“中油海6号”，2009年1月和3月分别交付“中油海7号”、“中油海8号”。2009年底，承接中国石油集团公司“试采3号”平台和2座40米的钻井平台建造项目
上海船厂船舶有限公司	1984年，与中船集团708所等单位联合设计，并成功建造了中国第一座自主研发的海上半潜式钻井平台“勘探3号”；在1986～1988年期间，为中国海洋石油总公司所属的“渤海8”号、“渤海10”号钻井平台进行了升级改造。2008年11月13日，为美国建造并成功交付1艘12 000英尺海洋钻井船，标志着该公司进军海洋工程市场已取得阶段性成果
南通中远船务工程有限公司	2007年底，公司手持海油工程装备建造订单包括钻井生产储油船（FDPSO）、FSO、半潜式海洋石油平台、圆筒型钻井平台等先进产品
中远船务工程集团有限公司舟山分公司	2007年9月，承接挪威MARACC Island offshore公司GM 4000半潜式海洋平台开工建造，2010年1月交付使用。该平台由挪威GM设计公司负责设计，挪威船级社负责检验，平台装配有3级动力定位系统，集钻井、完井、海上服务于一体，工作水深可超过1 000米，主要用于挪威北海海域的石油钻探服务
海洋石油股份有限公司	国内唯一一家集设计、建造和安装为一体的大型海洋工程企业。2007年开工建造了亚洲海上油气田最大的平台导管架；签订了3万吨导管架下水驳建造合同，承揽了深水铺管船4 000吨起重机的主体建造项目等

（续表）

企业名称	海洋工程业务简要说明
山东蓬莱巨涛海洋工程重工有限公司	由中国海洋石油总公司、新加坡胜科集团、中国南山科技开发技术有限公司（深圳）和巨涛海洋石油服务有限公司合资，在山东省蓬莱市投资兴建的中外合资经营企业，2006年5月正式投产。主要从事海上石油和天然气钻井平台的设计、开发和建造，包括导管架合装、组块、生活模块以及港口机械和石油化工设备制造等
江苏韩通船舶重工有限公司	成立于2005年，是一家中韩合资的大型船舶及海洋平台（FPSO）制造企业。2007年，该公司批量承接的挪威Sevan Marine公司FPSO项目，首制船Sevan 300船体正式开工建造，成为江苏省造船企业首次涉足FPSO船建造领域的企业
江南造船（集团）有限责任公司	在海洋工程方面，曾造出5万吨级FPSO船、4 200 立方米/22 000立方米半冷半压式乙烯液化气船、以及曾为东海平湖和春晓油气田建造生活模块、为挪威开发研究60万桶（99 500立方米）FPSO船等
沪东中华造船（集团）有限公司	1970年，改装了中国第一艘钻井浮船“勘探一号”；1989年7月建成了中国第一艘5万吨级的浮式生产储油卸油装置（FPSO）渤海友谊”号；还建造了多艘大型三用工作船、海上供应船。2008年4月该公司成功交付了中国第一艘l4.7万立方米的薄膜型的LNG船
友联船厂（蛇口）有限公司	成立于1989年，是招商局下属一级企业招商局工业集团的全资子公司之一，主营各类远洋船舶、钻井平台的修理、改造及海洋钢结构工程
深圳赤湾胜宝旺工程有限公司	是一家中外合资的股份有限公司，总投资3 500万美元。3个主要股东：中国海洋石油总公司（36%的股份）、中国深圳赤湾石油基地股份有限公司（32%的股份）、新加坡胜科国际工程（私人）有限公司（32%的股份）。为国内外海洋与陆上工程项目的业主提供了产品和服务，是国家海洋工程施工一级资质企业
吉宝（南通）船厂有限公司	新加坡吉宝集团（KEPPEL CORPORATION LTD.）属下吉宝岸外与海事（KEPPEL OFFSHORE & MARINE）于2005年在江苏省南通市成立的外商独资企业，注册资金为1 498万美元，收购原南通渔轮厂资产并对其进行改造，建立海事生产基地，主要从事设计、生产建造、维修和改建海洋钻油平台、各类船舶及其相关机械设备和配件等
南通熔盛重工集团有限公司	位于江苏省南通市如皋港经济开发区内，是一家以船舶和海洋工程项目建造为主营业务的大型企业集团。2008年9月，为中国海洋石油总公司承建的深水铺管起重船“海洋石油201”在如皋正式开工。深水铺管起重船是深水油田开发重大装备项目之一，是国家重大科技项目，是国内首个自主设计和建造的大型深水铺管起重船，最大作业水深可达3 000米，铺管速度5公里/天，海上最大起重能力达4 000吨，能在除北极外的全球航区作业，其总体技术和作业能力在国际同类工程船舶中处于领先地位

资料来源：上海科学技术情报研究所

提升；2010年1月，中集集团要约收购了中国最大、全球第三大半潜式海洋工程装备建造商烟台来福士50.1%股份。通过此次收购，中集集团增强了其半潜式钻井平台、自升式钻井平台的设计及制造优势，成为全球第三大半潜式海洋工程装备建造商，具备与韩国和新加坡海工装备制造企业在全球竞争的实力。

在全球经济尚未完全回暖的背景下，国内企业低价收购具有技术优势的业内公司，积极布局未来经济回暖对海洋工程装备的需求，提升产品附加值，挺进产业链高端。同样是海工装备领域投资并购，但存在本质区别，振华重工的投资收购是一种优势互补，它本身有一定的海洋工程装备技术研发和制造能力，收购的目的是为了增强公司在钻井平台详细设计、工程设计以及设备制造领域等方面的实力，打造完整的海洋工程产业链，提升企业综合竞争能力，容易产生多个潜在的协同效应；而中集集团的收购，旨在加强海洋工程业务的投资，是公司投资多元化的战略举措，因为中集集团以前并没有海洋工程方面的设计技术，也没有相关的建造经验，但中集集团在资本运作方面抢得先机，以此次收购为契机，以烟台来福士为核心打造海洋工程装备业务的平台，利用自己的资金和资源优势，预期该公司在海工领域肯定还会有新的收购行为。此外，2010年7月，国家能源海洋石油钻井平台研发中心落户中集集团，进一步强化了中集集团在国内海洋工程界地位，也由此获得了承担国家重要海洋工程装备研发、试验和制造任务的资质，为中集集团未来深度参与国家能源发展拓展了空间。

从投资并购的机遇和风险角度分析，上述两则投资并购案例，不排除金融危机的“帮忙”，为它们创造了投资并购的机会，但是我们必须承认这两家企业自身的实力，不可否认它们对未来海洋工程装备市场的一致看好，有未雨绸缪之势。首先是国际市场大环境带来的机遇；其次是国内政策的大力支持和潜在的市场需求；最后，国内海洋工程装备发展也面临着一定的风险。

主要海洋工程投资项目简述

中国在海洋工程设计、建造、承包等方面的实力均还比较薄弱，而且建造的订单量也很少。但是海洋工程行业的高利润绝对是一个值得深挖的“金矿”，对船舶工业来说，海洋工程未来发展的空间还相当大。因此，近年来，在中国沿海地区兴起了一股海洋工程基地建设热潮，在兴建的几大造船基地——上海长兴岛造船、广州龙穴岛造船、海西湾造船基地都把海洋工程纳入了发展规划，中海油和中石化等国内大型石油公司，利用其雄厚的资金优势和项目优势，先后在青岛、大连、曹妃甸等地投资兴建海洋工程装备生产基地。与此同时，还有一大批来自国内外的“淘金者”正将大批资金砸向海洋工程装备制造业。不完全统计，在全国范围内，规划和在建的海洋工程装备基地近36个（见表14）。其中规模较大的投资项目主要由中石油和中海油两大石油巨头发起，联合当地政府兴建。同样，外商投资的海工项目主要采取合资形式筹建，包括设计和制造公司在内的外资项目（含企业）主要有20家左右。

中国海工项目产能预估

生产能力

以上海洋工程相关项目，共36个，分布在辽宁省、山东省、河北省、天津市合计有19个，长江口（江苏、浙江、上海）有12个，广东省（主要深圳和珠海）有5个。在36个海工投资项目中，扣除以下项目：江苏

表14 中国现有、在建、规划海工装备项目一览表

名 称	所在地	简 要 说 明
韩国STX造船项目	辽宁大连	是韩国STX造船公司在大连长兴岛投资的造船厂，该项目于2006年9月签约，总投资9.02亿美元，于2007年3月举行开工仪式。工程分为两期，包括船用发动机曲轴制造、船用柴油发动机制造、海洋结构物制造等6个项目
大连新加坡万邦集团海工项目	辽宁大连	2007年4月，长兴岛临港工业区管委会、大连港集团有限公司与万邦集团分别签署了《大连长兴岛公共港区项目投资协议书》、《海洋结构物制造项目投资协议书》、《船舶修造项目投资协议书》、《大连长兴岛临港工业区新加坡万邦集团公务员培训协议》。其中《海洋结构物制造项目投资协议书》投资共3亿美元，主要生产钻井专用的全套生产设备、设施模块，此技术目前仅美国及新加坡等少数国家拥有，该项目的引进填补了国内在该制造技术上的空白
大正港海工基地	辽宁大连	该基地建设工期两年，预计总投资近47亿元。竣工投产后，年销售收入将达96亿元，新增利税16亿元。达到年产2座半潜式、2座自升式海洋石油钻井平台以及20个海工模块的能力
大船重工长兴岛海工基地	辽宁大连	2008年10月18日，大连船舶重工集团有限公司(以下称大连船舶重工)长兴岛产业基地项目在大连长兴岛临港工业区举行了签约及奠基仪式。主要从事半潜式和自升式钻井平台，导管架、模块等海洋构筑物设计、制造等
大船重工前盐海工基地	辽宁大连	按照现代化海洋工程建造工艺流程分成分段制作、分段涂装、分段总组合拢等区域，以及专门的桩腿建造区域；长达460米的舾装码头、162米顺岸码头、120米悬臂梁码头，可以满足不同海洋工程项目的制造、修理、系泊、调试等需要。待海工基地全部建成后，将具备同时建造4座自升式钻井平台和1座半潜式钻井平台，或者同时建造6座自升式钻井平台的建造能力；年均产值可达80~100亿元
中石油盘锦海工基地	辽宁盘锦	基地工程占地3 200余亩，远期规划总投资50亿元，近期计划投资23.8亿元。计划分二期实施，总工期5年，其中一期工程在2006~2008年实施，投资10亿元。设计生产能力为每年建造工作水深120米以内的自升式钻井平台4座，改造海洋平台2座，以及3万吨级以下的小型灵便型油轮或工作船14艘，修造船能力达到100万吨载重吨以上。二期工程在2009~2010年实施，投资13.8亿元，建设干船坞2座，材料和舾装码头606米，及相应的生产、生活辅助配套设施等
中际重工海洋工程	辽宁盘锦	2009年3月17日，中际重工集团成功收购位于盘锦市的辽宁龙德船业有限公司，并更名为“辽宁中际海洋工程有限公司”，以此作为发展海工装备的一期基地。主要目标产品为国际主流型号的自升式、半潜式钻井平台、海洋工程服务船及舾装结构件等
深圳中集集团海工项目	辽宁大连	2008年5月，中集集团在大连市长兴岛临港工业区投资10亿美元建设海洋工程项目，主要生产自升式钻井平台、导管架平台、钻井船、半潜式平台等
山海关船厂	河北秦皇岛	具备每年可建造2座平台，改装1艘FPSO能力
唐山德龙海洋工程项目	河北曹妃甸	2007年8月，由德龙公司、韩国CN造船公司和唐山中厚板有限公司共同投资建设，总投资137亿元，年产值将达到200亿元。主要从事船舶修理与改装、船舶建造、海洋工程装备及海上构筑物制造业务
博迈科海洋工程设施制造项目	河北曹妃甸	2008年11月28日，在唐山曹妃甸工业区开工。该项目将分三期滚动建造和开发，由天津渤油船舶工程有限公司投资24.5亿元建设，占地约100万平方米，岸线全长2 177米。其目标产品为海洋石油工程配套组块制造和深海30万吨浮式储油轮FPSO的改装、半潜式海洋钻井平台总包和改造等相关海洋石油工程产品。建成后，每年可完成18座2 000吨到8 000吨的海洋石油工艺模块、2条FPSO的总包改装、1条半潜式钻井平台建造、20条船舶的维修和改造

（续表）

名 称	所在地	简 要 说 明
天津渤油船舶工程有限公司	天津	主要从事建造各类海洋工程模块和工程服务等业务
中石油青岛海工建造项目	山东青岛	项目总投资22.85亿元，2009年全部建成投产，形成9.8万吨/年的钢加工能力，使海西湾成为亚洲乃至世界最大的海洋工程装备制造平台。主要海工产品为导管架平台、桩基平台、单点系泊平台、FPSO等海洋油气田生产设施等，将覆盖中国浅、深海油气工程以及东 南亚、中东、西非、南美等国际海洋工程市场
中海油青岛海工建造项目	山东青岛	总投资27.5亿元，分三期投资，2009年全面完工。形成每年20万吨以上的钢材加工能力。主要工程项目是一套15万吨级的浮式生产储卸油处理装置，一座半潜式平台舾装码头及配套生产车间等，用以建造大型浮式生产储卸油装置、半潜式平台、张力腿平台、单柱式平台等深水油气开采浮式生产装置，以增强青岛制造场地深水油气开发的建造能力及总包能力
青岛武船重工	山东青岛	2008年2月，由中船重工武昌船厂与美国麦克德谟特公司合资组建。主要建造浮式油气生产储存系统、海上及陆上油气生产处理模块、大型综合平台、深吃水立柱式平台浮体等海洋油气工程装备 武船重工海西湾海工造船基地是青岛海西湾船舶产业集群的核心龙头项目之一，项目规划总投资55亿元。根据项目总体规划，一区代表产品主要包括为年建造半潜式钻井平台1座、30万吨级FPSO一艘、单柱式平台下部壳体0.5座，项目全年钢材加工量约为1.225万吨。年计划总产值达50亿元人民币。到2015年规划总产值为80亿元
北船重工	山东青岛	北船重工海洋工程主要涉及修理和建造。自迁址海西湾以来，年均交付三座平台及0.5艘FPSO
天津三联龙口海洋工程项目	山东烟台	由天津三联海洋工程有限公司投资兴建，主要从事国内外海洋工程建造与安装，同时生产钻机模块、悬臂梁、自升式钻井船、半潜式钻井船、船段等。该项目总投资11.65亿元，分两期建设，一期工程占地20万平方米，投资3.97亿元，2008年12月建成投产，年可实现销售收入20亿元，税收1.1亿元。预计项目全部达产后，年可实现销售收入50亿元，税收2.8亿元
烟台来福士海洋工程	山东烟台	2008年3月开始兴建，占地面积36万平方米，目前已拥有一台250吨门机，12台20吨门机及四台切割机械。到2009年2月，烟台来福士海洋边建设边生产，共计完成16 700吨钢材加工量，相当于烟台来福士船厂60%的生产能力。推算每年生产能力可达4座钻井平台及一艘FPSO
蓬莱巨涛	山东烟台	公司主要从事海上天然气钻井采油平台的设计、开发与建造，包括导管架和钢桩、组块、生活模块、浮式生产储油轮的上部模块，以及港口机械和石油化工设备等
江苏启东新加坡遨拓海工项目	江苏南通	2007年10月，由新加坡遨拓船务公司投资的新加坡启东遨拓海工项目正式签约，主要从事海上石油开采服务用船只生产和船舶租赁等业务
日本森松海工项目	江苏南通	2007年12月26日，日本森松工业株式会社与江苏如皋港区举行重工及海洋工程项目签约仪式。总投资1.727亿美元，注册资本5 760万美元，预计全部达产后年销售额可达到44亿元
中远船务启东海工基地	江苏南通	该基地规划总面积约100万平方米，拥有120米宽的海工制造坞及600吨龙门吊等，适合建造各类海洋钻井平台和海工船舶，全部工程将于2012年内完工，建成后的年产能为海工平台6座、海工船舶6艘
韩通重工	江苏南通	成立于2005年，总占地面积约80万平方米。公司设计年钢材加工能力15万吨，主要设施：5万吨级的船台3座，配有200吨门吊4台；330米×20米舾装码头一座、400米岸壁式舾装码头及配套起重设备；钢板预处理线两条，以及其他各类相应配套加工设备。目前以57 000DWT散货轮和海洋工程（FPSO）的建造为主，并致力于打造为国内优秀船舶和海洋工程建造基地

（续表）

名 称	所在地	简 要 说 明
熔盛重工	江苏 南通	以海洋装备制造为主营业务的企业集团，是国家发改委审批的大型民营造船企业，是江苏省“十一五”重点建设项目。船厂占地面积约10 000亩，岸线长度3.7公里岸线，现规划有造船项目与海洋工程，总投资约100亿人民币。海工产品主要有大型铺管船、钻井船、半潜式钻井平台、自升式钻井平台、张力腿平台、SPAR及FPSO等。该公司在进军高端海工装备领域目标是来自海工装备部分的收入要占到企业产值的40%左右
惠生（南通） 重工	江苏 南通	2004年3月成立，注册资本金7 660万美元，总投资1.5亿美元，占地面积53万平方米，拥有735米长江深水岸线和万吨级开放码头，以及290米×68米大型船坞、2座200t龙门吊，460米长重载滑道等大型设备，并配备了功能齐全的现代化设施。在海洋油气工程领域，为国内及国际客户提供海洋石油平台、平台工程模块、平台导管架、海洋工程支持船舶等的设计、建造、安装服务，以及FPSO的新建及改造服务。目前业绩主要是建造各类模块
上海外高桥 海工项目	上海	该项目位于上海临港新城重装备产业区，规划面积104万平方米，总建造面积为28万平方米，码头岸线长度1 131米。主要建造海洋工程装备，形成年产半潜式钻井平台2座，自升式钻井平台2座，上层建造（船用生活模块）50个生产能力等。该项目已于2008年4月28日开工建设，一期工程于2010年建成投产
上海船厂 海工项目	上海	2008年3月，该公司海洋工程港池工程正式开工。海洋工程一期建造设施技术改造项目于2010年上半年全面完成
振华重工	上海	主要从事海洋工程船、采油或勘探平台和高技术海工配件这三大类海工项目，其中高技术海工配件则在加速研制中，包括动力定位、提升齿条、优化锚绞机和优化全回转浮吊等，尽快实现批量供货。该公司未来三年的目标是海工业务占到总产值的50%，更远期计划是占到80%左右
舟山太平洋 海工项目	浙江	2007年1月，该项目在浙江舟山定海区长白岛开工。由香港嘉里集团下属的新加坡太平洋中国集团私人有限公司投资建设。主要从事生产石油勘探平台、海上浮式储卸装置与修造业务
浙江象山 中石油海工基地	浙江	占地80万平方米，一期投入约20亿元人民币，主要生产海洋石油工程模块和高压石化设备，投产后年产值可达50亿元。该项目开工后，中石油集团的相关配套项目也将跟进，从而形成以海洋工程基地为主体的产业集群，成为远东海洋石油工程制造中心
浙江金财海洋 工程装备项目	浙江	2007年9月，由浙江金财控股集团有限公司和中国瑞联实业集团有限公司共同出资建设，总投资100亿元，主要生产海洋石油开采设备、液体化工船、集装箱等
招商局重工	深圳	根据2006年以来建造业绩来估算，每年生产能力为钻井平台3座左右
深圳赤湾 胜宝旺	深圳	根据公司2005~2006年交付的业绩来估算，每年为4座导管架平台左右
深圳巨涛	深圳	主要从事建造各类模块和工程服务业务
中海油珠海 海工基地	广东 珠海	2009年5月，中海油与珠海市人民政府签署了框架合作协议。该项目首期投资50亿元，主要从事FPSO、钢质导管架平台、深水浮式平台等海上油气田设施建造，可满足3 000米深水海洋开发的设备需求
中船集团珠海 海工基地	广东 珠海	2008年6月19日，珠海市与中船集团签订了《关于共同推进中船华南大型造船基地项目建设的框架协议》。中船集团启动了投资443亿元的中船珠海大型海洋工程装备制造基地项目。项目建成后，珠海将可生产FPSO、30万吨大型油轮、超大型集装箱船等大型船舶，形成年产1 000万载重吨的生产能力

资料来源：上海科学技术情报研究所

启东新加坡遨拓海工项目、天津渤油船舶工程有限公司、大连新加坡万邦集团海工项目、惠生（南通）重工有限公司和深圳巨涛，因其主要生产模块或设备。对于山海关船厂、北船重工、赤湾胜宝旺和招商局重工等海工项目，根据其设施及以往业绩进行推算如下：

山海关船厂：根据过往业绩推算，每年可建造二座平台，改装一艘FPSO。

北船重工：自迁址海西湾以来，年均交付3座平台及0.5艘FPSO。

深圳赤湾胜宝旺：根据公司2005~2006年交付的业绩来估算，每年为4座导管架平台左右。

招商局重工：根据2006年以来建造来绩来估算，每年生产能力为钻井平台3座左右。

对于如中船集团珠海项目等这些大项目，中集大连海工，暂未定生产规模，假定5年后生产平台5座。

对于有些项目，如中际辽宁海洋、唐山德龙等，假定5年后生产平台3座，熔盛4座，韩通重工2座。

对于其他项目，从2007年、2008年或2009年开始建设，由于有些企业实力不足，因此假定3年后达到生产纲领有些不可能。

对余下31个海工项目的生产能力进行汇总得到，5年后，平台生产能力为117座（台）年，FPSO为3艘/年。

产值估算

中国36个海工项目中，明确产值计划的有10家。我们进行推算，振华重工2009年上半年其海工业务产值为18亿元，则估算全年产值在40~50亿元左右。其2008年度收入为261亿元，2009年目标为300亿元，假定今后5年其业务保持不变，则保守估计5年后其海洋工程产值可达240亿元。

如此，以上11家单位5年后的产值为1 093亿元人民币。换算成全部36家，估计为2 500~3 000亿元人民币左右。

谨慎产能过剩

在今后一段时期里海工装备的有效需求有多大？中国能拿到多少海工装备订单？对此我们应当有清醒的估计。2007年、2008年，世界海工装备市场火爆，2007年世界海工装备新订单量共57座（艘），2008年升至61座（艘），其中包括钻井船21艘，半潜式平台16座，自升式平台25座。在中国36个海工制造项目中，大多计划在2010~2012年建成投产，并将形成巨大的海洋工程装备制造能力。如果以每个基地年建造3座钻井平台或生产平台（含浮式生产储油船）计算，两三年后，中国主要海洋工程装备年制造能力将超过40座。而据海洋工程权威分析机构ODS~PETRODATA预测，2010~2015年，世界海洋钻井装置的总需求量为83~116座，其中自升式平台为6~12座，半潜式平台为66~93座，钻井船为11~12座，平均年需求为16~24座。至于浮式生产储油船（FPSO）和浮式储油船（FSO）的需求量，根据德国航运及交通信贷银行（DVB）预测，今后5年内平均每年新造量为5艘。因此可以判断，海洋钻井装置和生产平台等主要海工装备的年需求量不超过30座，以中国三五年后占据世界市场30%计算，中国平均年建造量10座（艘）左右。即使在海工市场兴旺情况下，中国年建造量充其量达到20座（艘），仍远低二三年后中国海工装备的制造能力，产能过剩将十分严重。

这里还不包括目前海洋工程制造较强的新加坡、韩国、日本等国兴建的海工项目。如未来5年日本船企已将海洋工程设备列为非船业务开发重点；韩国船企借此次金融危机船舶市场调整之际，更是加大了开发非船领域业务力度。如三星重工和STX造船利用自身的海洋工程设备专长准备进军巴西等中南美洲国家海上油气田项目的开发；三星还将与俄罗斯企业合作开发北极海域油气田；大宇造船把其强项海洋工程和建造两部门结合起来参与国外海洋开发和海洋城市建设开发等。毫无疑问，按照当前中国各地规划的海洋工程装备制造基地的发展势头，过剩危机的出现将不可避免。

各方应及早防范

从目前来看，海洋工程装备领域，似乎是一个规避风险的港湾。实际上，这一领域也存在风险。毕竟，海洋工程装备也是大资金投入的项目，其需求也会随时发生变化。大量造船企业涌入这一领域，将使竞争加剧。对于一般船企来说，海洋工程装备这一块进入门槛相对较高，表现在两个方面：一是投资量比较大，因为整个标的也比较大，一个标的总是要一两个亿美金，再高端的五六个亿也有；二是人才配备，海洋工程设计人才和现场管理人才的价位也比较高，管理人才和设计人才可能是一般人才价格的3~5倍。

当下，中国船企大部分是承制海洋工程浮式载体的分包商，如果再向总包商跨一步的话，就要面临很多困难。其中项目管理、组织协调和质量控制方面也会有不少难度，海洋工程装备项目的管理模式，与造船还是不一样。如果按照一般造船企业的管理模式去运行，难以做好。如钻井船、FPSO这种不是谁都能做的，相比之下，海上工程船舶这一块门槛会相对低些。同时，配套设备在整个海工装备中的地位比船体要高得多，比如一艘造价数亿美元的FPSO船体造价只占总造价的不到20%，其他大部分被配套设备占据。如果中国海工配套业不能实现与海工装备制造业同步发展，中国企业将被牢牢钉在海工产业链的低端，这是中国企业挺进海洋工程市场利润高地的最大隐患。

当然，国家和地方政府出台的政策规划及指南，向海洋工程装备转型，培育新的经济增长点最终是为船舶工业做大做强这一目标服务的，这无可厚非。然而，各地纷纷上马的海洋工程装备基地，如果在投产后不能接获足够的海洋工程产品订单，势必转向造修船领域，这将进一步加剧船舶工业整体的产能过剩危机；此外，海洋工程制造能力的扩展还将导致这一领域出现大而不强，乱而分散局面，引发同质化竞争、低价恶性竞争等问题，而海洋工程行业低价竞争必将使制造企业压缩成本，压缩成本将直接影响到产品的质量以及中国船舶工业在国际市场中的声誉，显然不利于中国船舶工业健康发展。这将与中国鼓励发展海洋工程装备、培育船舶工业新经济增长的初衷相违背。

为了实现海洋工程装备制造业健康发展的目标，中国及地方政府部门应密切关注海洋工程基地建设一哄而上的问题，制造企业应该对自身发展海洋工程装备能力进行充分可行性认证，应该跳出能力扩展误区，海洋工程装备需要强大的调配资金和融资能力，同时，还要克服系统集成度高、工序复杂和建造进度不易控制等难题。这使得海工装备对于相当多的制造企业来说是“烫手的山芋”而非“美味蛋糕”。

与此同时，各级政府部门在加强对造船新增产能控制的同时，对在建或拟建的海工装备制造基地项目严格依据相关规定进行审批，以遏制海工基地大上、乱上的势头，警惕“一窝蜂”盲目进入，造成“羊群效应”的不良后果，才能在强手林立的海洋工程市场角逐称雄。

外商投资中国海洋工程装备产业特点分析

目前，中国海洋工程装备投资已开始兴起。据不完全统计，国内外商投资的海工项目主要采取合资形式筹建，包括设计和制造公司在内外资项目

（含企业）主要有14家左右（见表15）。

在产业布局方面，外商在中国投资的海洋工程装备项目主要集中在中国6个省；从项目数量来看，江苏最多，辽宁和山东其次。具体分布：辽宁省的大连（3

表15 外商在中国投资的主要海工装备项目（含企业）

名 称	所在地	简 要 说 明
韩国STX造船项目	辽宁	是韩国STX造船公司在大连长兴岛投资的造船厂，该项目于2006年9月签约，总投资9.02亿 美元，于2007年3月举行开工仪式。工程分为两期，包括船用发动机曲轴制造、船用柴油发动机制造、海洋结构物制造等6个项目
大连新加坡万邦集团海工项目	辽宁	2007年4月，长兴岛临港工业区管委会、大连港集团有限公司与万邦集团分别签署了《大连长兴岛公共港区项目投资协议书》、《海洋结构物制造项 目投资协议书》、《船舶修造项目投资协议书》、《大连长兴岛临港工业区新加坡万邦集团公务员培训协议》。其中《海洋结构物制造项目投资协议书》投资共3亿美元，2009年内投产，主要生产钻井专用的全套生产设备、设施模块，此技术目前仅美国及新加坡等少数国家拥有，该项目的引进填补了国内在该制造技术上的空白
中船重工高曼海洋工程技术（大连）有限公司	辽宁	2006年9月，中船重工船舶设计研究中心与美国F&G共同出资组建。利用合资方的技术和市场优势，进入海洋工程设计市场；同时通过合作，逐步积累海洋工程设计经验，拓展技术业务领域，培养海洋工程方面的专业技术人才，提高中船重工海洋工程技术的研发能力和设计水平
蓬莱巨涛海洋工程项目	山东	由中海石油、新加坡胜科集团、中国南山科技开发技术有限公司（深圳）和巨涛海洋石油服务有限公司共同出资组建。主要从事海上天然气钻井采油平台 设计、开发与建造，包括导管架和钢桩、组块、生活模块、浮式生产储油轮的上部模块，以及港口机械和石油化工设备等。项目总投资2.2亿美元，为中海油、海工提供服务，同时参与世界海洋工程市场竞争，与ROC石油、AmClyde、Bluewater等国际知名公司建立了良好的合作伙伴关系，相继完成了ROC石油项目、AmClyde 吊机项目、Bluewater蓝水单点项目等
青岛武船重工有限公司	山东	2008年2月，中船重工武昌船厂与美国麦克德谟特公司合资组建。主要建造浮式油气生产储存系统、海上及陆上油气生产处理模块、大型综合平台、深吃水立柱式平台浮体等海洋油气工程装备
烟台来福士海洋工程有限公司	山东	由新加坡方控股的中外合资企业，主要从事自升式钻井平台、半潜式钻井平台、FPSO、浮式储油船（FSO）、平台供应船、铺管船及其他工程作业船建造
唐山德龙海洋工程项目	河北	2007年8月，由德龙公司、韩国CN造船公司和唐山中厚板有限公司共同投资建设，总投资137亿元，年产值将达到200亿元。主要从事船舶修理与改装、船舶建造、海洋工程装备及海上构筑物制造等业务
唐山石油钻采设备和海水淡化设备制造项目	河北	2007年12月，挪威阿克科瓦纳在河北唐山曹妃甸工业区投资兴建，主要生产钻采设备和海水淡化设备等产品
江苏启东新加坡遨拓海工项目	江苏	2007年10月，由新加坡遨拓船务公司投资，主要从事海上石油开采服务用船舶生产和船舶租赁等业务
日本森松海工项目	江苏	2007年12月26日，日本森松工业株式会社与江苏如皋港区举行重工及海洋工程项目签约仪式。该项目总投资1.727亿美元，注册资本5 760万美元，预计全部达产后年销售额可达到44亿元

（续表）

名 称	所在地	简 要 说 明
韩通船舶重工有限公司	江苏	成立于2005年，是一家中韩合资的大型船舶及海洋平台（FPSO）制造企业。2007年，该公司批量承接的挪威船东FPSO船项目，首制船Sevan 300船体正式开工建造，成为江苏省涉足FPSO船建造的首家造船企业
吉宝（南通）船厂有限公司	江苏	2005年，由新加坡吉宝集团（KEPPEL CORPORATION LTD.）属下吉宝岸外与海事(KEPPEL OFFSHORE & MARINE)公司在江苏省南通市成立的外商独资企业，注册资金为1 498万美元，收购原南通渔轮厂资产并对其进行改造，建立海事生产基地，从事设计、生产建造、维修和改建海洋钻油平台、各类船舶及其相关机械设备和配件等延伸产品
舟山太平洋海洋工程及修造船综合项目	浙江	2007年1月，该项目在浙江舟山定海区长白岛开工。项目由香港嘉里集团下属的新加坡太平洋中国集团私人有限公司投资建设。主要从事生产石油勘探平台、海上浮式储卸装置修造业务。项目分期建设，全部建成后年营业额可达100亿元以上
深圳赤湾胜宝旺工程有限公司	广东	是一家中外合资的股份有限公司，总投资3 500万美元。主要有3家股东分别为：中国海洋石油总公司（占36%）；中国深圳赤湾石油基地股份有限公司（占32%）；新加坡胜科国际工程（私人）有限公司（占32%）。为国内外海洋与陆上工程项目的业主提供产品和服务，是国家海洋工程施工一级资质企业

资料来源：上海科学技术情报研究所

个）、山东省的烟台、青岛、蓬莱（各1个）、河北省的唐山（2个）、江苏省南通（2个）、如皋和启东（各1个）、浙江舟山和广东深圳各1个，具体项目分布如图7所示。

从投资方式来看，大多数项目都是采用合资方式进行，中方控股的居多。部分项目由于投资时间早，当时中国船舶工业投资政策尚未出台，也存在外方控股和外商独资项目（公司），如吉宝（南通）船厂有限公司，于2005年在江苏省南通市成立外商独资企业，注册资金为1 498万美元，收购原南通渔轮厂资产并对其进行改造，建立海事生产基地，从事设计、生产建造、维修和改建海洋钻油平台、各类船舶及其相关机械设备和配件等延伸产品。

从投资产品结构来看，大部分项目以生产制造海洋工程装备为主，只有少部分企业涉及海洋工程装备模块设计，这就说明外商投资项目最核心的技术并没有转移到中国，我们建造的仅仅是一些海洋平台和海洋钢结构及部分海洋平台装备设备，它们在整个海洋工程装备产业链中处于价值低端。因此，建议中国应该多一些“中船重工高曼、蓬莱巨涛、青岛武船重工”这样的合资项目，吸取国外先进设计技术和建造经验，尽快从制造底端向高技术、高附加值的海洋工程装备模块设计和制造推进和转移。

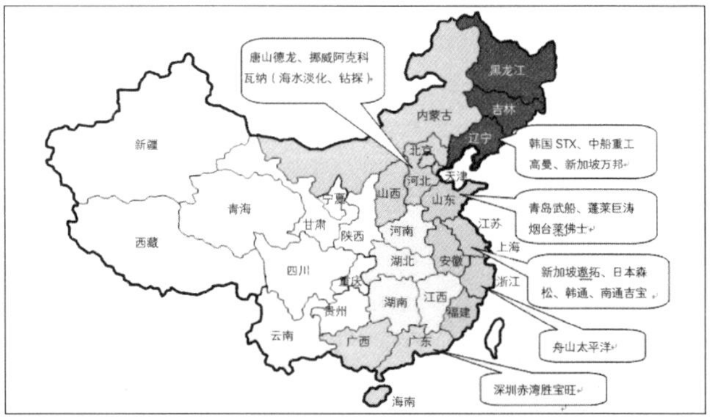

图 7 外商投资海工项目分布图

（编写：吴 凯 曾晓光 曹 林 刘华祥 张小凯 郭腾飞）

第七章　2012中国海洋工程装备主要建造企业发展情况

第七章　2012中国海洋工程装备主要建造企业发展情况

一、烟台中集来福士海洋工程有限公司

（一）企业基本情况

烟台中集来福士海洋工程有限公司（下称“中集来福士”）前身是创建于1976年的烟台造船厂。1996年烟台普泰造船有限公司与胜利油田实业集团公司、新加坡泰山烟台造船私人有限公司投资成立了烟台泰山造船有限公司，2001年烟台泰山造船有限公司更名为烟台来福士海洋工程有限公司。2010年1月，中国国际海运集装箱（集团）股份有限公司完成要约收购，成为中集来福士的控股股东，烟台来福士海洋工程有限公司更名为烟台中集来福士海洋工程有限公司。

经过十几年的积累与发展，中集来福士现有烟台、海阳、龙口3个海洋工程装备建造基地，总占地面积约2 000亩；拥有一支有40余年海洋工程建造经验的国际化的专业管理团队，现有员工约1.2万人。中集来福士已经发展成为集设计、建造、调试为一体的能够总包建造高端海洋工程装备及其他特殊用途船舶的海工企业。

（二）主要产品

中集来福士海洋工程装备产品主要包括三大类：半潜式钻井平台、自升式钻井平台、海洋工程辅助船。在半潜式钻井平台建造领域，COSL系列深水半潜式钻井平台以及Schahin系列深水半潜式钻井平台已成为中集来福士品牌产品；在自升式钻井平台建造领域，中集来福士可设计和建造多种规格的自升式钻井平台，涵盖从150英尺、300英尺、375英尺到400英尺、425英尺等不同工作水深的产品序列，可满足不同海域要求；在海洋工程辅助船建造领域，中集来福士可建造起重铺管船、平台供应船、三用工作船等船型。

（三）生产经营情况

在海洋工程装备建造交付方面，2012年4月25日，中集来福士为中海油田服务股份有限公司欧洲钻井公司总包建造的第3座深水半潜式钻井平台COSL Promoter成功交付，这也是中集来福士自2010年交付COSL Pioneer以来，完成交付的第6座深水半潜式钻井平台；2012年12月10日，中集来福士海外建造的大型海洋工程项目300英尺Super M2自升式钻井平台Caspian Driller在俄罗斯阿斯特拉罕OJSC ‘Krasnye Barrikady’ Shipyard完工交付；2012年12月18日，中集来福士成功交付中国首座自主设计建造，具有完整知识产权的深水半潜式起重生活平台Explorer Lifter。

在海洋工程装备承接订单方面，2012年2月10日，中集来福士与挪威North Sea Rigs As签订了1座深水半潜式钻井平台总包合同，目标工作海域为

北海。该平台最大工作水深1 200米，最大钻井深度8 000米，服务温度零下25度，满足冰级要求，配置DP-3动力定位系统和8点系泊系统。其设计依照北海海况，同时兼顾北极圈及巴伦支海况要求，能够抵御北海百年一遇的风暴，满足挪威石油当局、挪威海事董事会（NMD）和挪威海上工业标准（NORSOK）的要求，入级挪威船级社。

手持订单方面，截至2012年12月31日，中集来福士手持2座半潜式钻井平台、5座自升式钻井平台、1座半潜式生活起重平台、2艘5万吨半潜运输船以及2艘重吊船。具体情况如下：

COSL Prospector半潜式钻井平台1座：最大工作水深1 500米，最大钻井深度7 600米，配置DP-3动力定位系统，设计服务温度为零下20度，由Grenland Group提供基础设计，满足挪威石油当局和NORSOK标准的要求，并入级挪威船级社，预计2014年第3季度交付。

North Dragon北海深水半潜式钻井平台1座：该平台是为挪威North Sea Rigs As建造的。

C.JAX半潜式生活起重平台1座：总长118米，入美国船级社。具有起重量大、适用海域广、居住舒适性高等特点。

JU 2000E自升式钻井平台1座：作业水深可达400英尺，最大钻井深度达35 000英尺，设计最低环境温度为零下20摄氏度，可在恶劣环境下作业。

Super M2自升式钻井平台3座：总长73.215米，型宽55.78米，桩腿总长128.9米，工作水深91米。

5万吨半潜运输船2艘：常规推进，DP-2动力定位系统，最大潜水深26.35米，最大载重量5万吨，是在经济性和先进性上均处于世界前列的大型海上工程专业运输船舶。

重吊船2艘：该船是为United Faith Group建造的。

（四）产品开发与技术进步

2012年中集来福士交付的COSL Promoter深水半潜式钻井平台与之前交付的COSL Pioneer和COSL Innovator深水半潜式钻井平台相比，COSL Promoter进行了54项重要技术改进，使设备管路空间布局更加合理；设计细节上做了很多优化，整个平台环境更趋人性化设计，舒适度有了进一步提升。

2012年中集来福士交付的深水半潜式起重生活平台EXplorer Lifter基础设计、详细设计和生产设计均由中集来福士自主完成，在全球首次采用了无横撑非对称主船体结构，减小了拖航阻力和动力定位载荷，航速从常规8节提高至11.3节；下船体配备了气动排压载水系统，可快速调载以配合起重作业，调载时间从常规1小时缩短至15分钟；较大的甲板面积和可变载荷，为平台提供了大空间存储及支持功能。

二、大连中远船务工程有限公司

（一）企业基本情况

大连中远船务工程有限公司（下称“大连中远”），成立于1992年9月2日，是中远船务集团的核心企业之一。公司占地120万平方米，岸线总长3 200米。公司拥有30万吨级浮船坞、15万吨级浮船坞和8万吨级干船坞各1座，坞容总量达到53万吨；拥有专用修船码头8座，配有3台200吨门式起重机，1台400吨门式起重机等各类配套吊运设施。大连中远有正式员工1 800人左右，其中大专（含）以上学历者达85%以上。

（二）主要产品

大连中远以船舶修理、改装、制造为主业，在海洋工程装备领域，公司主要产品及业务包括浮式钻井生产储油船、自升式钻井平台、浮式生产储油船（FPSO）的建造、修理、改装等。公司先后承接了多艘FPSO改装以及世界首艘浮式钻井生产储油船等项目，主要市场包括中国、希腊、韩国、香港、日本、荷兰、德国、新加坡、英国、印度、巴西等国家和地区。

（三）生产经营情况

2012年，大连中远船务工程有限公司实现工业总产值53亿元，完成销售产值近56亿元，实现利润总额近4亿元。2012年，大连中远累计完成船舶修理改装137艘；完工新造船舶15艘/114.6万载重吨。

海洋工程装备方面。2012年10月8日，大连中远承接的FPSO P-62管系制作工程顺利完工；2012年11月15日，大连中远为挪威船东改装的FPSO“尼萨”号正式完工交付；2012年11月，大连中远承接英国船东的海洋石油自升式钻井平台建造合同正式生效，它是大连中远船务自承接“大连开拓者”超深水钻井船后接获的又一海洋工程新造订单。

（四）产品开发与技术进步

2012年全年大连中远共上报申请科技专利39项，19项获得国家知识产权局受理，20项获得授权。2012年，大连中远根据专业设计需求，对设计软件进行了二次开发，自主编制开发了“船舶内装设计AM/CAD软件集成化开发”、“AM软件船体出图零件信息自动标注参数设置”等15个软件程序。

2012年，大连中远在为MODEC公司改装第6艘FPSO“松杰”号的过程中，认真总结前几艘FPSO改装设计经验，尝试将造船设计的先进理念融入海洋工程装备改装设计，形成了以三维建模、单元化设计为核心的新型海洋工程装备改装设计模式，进一步提升了FPSO改装的技术实力。

三、南通中远船务工程有限公司

（一）企业基本情况

南通中远船务工程有限公司（下称“南通中远”）是由中远船务工程集团有限公司与中远投资（新加坡）有限公司合资经营的大型企业，主要从事海洋工程装备制造、修理和船舶修理、改装等业务。公司始建于1977年12月，历经交通部南通船厂、南通远洋船务工程有限公司和南通中远船务工程有限公司三大发展阶段。

南通中远占地28万平方米，拥有15万吨级“南通”号浮船坞1座和8万吨级“远通”号浮船坞1座，3座10万吨级深水码头，274米海洋工程装备产品下水滑道1座。

（二）主要产品

公司产品主要以海洋工程装备制造、修理和船舶修理、改装业务为主，已先后成功建造并顺利交付了包括超深水圆筒型海洋钻探储油工作平台、半潜式钻井平台、带有自航能力的自升式海洋工作平台、穿梭油船、自升式海上风车安装船等在内的多个海洋工程装备产品，产品覆盖了从浅海到深海、从油气平台到工程船舶的全部类型。

（三）生产经营情况

2012年，南通中远紧紧围绕“订单是硬道理、交付是硬实力、成本是竞争力、创新是源动力”这一指导方针，成功交付了超深水圆筒型海洋钻探储油工作平台“希望2号”、第六代钻井平台“GM 4000”、风车安装船“东安吉1号”等多个海洋工程装备产品。

2012年12月，南通中远成功承接圆筒型浮式生产储油船（FPSO）总包项目。

（四）产品开发与技术进步

南通中远海工研发中心先后被确认为“江苏省

企业技术中心”、“江苏省海洋工程技术研究中心”、“国家认定企业技术中心”，完全具备了自主研发、设计和建造当代世界最先进海工产品的能力。海工研发中心“ORDIC”成功获得国家商标注册，并享有新加坡、丹麦、英国等国家的商标保护权，被评为江苏省“十一五”优秀企业技术中心。

公司建造交付的世界最先进首座圆筒型超深水钻探储油平台“希望1号”的多项技术数据创下了世界第一，填补了我国海洋工程装备制造业的空白，入选2009年“10项中国重大技术进展”，荣获“2010年度江苏省科技进步一等奖”、“2011年度国家科技进步一等奖”。“海上风电安装平台”成功列入科技部“2012年度国家重点新产品计划”项目，“风电安装船技术”荣获江苏省科学技术进步二等奖；2012年公司获得10项发明专利授权。

四、中海油田服务股份有限公司

（一）企业基本情况

中海油田服务股份有限公司（下称“中海油服”）是中国近海市场最具规模的综合型油田服务供应商。1982年2月15日国务院批准中国海洋石油总公司为国家石油公司，享有中国海域对外合作开采油气业务专营权，2001年12月25日中国海洋石油总公司将五家从事钻井、油井服务和石油物探的公司合并为中海油田服务有限公司。2002年9月26日中海油田服务公司正式注册成为股份有限公司。

截至2012年，公司共运营和管理36座钻井平台（包括27座自升式钻井平台、9座半潜式钻井平台）、2座生活平台、4套模块钻机和8台陆地钻机。另外，中海油服还拥有和运营中国最大、功能最齐备的近海工作船队，包括75艘各类工作船、9艘地震船、7艘勘察船等油田技术服务设备。

（二）主要产品

中海油服主要产品及业务涉及石油及天然气勘探、开发及生产的各个阶段，主要分为物探勘察服务、钻井服务、油田技术服务、船舶服务四大板块。公司既可以为用户提供单一业务的海上油田技术服务，也可以为客户提供一体化整装、总承包作业服务。公司的服务区域包括中国海域及东南亚、中东、欧洲、澳大利亚、北美、南美、和非洲。

（三）生产经营情况

2012年，中海油服积极适应宏观经济和行业形势的变化，抓住市场机遇，积极开拓国内外市场，继续巩固中国近海油田技术服务市场主导地位的同时，扩大国际市场，保持了大型装备的高使用率，经营业绩保持稳步增长。公司全年实现营业额221亿元，同比增长20%，净利润45.7亿元，同比增加13.1%。

（四）产品开发与技术进步

2012年，中海油服科研项目的完成与成果转化效果显著，获授权专利大幅提升，全年累计达114项。在科技成果转化方面，公司的ELIS测井系统全面进入海上自营探井服务，并完成印尼、伊拉克等地的海外作业；电成像仪器远销加拿大；电缆测井自有技术装备率达到80%；钻井井位插拔桩技术，在国内17座平台和海外10座平台成功应用，准确性和安全性达到100%；多远热流体稠油热采技术在渤海继续得到应用。

重点科研项目方面，公司自主研发的高精度地震采集技术“海亮”系统经过多年努力试验成功；随钻测井系统和旋转导向钻井系统现场试验成功，完成了实效性和可操性评估，向推广应用迈出了重要一步；核磁共振测井仪工程样机完成多井次海上作业，进入产业化生产应用阶段；自主研发的深水钻井液及固井液体系，在深水试验成功。

五、中国石油集团海洋工程公司

（一）企业基本情况

中国石油集团海洋工程有限公司（下称“中石油海洋工程公司”）于2004年11月组建，由中国石油天然气集团公司、辽河石油勘探局和大港油田集团公司三家联合出资，中国石油天然气集团公司控股。

公司拥有海洋石油工程设计甲级、海洋石油工程承包二级等资质，具有港口经营许可证、压力管道和压力容器等特种设备许可证。公司员工总数近4 000人，其中高级职称占16%，中级职称占29%，初级职称占55%。

（二）主要产品

公司业务范围涉及海洋石油钻完井、井下作业、试油试采工程；海上运输、基地码头保障服务；海洋工程设计、建造、安装、维护以及海洋石油相关业务研究、设计；油井水泥外加剂和防腐保温产品与技术服务、质量检验、油气工程质量监督、石油工程建设标准化管理等领域。

（三）生产经营情况

2012年，中石油海洋工程公司在全力保障中国石油内部市场的同时，8座平台进入国内行业市场作业。在国际市场，公司圆满完成海外2口井的施工任务。公司固井和防腐产品继续保持技术优势，1.6万吨产品销往12个国家和地区。

在井下作业方面，2012年中石油海洋工程公司，成功实施冀东南堡4-33井压裂施工，总液量达430立方米，创造渤海湾海上压裂施工新纪录。

在海洋工程装备设计与建造方面，公司2012年实施的深港天然气海底管道项目，累计铺管19.67公里，焊接一次合格率达到99.2%，防腐补口合格率达到100%，实现全线贯通并具备供气条件。

（四）产品开发与技术进步

2012年，中石油海洋工程公司继续保持固井、焊接、防腐保温等技术行业领先地位，新成果转化力度加大，形成新技术11项、新产品5种和新装置4套，在海上生产和重点项目中得到推广应用。公司全年完成科研项目31项，科研计划完成率100%。

（五）主要海工建设项目

2012年12月11日，中石油海洋工程公司唐山生产支持基地一期项目通过河北省环境保护厅的环保竣工验收。唐山生产支持基地是海洋工程公司为加大岸基支持力度，投资建成的拥有1 270米海岸线的综合性海上生产支持基地。

六、海洋石油工程股份有限公司

（一）企业基本情况

海洋石油工程股份有限公司（下称“海油工程”）位于天津市滨海新区，公司拥有设计人员700余人。海油工程是集海洋石油、天然气开发工程设计、陆地制造和海上安装、调试、维修以及液化天然气炼化工程于一体的大型工程总承包公司，是亚太地区最大的海洋石油工程EPCI（设计、采办、建造、安装）总承包商之一。公司持有一级施工企业资质、甲级工程设计、ISO 9001质量管理体系、SMS船舶管理体系等数十余种国际国内权威机构颁发的资格证书。

公司在塘沽、青岛等地区拥有已建成的制造场地面积140余万平方米，具备3万吨级超大型导管架、组块等海洋结构物建造能力以及大型模块、撬块建造能力，正在建设占地面积约207万平方米的珠海深水海洋工程装备制造基地，将加快深水海洋工程结构物制造能力的形成。

（二）主要产品

公司业务包括海上油气田开发工程、海底管

道、海底电缆、油汽处理陆地终端、压力容器、海洋结构物装船和海上运输与安装的设计、咨询与现场技术服务，具有200米水深海上油气田开发工程和浮式单点系泊系统以及海上油汽田开发简易设施的设计能力。

海油工程的市场领域覆盖中国各个海域，并成功辐射到中东、东南亚和韩国等海域。先后为中国海洋石油有限公司、壳牌、BP、德士古、道达尔、三菱重工、现代重工等国内外知名公司提供过服务，完成了中国海域内40余座不同环境条件、不同油品特性油气田的总体设计、建造、海上安装与调试，其中渤海海域全部油气田工程的建设都是由海油工程参与或组织实施。

（三）生产经营情况

2012年，中国近海油气田开发建设逐步加快，海油工程完成的工程量同比实现增长，其中，海外订单量明显增长。海油工程加快推进“四大能力”建设，以完成亚洲首个3万吨级大型导管架设计、建造、海上安装作业为标志，项目管理水平和生产能力跨上新台阶；3 000米深水铺管起重船、5万吨半潜式自航工程船等深水工程装备陆续投产，深水装备取得实质性进展。公司在业务量较快增长的同时，也重视发展的质量和持续性，以管理提升为契机，持续优化管理流程，下大力气降本增效，经营业绩显著增长。全年实现销售收入123.83亿元，同比增长67.69%。

2012年海油工程先后运行22个海上油气田开发项目和1个陆上LNG模块建造项目，其中11个位于南海海域、7个位于渤海海域、2个位于东海海域、3个海外项目。“流花4–1”海管、“番禺4–2/5–1”调整、曹妃甸单点改造等3个项目顺利完工，其余项目均安全有序运行。

（四）产品开发与技术进步

2012年，海油工程持续加大研发投入力度，推动技术创新，开展各级科研项目研究116项，重点开展了“深水海底管道铺设技术”、“水下分离器及其相关技术”等深水及水下工程技术课题的研究，为推动公司深水战略的实施积极进行技术储备。

七、大连船舶重工集团公司

（一）企业基本情况

大连船舶重工集团有限公司（下称“大船重工”）隶属于中国船舶重工集团公司控股的上市公司—— 中国船舶重工股份有限公司。主营业务包括：各种船舶、海洋工程及其配套设备的开发、设计、建造、修理、改装、销售等。大船重工是目前国内唯一有能力提供产品研发、设计、建造、维修、改装、拆解等全寿命周期服务的船舶企业集团，也是国内唯一汇聚军工、造船、海洋工程装备、修/拆船、重工等五大业务板块的装备制造企业集团。

大船重工造船基础设施完备，设计研发和生产建造实力雄厚，可以承担从千吨级渔船到三十万吨级超大型油船，从常规散货船、油船到万箱级集装箱船、大型LNG船等各吨级、各种类船舶和FPSO、自升式和半潜式钻井平台的设计建造任务。大船重工是中国首家跻身全球造船企业前五强的世界著名造船企业，被誉为“中国造船业的旗舰”。

（二）主要产品

大船重工从1971年起涉足海洋工程建造领域，至今已有40年发展历程，依靠现代化的生产设施和雄厚的技术力量，大船重工在自升式及半潜式平台、FPSO、生产及生活模块等产品建造方面拥有骄人的业绩。

多年来，大船重工始终重视海洋工程产品的市场开发和实船建造，使公司成为国内海洋工程建造的优势企业。为了将海洋工程产业做大做强，大船重工2006年开始在国内率先建立专业化海洋工程制造基地，成立海洋工程有限公司，至今，已形成了规模能力。依靠现代化的生产设施和雄厚的技术力量，目前，已经交付了各类海洋工程产品近60座（艘），包括20座自升式钻井平台、5座半潜式平台、5艘FPSO、27座生产和生活模块等，成为中国建造海工产品领域最广、船型种类最多及经验最为丰富的船厂。

在不断生产建造自升式钻井平台的同时，大船重工海工公司也在大力发展半潜式钻井平台及其他海洋工程工程产品。目前已成功交付工一座F&G 9500型半潜式钻井平台，并承接了BT 3500半潜式钻井支持平台和BT 4900N型半潜式生活支持平台订单。

（三）生产经营情况

2012年，大船重工共完成工业总产值247亿元，其中造船完成产值135亿元，海工完成产值68亿元，实现利润29亿元。

2012年，新接订单方面，大船重工获得挪威Norshore公司1+3艘钻井船，以及中国石油技术发展公司2座自升式钻井平台。

（四）产品开发与技术进步

大船重工拥有国家级企业技术中心，其核心机构设计研究所人员近1 000人，从事海洋工程开发设计人员400余人。经过多年的持续投入和创新开发，设计所拥有完善的研发平台，拥有TRIBON、NAPA、ANSYS、SESAM等多个海洋工程开发设计专用软件。依托重点产品，经历了承接建造、技术引进消化吸收—自主详细设计、全部自主建造—自主研发设计、总包建造的技术发展过程，使海工产品自主研发设计建造能力有了快速提升，取得了丰硕的成果。海洋工程装备具备自主详细设计能力，深水半潜式钻井平台等主流浮式海工装备具备自主详细设计能力，大型自升式钻井平台和海上风电装备安装平台等产品已形成自主研发能力。特别是在自升式钻井平台的研发方面，在国内率先开展自主系列开发，从而使大船重工的海工装备设计研发能力不断接近国际先进水平。

八、武昌船舶重工有限责任公司

（一）企业基本情况

武昌船舶重工有限责任公司（下称“武船重工”）始建于1934年，隶属于中国船舶重工集团公司。武船重工拥有8家子公司，总占地600万平方米。近年来，武船重工坚持走有限相关多元化发展道路，已建成武汉总部、武汉新洲双柳、青岛海西湾三大船舶与海工装备建造基地，形成军工、民船、桥梁装备、海洋工程装备、大型成套设备、能源装备六大产业板块并举格局。

武船重工建有国家级企业技术中心，具备全三维设计和虚拟仿真建造能力。公司拥有30万吨级船舶设计建造能力，拥有较完善的船舶研发与营销体系。公司可建造海洋工程船、小水线面双体船、穿浪船、科学考察船、海事船、豪华游船等一系列高技术、高附加值船舶。同时，公司为加强海洋工程装备设计建造能力，与国外海洋工程专业公司合资合作，发展FPSO、海洋平台等大型海洋工程装备，全面进军海洋工程装备市场。在“十二五”中后期，武船将在平台和FPSO产品方面获得突破。

（二）主要产品

武船重工的海洋工程产品包括各型海洋工程辅助船，公司已为欧洲船东建造了VS483MKⅡ PSV、VS483MKⅢ PSV、VS4612 AHTS、VS4616 AHTS，为中海油服建造了UT 788CD等五型十几艘具备国际标准的海洋平台多用途工作船。同时，公司还自主设计开发了8 000马力三用工作船和1.6万千瓦多用途平台供应船。

（三）生产经营情况

2012年，公司工业总产值约40亿元，完成主营业务收入约39亿元，其中海工营业收入约4亿元，全年利润总额约3亿元。2012年公司获得了1艘2.1万马力平台供应船新接订单，拥有1艘平台供应船手持订单，全年交付6艘海洋工程船（见表16）。

（四）产品开发与技术进步

2012年10月27日，公司“万马力级三用工作船自主研制”科技成果通过湖北省科技厅组织的科技成果鉴定，该船在航行速度、装载量、装载率、单位系柱拖力消耗功率等主要性能指标达到同类船舶国际领先水平，综合性能指标达到国际先进水平。

该项目利用区域化设计技术进行功能的重新分配和系统的优化布置，突破了船机桨最佳配合的船型技术、长轴系设计、安装的关键技术；以中间产品为导向进行模块化建造，完成了实船研制；在满足多工况高效节能要求前提下，实现了装船设备的完全国产化，促进了海洋工程船舶国产化产业链的形成。与同类船舶相比，装载量提高了63%，装载系数提高了20%，甲板载货面积提高了45.8%，设计航速下节省功率达8.1%，服务航速下节省功率达13.3%，单位拖桩力的功率消耗降低了5.2%。

九、渤海船舶重工有限责任公司

（一）企业基本情况

渤海船舶重工有限责任公司（下称“渤船重工”），是中国船舶重工公司所属骨干企业之一，是我国集造船、修船、钢结构加工、冶金设备和大型水电、核电设备制造为一体的大型现代企业和国家级重大技术装备国产化研制基地。

公司濒临中国内海渤海湾北岸，总占地面积360万平方米，注册资金16.415 5亿元，拥有中国最大的七跨式室内造船台以及30万吨级船坞、15万吨级半坞式船台、5万吨级可逆双台阶注水式干船坞等国内外先进的造船设施和一流设备，能够按CCS、DNV、BV、ABS、LR、NK等船级社规范和各种国际公约建造40万吨级以下各类船舶，年造船能力可达400万载重吨。

（二）主要产品

渤船重工海洋工程产品发展重点方向为市场需求量大的海洋油气开发装备，主要产品包括修井/完井船、钻井平台维修、2 500吨南极综合科学考察船、海洋工程部件制造。在研的主要产品包括132米铺管船、5 000吨打捞起重船、双体科考船及钻井平台。

表16 2012年武船重工海洋工程船交付情况

船 型	名 称	交付日期	船 东
三用工作船	海洋石油681	2012.02	CNOOC
Hvy L/Crane	Chang Da Hai Sheng	2012.05	China Guangdong Prov
Hvy L/Crane	Ju Li	2012.05	CRS
Research	科学	2012.06	ChinOc
三用工作船	胜利281	2012.06	Sinoprl
潜水母船	深潜号	2012.08	交通运输部上海打捞局

（三）生产经营情况

2012年，渤船重工把握海工市场的发展形势，承接并完成了中石化胜利石油管理局海洋钻井公司的“胜利七号”钻井平台特检修理工程，并历时50天完成了所有特检项目，创造了钻井平台国内特检修理的最短纪录。同时，渤船重工承接的两条2 500米超深水修井/完井船已经实现了总体成型，有望在2012年底前交付使用。

2012年，渤船重工共完成工业总产值约57亿元，其中造船完成产值约38亿元，实现利润1亿元。

（四）产品开发与技术进步

在“十二五”后半期，渤船重工将组建海工专业研发项目团队，充分发挥公司的深潜技术，吸引外来智力资源，加快自主设计开发钻井船、资源调查船、钻采平台（包括自升式、半潜式、张力腿、立柱式、浮式生产储油船）、铺管船、模块化平台以及相关核心钻井系统等相关产品的步伐。努力在“十二五”末期实现开工建造完整深水钻井船或钻井平台的目标，并强化在生活模块、钻井模块以及生产处理平台等大型海上平台的上层建筑的技术能力。

十、青岛北海船舶重工有限责任公司

（一）企业基本情况

青岛北海船舶重工有限责任公司（下称“北船重工”）前身是创建于1989年的青岛北海船厂，2001年10月，经国务院批准，由国家开发银行、中国华融资产管理公司、中国船舶重工集团公司对青岛北海船厂进行资产重组，成立青岛北海船舶重工有限责任公司。2004年，北船重工从青岛老市区整体搬迁到青岛海西湾，基地陆域面积330公顷、码头岸线长度5公里，年造船能力近期200万载重吨（远期计划扩大到468万载重吨）。

北船重工现有员工3 000余人，主要经营船舶建造、船舶修理与改装、海洋工程修造、大型钢结构件及各种非船产品、玻璃钢艇、铝合金艇及艇机艇架设计与制造、游艇建造，享有自营进出口权。

（二）主要产品

北船重工海洋工程装备产品主要包括3万吨导管架下水驳船、10万吨级海上浮式生产储卸油船（FPSO）、座底式钻井平台等。北船重工自1981年开始承接海洋钻井平台和海洋工程辅助船的修理、改装和建造工程，曾对“渤海四号”、“勘探二号”、“渤海六号”、“渤海十号”、“胜利一号”等海洋石油钻井平台进行过修理或改装，建造了“胜利二号”、“埕岛中心一号”、“胜利作业三号”、“辽河作业一号”等海洋平台和“三航桩15号”、“粤工桩8”等海洋工程辅助船。北船重工迁址海西湾以来，在新厂址上已建造交付了“试采3号”、“中油海5”、“中油海6”等7座钻井平台。

（三）生产经营情况

北船重工在2011年重返海工市场，相继完成了“渤海4号”钻井平台修理工程、“海洋石油229”3万吨导管架下水驳船一期、二期改造工程等项目。

2012年，北船重工面对造船保交船压力巨大、修船转方式形势紧迫等复杂形势，通过立足科技创新、深化结构调整、奋力提质增效，保持了企业持续健康发展，全年完成工业总产值46亿元，实现主营业务收入35亿元，利润总额2亿元。

（四）产品开发与技术进步

2012年12月31日，国家质量监督检验检疫总局、国家标准化管理委员会联合发布了2012年第41号国家标准公告，批准发布了由北船重工主编的GB/T 29127–2012《救生艇及吊钩释放系统定期检验维护方法》国家标准，该标准将于2013年7月1日起正式实施。这一标准也是北船重工在海西湾主持制定的首个国家级标准。

《救生艇及吊钩释放系统定期检验维护方法》国家标准，可以指导并规范救生设备的检验和维修行为，加强在航船舶救生设备的维修与检验，确保航行时人员的安全。

十一、上海外高桥有限公司

（一）企业基本情况

上海外高桥造船有限公司（下称“外高桥造船公司”）成立于1999年，地处长江之滨，是中国船舶工业集团公司旗下上市公司——中国船舶工业股份有限公司的全资子公司，规划面积500万平方米，岸线总长度超过4公里，控股经营上海江南长兴造船有限责任公司，全资拥有上海外高桥造船海洋工程有限公司，拥有独立的海工设计队伍，设计人员150人，具备海工产品的详细设计和生产设计能力。

其全资子公司上海外高桥造船海洋工程有限公司为大型海洋工程及高技术船舶工程配套基地，占地面积103万平方米，码头岸线长度1 131米。生产纲领目标为年造半潜式钻井平台2座、自升式钻井平台2座、特种分段1 000个、上层建筑50座，年投钢量25.5万吨。

（二）主要产品

外高桥造船有限公司自2001年便进入海洋工程装备制造领域。截至2012年12月底，已先后交付了15万吨、17万吨和30万吨海上浮式生产储油船（FPSO），并成功建造了当今世界最先进的第六代3 000米深水半潜式钻井平台“海洋石油981”号，目前正在实施400英尺JU 2000E型自升式钻井平台建造项目。外高桥造船有限公司已与全球主要的海工代理商建立了长期合作关系，形成了大吨位FPSO、第六代3 000米深水半潜式钻井平台、JU 2000E型自升式钻井平台等系列产品的生产能力，在海工装备研发方面的创新能力不断增强，品牌效应日益显现。

（三）生产经营情况

2012年3月8日，上海外高桥船厂在北京与中国石油所属的海洋工程公司签订总包建造1艘400英尺JU 2000E型自升式钻井平台合同，标志着外高桥船厂已形成海洋工程装备批量不间断建造新格局。

（四）产品开发与技术进步

2012年5月，外高桥造船公司建造的“海洋石油981”号于在南海荔湾6-1区域1 500米深水首次打井，填补了我国在深水特大型海洋工程装备制造领域的空白。2011年和2012年，公司凭借其雄厚的技术积累和良好的信誉，分别与挪威POD公司和中国石油天然气集团公司所属的海洋工程有限公司正式签订了共计3+3座JU 2000E型自升式钻井平台建造合同，形成了海洋工程装备批量不间断建造的新局面。2012年6月，中国首个海工装备标准化示范项目又落户外高桥造船公司，极大地促进了外高桥造船公司海洋工程装备产业的有序发展。

十二、上海船厂船舶有限公司

（一）企业基本情况

上海船厂船舶有限公司（下称“上海船厂”）是一家国有大型骨干企业，隶属于中国船舶工业集团公司，是中国船舶工业集团公司海洋工程建造基地。公司主要经营造船、修船、钢结构、海洋工程等业务。公司现主要生产区域位于上海市东部的黄浦江西岸和长江口的崇明岛南岸。公司占地总面积约162.63万平方米，其中崇明基地占地面积约151万平方米；公司码头岸线总长2 784米，其中崇明基地岸线长2 350米。

上海船厂主要生产设施有浦西厂区8万吨和3.5万吨干船坞各1座，崇明厂区7万吨级船台和

110×270米港池各1座，600吨龙门起重机1台，2 500吨浮吊1台，3 600匹以上拖轮4艘，100吨~200吨门座式起重机10台；各种加工设备300余台/套，具备了年造船100万吨、海工平台2座，年修船产值4亿元的生产能力。

（二）主要产品

上海船厂船舶有限公司曾先后参与过多型船舶及海洋工程产品的研发，在钻井平台和航行船舶的科技攻关领域开展过大量的关键技术研究，在海洋工程方面有着丰富的经验。其海洋工程产品主要包括两大类：钻井船以及物探船。在钻井船的研发和建造领域，上海船厂通过自主研发，承接并正在建造TIGER系列钻井船，下一步将继续研发新一代紧凑型动力定位钻井船，形成钻井船产品系列化。物探船方面，上海船厂是目前国内唯一具备多缆物探船建造能力的船厂，为中海油田服务股份有限公司建造的亚洲第一艘深水12缆物探船“海洋石油720”号已于2011年4月完工交付，正在开展16缆物探船设计研发工作。同时，上海船厂先后改造修理过“渤海八号”、“渤海十号”自升式钻井平台和6缆和8缆物探船等重大海工项目。

“十二五”期间，上海船厂计划在海工业务领域实现重点突破，使之成为企业的支柱产业。目标产品有深水多缆物探船、钻井船、自升式平台、中型尺寸的半潜式平台等，同时研究开发新型破冰科考船、海洋工程辅助船、浅水铺管船等。

（三）生产经营情况

近年来，上海船厂加大产品结构调整力度，积极拓展海工装备建造业务，力争创出海工装备生产新局面，实现经营的“稳增长”。2007年，上海船厂通过1.2万英尺钻井船项目迈出了进军海工的第一步。2011年，物探船“海洋石油720”号的成功建造又将船厂海工建造水平推上了新台阶。2012年6月，上海船厂承接的2+2艘TIGER系列海工船中的首制船开工建造，目前该系列钻井船正在建造过程中，计划2014年交付第1艘。

（四）产品开发与技术进步

2012年，上海船厂自主研发了TIGER系列钻井船并取得了2+2的建造合同订单，从项目的方案设计到船体建造，包括钻井包在内的重要设备采购、全船设备安装调试等全由上海船厂负责，这也是上海船厂承担的首个“交钥匙工程”；在深水钻井船预研方面，上海船厂和七〇八所联合进行《3 000米水深钻井船自主研发》项目预研，已经通过最终评审；在物探船开发研究方面，由上海船厂牵头，七〇八所等单位参与进行《多缆高性能地球物理勘探船》研究，已取得阶段性成果。

十三、广州中船黄埔造船有限公司

（一）企业基本情况

广州中船黄埔造船有限公司（下称“黄埔造船”）是中国船舶工业集团公司属下大型骨干造船企业和国家核心军工生产企业之一，始建于1851年，是华南地区军用舰船、大型公务船、特种工程船舶和海洋工程建造与保障基地。

黄埔造船目前有长洲和龙穴两大厂区。长洲厂区位于广州东南部的长洲岛，占地面积61.5万平方米，岸线长3 000米，码头长900米，最大水深9米。拥有华南地区最大的室内船台（长504米，宽66米）和12 000吨举力的移动式浮船坞，配置先进的造船设施设备。具备3万吨级船舶和大中型水面舰艇的批量建造能力。

龙穴厂区位于广州南沙区龙穴岛，占地面积118.2万平方米，岸线长3 580米，码头长1 800米。拥有一座360米长，96米宽，14.3米深的大型干船坞，配置600吨龙门吊等一批先进的设施设备。具备10

万吨级船舶和大型舰艇的批量建造保障能力。

（二）主要产品

黄埔造船海洋工程装备产品主要集中在近海领域，成功建造了JU 200MU自升式钻井平台、W10-3单点系泊装置、W11-4井口平台和中心平台生活模块以及平台供应船等海洋工程装备。

（三）生产经营情况

在海洋工程装备建造交付方面，2012年10月31日，黄埔造船为中国交通运输部东海救助局建造的海洋救助船"东海救101"成功交付。"东海救101"总长116.95米，型宽16.2米，型深7.8米，最大救助航速22节，自持力30天，续航力10 000海里。该船是中国目前救捞系统排水量最大、船舶长度最长并首次配有直升机库房的1.4万千瓦全天候远洋救助船，可搭载获救人员200人。

在海洋工程装备承接订单方面，2012年黄埔造船共获得Pacific Radiance、Basic Offshore等公司共7艘平台供应船订单。其中将要为新加坡船东Pacific Radiance建造的1艘86米平台供应船是黄埔造船建造的第一艘具有"绿色护照"的船型，技术含量较高，该船主要用途为海上平台与岸基之间货物和人员的运输，包括淡水、柴油等消耗品。此外它还具备对外消防营救和溢油回收的功能。

手持订单方面，截至2012年12月31日，黄埔造船手持15艘平台供应船以及1艘多用途工作船，分别是为Jaya Holdings、Pacific Radiance、Basic Offshore等公司建造的。

（四）产品开发与技术进步

黄埔造船自2002年始整合技术力量，成立了技术中心。该中心具备船舶、海洋工程、钢结构制作等方面的详细设计、施工设计和生产设计能力，为黄埔造船承接的项目提供全方位的技术支持。2006年获得广东省级技术中心认证；2007年取得国防科工委国防科技工业企业认证；2011年通过国家级企业技术中心认定。

黄埔造船已形成以CADDS5、SPD三维设计系统为核心，SB3DS三维设计系统为辅助，结合其他通用软件与后处理系统的相对完整的三维生产设计CAD/CAM系统。实现所有船舶产品全三维生产设计，进而输出各类生产图表信息。

2012年，黄埔造船《复杂巨型总段水上合拢技术研究》项目成果荣获黄埔区2012年科技进步奖一等奖。该技术在50 000吨半潜船2号船建造上应用取得成功，使得船坞空间利用率从64%提高到90%以上，取得了良好经济效益。

十四、沪东中华造船（集团）有限公司

（一）企业基本情况

沪东中华造船（集团）有限公司（下称"沪东中华"）由原沪东造船厂与原中华造船厂于2001年4月合并重组成立，是中国船舶工业集团公司旗下既建造军、民用船舶，又制造船舶和船用柴油机配套件的综合型集团公司。公司总部位于上海浦东新区，主要生产区域分布在黄浦江两岸，占地面积约100万平方米，码头岸线2 600米；拥有360×92米大型干船坞1座、700吨龙门吊2座、12万吨级和8万吨级船台各1座、2万吨级以下船台2座，具有年造船150万载重吨的生产能力。

（二）主要产品

沪东中华主要产品有各类大中型集装箱船、液化天然气（LNG）船、化学品船、滚装船、浮式储油船、成品油船、原油船、散货船等，共为国内外船东建造过3 000多艘船舶，其产品除满足国内用户需求外，还远销亚洲、欧洲、非洲、大洋洲、南美洲和北美洲等地40多个国家和地区。

（三）生产经营情况

2012年，沪东中华共建造完工船舶22艘、138万载重吨，全年完成工业总产值近127亿元，工业增加值19亿元，实现营业收入122亿元，利润总额1亿元。公司全年承接船舶订单20艘、49万载重吨。

（四）产品开发与技术进步

2012年，沪东中华成功申请专利42项（其中，发明专利11项，实用新型专利31项），获得授权专利48项（其中，发明专利23项，实用新型专利25项），另有4项科技成果获奖，其中，“14.721万立方米大型薄膜型液化天然气船研制”、“造船设计、制造、管理一体化数字平台”分别获得浦东新区科学技术进步一、二等奖，“2万吨多用途重吊船设计与建造”获得中国造船工程学会科学技术进步二等奖。

十五、招商局重工（深圳）有限公司

（一）企业基本情况

招商局重工（深圳）有限公司（下称“招商局重工”）是招商局工业集团直属骨干企业，业务范畴主要涉及海洋工程、海洋工程辅助船、港口重型装卸设备制造、大型钢结构的建造以及超大型螺旋焊管制造，是招商局工业集团在重型工业中的核心企业。

招商局重工所在的孖洲岛基地位于深圳港西部港区，地理位置非常优越，南与香港隔海相望，北临广州，四周水域开阔，水深条件良好。孖洲岛基地总面积约70万平方米，岸线长度3 400米。该基地生产、生活配套设施齐全，主要设施包括2座新建的超30万吨级干船坞（尺寸分别为：400米×83米×8米和360米×67米×8.5米），1座7万吨级浮船坞和1座3万吨级浮船坞，船台长370米、宽88米，配套各类起重机近百台，最大起重量300吨。

（二）主要产品

招商局重工海洋工程装备产品主要包括有钻井平台、移动式多功能修钻井平台、钻井模块、生活模块、海上起重船、大型铺管船、挖泥船、物缆船和钻探船等。招商局重工已成功建造交付了多座（艘）多功能钻井平台、自升式工程生活支持平台、修井支持驳船、自升式钻井平台等海洋工程装备。

（三）生产经营情况

在海洋工程装备建造交付方面，2012年1月9日，招商局重工为中国交通运输部广州打捞局承建的3万吨半潜运输船“华海龙”号成功交付；2012年3月6日，招商重工为中交第三航务工程局有限公司建造的1.5万吨举力非自航半潜驳船成功交付；2012年3月15日，招商局重工为海洋石油工程股份有限公司建造的“海洋石油278”半潜式自航工程船成功交付；2012年9月19日，招商局重工为天津海恒船舶海洋工程服务有限公司建造的“海恒1号”自升助航式作业平台成功交付。

在海洋工程装备承接订单方面，2012年9月20日，招商局重工获天津海恒船舶海洋工程服务有限公司2座CJ46-X100-D（375英尺）自升悬臂式钻井平台订单，该平台是具有国际领先水平的海洋石油钻探开采装备，主要用于海上石油和天然气勘探、开采工程作业，作业水深可达375英尺。

手持订单方面，招商局重工手持1座JB118多功能平台以及4座CJ46钻井平台。

（四）产品开发与技术进步

2012年3月，招商局重工是为海洋石油工程股份有限公司建造交付的“海洋石油278”半潜式自航船是世界上第一艘带动力定位的5万吨级以上的自航式半潜船，载重量在世界上同类船舶中排名第二。该船具有DP-2动力定位功能，电力驱动，自动化程度是目前国际上同类船中最高的。该船按PSPC新涂层规范进行建造，并取得PSPC证书。

十六、上海振华重工（集团）股份有限公司

（一）企业基本情况

上海振华重工（集团）股份有限公司（下称“振华重工”）是重型装备制造行业的知名企业，控股方为中国交通建设集团。在上海本地和南通、江阴等地设有8个生产基地，总占地面积1万亩，邻水外场面积达2千亩，拥有钢结构车间84万平方米，具备年产100万吨钢结构的制造能力，所属长兴基地地处长江口，地理优势得天独厚，拥有深水岸线长达5千米，承重码头3.7千米，是亚洲最大的重型装备生产基地，所属南通基地定位于专业的海工装备生产基地，未来将打造成国内一流、国际先进的海洋工程装备生产基地。

（二）主要产品

振华重工于2009年大举进军海工装备市场，2009年8月成立上海振华海洋工程设计研究院。振华重工主要以浮吊产品为切入点进入海洋工程领域，产品主要为各种海上工程船舶如大型起重船、铺管船、挖泥船，巨型浮吊，大型船厂龙门吊以及动力定位装置和齿条提升装置等，其中以起重船、起重铺管船和挖泥船等产品业绩最为丰富。

振华重工在海工配套设备方面，目前主要有锚绞机、平台的抬升系统、锁紧系统、滑移系统、以及电控系统的开发研究，还包括船用吊机、行车、铺管设备、动力定位设备、波浪补偿系统等。特别是重型锚绞机产品，振华重工掌握核心技术，具有自主知识产权，拥有完整的设计，施工和调试团队，并备有国内最大的500吨高塔试验台。

（三）生产经营情况

振华重工以港口机械起家，做了3年的技术储备和转型准备，以高质量钢结构制造为基础，以起重机技术为依托，迅速发展基础技术研发，在海洋工程船舶产品上找到了突破口。2007年公司为中海油自主研发、设计制造了世界单机起重量第一的7 500吨全回转起重船；2008年公司为韩国三星制造了世界上最大的8 000吨双臂架起重船；2010年7月20日，公司完成第一艘由中国自主设计建造的3 000吨铺管船出口卢森堡；2011年又为西班牙用户成功交付4 400吨起重铺管船，该船是世界上最先进的具备动力定位系统的起重铺管船。振华重工12 000吨浮吊已被国家工信部列为国家产业技术创新研发项目，主要研究重点为12 000吨全回转浮吊的关键技术。

（四）产品开发与技术进步

振华重工搭建了以博士后工作站，陆上重工设计院、海上重工设计研究院为主体的科技研发体系，拥有强大的设计和研发队伍，工程师超过2 500名。中国交通建设集团全资收购了全球领先的海上钻井平台设计公司美国F&G设计公司，振华重工也因此具备了国内、乃至世界顶尖的海洋平台设计实力。目前，振华重工针对以下项目和F&G有着密切合作：全套超深自升式钻井平台（450英尺和500英尺）、半潜式钻井平台、深海钻井船、FPSO、新型风电安装船、平台专用配套件（如平台抬升系统、桩腿、锁紧装置、防喷器控制系统、维修行车、悬臂梁钻台滑移系统、同步管处理系统等）、海底管线及ROV的相关技术。

自2004年开始，经过持续多年的科技攻关，振华重工已相继在铺管设备、重型锚绞机、全回转吊机、动力定位推进器及控制系统、自升式平台抬升与锁紧系统、海上钻井设备等六大类海工设备系统的研制领域取得突破，目前共获得国家发明专利19项、实用新型专利23项，在国内填补了大量技术与产品空白。

十七、江苏龙源振华海洋工程有限公司

（一）企业基本情况

江苏龙源振华海洋工程有限公司（下称“龙源振华”）于2010年6月在南通经济技术开发区成立。公司由上海振华重工（集团）股份有限公司与龙源电力集团有限公司各出资50%合资成立，注册资本2.6亿元人民币。

公司拥有25万平方米的钢结构加工车间，车间内配有400吨、200吨、150吨等各类行车100余台，可在车间进行大型构件的吊装、翻身作业，还拥有115万平方米的存放场地，配有1 200吨龙门吊2台，40~500吨门机20余台。

（二）主要产品

龙源振华在海洋工程装备领域产品和服务主要包括海洋工程设备安装维修、海洋工程施工、海底电缆系统工程施工及维护、海上风电设备基础施工（特别是海上风力发电管桩制作、施工，风机安装、调试、维修）等。

（三）生产经营情况

2012年，龙源振华在江苏如东150兆瓦海上风电施工现场先后完成了6#、9#、10#的基础沉桩作业。2012年8月，龙源振华海上施工项目依次完成了5#、12#、19#、20#、1#风机基础单管桩沉桩作业。2012年10月，龙源振华海装5兆瓦风机吊装施工，这在国内海上风电施工中尚属首列。

（四）产品开发与技术进步

2012年8月31日，龙源振华在世界首座海上潮间带风电场——龙源江苏如东150兆瓦海上（潮间带）示范风电场第6号桩沉桩施工作业中，以最高误差0.12‰的垂直度，创造了新的沉桩世界纪录。

龙源振华通过不断探索，在单管桩钢结构制作、大型海上风电施工船舶、单管桩取消过渡段沉桩工艺上获得了关键性突破，对公司海上风电施工实现规模化起到了推动作用。

十八、江苏熔盛重工集团有限公司

（一）企业基本情况

江苏熔盛重工集团有限公司（下称“熔盛重工”）是以船舶和海洋工程项目建造为主营业务的大型企业集团，由国内民营资本投资组建，集团下设造船、海洋工程、造机、钢机和修船5个事业部，规划占地面积700万平方米，岸线6.0千米，计划总投资200亿元。

熔盛重工海洋工程业务位于江苏南通生产基地，占地面积约1万亩，拥有岸线长达6公里，年钢材加工量120万吨以上，设计年造船能力逾800万载重吨，拥有4座干船坞。其中4号干船坞主要用于海洋工程项目的建造，尺度为139.5米×580米，配备一台世界上最大起重吨位的1 600吨龙门吊。

（二）主要产品

熔盛重工是唯一经国家发改委审核批准的民营海工装备制造企业，已有数年研发的经验。集团与中国海洋石油总公司签订战略合作伙伴协议，在海洋工程方面展开全面的合作，同时公司还与美国船级社（ABS）、挪威船级社（DNV）在海洋工程产品研发方面展开战略合作。公司计划将其海工板块最终形成4个大项，包括世界最先进的第六代半潜式钻井平台、FPSO、海洋工程船和液化天然气运输船。目前已具备钻井装置（半潜式钻井平台、自升式钻井平台、钻井船），生产装置（浮式生产储油船、浮式储油船）以及海洋工程辅助船（3 000米深水铺管起重船、海洋石油支持船）等海洋工程产品的生产能力。

（三）生产经营情况

面对船舶市场的持续惨淡，熔盛重工抢抓机

遇，提前谋划，以产业战略转型为突破口，寻找国际海工市场的制高点，选择新加坡作为构建海工科技研发中心及运营平台的基地，于2012年11月19日在新加坡成立熔盛海事有限公司（RSOM），利用当地的产业优势和人才技术资源拓展海工业务。在海事公司成立之初，即接获1艘2 000米深水钻井支持驳船的总承包合同，预期2014年底交付，另外还有3艘同型船的购买选择权，每艘船的价值逾1.2亿美元。这次接获的订单也是熔盛重工继3 000米深水铺管起重船后（该船已于2012年交付），接获的又一深水海洋工程产品订单。

（四）产品开发与技术进步

2012年，熔盛重工通过在新加坡成立全球科技研发中心及运营平台——熔盛海事公司，依托集团在国内强大的造船和海工等相关业务能力，为海工业务的发展提供坚实的高技术支撑，通过集团各板块间的协同效应，提高效率、降低成本。熔盛重工积极响应国家“加快发展创新型经济，促进产业转型升级”的政策指引，充分整合资源，利用新加坡平台先进的海工技术、强大的研发能力和人才优势，布局高端海洋装备制造领域，不断扩大市场占有率，创建全球知名海工品牌。

同时，熔盛重工也加大与国际船级社的合作，并于2012年与挪威船级社在上海总部进行了高层会晤，希望进一步巩固战略合作关系，加大在研发、设计、建造效率等领域的交流合作，特别是在高附加值、低运营成本的绿色环保船型以及海洋工程、LNG等领域，进行更为深入的研究与合作。

十九、太平洋造船集团

（一）企业基本情况

太平洋造船集团（下称“太平洋造船”）是合资民营企业，业务集船舶设计、制造、贸易于一体。主要产品包括散货船、集装箱船、液化气船及海洋工程辅助船等。

太平洋造船下属有扬州大洋造船有限公司和浙江造船有限公司2个企业。扬州大洋造船有限公司主要承建各类商船，当前主打产品为自主设计的CROWN5.8万载重吨、CROWN6.3万载重吨、CROWN11.8万载重吨散货船及液化石油气船、集装箱船等。

浙江造船有限公司占地总面积约136万平方米，共有5条生产线，其中3条为海洋工程船舶产品专项生产线。这3条生产线中，有2条室内船台生产线，配有一座浮船坞，专门建造世界高端海洋工程辅助船。另一条为室外船台线，生产系列化海洋工程船舶产品。公司目前年海洋工程船产品交船能力达30~36条。

（二）主要产品

太平洋造船海洋工程装备产品主要集中在海洋工程辅助船领域，如三用工作船、平台供应船等，可建造高端的海洋工程辅助船，如具有世界先进水平的PX105，SX130，GPA696等型号的海洋工程辅助船。

（三）生产经营情况

在海洋工程装备建造交付方面，2012年太平洋造船共完工交付了9艘三用工作船、2艘平台供应船以及1艘多用途工作船。其中，太平洋造船为法国船东波邦公司建造的“SPA 80全电力推进DP-2 80吨AHTS船”是太平洋造船首艘自主设计的三用工作船，标志着太平洋造船的海洋工程辅助船设计能力已经完成了从联合设计到自主设计的转变，打破了以往海洋工程辅助船前期设计多为欧美、新加坡公司垄断的局面。

在海洋工程装备承接订单方面，2012年太平洋造船共获得6艘平台供应船订单，包括4艘SPP35平台供应船和2艘SPP50平台供应船。SPP35和SPP50是太平洋造船自主研发的海洋工程辅助船SP系列中的二型，分别为中型和大型平台供应船。新船是为尼日利亚SLOK公司建造的，这是太平洋造船自主研发的海洋工程辅助船首次直销非洲市场，标志着其自主设计品牌SP系列已经日趋成熟并广为市场接受。

手持订单方面，截至2012年12月31日，太平洋造船手持16艘三用工作船、35艘平台供应船、29艘多用途工作船。

（四）产品开发与技术进步

2012年3月28日，太平洋造船成功交付了首艘自主设计的全球最先进的小型三用工作船——“SPA 80全电力推进DP-2 80吨AHTS船”。SPA 80通过独特的船体线型设计，在保持良好的抗风浪能力的前提下降低了航行阻力，在相同的经济航速时，其油耗可降低20%以上。同时，经过布置方案的调整，SPA 80的舱容容积率增加了7%，即在同样船体体积下，装载货物的容积量可增加7%。此外，SPA 80还对船体结构形式进行优化，同比空船重量降低了9%，载重量相应得以增加。油耗、容积量、载重量的一减两增，大大提升了船舶的运营效率，增强了船东的竞争力。为了提高环保性能，SPA 80创新地在小型AHTS上采用燃油舱双壳保护设计，减少了因事故而造成环境污染的风险。另外，SPA 80新增了本船自行回收泄漏到海面的浮油的功能，并获得“污油回收船”（Oil Recovery Ship）证书。最重要的是SPA 80还获得了法国船级社的“清洁船舶”（Clean Ship）证书，前瞻性地满足未来更加严格的环保要求。

二十、广东粤新海洋工程装备股份有限公司

（一）企业基本情况

广东粤新海洋工程装备股份有限公司（下称“粤新海工”）的前身是2000年成立的广州市番禺粤新造船有限公司，2012年粤新造船有限公司整体变更为广东粤新海洋工程装备股份有限公司。

粤新海工占地面积约10万平方米，拥有半封闭滑道船台2座、轨道船台4座、干船坞2座、浮船坞3座。钢板预处理生产线、钢结构制作加工生产线、船体加工、装焊、分段制作车间和修船车间；各类制作加工设备齐全，其中包括自动焊接、自动切割、弯板机、肋骨弯制机、折边机、剪板机、喷沙除锈装置等。船厂拥有丰富的海岸线，厂内的舾装码头可同时停泊6艘船。船厂距离珠江口仅30千米，交付5 000吨以下船舶可直接驶出珠江。

（二）主要产品

粤新海工的海洋工程装备产品主要集中在海洋工程辅助船领域，如三用工作船、平台供应船等，至今已交付各类海洋工程船舶100多艘。粤新海工专业建造4 000马力至16 000马力系列海洋工程船，产品出口至东南亚、中东和欧美等国家。

（三）生产经营情况

在海洋工程装备建造交付方面，2012年粤新海工共完工交付15艘新船，其中粤新海工为新加坡船东Lion AHTS AS公司建造的58.7米三用工作船是粤新海工成立伊始首先涉猎的船型，截至2012年12月底已累计交付20余艘，均得到客户的高度赞许，成为粤新海工的主打产品之一。

在海洋工程装备承接订单方面，2012年粤新海工共获得10艘三用工作船、2艘平台供应船以及1艘平台维护船订单。其中，粤新海工与Martens Group of Companies（Martens）签订的10艘三用工作船建造合同是双方继2011年3月签订4艘58.7米三用工作船合同后的再次合作。

手持订单方面，截至2012年12月31日，粤新海工手持14艘三用工作船、2艘平台供应船以及2艘平台

维护船。

（四）产品开发与技术进步

2012年11月26日，粤新海工为中石化集团上海海洋石油局建造的1.6万马力三用工作船“勘探225”成功交付。该船按照海洋工程辅助船最高标准最新要求进行设计与建造，是世界著名海洋工程辅助船设计公司——挪威哈佛公司最新船型“HAVYARD 843 CD”的全球首制船；是国内第一艘获得挪威船级社颁发的“绿色护照”的三用工作船；是国内第一艘满足国际海事组织规定的“PSPC”涂层新标准的三用工作船；是国内第一艘采用康氏伯格公司全新研发的船舶自动化系统的三用工作船；是国内主机功率最大的三用工作船之一。

二十一、宏华集团有限公司

（一）企业基本情况

宏华集团有限公司（下称“宏华集团”）于1997年末成立于四川广汉，是中国石油钻探设备行业第一家在香港上市的公司。宏华集团总部位于四川省成都市，陆地和海洋装备制造基地分别位于四川广汉和江苏启东，并在海外设有10余个子公司（办事处），以及四个部件及维修服务中心。公司现有员工超过4 000人。

（二）主要产品

宏华集团主要业务包括陆地装备制造、海洋工程装备制造、油气工程服务、资源开发四大板块。在海洋工程装备制造方面，宏华集团主要产品包括自升式钻井平台、半潜式钻井平台、固定式钻井平台以及圆筒形海洋钻井平台等。

（三）生产经营情况

2012年宏华集团实现销售收入50.68亿元，同比上升45.4%。在海洋工程装备生产经营方面，2012年3月宏华集团与上海船厂船舶有限公司签订了TIGER系列钻井船的钻井包销售合同，总值超过3亿元，标志着宏华集团正式进入了深水钻井包市场。

（四）产品开发与技术进步

宏华集团2012年签订的TIGER系列钻井船的钻井包销售合同配备大量由宏华自主研发的技术和新产品，包括世界首推的五缸泵等核心设备，极大地提高了钻井作业效率和钻井船工作的稳定性。

（五）主要海工建设项目

2012年10月，宏华集团位于江苏省启东市的海洋基地正式投产。宏华海洋油气装备（江苏）有限公司由宏华集团投资，是一家集设计、建造、调试海洋钻井平台及其他特殊用途船舶于一体的海工企业，2009年6月签约落户江苏省启东市海工船舶工业园。宏华海洋基地占地约140万平方米，岸线1 770米，截至2012年10月，已建成11万平方米的钢结构厂房、48 000平方米的滑道组立区域，以及792米的材料舾装码头。

二十二、TSC集团控股有限公司

（一）企业基本情况

TSC集团控股有限公司（下称“TSC集团”）是一家为全球海洋、陆地及页岩气钻探行业提供产品和服务的供应商。TSC集团是国内领先的海上钻井平台整体解决方案及钻井全套设备交钥匙供应商，也是全球能够提供海上钻井平台整体解决方案的为数不多的几家公司之一。

TSC集团在全球有22家分公司或全资子公司，其中TSC集团在美国、英国、中国设有3个工程技术中心，在北美洲、南美洲、中东、亚太、欧洲、俄罗斯、中国等世界主要的石油和天然气产区有生产、制造、销售及服务设施，可以在第一时间为客户提供优质的产品和服务，满足客户需求。公司现有员工1 200人，其中国际团队200人。

（二）主要产品

TSC集团集研发、生产、制造、销售及安装于一体，向全球客户提供各种创新性的钻井平台设备和钻井设备钻机总包方案。TSC集团可以为用户提供完整的自升式钻井平台、半潜式钻井平台以及模块化海洋钻井设备包，包括悬臂梁及钻井包的系统设计、钻井设备、固控系统、电控系统、钻井控制、防喷器吊机和控制、排管系统，深海隔水导管，防喷器吊装系统等，全球有超过23%的半潜式钻井平台使用TSC集团的设备，此外，TSC集团已经为多个钻井平台提供钻井整包。

TSC集团还可以为客户提供半潜式/自升式平台、钻井船及平台模块钻机等提供钻井包交钥匙解决方案、钻井供应链解决方案、升级与维补解决方案，以及满足客户特定要求的定制化解决方案等服务。

（三）生产经营情况

2012年，TSC集团完成营业额1.84亿美元，同比增加31.7%；实现利润818万美元，同比大幅增加102.9%，生产经营势头良好。

2012年12月10日，TSC集团参与的300英尺Super M2 自升式钻井平台建造项目顺利交付，该平台在里海当地组装和交付，是TSC集团的第一个海外平台项目。TSC集团为该平台提供了钻井设备包、电控设备包，钻台详细设计和部分悬臂梁的详细设计，钻井系统设计工程服务和设备安装调试指导等设备及服务。

（四）产品开发与技术进步

TSC集团在青岛设有海洋工程和装备研究院，下设位于中国、美国、英国等地的五个技术中心和两个研究所。TSC集团交付的海洋钻井设备包，75%的产品具有自主知识产权。另外，在国内某些高端装备产品领域，TSC集团是具有唯一设计制造能力，或者是具有领先技术和市场地位的厂家，例如BOP吊、CTU、海洋平台大吨位将军柱吊机、升降装置、海上自升系统包、高强度齿条的切割加工、海上平台钻井司控系统、6 000马力电瓶绞车，2 200马力/7500PSI高压泥浆泵等。

二十三、江苏神龙海洋工程有限公司

（一）企业基本情况

江苏神龙海洋工程有限公司创建于1956年，拥有市政公用工程施工总承包一级资质;地基与基础工程专业承包一级资质;水利水电工程、房屋建筑工程、公路工程施工总承包二级资质;爆破与拆除工程、堤防工程、港口与海岸工程、水工建筑物基础处理工程、潜水打捞专业承包二级资质。拥有各类技经管理人员386名，一、二级注册建造师125名，轻、重装职业潜水员168名，并拥有承接市政管道、桥梁、给排水、水电、航务、房建、基础处理、公路工程、潜水服务、救捞等工程相匹配的专用装备。秉承“团结、自强、学习、纪律”的企业精神，以专业产品为特色、以技术创新为灵魂、以人才制胜为战略、以过程管理为核心，努力为社会奉献一流的产品。先后在全国30个省、市、区优质完成了200多项大型工程。

（二）主要产品

敷管船敷设水下管道，重点领域是海上长距离供水管道PE敷设、近海污水排海管道PE或玻璃钢夹砂管敷设。

（三）生产经营情况

2013年上半年新签合同额达35.31亿元，完成施工产值28.85亿元，其中涉及海洋工程约2.6亿元。

（四）产品开发与技术进步

敷管船能够适应在各种工况条件下施工，采取流水作业并逐步实现自动化，集沟槽开挖、基底处理、敷管、稳管和沟槽回填于一体。

延伸阅读：

国外主要海洋工程企业简介

一、韩国现代重工

现代重工不仅是世界最大的造船企业，可建造油船、散货船、集装箱船、LNG船、LPG船等各类民船和潜艇、驱逐舰、护卫舰等军用船舶，同时也是世界领先的综合性重工业企业，已进军到海洋设备、工业成套设备、发动机、电子电气设备、工程机械等领域（见图8）。

现代重工下设造船事业部（见图9）、海洋工程事业部、工业成套设备事业部、新能源事业部、发动机事业部、电气电子系统事业部和工程机械事业部共七个事业部门，均具有全球化的商业网络，各部门的销售和市场业务由现代商务事业部统一协调和整合。

（一）海洋工程业务能力

除了造船业务外，现代重工还拥有强大的船用柴油机制造能力，世界领先的海洋工程装备EPCI总包能力，在能源（石化设备、风电系统、太阳能系统、电力电子与控制系统、变压器等电力设备）、工程机械（挖土机、升降机、装货设备）、工业自动化系统等非船也拥有很强的实力，目前正通过海外投资方式积极进入民用飞机制造和航空、航运等物流产业领域（见表17）。

现代重工是世界领先的海洋工程装备建造和总包商，具备各类海洋工程装备超强的建造能力，可建造各类固定式平台、自升式平台、半潜式平台、浮式生产储卸装置、张力腿平台（TLP）、LNG-FPSO、LNG-FSRU、海底管线、海洋终端和岸上处理设施，具备海洋工程总包（EPCI，设计、采购、建造、安装）能力，能够为海洋油气田开发提供一体化服务。

（二）2012 年海洋工程业绩

2004年以前，海洋工程是现代重工三大业务板块中比重最小的业务领域，占比不足10%。此后，现代重工海洋工程业务快速增长，尤其是2008年金融

图 8 现代重工鸟瞰图

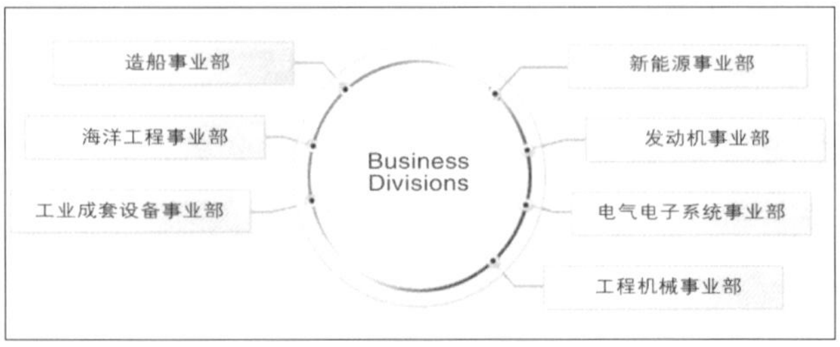

图 9 现代重工事业部

表17 现代重工各业务领域主要产品

造船业务	普通商船	油船、散货船、集装箱船、LNG船、LPG船
	军船	潜艇、驱逐舰和护卫舰
海工业务	钻井装备	钻井船、半潜式钻井平台
	浮式生产装置	FPSO、FLNG、FPU、TLP、半潜式生产平台
	固定式平台	上部模块、导管架平台、自升式平台、模块
	其他	海底管线与设施、海上安装、陆上油气处理模块
非船业务	能源装备	石化设备、风电系统、太阳能系统、电力电子与控制系统、变压器等电力设备
	工程机械	挖土机、升降机、装货设备
	其他	柴油机、蒸汽轮机、推进器、泵、工业机器人、钢带处理线、物流系统

危机爆发后，伴随普通商船市场的大幅萎缩，海洋工程超过船舶成为公司最大订单来源。现代重工以前主要从事FPSO新建、钻井船、固定平台和上部模块的建造，是FPSO新建领域的领导者，并且拥有自主工程设计能力。2007年在从未建造过钻井平台和钻井船的情况下，现代重工击败了三星重工和大宇造船海洋，在市场开拓方面获得重大突破，首次获得了美国环球圣达菲公司（GSF）价值7.4亿美元的钻井船订单合同。主要为美国埃克森美孚、荷兰壳牌、英国石油、法国道达尔、美国雪佛龙、印度国家石油天然气等客户建造FPSO、FSO、半潜式钻井平台、自升式钻井平台、张力腿、海底管线及各种海工模块等，其中全球石油和天然气领域的EPIC项目超过100个。

2012年，现代重工共接获海工装备订单47.4亿美元，较2011年的105亿美元大幅下滑，下降幅度高达55%，新接订单金额居于韩国三大海工巨头末位，海工订单雄踞全球海工第一的辉煌不再。2012年，现代重工承接的主要订单类型为钻井船，共获得订单7艘，金额合计为44.9以美元，比2011年减少超过17亿美元。现代重工所获得的7艘钻井船订单中的5艘来自Diamond Offshore公司，2艘来自美国Rowan公司，它们均为现代重工长期客户，曾在2011年分别下单订造3艘钻井船。

此外，现代重工还获得挪威Hoegh LNG公司1艘LNG-FSRU新建订单（见表18），该公司在2011年在

表18 2012年现代重工承接海洋工程装备订单情况

装备类型	装备名称	数量（艘/座）	金额（亿美元）	合计（亿美元）
钻井装备	钻井船	7	44.9	44.9
生产装备	LNG-FSRU	1	2.5	2.5
合计		8		47.4

现代重工订造过2+2艘LNG-FSRU，2011年承接较多的其他类型的海工装备订单在2012年几乎消失。

从接单价值水平来看，2012年现代重工接获的钻井船订单平均单价约为6.4亿美元，与2011年相比增加9 000万美元/艘。

（三）海洋工程领域发展动向

近年来，现代重工一方面全面进军高端产品，树立技术竞争优势。现代重工除大力抢占深水钻井船、深水FPSO等传统高端市场外，2011年又率先进入LNG-FSRU建造市场，同时积极研发储备冰区级船舶和LNG-FPSO等未来需求潜力较大的高端海工产品。另一方面积极推进海外扩张，稳步拓展非洲市场。现代重工已启动在尼日利亚尼日尔三角洲地区Brass岛的海工装备制造基地建设项目，第一期预计于2013年完成。

二、韩国三星重工

三星重工成立于1974年，目前主要业务领域有造船、海洋、建设、数码系统和风力等，它们均处于国际领先或先进水平。三星重工在石油勘探船、超大型集装箱船、LNG船等高技术高附加值船舶市场占有率位居世界第一。其在全球率先建造了双向破冰船，开辟了极地远洋运输的新领域。LNG-FPSO、LNG-FSRU、破冰集装箱船等新概念船舶的开发也领先全球，并且以熟练的技术和深厚的经验为背景引领着世界超大型半潜式近海钻井平台等的发展。

（一）海洋工程业务能力

三星重工更是世界领先的创新型海洋工程装备建造商，在钻井船、浮式生产系统和新型海洋工程装备领域具备世界领先的产品研发和装备建造能力。主要建造固定式平台和高技术、高附加值的浮式海洋工程装备，包括钻井船、FPSO/FSO、LNG-FPSO、FDS以及LNG、LNG-RV、LNG-SRV等。同时，三星重工也拥有较强的海洋工程ECPI承包能力和经验。

（二）2012 年海洋工程业绩

2004年以前，海洋工程是三星重工三大业务板块中比重最小的业务领域，占比不足10%。此后，三星重工海洋工程业务快速增长，尤其是2008年金融危机爆发后，伴随普通商船市场的大幅萎缩，海洋工程装备超过船舶成为公司最大订单来源。

2012年，三星重工接获85.45亿美元海工装备订单，略低于较2011年的90.78亿美元，在全球海工企业位列第三，排在大宇造船海洋和胜科海事之后。不同于现代重工的大幅后退和大宇造船海洋的阔步前进，三星重工基本保持了稳定发展，在激烈的市场竞争中依然处于可攻可守的稳定状态，其在

2013年的市场走势和接单策略引人关注。

从接单价值水平来看，三星重工所接钻井船订单平均价格约为6亿美元，与2011年的平均价格基本持平。新接的CPF（中央处理设施）订单为超高价值订单，单价达27.3亿美元，甚至已经大大超过了去年接获的LNG-FPSO的15亿美元单价。三星重工2012年接获的一座固定式生产平台价格为4.7亿美元。

钻井装备领域，三星重工共接获9座钻井船订单，合计53.45亿美元，订单分别来自挪威Seadrill 3艘、美国Ensco 2艘、美国Pacific Drilling 1艘、希腊Ocean Rig 公司 1艘和巴西QGOG Constellation 1艘，其中Seadrill、Pacific Drilling和Ocean Rig均在去年下单订造过钻井船。

生产装备领域，三星重工取得2份订单，分别为CPF和固定式生产平台，订造方是澳大利亚Ichthys油气田运营商和Total下属公司Total E&P Norge。市场预期将继续出现的LNG-FPSO订单未及时到来，使得已经连续2年拿到LNG-FPSO订单的三星重工缺少了增加海工业绩的重磅武器。如果2013年再次出现该类装备订单并且三星重工保持现有竞争优势不变，预计其在2013年的市场份额还会更进一步（见表19）。

（三）海洋工程领域发展动向

三星重工是一家创新型企业集团，技术创新是三星重工成功的重要法宝。其每年研发投入1亿美元左右，通过不断的产品创新，成为了高技术船舶及海洋工程装备领域的行业引领者。2009年底，三星重工407亿美元船舶及海洋工程手持订单中，81%为高技术、高附加值产品。在过去5年中，海洋工程装备订单约占三星重工全部订单的一半，在海洋工程装备领域三星重工创造了多项行业第一。2000~2010年，全球共签订75艘钻井船订单，其中三星重工接获42艘，占总数的56%。为了实现新的接单目标，三星重工正引导和加强海工装备的研发资金投入。

2011年，三星重工通过ISO/TS 29001各项认证要求，成为全球首家获得该认证的造船企业，其海洋工程装备建造质量管理能力进一步获得国际公认。由于越来越多的海洋油气开发和服务商对ISO/TS 29001资格认证提出了要求，三星重工将有优势获得更多的新接订单。继成功接获壳牌第1艘LNG-FPSO订单后，三星重工还有望获得壳牌第2艘LNG-FPSO，将用于帝文岛气田开发项目。

表19 2012年三星重工承接海洋工程装备订单情况

装备类型	装备名称	数量（艘/座）	金额（亿美元）	合计（亿美元）
钻井装备	钻井船	9	53.45	53.45
生产装备	CPF	1	27.3	32
	固定式生产平台	1	4.7	
合计		11	85.45	85.45

三、韩国大宇造船

大宇造船海洋株式会社（DSME）成立于1973年10月，总部设在首尔，造船厂位于韩国巨济岛玉浦，年销售总额达100亿美元以上，造船规模位居世界前列。公司成功构筑横跨东欧、中东、东亚、美洲的全球商业网络，实现生产的国际化和服务的本地化。公司主要产品是LNG船、LPG船、集装箱船，FPSO、钻井船、海洋钻井平台等，其中LNG船在技术品质上处于世界领先地位，在全球市场具有很高的市场占有率。

（一）海洋工程业务能力

大宇造船凭借高技术、高质量和高附加值的三高策略，积极开拓世界海工装备市场，奠定了世界海工装备先进制造企业的地位。大宇造船以海洋钻井平台、钻井船、LNG船和FPSO等为主打产品，客户包括世界著名的钻井承包商Transocean公司、埃克森美孚和巴西石油公司等。

大宇造船是世界半潜式钻井平台的主要建造商，大宇是半潜式钻井平台市场强有力的竞争者，截至2011年底共承接了24座半潜式钻井平台，其中18座已交付。同时，大宇造船在钻井船、FPSO新建和固定平台建造领域也极具竞争力，它还涉足半潜式生产平台和TLP建造领域。

（二）2012 年海洋工程业绩

大宇造船海洋工程装备业务已成为与造船业务旗鼓相当的重要业务。2009年，海洋工程装备新接订单量占总订单量的46%，手持订单量占总订单量的34%。2010年，海洋工程装备新接订单量占总订单量的49.3%，手持订单量占总订单量40.4%。2011年，海洋工程装备新接订单量占总订单量的44.0%，手持订单量占总订单量45.6%。

2012年，大宇造船共承接海工订单101.15亿美元，较2011年大涨近47%，成功突破百亿美元大关，超过三星重工和现代重工而一跃成为2012年全球海工第一企业。

从接单价值来看，大宇造船2012年所接钻井船订单平均价格为5.39亿美元，较2011年的5.74亿美元价格小幅下降，半潜式钻井平台价格同样由5.84亿美元微降至5.5亿美元。

钻井装备领域，大宇造船共承接订单37.95亿美元，包括5艘钻井船（26.95亿美元）和2座半潜式钻井平台（11亿美元），总金额较2011年下降近14亿美元。钻井船的船东分别为美国Atwood Oceanics 1艘和美国Transocean 4艘，其中Atwood去年已在大宇造船订造了2艘钻井船，全球最大的海上钻井承包及服务公司Transocean则今年一次订造4艘钻井船，显示其对未来深水钻井市场的看好，打算扩大其深海船队规模。

生产装备领域，大宇造船共接获43.2亿美元订单，主要类型为FPSO和生产平台。大宇造船2012年在FPSO领域取得一份超级大单，获得Inpex公司1艘价值高达20亿美元的FPSO新建订单，实现了在单个产品价值量的巨大突破。该公司承接的2座生产平台也均属于高价值订单（分别为5.6亿美元和17.6亿美元），船东分别是丹麦DONG E&P和挪威国家石油公司。

其他装备方面，大宇造船接获非洲船东5座固定式平台订单，总价值为20亿美元（见表20）。

（三）海洋工程领域发展动向

大宇造船致力于成为全球海洋工程浮式装备第一供应商，把承接海洋工程设备订单列为其未来重要的经济增长点，并确定了实施海洋工程战略的三大具体领域：深海海洋结构物、新概念气体运输船和船舶型海洋结构物。2011年，大宇造船在海工市场的表现充分体现了这一战略，比如其在钻井船

表20 2012年大宇造船承接海洋工程装备订单情况

装备类型	装备名称	数量（艘/座）	金额（亿美元）	合计（亿美元）
钻井装备	钻井船	5	26.95	37.95
	半潜式钻井平台	2	11	
生产装备	FPSO	1	20	43.2
	生产平台	1	5.6	
	固定式生产平台	1	17.6	
其他装备	固定式平台	1	20	20
合计		15	101.15	101.15

市场大力抢单，成为仅次于现代重工和三星重工的最具竞争力的建造商，大宇造船还获得了2011年全球半潜式钻井平台1/3的订单。

此外，大宇正联合国际海工巨头积极研发LNG-FPSO，力图进入这一高端领域，已取得卓有成效的成果。例如，大宇造船联合法国Technip公司争取两家马来西亚国有石油公司LNG-FPSO前端设计（FEED）合同，大宇造船和Technip公司分别负责船体和上部模块建造。大宇造船所属DSME E&R公司与挪威Hoegh LNG公司和新几内亚国有油气矿产公司Petromin PNG控股公司在新几内亚巴布亚岛共同开发的LNG-FPSO项目得到了当地政府许可，目前已基本完成可行性研究，这或将成为大宇造船首艘LNG-FPSO订单。大宇造船及其挪威合资公司D&H Solutions还积极争取Tamar气田LNG-FPSO建造项目，为其提供前端设计。

四、新加坡胜科海事

胜科海事（Sembcorp Marine）成立于1963年，是领先全球的海事与岸外工程集团，为船舶维修、船舶建造与改造、钻井平台建造与维修、岸外工程与建设包括生产模块等提供一系列综合解决方案。

以新加坡为核心，胜科海事在印尼、印度、巴西、中国、中东和美国共计拥有15家控股及参股企业（见图10），包括裕廊船厂、胜宝旺船厂、SMOE、PPL船厂和裕廊SML等。各船厂发挥各自互补的专业领域及市场优势，为客户提供先进的海事与岸外工程服务。

（一）海洋工程业务能力

胜科海事精于改造石油与天然气业用的浮式生产储油装置（FPSO）、浮式储油装置（FSO）、浮式生产装置（FPU）、动力定位重型起重货船、铺管施工船等，可把运输船改造为驳船，货船改成牲畜运输船，货船改成货柜船。

作为钻井平台建造的领导者，胜科海事拥有钻井平台设计专利，擅长建造自升式钻井平台、深水半潜式钻井平台的建造，以及钻井平台改造、修理和升级，动力定位重型起重货船，驳船修井设备以及其他平台建造。

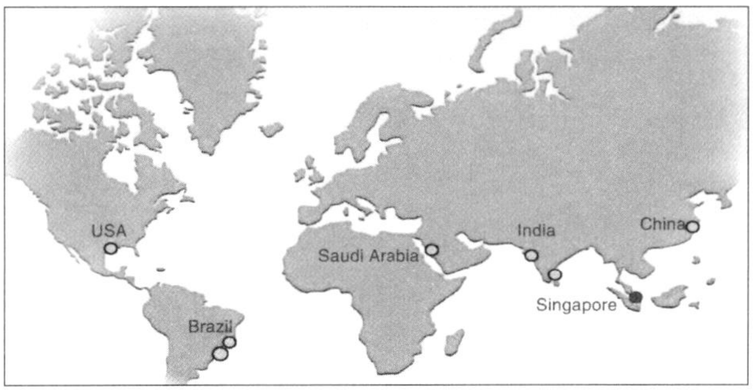

图10 胜科海事全球产业布局

胜科海事为石油与天然气工业的岸外与海上生产设施，在工程、采购、建造、运输、安装、岸外连结及调试等业务上，提供完整解决方案。

胜科海事也精于固定平台及大型浮式生产储油装置(FPSO)的上层生产模块的制造、安装、整合及测试。

（二）2012 年海洋工程业绩

2012年，胜科海事共接获86.575亿美元海工装备订单，较2011年的41.5亿美元增加一倍以上，在世界5大海工巨头（韩国3个+新加坡2个）中的排名由2011年的最后一位上升到第3位，与本国吉宝岸外海事之间的业绩差距也大为缩小。

钻井装备领域。2012年，胜科海事共承接自升式钻井平台3座、半潜式钻井平台2座，订单金额合计13.425亿美元，自升式钻井平台的新造订单船东分别为迪拜Safin Gulf FZCO、卡塔尔GulfDrilling International和马来西亚Perisai公司，半潜式钻井平台订单的订造商为北大西洋钻井公司和美国Diamond Offshore。胜科海事除在传统的自升式钻井平台和半潜式钻井平台领域继续有所斩获外还在钻井船建造领域出现了突破性的进展，共获得巴西Sete Brasil公司多达7艘钻井船订单，总价值近56亿美元，单价达到8亿美元/艘。此外，胜科海事还获得印尼船东2座井口平台订单，总价值2亿美元。

在其他类型装备方面，胜科海事2012年订单类型呈现多元化态势：承接装备类型有半潜式油井干涉平台、半潜式生活平台、FSO修理升级和LNG生命延长和FPSO模块建造与集成，总价值达14.845亿美元，其中价值最高的为FPSO模块建造和集成订单，价值为6.74亿美元（见表21）。

（三）海洋工程业务发展动向

胜科海事正在全球范围内积极扩大业务版图，在中国持有中远船务工程集团有限公司30%股权。胜科海事集团子公司与中国公司合资设立上海裕廊海事工程与科技公司(Shanghai Jurong Marine Engineering and Technology)，主要从事专业海事与岸外设计；成立深圳赤湾海洋石油设备修造有限公司(Shenzhen Chiwan Offshore Petroleum Equipment Repair & Manufacture)，提供岸外维修、连结及调试服务；成立HQSM Engineering公司，从事设计、采购

表21 2012年胜科海事承接海洋工程装备订单情况

装备类型	装备名称	新接订单		合计（亿美元）
		数量（艘/座）	金额（亿美元）	
钻井装备	自升式钻井平台	3	6.395	69.73
	半潜式钻井平台	2	7.03	
	钻井船	7	56.305	
生产装备	井口平台	2	2	2
其他装备	半潜式油井干涉平台	1	3.855	8.105
	FSO修理升级和LNG生命延长	1	1.3	
	半潜式生活平台	1	2.95	
配套装备	FPSO模块建造与集成	1	6.74	6.74
合计		18	86.575	86.575

和建造岸外及陆上石化处理厂。

除了与中国伙伴建立的合资公司，胜科海事裕廊船厂也在巴西圣埃斯皮里图州建造裕廊阿拉克鲁斯船厂（Estaleiro Jurong Aracruz），目标直指巴西蓬勃发展的岸外石油与天然气业，同时辐射大西洋、墨西哥湾和西非等区域。除了钻井平台修理、船舶维修和改装工程外，该船厂也可建造钻井平台、钻井船和平台供应船，并提供浮式生产储油卸油船的装置以及上层模块的制造。船厂预计于2014年年底完工。胜科海事还通过子公司胜宝旺船厂把位于印度东海岸的合资船厂 Sembmarine Kakinada的股权增至40%，第一阶段将发展维修、新造船、平台和模块制造等服务。

为了继续提升在国内的产能，胜科海事正在大士景扩展区发展新加坡首个综合性船厂，进一步增强集团的竞争力。整个船厂将分三期建造，约需16年全面竣工。第一期占地73.3公顷的新船厂于2012年中开始局部营运，2013年第4季度全面投产。

五、新加坡吉宝海事

吉宝岸外海事前身最早可追溯到成立于1968年的吉宝船厂（私人）有限责任公司，由新加坡港务局下属造船部企业化改造而成。目前，吉宝岸外海事已发展成为跨国企业集团，在全球拥有18家船厂，10个工程/研发中心，2个海事服务公司和3个代表处，分布在亚太地区、墨西哥湾、巴西、里海、中东及北海，覆盖世界最主要的油气产区。

按照业务领域，吉宝岸外海事可分为岸外业务、海事业务、特种船舶以及其他服务四大板块。

（一）海洋工程业务能力

吉宝岸外海事拥有强大的海洋钻井装备建造能力，世界一流的浮式生产装备（FPSO、FSO、FSRU）修理和改装能力，还拥有风电安装船、三用工作船等设计建造能力。

以吉宝远东船厂为主的9家船厂专注于岸外业务，主要从事自升式钻井平台、半潜式钻井平台和浮式生产系统及钻井船等的设计与建造，钻井平台的修理、升级与改装，复杂钻井平台设备的设计与开发，海洋结构物及钻井平台部件的制造。目前，公司掌握了一批专利技术，特别是在自升式钻井平台领域更是远远领先于其他对手，成为自升式钻井平台设计与建造领域不折不扣的霸主。在过去10年中，全球超过40%的钻井平台建造来自于吉宝远东船厂。特别是近两年，吉宝岸外海事在自升式钻井平台建造和船舶改装方面的收获极为丰厚。

吉宝船厂等4家船厂业务主要在海事领域，从事FPSO、FSO、FSRU和钻井船的改装，油船、集装箱船、散货船和LNG船等各类船舶的修理，船舶的升级，生命延续，船体切割（接长），转塔和上层模块的制造等。其中，大型油船改装FPSO等浮式生产装备是吉宝的拿手好戏，每年均能从世界各地获得大量订单。

吉宝新满利等3家船厂主要从事特种船舶的建造，主要船舶类型包括多用途海洋支持船、三用工作船、拖船、破冰船和冰区支持船、FPSO和铺管船等船舶的建造。截至目前，吉宝已创造完工400余艘特种船的建造纪录。

（二）2012 年海洋工程业绩

2012年，吉宝岸外海事共获得海工装备订单99.2亿美元（见表22），较2011年的71.49亿美元增长了39%，位列全球海工装备企业第二名。在2011年该公司接获高达23座自升式钻井平台订单，其中不乏Gusto MSC CJ70这类高价值订单（单价5亿美元），而2012年该公司未能延续接单高规格产品的良好势头，自升式钻井平台订单数量为6座共计16.47亿美元，仅承接到一座CJ70高规格钻井平台，在数量和单价上

表22 2012年吉宝岸外海事承接海洋工程装备订单情况

装备类型	装备名称	新接订单		合计（亿美元）
		数量（艘/座）	金额（亿美元）	
钻井装备	自升式钻井平台	6	16.47	69.47
	半潜式钻井平台	7	53	
生产装备	FPSO改装	1	0.43	16.53
	FSO改装	1	0.3	
	早期生产船	1	0.3	
	FPSO（含模块建造）	2	9.5	
	Floating LNG (FLNG) Vessel 改装	1	6	
其他装备	半潜式生活支持平台	1	3.15	7.3
	半潜式支持平台	1	3.15	
	海洋平台(DCP, Depletion Compression Platform)	1	1	
配套设备	FPSO上部模块	1	2	2
其他	半潜式平台升级	1	1.5	3.9
	FPSO升级	2	1.7	
	钻井平台升级和维护	1	0.7	
合计				99.2

均有较大幅度回落。在生产装备修理改装领域，吉宝岸外海事2012年的业绩较上一年出现大幅增长，由2.08亿美元上升至16.53亿美元。吉宝岸外海事新接的生产支持平台订单单价也出现上涨（2011年的近2.5亿美元/座至2.12年的3.15亿美元/座）。从船东分布区域来看，吉宝的订造商客户分布较为广泛，不仅在欧洲和美国地区拥有传统客户，还在日本、中东地区和东南亚建立了广泛的客户联系。

（三）海洋工程发展动向

吉宝岸外海事除大力发展海工装备设计、建造、维修与改装业务，还积极向下游拓展。2011年8月21日，吉宝岸外海事旗下公司Aqua Pellentesque Ltd（“Aqua”)成功收购瑞典浮式平台运营商Floatel公司，从而使吉宝岸外海事拥有Floatel公司37%的股份，Floatel公司其他股份将被Aqua的其他股东以19.50挪威克朗/股的价格收购。Keppel岸外海事CEO Choo Chiau Beng先生表示，由于Floatel公司为巴西和北海油田提供了高质量的服务，吉宝对于Floatel公司发展前景充满信心，在过去数年，吉宝已开始逐渐增加持有Floatel公司股份。

（编写：吴 凯 曾晓光 曹 林 刘华祥 张小凯 郭腾飞）

第八章　2012中国主要海洋工程装备研发设计单位发展情况

第八章 2012中国主要海洋工程装备研发设计单位发展情况

一、中国船舶及海洋工程设计研究院

（一）基本情况

中国船舶及海洋工程设计研究院，创建于1950年11月，是中国船舶行业成立早、规模大、成果多的研究开发机构，是船舶设计技术国家工程研究中心的依托单位，是国际拖曳水池会议（ITTC）、国际船舶结构会议（ISSC）的成员单位，是流体力学和船舶与海洋结构物设计与制造的硕士、博士研究生培养单位。建所60年来，主要业务领域不断拓展，自主开发出多型具有世界先进水平的各类船舶、海洋工程装备和船用装备，为我国 船舶工业、海洋事业的发展和国民经济建设做出了重大贡献。作为中国最早涉足海洋平台的研发单位，在20世纪70年代为祖国设计了中国第一艘双体钻井船，以后又开发设计了中国第一艘自升式钻井平台，第一艘坐底式钻井平台，第一艘半潜式钻井平台，第一艘浮式生产储油船(FPSO)，第一艘耙吸挖泥船和第一艘绞吸挖泥船。近几年，该院海洋工程研发领域不断拓展，由中小型向大型化、浅水向深水领域发展。

（二）重点方向

中国船舶及海洋工程设计研究院从20世纪60年代开始进行海洋工程设计，积累了较多的海洋工程设计经验。主要完成了渤海一号自升式钻井平台，勘探三号半潜式钻井平台，胜利三号坐底式钻井平台。先后为中海油研制多型FPSO，并开发设计了30万吨级超大型FPSO。十一五期间，开展了新型多功能半潜式钻井平台研究，取得了开拓性成果。近年来完成第六代深海半潜式钻井平台“海洋石油981”的详细设计。目前承担的工作有：400英尺自升式钻井平台设计和深水钻井船设计。

（三）产品开发

1. FPSO（浮式生产储油船）项目

我国新设计FPSO的历史，比国外早4~5年。早在1989年4月，中国船舶及海洋工程设计研究院海工部为JCODC（中日石油株式会社）设计了中国第一艘“渤海友谊”号FPSO（沪东造船厂建造、用于渤中28-1油田），是我国FPSO研制零的突破。至今已研制设计了10艘各种类型的FPSO（见表23）。

其中“南海奋进”号和“海洋石油111”号FPSO是15万吨级在强台风海域服务，永不解脱、内转塔式的FPSO。中国海洋石油总公司与美国Conocophillips石油公司共同合作开发蓬莱19-3油田，已投产的超大型30万吨级的FPSO-渤海蓬勃“海洋石油117”，是当今世界最大的FPSO之一。

2. 海洋平台项目

（1）深水半潜式钻井平台“海洋石油981”，当今世界最先进的第六代半潜平台，作业水深可

表23 至今已研制设计的10艘各种类型的FPSO

船名	作业区域	系泊系统	载重吨
“渤海友谊”号	渤中28-1油田	软钢臂式（单点）	52 000
“渤海长青”号	渤中34-2油田	软钢臂式（单点）	52 000
“渤海明珠”号	绥中36-1油田	软钢臂式（单点）	58 000
“渤海世纪”号	秦皇岛32-6油田	软钢臂式（单点）	160 000
“南海奋进”号	文昌13-1/13-2油田	内转塔式（单点）	150 000
“海洋石油111”号	番禺4-2/5-1油田	内转塔式（单点）	150 000
“海洋石油112”号	曹妃甸11-1/2油田	软钢臂式（单点）	160 000
“海洋石油113”号	渤中25-1油田	软钢臂式（单点）	170 000
“海洋石油115”号	新文昌油田	内转塔式（单点）	100 000
“海洋石油117”号	蓬莱19-3油田	软钢臂式（单点）	300 000

达3 000米，钻井深度达10 000米，采用DP-3级动力定位系统。

（2）“勘探三号”，是国内最早自行设计建造的半潜平台。

（3）“胜利三号”、“中油海62”、“中油海5 ”、“中油海-33”、“中油海-1 ”。

3. 喷水推进装置

MARIC Jet 喷水推进装置在低速重负荷特种工程船上的应用（见表24）。

二、上海船舶研究设计院

（一）基本情况

上海船舶研究设计院（SDARI）成立于1964年，隶属于中国船舶工业集团公司，是目前我国民船设计领域最大、船型最丰富、市场占有率最高、人才队伍最稳定的研究设计单位之一。SDARI现有员工550余人，各专业人才齐全，具备三维设计平台和各种先进软件。SDARI的服务范围涵盖了前期可行性论证、方案设计、基本设计、详细设计、直至生产设计的全过程。设计产品主要包括散货船、集装箱船、液货船、矿砂船、滚装/客滚船、多用途船、特种工程船、海洋工程辅助船、海洋工程作业船、海洋平台等。自建院以来，SDARI累计开发新船型900余型。多次承担并出色完成国家重大科技攻关项目和重大技术装备攻关研制任务，截止至2012年底，共获得国家、省部级和学会科技成果253项。SDARI现有1个船舶研究开发部，3个船舶设计室，1个船舶生产设计部,国家船舶舱大容积计量站，国防容量计量专业站和中国船舶工业基础船舶舱容计量检测中心挂靠于该院。目前，SDARI在浦东张江集电港区域内新建一座集科研设计、实验、办公为一体的现代化综合性大楼。

表24 MARIC Jet 喷水推进装置在低速重负荷特种工程船上的应用

项 目	装置型号	功率(kW)	装船年份
胜利油田2000 hp超浅吃水多用途供应船("胜利221"号)	ZH1350	735×2	1987
胜利油田1000 hp超浅吃水多用途供应船("胜利211"号)	ZH1140	368×2	1988
中油集团海洋工程公司2000 hp浅吃水多用途工作船	ZH1455	1 000×2	2006
中油集团海洋工程公司2000 hp浅吃水多用途工作船	ZH1455	1 000×2	2008~2009
中石油多用途工程船	ZH1455	1 650×2	2008
胜利油田胜勘测量船	ZH1455	1 000×2	2010

（二）主要方向

成功设计了"南海4号"自升式钻井平台的改建方案，顺利完成了400英尺自升式钻井平台的方案论证和现场施工配合，成功完成了30万桶圆柱型浮式生产储油船（FPSO）的结构详细设计和生产设计，自行开发了12类海洋工程辅助船，其中，有亚洲最大的3万吨导管架下水驳、亚洲最先进的8缆物探船，开发出我国第一艘1万千瓦油田守护船、第一艘8 000马力多功能三用拖船、第一艘小水线面油田交通船、第一艘综合检测船、第一艘3 000米深水铺管起重船、第一艘多功能潜水支持船等。这些产品为上海船院在海工领域打响了设计品牌。从1995年至2012年，上海船院共设计近六十型海洋工程系列船，在20多家船厂一共建造了近150艘船舶。

（三）产品开发

（1）SDARI为中国海洋石油总公司、中国石油集团海洋工程有限公司、中国石油化工集团三大石油公司设计各类海洋工程辅助船60余艘。

（2）我国首艘深水铺管起重船"海洋石油201"是国家"十一五"重大深水装备项目，国家"863计划"重大项目。深水动力定位的双层甲板铺管船，具有自航能力，能够铺设水深达3 000米的管线。在船尾设置一台起重能力4 000吨（固定式）/3 500吨（全旋转式）海洋工程重型起重机，能够进行海洋工程起重作业。

（3） 50 000 DWT半潜船是运输和安装深水钻井平台的主流船型，具有适货性广、装卸货方式多等特点，可下潜装载运输自重3万多吨钻井平台等水上工程整体设备，是目前全球最先进的大型海上工程设备专业运输船舶。

（4）"海洋石油708"，是一艘由电力推进系统驱动，可航行于无限航区的深水工程勘察船，主要从事海洋工程地质勘察作业。该船的交付标志着我国海洋工程勘察作业能力从水深300米提升到了3 000米，成功进入海洋工程深海勘探装备的顶尖领域。

（5）八缆物探船是目前亚洲最先进的地球物理勘探船。该船由SDARI将一艘6 000hp平台供应船经过为期一年多的提升改建而成，可为地球物理勘探提供三维地震采集作业服务，对三维采集资料现场处理，具有采集数据高速传输系统，可大大提高南海深水勘探的作业效率。

（6）海洋平台："南海4号"自升式钻井平台；350英尺自升式钻井平台。

三、上海佳豪船舶工程设计股份有限公司

（一）基本情况

上海佳豪船舶工程设计股份有限公司（上海佳豪BESTWAY）（下称“上海佳豪”）创立于2001年10月29日。几经搬迁，于2010年5月搬迁至松江莘砖公路518号10号楼，拥有一万多平方米的基于数字化船舶设计模式建设的现代化的研发大楼，是目前国内规模和综合实力最强的专业民用船舶与海洋工程综合性科技服务企业之一。2003年12月通过上海质量体系审核中心19001质量管理体系认证，2009年10月成为首批在深圳创业板挂牌的上市公司（股票代码：300008），2012年10月通过上海质量体系审核中心QHSE（三标一体）管理体系认证，荣获上海市“设计创新示范企业”和上海市“创新型企业”。公司高度重视对产品研发的投入和自身研发综合实力的提升，2012年公司研发支出976万元，占营业收入的比例为3.66%。

上海佳豪拥有船舶工程设计研发中心、海洋工程设计研发中心、协同设计信息中心、船舶与海洋工程设计虚拟仿真实验室和电力推进数字化仿真实验室。公司下设全资子公司：上海佳豪船舶与海洋工程研发有限公司、上海佳豪科技发展有限公司、上海佳船工程设备监理有限公司；控股子公司：上海佳豪游艇发展有限公司、上海佳豪游艇运营有限公司，上海佳豪美度沙游艇装饰有限公司等；在武汉、青岛、广州、南通、扬州、北京设立了多个分公司和办事处。

上海佳豪下属全资子公司上海佳船工程设备监理有限公司是中国设备监理协会的副理事长单位，具备国家级的设备监理单位资格和上海市工程设备监理单位甲级资质。自2004年成立以来已为国内外船东和业主监造和监理了100多艘船舶和海洋工程产品以及40余项水工及起重机监理项目，也是目前国内最大的船舶监理单位之一。

（二）主要方向和产品开发

上海佳豪作为行业内第一家国家认定的高新技术企业首获中国船级社船舶和海上设施设计最高资质评估证书，已独立研发和设计了500余型各类船型，为用户成功交付了1 000余艘各类船舶和海洋工程项目，所研发的产品中1项达到全球第一，多项达到全国第一，并已拥有多项技术专利和发明专利申请权，获得了一系列省部级科技进步成果一等奖、二等奖、发明专利奖。未来，上海佳豪将继续向船舶工程及海洋工程类的“设计研发”、“工程承包”、“服务贸易”及“游艇”四大业务板块的综合性船舶科技企业集团发展，形成涵盖船舶与海洋工程设计、设计工程总承包、工程咨询和工程监理、采购物流、工程融资、船用设备开发、游艇设计制造及运营等业务领域的全方位、多层次的技术服务体系，可以为客户提供覆盖产品全生命周期的各种服务，并依托公司独创的集研发设计、合同设计、开发设计、详细设计、生产设计和技术监理等完整技术服务链的自升优势和特长，从海洋工程辅助船舶向深海海洋工程结构物发展。

四、广州船舶及海洋工程设计研究院

（一）基本情况

广州船舶及海洋工程设计研究院（GUMECO）成立于1974年，是中国船舶工业集团公司（CSSC）在华南地区最大的科研设计单位。主要从事海洋工程、船舶产品、机电产品、钢结构工程设计、工程总承包和项目管理以及船厂技术改造、技术咨询等业务，具有国家颁发的船舶工程及海洋工程勘察设计甲级资质证书。现有高、中级技术人员150多名，专业涉及与船舶及海洋工程设计研究相关的学科，如总体设计、

结构力学和流体力学、海洋环境、油气集输和加工、海底管线、轮机和机械、HVAC、电气及导航、仪器仪表和自动化技术、工程经济、项目管理、质量控制等。在建院早期，主要从事船舶产品的科研和设计。20世纪80年代初起，业务逐步扩展到高性能船舶及海洋工程的科研和设计领域，设计的船舶包括各种客船、集装箱运输船、货船、油船、工程船和高性能船等。近年来开发海洋工程技术和市场，为我国南海油田、渤海油田的开发提供了大量的服务。

（二）主要方向和重点领域

该院从20世纪80年代初拓展海洋工程业务，与国内外的专业公司、科研机构和院校开展了广泛的合作，逐渐形成其海洋工程技术专长。在浮式生产系统研究、海洋平台模块设计、人工岛设计和小型可移动式FPSO设计和研究方面拥有丰富的经验，在海洋工程单点系泊、多点系泊和输油终端技术研究方面处于国内领先地位。1991年攻克了单点系泊系统核心设备“SS800型输油旋转接头（SWIVEL）”的设计技术。1994年研究成功海上多点系泊的新技术——扇形风标配重系泊装置，获中国专利。先后完成了“钦州湾2万吨和5万吨级多点系泊输油终端工程设计”（1995年）和“明思克”航空母舰抗台系泊系统工程设计（2000年）等项目的海上抗台系泊系统设计。近年致力于边际油田开发装备技术的研究，以及单点系泊系统关键设备的研究。开展的研究工作包括“10万吨级多用途浮式生产储油船”和小型可移动式FPSO的设计研究，以及新型输液旋转接头的研究工作。

（三）产品开发与技术进步

1984年以来，该院为我国南海油田、渤海油田、沿海石油化工厂以及国外客户完成海洋工程科研和设计项目40余项，包括：国家经委重点攻关项目“南海东部油田早期浮式生产系统概念设计项目”（获部级奖）；渤海SZ36—1油田80 000吨浮式生产储油装置的基本设计，这是国内最早的FPSO设计项目之一。还包括：渤海JZ9—3油田人工岛基本设计、SZ36—1油田生活动力平台、北部湾W11—4油田生活平台设计、以及挪威Statoil石油公司15万吨浮式生产储油轮结构与管系部份的详细设计及生产设计；新加坡远东船厂的“半潜式钻井平台结构和管线设计”；新加坡GSI公司“印尼G163原油工艺流程处理撬块的结构、配管基本设计和详细设计工作”等项目。

该院在单点系泊终端工程的研发方面拥有丰富的业绩。先后完成了海南高丰炼油厂、茂名石化工业公司、锦州港、东方炼油厂等单位的原油单点系泊终端（SPM）工程方案设计。其中，茂名水东港25万吨级单点系泊终端1994年建成投产，是目前国内建成的最大的海上输油终端工程；海南和邦国际石化公司35万吨海上输油终端，是该院设计的目前国内最大型的SPM终端，设计成果已取得中国船级社（CCS）和挪威船级社（DNV）的审查认可（见表25）。

表25 海洋工程设计主要产品目录

项目名称	设计内容	完成日期
南海深水油田早期浮式生产系统（获部级科技成果奖）	单点系泊SALS和FPSO组成的系统的概念设计	1985年
大连新港二期单点系泊工程	SBS系泊系统概念设计	1986年
南海东部石油公司委托的“南海NA油田FPSO+SPM工程可行性研究”	以10万吨级FPSO+单点系泊为基本型式的油田开发工程可行性研究	1986年

（续表）

项目名称	设计内容	完成日期
重力式混凝土平台	包括钻井、采油、存储组成的系统的概念研究	1986年
可解脱立管转塔式系泊系统（该研究成果于1988年通过了部级技术鉴定）	面向17万吨FPSO的DRTM系泊系统研究	1987年
“南海503”地质取芯船	改装设计	1988年
“向阳红14号”海洋调查船	改装设计	1988年
“南海发现号”25万吨级FPSO	单点系泊系统结构设计	1989年
渤海绥中36-1油田5.8万吨级FPSO	1989年完成基本设计，1993年9月投产	1989年
半潜式生产平台	结构生产设计	1990年
2万吨铺缆船	结构、管系的生产设计	1991年
渤海绥中36-1油田A区平台生活动力平台	详细设计，1993年9月投产	1991年
渤海JZ9-3油田人工岛工程	GZNPC工程总承包，基本设计于1991年10月完成	1991年
北部湾涠11-4油田生活平台	详细设计，1993年9月投产	1991年
“南海希望号”17万吨FPSO	输油管系及电站改装设计	1991年
半潜式生产平台	结构生产设计	1992年
茂名水东港25万吨原油终端	可行性研究；详细设计分包（流体动力分析和系泊载荷计算）	1992年
渤海绥中36-1油田B区电气与生活组块	详细设计，1995年5月投产	1992年
深圳炼油厂原油单点系泊工程	可行性研究	1993年
14 000吨浮坞	结构生产设计	1993年
“南海开拓号”15万吨级FPSO	单点系泊系统结构设计	1993年
半潜式钻井平台	配管生产设计	1993年
海南和邦工业港35万吨级输油终端	概念设计+基本设计	1994年
新加坡吉宝15万吨级FPSO	结构生产设计	1994年
CAMIS程序开发	单点系泊设计软件包	1994年
新加坡吉宝15万吨生产储油轮	详细设计分包、结构生产设计	1995年
钦州龙门港原油2万吨多点系泊输油终端	概念设计+基本设计+详细设计	1995年

（续表）

项目名称	设计内容	完成日期
钦州龙门港原油5万吨多点系泊输油终端	概念设计+基本设计+详细设计	1995年
10万吨FPSO油气处理撬块	结构详细设计和生产设计	1996年
Stena Tay半潜钻井平台	结构和管线生产设计	1996年
G163/G164/G174/G173/G175生产处理模块	管线详细设计、生产设计和结构详细设计、生产设计	1997年
Stean Tay半潜钻井平台	结构和管线生产设计	1997年
大港油田CFD-21区块FPSU系统开发	方案设计	1998年
深海采锰升沉补偿装置设计研究	方案设计	1998年
香港昂船洲2万吨、6万吨系船浮筒	技术设计、生产设计	1998年
“明思克”号航母系泊系统总承包	技术设计、生产设计、海上安装	1999~2001年
锦州港25万吨级单点系泊输油终端	可行性研究；概念设计	2001年
平湖气田岱山段输油管线修复设计	管线修复设计;管线应力分析	2001年
单点系泊终端工程-30万吨输油终端的可行性研究，与美国INTEC公司共同承担该项目的基本设计	可行性研究;基本设计分包	2001~2002年
海上自升式多功能炸礁平台	方案设计、基本设计、详细设计	2002~2003年
承担以南海PY4-2油田为开发目标的“多用途FPSO（10万吨级内转塔型）设计研究”科研项目	科研开发	2003~2004年
南通洋口港25万吨级原油终端	可行性研究	2004年
“小型可移动式生产贮油设施（八角型FPSO）专题研究”。	科研开发	2006年
单点系泊多通道输油旋转接头（1200mm）专题研究	科研开发	2006年
70m多用途工作船（1 1000马力AHTS）设计	详细设计、生产设计	2007年
承担海装“大型舰船系泊防台技术研究”项目	军工科研	2008年
W6-12油田油轮改造项目（FPSO）	概念设计	2008年
67m多用途工作船（7 400马力AHTS）设计	详细设计、生产设计	2009年
渤中19-4井口平台（WHPA & WHPB）上部组块建造项目	加工设计	2009年
5万吨级新型FPSO开发	概念设计	2009年

五、中船重工船舶设计研究中心有限公司

（一）基本情况

中船重工船舶设计研究中心有限公司（下称“民船研发中心”，CSDC）创建于2003年12月8日。民船研发中心本部现有职工150余人，其中，研究员15人，高级工程师34人，工程技术人员占总人数的85%以上。内部机构设有总师办、船型开发部、技术开发部、设计部等7个部门，一个分公司（大连），一个国家能源局海洋工程研发（实验）中心。民船研发中心与天津新港重工合作成立天津分中心；与弗莱德·高德曼公司有限公司合资合作，成立大连中船重工高曼海洋工程技术（大连）有限公司；与七一九所等5家企事业单位共同投资成立上海中船重工船舶科技有限公司。

中心主要业务板块为船舶研发、设计业务和海洋工程装备研发、设计业务。上述2个板块业务包括概念设计、报价设计、合同设计、基本设计、详细设计、生产设计等；技术咨询、服务、转让等；除以上两个业务板块以外还涉及船舶及海洋工程设备系统集成业务和船舶及海洋工程装备工程项目管理业务。民船研发中心是国家级重点科研任务承担单位，是国家能源海洋工程研发（实验）中心，是北京市高新技术企业，是中船重工集团公司民船及海工装备科技创新的主导力量。成立以来，承担国家及有关部委34项重点科研项目，获得16项奖项。申请6项专利，其中发明2项，实用新型4项。

（二）主要方向和重点领域

民船研发中心海洋工程主要方向和重点领域包括：

（1）总布置设计。

包括功能区域布置、防火区域划分、危险区域划分。

（2）静水力计算和水动力分析。

包括稳性计算、运动响应及气隙分析、系泊计算与分析、动力定位系统分析等。

静水力计算：引进NAPA软件，可实现海洋工程项目的静水力计算及稳性分析，包括完整稳性分析、破损稳性分析、舱容计算等。

水动力分析：引进SESAM软件和HARP软件，可实现海洋工程项目的水动力计算与分析，包括响应谱分析、运动及气隙分析、系泊计算、动力定位系统分析等。

（3）总体结构强度与疲劳分析。

采用SESAM结构强度分析软件和PATRAN，可实现海洋工程项目的总体结构强度和疲劳强度计算。

（4）振动与噪音分析。

（5）电力载荷计算。

（6） 管系原理设计。

（7）电气原理设计。

民船研发中心未来海工产品的详细设计将涵盖三维设计，专业涉及结构、电气、管路、设备、舾装、HVAC等专业，以三维设计为基础，生成结构、电气、管路、设备、舾装、HVAC等专业的二维施工设计图纸，缩短设计周期，保证施工图纸下发的同步性，提高建造舾装率。

（三）产品开发与技术进步

民船研发中心以国家能源局海洋工程装备研发中心为平台，完善海工装备三维设计与仿真试验等详细设计能力，优化设计开发与基础建设平台，建立海工研发设计产业基地，推进开展海洋工程装备研发、全过程设计。主要开发的产品涵盖自升式钻井平台、半潜式钻井平台及多功能海洋工程船等领域。

“海洋石油931”自升式钻井平台升级改造基本设计；

"海洋石油981"半潜钻井平台基本设计;

Schahin Millenium SA半潜钻井平台详细设计;

Super M2自升式钻井平台钻井模块详细设计。

公司已承接多项国家海洋工程科研课题。包括SPAR平台、TLP张力腿平台、半潜式钻井平台,自升式平台及海洋工程船等。根据科研成果,独立开发了多个海洋工程产品。承接的海洋工程领域的科研项目(见表26)。

表26 承接的海洋工程领域的科研项目

序号	项目名称	承担单位	参加单位	项目来源	研究周期
1	新型深水SPAR平台、TLP平台概念设计与关键技术	中船重工船舶设计研究中心有限公司	七〇二所,利策科技有限公司,大船重工	国家科技部	2007~2009年
2	深水半潜式平台研制	大连船舶重工集团有限公司为项目责任单位	中心承担"平台主结构的评估及优化技术研究"专题的研究工作,正在进行中	国家发改委	2008~2009年
3	工信部深海半潜式钻井平台工程开发(七〇八所)(设计技术研究)	七〇八所	中船重工船舶设计研究中心有限公司	工信部	2008~2011年
4	工信部深海半潜式钻井平台工程开发(七〇二所)(基础技术研究)	七〇二所	中船重工船舶设计研究中心有限公司	工信部	2008~2011年
5	150米自升式钻井、生产及储油成套装备关键技术研究	大连船舶重工	中船重工船舶设计研究中心有限公司	国家科技部	2009~2011年
6	深海油气资源开采装备项目	中船重工船舶设计研究中心有限公司	七〇二所,大连船舶重工,武昌船舶重工	能源局	2009~2012年
7	立柱式生产平台(SPAR)关键设计技术研究	中船重工船舶设计研究中心有限公司	七〇二所,中国石油集团海洋工程有限公司,天津大学,上海交通大学等	工信部	2010~2012年
8	大型海洋工程装备深水定位系泊系统研制	七〇四所	中船重工船舶设计研究中心,南京中船绿洲机器有限公司,中船重工重庆液压机电有限公司,七〇八所,中国海洋石油工程有限公司	工信部	2009~2012年
9	大型海洋平台电站集成技术研究及关键设备研制	七〇四所	山西汾西重工有限责任公司,上海大学	工信部	2011~2013年

（续表）

序号	项目名称	承担单位	参加单位	项目来源	研究周期
10	多功能海上风电工程船联合开发	中船重工船舶设计研究中心有限公司	山船、大船重工	科技部	2011~2013年
11	海洋浮式平台工程设计分析校核一体化软件系统开发	上海利策科技有限公司	中船重工船舶设计研究中心有限公司	国家科技部	2012~2014年
12	30万吨深水浮式生产储卸装置（FPSO）设计建造技术研发及产业化	武昌船舶重工	大连船舶重工、武汉船用机械、陕西柴油机重工、七〇二所、中船重工船舶设计研究中心有限公司	国家发改委	2012~2014年
13	1 200米水深半潜式海洋钻井支持平台设计建造技术研发及产业化	大连船舶重工	七〇二所、中船重工船舶设计研究中心有限公司	国家发改委	2012~2014年
14	3 000米水深多功能水下作业支持船设计建造技术研发及产业化	武昌船舶重工	武汉船用机械、七〇二所、中船重工船舶设计研究中心有限公司	国家发改委	2012~2014年
15	中深水大陆架油气开采张力腿（TLP）式平台研发设计	中船重工船舶设计研究中心有限公司	七〇二所、大连船舶重工	国家发改委	2012~2014年
16	自升式生产储卸油平台研发设计	大连船舶重工	七〇二所、中船重工船舶设计研究中心有限公司	国家发改委	2012~2014年

六、胜利油田胜利勘察设计研究院有限公司

（一）基本情况

中胜利油田胜利勘察设计研究院有限公司（胜利油田胜利工程设计咨询有限责任公司）（SLECC）位于山东省东营市，始建于1965年，是国家甲级勘察设计单位，全国石油系统油田注水及采出水处理、滩海油田地面工程技术指导性设计院，注水及水处理技术中心站站长单位，中国石化重点科研院所，胜利油田博士后科研工作站分站，全国百强勘察设计单位。

SLECC拥有油气集输、储运、油气加工、城镇燃气、油气田化工及综合利用、油田注水、采出水处理、机制、机修、 总图运输、城市规划、工业与民用建筑、热力、采暖通风、给排水、消防、水利、海工、道桥、电力、通信、计算机、仪表自动化、防腐、油田化学、科技情报、环境污染防治、工程地质、岩土工程、工程测量、技术经济等30多个专业。建立了项目管理体系以及与工程项目管理和工程总承包相配套的组织机构。现有员工1 200余人，其中，专业技术人员占总数的80%以上。能够承担国内外油气田工程、海洋工程、建筑工程、电力工程、通信工程、市政公用工程、电子系统工程等勘察、规划、设计；工程咨询、工程造价咨询、工程总承包、工程监

理；油田地面建设工艺技术、市政工程技术等综合性科学研究试验；非标设备和压力容器的设计、研制、开发；油田化学助剂的研制、中放、生产，各类化学药剂的性能检测评价；油、气、水分析检测以及特殊分析项目；工业生产自动化系统的设计、研制、开发、安装，各类自动化仪表的开发、生产等。

（二）主要方向和重点领域

1. 工程设计

国内外油气田工程、海洋工程、建筑工程、电力工程、通信工程、市政公用工程、环保工程、电子系统工程的规划、勘察、设计：

海洋工程：中心平台、卫星平台、海底管线；

水处理工程：油田采用水处理工程，油田注水及注聚工程，消防工程，给排水、净化水处理工程；

电力工程：电力线路、变电站、发电站、电力系统保护、海洋工程电力系统；

自动化工程：SCADA系统、DCS系统、SIS系统、F&G系统。

2. 工程总承包

胜利油田胜利勘察设计研究院有限公司（SLECC）可以按照国际通行的项目管理方法，对资质范围内的工程项目实行设计、采购、建设和开车总承包，或对其中任意单项进行总承包。

（三）产品开发与技术进步

胜利油田胜利勘察设计研究院在海洋工程方向主要开发的产品涵盖采油生产平台、海底输油管线等领域。

1. 胜利海上埕岛油田 200×10^4t/a 产能建设工程

胜利海上埕岛油田开发建设始于1993年。现已建成各类固定式海上采油平台88座，海底输油管线68条，总长120km，海底注水管线35条，总长42km，海底电缆82条，总长165km，已形成产油220×10^4t/a的规模，是我国第一个二百万吨浅海大油田。胜利海上埕岛油田200×10^4t/a产能建设工程该包括卫星平台40余座；中心平台2座；海底管线50余条约70余千米；海底电缆40余条约60余千米；陆上配套油站4座；管线30余公里；卸油码头1座；110kV变电所1座。“胜利海上埕岛油田30×10^4t/a产能建设”1995年荣获全国优秀工程设计铜奖，“胜利海上埕岛油田200×10^4t/a产能建设工程”2000年荣获全国优秀工程设计金奖。

2. 胜利海上埕岛油田中心二号平台

胜利海上埕岛油田中心二号平台是胜利浅海地区最大的综合性油气生产平台，由生活平台、动力及注水平台、油气及水处理平台、储罐平台和注水罐及天然气处理平台等5个平台组成。平台的主要功能为：油气计量、油气处理、供配电、供热、污水处理、海水处理、注水、原油外输、生活和通讯等。含水原油处理能力13 125t/d，外输能力10 800m^3/d，污水处理能力10 000m^3/d，海水处理能力10 000m^3/d，注水能力16 000m^3/d。

3. 胜利海上埕岛油田中心一号平台

胜利海上埕岛油田中心一号平台是胜利浅海地区第一座综合性油气生产平台，由生产平台、动力平台、储罐平台、生活平台和消防平台等5个平台组成。主要功能为：油气计量、油气处理、发电、供配电、供热、污水处理、注水、原油外输、生活和通讯等。含水原油处理能力1 556m^3/d，外输能力10 800m^3/d，污水处理能力3 100m^3/d，注水能力3 100m^3/d，发电能力6 000kW。

4. CB35 单井平台

CB35单井平台由井口平台、计量平台和靠船平台组成，是一座单井拉油平台，由于水深较浅，结合当时胜利海上的施工能力，该平台最大的特点是在结构方面采用化整为零的方式，解决了当年胜利海上施工能力不足的矛盾，于1993年当年建成投产，是胜利浅海地区第一座油气生产单井平台，为胜利浅海1993年实现“零”的突破，产油10万吨做出了重大贡献，是胜利浅海从“勘探”到“开发”的标志性采油平台。

5. CB11A井组平台

CB11A井组平台一座6井式采油平台，由井口平台和计量平台组成，计量平台采用四腿桩基导管架平台结构型式；油气经计量和简单分离后由海底管线输送上岸；建成于1993年，是胜利浅海地区第一座油气生产井组平台。

6. 南堡35-2平台

南堡35-2油田开发工程包括2个平台，即一个中心平台（CEP），一个井口平台（WHP）。CEP平台为8腿海上带井口的生产、生活、动力中心处理平台，主要功能有钻井、修井、完井；采油、油、气、水分离处理、计量；供热；发电、供配电、消防、自控、通讯；平台人员生活楼和倒班用直升机甲板等。CEP平台上部组块8 000吨，是渤海湾内最大的单体平台。WHP平台为6腿海上钻采综合井口平台，主要功能有钻井、修井、完井；采油、油、气、水计量；供热；发电、供配电、消防、自控、通信；平台人员生活楼和倒班用直升机甲板等。

7. CB271单井平台

该平台是我国浅海有冰海区第一座水下三桩塔式支撑单立柱轻型平台，自主开发了水下灌浆密封与机械齿合相结合的水下连接技术以及新型“环形颚式”封隔器，是国家重大办项目“浅海单立柱支撑平台的研制”的示范工程。

8. CB502—CB20海底单壁输油管道

研究了适用于浅海领域的海底单壁输油管。其防腐、保温、防水、电化学保护、加重层新结构的各种性能指标满足输油工艺要求，安全运行寿命15年以上。形成了具有自主知识产权的“挤压振动混凝土加重层预制”工艺，解决了混凝土加重层的快速补口问题。

9. 埕岛EDC海上开发区块海底管线

海管总长8 400米，规格为Φ323×12.7/Φ219×11。项目运行严格按照国际惯例要求进行项目管理，出版语言为中、英文两版，设计采用美国石油学会（API）和挪威船级社（DNV）等国际通用的标准规范进行设计。

10. 渤中19-4油田WHPA平台

渤中19-4油田WHPA平台设计水深21m，平台共分三层，主要功能有修井、采油、油、气、水三相分离、计量、供配电、消防、自控、采暖通风、通讯，平台上布置有生活楼和直升机甲板等。设计文件图纸全部采用英文编制，按照API和DNV标准规范以及雪福龙的设计手册进行设计。平台管线总长4.5千米，项目各专业在PDS模型里面采用全3D设计。

11. 外钓岛—册子岛—镇海海底管线穿越工程

外钓岛—册子岛海底输油管线，长2.35千米，管径ϕ610毫米，采用定向钻穿越方式。被誉为“世界管线第一穿”；册子岛—镇海海底输油管线，长36.5千米，管径ϕ762毫米。采用常规铺管船方式施工，铺管水深最深25米。

12. 福建炼油乙烯项目海底原油输送管道EPC工程

福建炼油化工有限公司海底管道工程是福炼一体化项目的重要配套工程，海底管线全长13.12km，采用单壁混凝土配重层结构形式，设计输量每小时2 400立方米。

13. 月东油田A1、A2平台海陆工程设施总包

工作范围包括：月东油田A平台上部设施及辅助平台——A1平台（扩建钢制平台）及A2平台（2 000立

方米储罐钢平台）的海、陆工程设施设计、采办、建造及安装调试、直至完工的全部工作。

七、中国船舶科学研究中心

（一）基本情况

中国船舶科学研究中心，即中船重工第七〇二研究所。1951年建立于上海黄浦江畔，1965年总部搬迁至无锡，在上海设有分部。建有功能齐全、配套完整的大中型科研试验设施20余座，设有两个国家级重点实验室，两个国家级检测中心，占地1 100余亩，现有职工1 400余人，拥有中国工程院院士3名，国家级有突出贡献中青年专家5名，“新世纪百千万人才工程”国家级人选3人，省部级有突出贡献中青年专家18名，享受国务院政府津贴专家50名，博士生导师23名，硕士导师36名。1978年以来共获国家级等各级科技成果奖400多项，1997年起连续获得江苏省文明单位称号。中国船舶科学研究中心是国家首批博士、硕士培养点之一，现有二个博士学科点，四个硕士学科点和一个博士后科研流动站。

中国船舶科学研究中心主要从事船舶及海洋工程领域的水动力学、结构力学及振动、噪声、抗冲击等相关技术的基础研究与应用基础研究，以及高性能船舶与水下工程的研究设计与开发。许多科研成果已转化为产品或应用于船舶设计、建造和标准规范的编制中。中国船舶科学研究中心是首批进入国际船舶界两大学术组织－国际船模试验池会议（ITTC）和国际船舶和海洋工程结构会议（ISSC）的单位，是上述国际组织中的重要成员，有多名中青年科技专家当选这两大国际组织相关技术委员会的委员。

（二）主要方向和重点领域

1. 船舶流体性能研究

通过理论和模型试验的研究，为水面船舶及水下运动物体等进行航行性能的预报和优化设计。深入研究其各项力学性能，为设计提供依据。研究试验测试技术，提高试验水平；对船舶及海军的装备等进行综合性能设计、整体优化，为其设计提供指导性文件。

2. 船舶结构力学研究

从作用于船舶的外载荷与船体结构的承载能力出发，对船舶结构及其强度、稳定性、疲劳与可靠性作出预报、评估和优化；研究应用于大深度水中运动体的新型材料的结构和疲劳问题；船舶结构模型和实船结构测量技术；研究制订船舶强度标准及军船、民船规范中许用应力的标准；研究船舶设备在非接触时的冲击环境条件和设备抗冲击能力；研究船舶抗水下和空中爆炸冲击能力；水下、空中爆炸测量技术。

3. 船舶推进技术研究

从事研究船舶各种高性能螺旋桨的设计技术；低噪声推进装置声学技术；泵喷推进器性能综合技术；喷水推进技术及新型特种推进技术的机理、性能、预报技术和设计技术。

4. 船舶振动与噪声研究

它从声防护观点出发研究螺旋桨、船体流场产生的噪声机理、预报方法及测量与控制技术；船舶结构总体、局部振动预报、判据测量及控制技术；噪声在船舶结构（管道）中的传递、声辐射的机理、预报、测量及控制技术。

5. 新型船舶研究与设计

主要从事掠海地效翼船、水翼船、小水线面双体船、各类高性能复合船的研究、开发和设计，并努力向产业化方向发展。在这几类高性能船的研制上拥有雄厚的技术力量和技术储备，在未来的高速艇研制中能承担总体设计任务，并承担技术责任。

6. 海洋工程

主要从事海洋结构物的运动参数与外载荷、强度、疲劳及特殊结构的试验分析；海上结构物安全性检测与评估、海洋工作站设计及大系统优化。主要任务来源是海洋高科技项目及横向委托任务。

7. 水下工程研究与开发

水下工程主要从事深海载人潜器、常压单人潜水装具、遥控无人水下机器人、无人无缆自治水下机器人、救生钟、水下拖体、水下作业工具（有动力、无动力）、潜水器用吊放回收装置以及其它种类和用途的潜水器的总体设计、水密结构、操纵控制、液压机械等研制任务。

8. 信息与网络技术

该专业是中国船舶科学研究中心从事船舶流体动力学、结构力学理论及试验研究成果的最终体现，其目标是形成船舶总体性能综合优化设计CAD系统和船舶综合性能仿真系统。CAE技术研究侧重于以试验数据库为依托的船舶总体性能（流体、结构、振动、噪声）预报、评估及优化的集成系统，覆盖面广、精细度高、可靠性好。

（三）产品开发与技术进步

中国船舶科学研究中心近年来承接的海洋工程领域的科研项目主要有：

1. 深海装备产业

依托在船舶总体性能和船舶结构方面的研究优势，通过总结多年来的军民科研成果，开发出多种深海装备产品，如单人常压潜水装具Ⅰ、Ⅱ，8A4水下机器人，移动式救生钟，“探索者”自治水下机器人，“CR-01、02”自治水下机器人等。研制的国家“十五”863重大专项“7 000米载人潜水器”已进入海试阶段。

2. 船艇产业

高速玻璃钢船艇、高性能船艇、水上游览艇。

3. 软件产业

船舶数据库应用开发、船舶专用软件集成、CAE二次开发：SHIDS系统——母型船型及性能数据库系统、船舶设计技术数据库、船舶航行性能实验室数据库和互联网技术应用研究、螺旋桨数据库应用系统、快速性拖曳水池模型试验数据库、实船振动试验数据库。

4. 船用配套产业

全回转Z型推进装置。

5. 环保产业

综合型蓝藻打捞船：立足于蓝藻打捞作业的最终无害化处理，不仅大大减轻水陆转运及岸上处理的困难，且最终能获得可供后期开发利用的藻饼；

分离型蓝藻打捞船：用于重点水域保护作业，适用于人工无法打捞的低浓度蓝藻清扫作业；

吸取型蓝藻打捞船：直接将高浓度蓝藻大流量从水体中吸取到装载驳船或岸上，主要用于港湾、河道等蓝藻打捞点处高浓度蓝藻打捞。

6. 特种装备与通用机械

水上游乐设施、电站配套产业、玻璃纤维及矿岩棉生产线。

八、杭州欧佩亚海洋工程有限公司

（一）基本情况

杭州欧佩亚海洋工程有限公司由白勇博士（中组部“千人计划”国家特聘专家）于2006年在美国休斯顿创立，经过几年的快速发展，已形成总部位于杭州，在上海、哈尔滨、天津、深圳、休斯顿、吉隆坡等全球各地设有分、子公司，在南京和张家港建有两大管业制造基地的全球布局，为全球市场提供海洋工程全产业链服务与产品，业务范围遍及设计咨询、钻采工程、海上工程、管业制造、船海设计等。

作为一家技术先进、注重创新的国家级高新技术企业，欧佩亚充分开发和利用海内外人才资源，并联合挪威船级社、美国船级社、浙江大学、哈尔滨工程大学、哈尔滨工业大学、美国加利福尼亚大学伯克利分校等高校、机构，建立技术联盟，以“用户第一、技术第一、质量第一”的经营理念，以专业的技术团队、优质的产品服务，为全球客户打造国际一流的海洋工程装备。

（二）主要方向和重点领域

在海底管道和立管方面，欧佩亚具有国际领先的技术理论储备与丰富的项目实施经验，掌握了海洋管道和立管的核心技术，以白勇教授为领军人物，聚集了30余名海底管道和立管研发和项目实施的国内外专业人才，可为客户提供设计与咨询、实验测试、采购制造、海上施工安装、检测与维修、完整性管理、软件开发、工程总承包的一站式服务，业务领域涵盖增强热塑型复合管（RTP）、内衬管、深海柔性管、隔水立管、脐带缆等。

在海洋工程装备方面，欧佩亚可提供设计咨询和采购服务，业务领域囊括自升式钻井平台设计，海上风机安装平台，自升平台升降系统，海工吊机、管子自动化处理系统、防喷器与采油树处理系统、隔水管处理系统和海洋工程船。

在水下生产系统方面，欧佩亚可提供设计咨询和采购服务，业务领域涉及水下钢结构、水下井口、水下采油树系统、水下管汇和PLET/PLEM、水下跨接管、水下连接器的设计以及水下生产系统仿真及试验等。

（三）产品开发与技术进步

欧佩亚以海洋工程的设计咨询为主业，积极打造海洋管道的全产业链，已先后在南京和张家港建立了RTP和内衬管制造基地，初步完成管业和海洋工程装备制造的产业化布局，并向海洋工程总承包商发展，为客户提供一站式的海洋工程服务和产品。

公司2012年的销售额为2 600万元，2013年预计能实现销售额6 000万元以上。

通过国家级高新技术企业认证；

拥有几十项国家技术专利，多项海洋工程核心专利；

通过ISO9001：2008质量管理体系认证。

九、上海交通大学

（一）基本情况

上海交通大学船舶海洋与建筑工程学院下设船舶与海洋工程系、工程力学系、土木工程系、建筑学系、国际航运系和港口航道与海岸工程系，涵盖了六个一级学科。目前有5个本科专业、6个硕士点和5个工程硕士点，具有船舶与海洋工程、力学、土木工程3个一级学科博士学位授予权，建有船舶与海洋工程、力学、土木工程3个博士后流动站；拥有海洋工程国家重点实验室，船舶与海洋结构物设计制造、工程力学2个国家重点学科以及流体力学、岩土工程2个上海市重点学科。全院共有教职工315人，多名教授分别在国际船模试验池会议（ITTC）、国际船舶与海洋工程结构力学会议（ISSC）、海洋技术委员会（M.T.S）、世界工程组织联合会(WFEO)等国际学术组织和中国造船工程学会、中国海洋学会、中国力学学会、中国土木工程学会等国内学术组织担任重要职务。

拥有海洋工程国家重点实验室（包括海洋工程水池、船模试验水池、空泡水筒实验室、水下工程实验室、CAD/CAM实验室、结构力学实验室）、工程力学实验中心、土木与建筑实验中心和计算机辅助设计计算中心等科研基地。同时设有一系列建于学科基础上的研究所，主要包括：船舶与海洋工程设计研究所、水下工程研究所、结构力学研究所、港口与水利工程研究所、动力装置及自动化研究所、新型船舶与海洋结构物开发研究所、水下技术工程研究中心、工程力学研究所、土木建筑工程研究所、岩土力学与工程研究所、安全与防灾工程研究所、空间结构研究中心、飞行器设计研究所、航天器动力学与控制研究所、流体力学与工程仿真研究所、固体力学与工程结构强度研究所、结构工程研究所、建筑设计与景观环境研究所、工程管理研究所、建设工程质量检测站、上海安地建筑设计有限公司和上海建通工程建设有限公司。

船舶与海洋工程系成立于1943年，是我国船舶与海洋工业科技研发和人才培养的策源地。拥有一个国家一级重点学科（船舶与海洋工程）及三个二级学科（船舶与海洋结构物设计制造、轮机工程和水声工程），涵盖船舶与海洋工程理论研究、工程技术和设计开发等诸多领域，在历次全国船舶与海洋工程一级学科评估中排名第一。半个多世纪以来，为我国船舶工业、国防建设、海洋资源开发、交通运输等行业和部门培养了大批专业技术和管理人才，是国内领先、国际知名的船舶与海洋工程人才培养高地。现有研究重点主要集中在新船型与新概念海洋工程结构物研发设计、各种海洋工程开发技术与装备研发、数字化造船等先进造船技术研究、流体力学与结构力学等船舶与海洋工程基础理论、船舶与海洋工程先进试验、海洋资源开发水下技术与装备、水声探测与对抗、船舶内燃机性能、船舶动力装置及自动化等方向。该系师资力量雄厚，有中国科学院院士杨槱教授为代表的一批国内外知名教授。该系除了船舶与海洋工程本科专业以外，还拥有船舶与海洋工程结构物设计制造学科的硕士点和博士点及一个博士后流动站。此外，近期还新增了海洋工程博士点。

（二）研究方向

海洋工程深水技术、计算流体力学、船舶流体力学、波浪理论、高性能数值计算、计算力学和仿生力学、仿生潜水器和飞行器、船舶智能设计、船舶虚拟制造、深水平台设计、海洋工程水动力学、结构可靠性、推进节能装置、特种推进器、海洋波浪的理论与数值计算、海洋科学(河口海岸学)、水利科学(河流及海岸动力学)、船舶与海洋工程结构安全性评估理论及应用、结构冲击动力分析、海洋可再生能源、数值水池及流体力学高性能计算、船舶与海洋工程计算结构力学、结构动力学、海洋深水平台结构设计和建造技术研究、水波动力学、河口海岸动力学、深水浮式平台系统水动力学、海洋波浪能、船舶推进CFD研究、螺旋桨优化设计、船舶结构优化设计、深海平台及其定位系统研究、新船型开发暨波浪中船舶性能及优化研究、船舶可靠性工程与质量工程、分层流内波水动力学、流动主动控制、港口与海岸工程、泥沙输移与水环境保护、水动力噪声与流致振动、船舶与海洋工程结构强度和设计；结构抗爆设计和仿真；船舶与海洋工程水动力学；船舶与海洋工程结构物运动响应与载荷预报；船舶及其他海洋运载器操纵与控制；数值船池技术及其在船舶与海洋结构物设计中的应用；船舶与海洋工程水动力学；水波与结构物相互作用。

（三）科学研究

学院始终围绕国家发展战略需求和服务地方经济发展，不断加强产、学、研紧密合作。科研自主创新能力大幅提升，科研经费稳步增长，科研基地建设进展顺利，取得了一批有学术影响力的科技成果，并与部分国外高校、科研机构和企业建立了广泛的国际科研合作。

1979~2000年，学院教师共获得各类国家级科技奖励30项，省部级科技奖励82项。2001~2010年，共获得国家科技进步奖6项，国家科技发明二等奖1项，省部级科技进步一等奖12项、二等奖 23 项、三等奖18项。

2011年，共获得国家科技进步二等奖1项，教育部科技进步奖2项，教育部自然科学奖1项，上海市科技进步奖6项，河南省科技进步一等奖1项，其他省部级奖2项。

全年新增国家自然科学基金重点项目1项，面上及青年基金项目26项，863计划项目1项，国际合作项目8项以及其他重大科研项目多项。学院科研经费总量连续第七年过亿。此外，发表SCI收录论文90篇，EI收录论文264篇，核心期刊论文290篇；申请国家专利84项，授权28项。

2012年，瞄准国际海洋工程技术前沿和国家重大需求，开展大量基础性、战略性和前瞻性的科学研究，在解决产业关键技术中发挥了重要引领和支撑作用，针对船舶数字化设计、船舶性能、高新船型和海洋工程结构物开展了系统深入研究，有关成果在我国海洋油气开发、造船产业、国防建设等领域得到成功应用。一年来，实验室科研项目科研经费到款超过8 000万元，新增国家自然科学基金重点项目3项、国家自然科学基金项目20余项、973计划课题2项，国家重大攻关项目7项。“船舶数字化智能设计系统”重大项目顺利完成并通过国家验收，二期工作已正式立项。“万米ROV关键技术研究”等一批重大、重点项目顺利完成并取得一系列创新成果。获国家科技进步奖二等奖1项，获省部级科技奖一等奖3项、二等奖5项、三等奖2项。多功能船模拖曳水池、风洞循环水槽、空泡水筒、水声水池、船舶先进制造实验室和水下工程实验室等新建研究设施基建工作基本结束，设备安装调试工作顺利推进，将于2013年建成投入使用，一个具有国际先进水平的试验研究基地正在形成。

实验室积极鼓励科研人员参加本领域的重要学术团体和重要国际学术会议，有37人次在国际权威学术组织中任职；国际海洋工程领域的著名学者、教授近80人次先后来实验室就国际学术前沿问题开展学术交流，国际学术交流更加活跃，学术声誉显著提升，对提高实验室的学术水平，扩大在国际船舶与海洋工程领域的影响起到了很好的促进作用。

（四）部分承担项目

1. 863 计划项目

海洋内波环境中深海平台安全性分析评估技术。

2. 科技部科技支撑计划子课题

高速磁浮交通系统集成技术测试验证系统研制和综合试验基地建设。

3. 国家自然科学基金项目

变拓扑柔性多体系统动力学若干关键问题的理论与实验研究 。

深埋圆形地下结构土压力分布模式研究。

松散堆积体坡的降雨入渗耦合作用和多场信息融合稳定性评价。

波流-海床结构物相互作用及海床失稳机理研究。

复杂受力条件下含水层砂土的屈服变形机理和过大变形的发生机制研究。

气肋式膜结构分析理论与方法研究。

干湿循环和腐蚀环境下混凝土桥墩抗侧向冲击性能研究。

复合受力钢筋混凝土构件承载力统一计算模型研究。

疲劳荷载和环境耦合作用下服役配环氧涂层

钢筋混凝土构件耐久性性能。

既有工程桩性状测试的旁孔透射波法原理研究。

浮帘促淤系统安装设计参数与施工工艺的研究。

船舶多类型电源集成管理及最优控制策略研究。

锚泊辅助动力定位系统研究。

岩石疏浚切削机理研究与实验。

河流生态系统中柔性淹没植物对水流垂向结构和底床泥沙沉积的影响机理实验研究。

船舶结构声传递的理论分析及阻波技术的研究。

重水潜器多学科设计优化理论与方法研究。

含夹杂压电材料的蠕变特性与夹杂的演化。

裂纹尖端塑性区对金属材料疲劳行为的影响。

岩石细观断裂机理与多尺度本构模型研究。

典型钝体结构流致效应和机理分析与计算方法研究。

硬质泡沫夹层复合材料疲劳损伤演化及影响机制。

基于泡群动力学的混合欧拉-拉格朗日型云雾空泡数值模拟方法。

可渗透细胞膜的力学建模及在血管中运动的流固耦合问题研究。

波浪、洋流场中水下航行体带空泡出水过程流动特性研究。

HER-2+乳腺癌微环境流动对靶向药物结合影响的模型和实验研究。

楔形海域典型目标的声散射特性研究。

4. 国际合作项目

船载计算机及减摇水舱业务委托:

Basic Engineering Studies for Malikai Deepwater Project-Malikai TLP/TADSystem Model Test.

Wave Basin Test-for The Cafb Well Intervention.

Big Foot Project-hull Dry Transport Model Tests.

90 型货船模型试验:

Easy 技术支持协议。

Fabric Tensioned Roof-gsg Project, Palembang.

5. 国家海洋局

近岸及邻近海域海底实时长期观测网关键技术研发及应用。

6. 教育部留学回国人员科研启动基金

自由状态下深海立管的晃动抑制理论研究。

时空分析在辨识施工进度计划潜在危险中的应用。

7. 博士点基金优先发展领域

海洋内波中深海浮式平台整体水动力性能研究。

8. 博士点基金博导类

基于流固耦合的隔水管涡激振动控制机理研究。

柔性结构时滞正反馈控制的理论与实验研究。

波浪中船舶操纵运动建模与航向保持研究。

钻孔局部壁面应力解除法在大陆科学深钻孔地应力测井应用中的关键技术研究。

9. 博士点基金新教师类

基于泡群动力学的欧拉-拉格朗日型云雾空泡数学模型。

基于大涡模拟(LES)的“相变式”通气空泡动力学和热力学特性的研究。

楔形海底波导中目标的低频声散射特性建模及优化方法研究。

软黏土的非共轴蠕变特征及模拟研究。

基于多学科设计优化的重水潜器设计方法研究。

10. 江苏省科技厅科技创新与成果转化课题

新一代大型绞吸挖泥船研发及产业化。

十、大连理工大学

（一）基本情况

大连理工大学1949年4月建校，2001年启动实施“985工程”建设，拥有4个一级国家重点学科，6个二级国家重点学科，3个国家重点实验室，2个国家工程研究中心，1个国家工程实验，1个国家大学科技园，1个国家级技术转移中心，1个国家级技术中心，4个教育部重点实验室，16个省级重点实验室。2001年以来，学校共获国家级科技奖励33项，省部级科技奖励302项。该校船舶工程学院船舶与海洋工程本科专业是国家级高等学校特色专业建设点。学院的船舶与海洋工程学科为国家“211工程”和“985工程”重点建设学科，学科实力雄厚，现有船舶与海洋工程国家一级学科博士点和船舶与海洋结构物设计制造国家二级重点学科，拥有船舶与海洋结构物设计制造、水声工程和轮机工程3个二级学科的博士学位和硕士学位授予权，并设有船舶与海洋工程博士后科研流动站。学院的船舶与海洋工程实验室是辽宁省高校重点实验室，设有船舶CAD工程中心、船模拖曳试验水池、造船工艺实验室、船舶结构振动实验室、声学实验室和结构环境损伤控制实验室，实验室的实验设施达到当前国内先进水平。学院与国内船舶与海洋工程领域相关单位有着密切的联系，大连船舶重工和渤海船舶重工在学院设有国家认定的企业技术分中心。依托船舶与海洋工程学科，学校的“大连市先进船舶工程技术研究中心”、“辽宁省先进船舶工程技术研究中心”和“船舶制造国家工程研究中心”先后批准成立，这些中心的建立，创新了产学研用合作模式，实现了校企优势互补并推动了学科和企业的发展。

（二）主要方向和重点领域

船舶工程学院科学研究方向主要集中在六个方面。

1. 船舶与海洋结构物设计与数字化技术

“船舶与海洋结构物设计及关键技术研究”学科研究方向，由“船舶CAD工程中心”、“船舶与海洋工程设计中心”和“船舶虚拟实验室”组成，依托于“船舶与海洋结构物设计制造”国家重点学科和“船舶与海洋工程”一级博士点学科。该学科方向重点实施新船型开发、船舶设计、海洋平台设计以及相关的共性基础研究。包括：船舶设计及设计共性基础技术研究；海洋工程设计及设计关键技术研究；数字化设计方法研究与软件系统开发；船舶及海洋工程系统分析与规划研究；海上安全作业智能系统研制。

2. 船舶与海洋结构物振动与噪声

大连理工大学船舶结构振动噪声研究由赵德有教授从20世纪70年代开始，围绕建造船舶出现的有害振动，解决了大量商船和渔船的实船振动问题。80年代后，在国家自然基金和预研基金等纵向科研项目支持下，研究的领域逐渐扩展到舰船结构水下声辐射、结构动态有限元、结构损伤动力特性及声发射、表面裂纹的三维模拟、基于神经网络和支持向量机海洋平台振动主动控制、导管架海洋平台地震响应、精细时程积分的船舶动力载荷识别、船舶碰撞动力行为和不规则加筋板和槽形舱壁板的屈曲强度等方面的理论与实验研究。

3. 船舶与海洋结构物先进制造与管理技术

本方向主要从事船舶与海洋结构物先进制造技术及重大装备开发研究、造船生产与管理的信息化技术及应用软件研究。主要方向有：船舶与海洋结构物先进制造技术及重大装备开发研究；造船生产与管理的信息化技术及应用软件研究。

4. 船舶与海洋工程结构安全

该研究领域主要包括：海洋结构物全寿命期安全技术研究、海洋结构物强度分析技术研究、深海立管设计与安装关键技术研究、海洋结构物动力响应特性研究以及海洋工程装备总装建造技术研究等。近年来，团队承担了包括重大专项、支撑计划、973计划、863计划及国家自然科学基金在内的10余项国家级科研项目；该领域中重点研究方向包括：新型海洋工程浮式结构物及浮式生产储油系统研究；超深水海洋油气工程开发系统及其安装方法研究；超深水水下立管及其支撑装置研究；张力系泊式水中钻井系统及其安装方法研究。

5. 船舶与海洋工程水下噪声与振动

该领域主要研究方向有：船舶与海洋结构物水下振动噪声机理、预报和控制；水下结构声辐射机理、预报和控制；噪声源识别和定位及声场重构；船舶结构全频振动的建模方法和声振响应分析；船舶结构早期设计中的声学优化；结构振动噪声主被动控制与智能声学结构。

6. 船舶与海洋工程水动力学

本方向主要围绕船舶，海洋工程和水中兵器等的水动力学问题进行研究，包括对船舶快速性、操纵性和耐波性问题的计算及预报，新型高性能船舶如浅水船型、高速多体船、穿浪型船等的水动力性能研究，海洋平台的运动和载荷分析，深水锚泊和立管系统动力特性研究，水下爆炸对海洋结构物的破坏分析，船舶兴波理论计算与船型优化，船舶粘性绕流场的数值计算，螺旋桨理论设计等水动力性能方面的理论、数值计算和试验等研究，为船舶和海洋工程结构进行综合性能设计、优化和评估提供依据和指导。近年来承担了国家自然科学基金、国家科技支撑计划、海军装备、国际合作等大量的科研项目，在船舶与海洋工程水动力学的计算和试验方面积累了显著成果，开发了“海洋浮式结构物遭遇环境荷载及其动力响应的计算技术及软件”，“水下爆炸结构损伤计算技术”，“船舶阻力教学实验计算机模拟系统”等技术成果。

（三）产品开发与技术进步

1. 智能化特种海洋工程装置开发

（1）大连理工大学船舶与海洋工程设计中心于2007年2月，完成了适应特殊环境条件的小沉深、大举力的6 000吨举力水平的新式浮船坞设计，该浮船坞在天津新港船舶重工有限责任公司建成下水，并投入使用，当年经济效益显著，实现产值7 350万元，创汇800万美元，取得了社会效益和经济效益。该浮船坞是船舶与海洋工程特种大型装备之一，具有在单位主尺度(150m×30m×9.5m)举力最大化的特色，其新式结构形式浮船坞已经申报专利。同时研制了国内首创的用于浮船坞和半潜驳船的智能配载仪系统，并成功用于3艘浮船坞和半潜驳船的接载作业。

（2）针对装备受损沉入海底后的救捞需要，开发出模块式快速组装的集搜寻、打捞、运输为一体的新型打捞装置，解决了紧急情况下装备快速救捞的需要。其研究成果“车（船）载悬浮式海上抢救装置”，于2005年获得中国人民解放军总装备部科技进步二等奖。另外，还进行了杂货船战时改装标准化设计研究，为我军征用民船运输重型武器及战车时的船舶改装进行了系列的标准化设计，为战时对民用船舶的快速改装提供了技术保证，该科研成果在2005年获得中国人民解放军总后勤部科技进步二等奖。上述两项科研成果还获得了3项发明专利。

2. 船体复杂外板水火成型工艺参数预报系统研究

开发了一个船体钢板水火加工成形工艺参数优化设计和自动预报的计算机软件系统。该系统已经在大连船舶重工集团有限责任公司、渤海船舶重工集团有限责任公司、江苏新世纪造船股份有限责任公司和辽河石油海洋装备制造总厂等国内多家大型造船企业推广应用，在100余艘船舶建造中使用了该研究成果。同时研制成功了具有完整自主知识产权的重要造船装备“大型复杂曲面钢板水火成型产品机器人”样机，该研究成果对实现水火弯板的自动化加工、提高生产效率和产品质量、减轻工人的劳动强度、改善工人的作业环境具有重要意义，同时该技术可以应用于其他制造业的曲面钢板特种加工中，对解决大型复杂曲面钢板的无模成形问题提供了技术支持。本成果1997年通过部级鉴定，鉴定结论为：成果水平在国际上具“领先地位”技术水平，“具有新的突破”，应用前景广阔。本项研究的“船体外板水火加工成形技术研究”分别于2001年获得国家科技进步二等奖、1999年获得中国船舶工业总公司一等奖、1999年获得大连市科技进步一等奖。

3. 海洋结构物重量控制技术研究

通过将尺寸链原理应用到船舶与海洋结构物建造精度控制技术研究中来，研制开发了具有自主知识产权的海洋结构物重量重心控制软件系统，实现了在海洋结构物建造过程中进行重量、重心误差的动态调整控制。本软件系统已经在船厂的实际工程项目上应用多年，实现了船厂在多产品同时建造过程中的重量和重心位置的实时控制，取得了良好的经济效益，该成果于2008年被鉴定为“在海洋结构物的重量控制方面取得了新的突破，成果整体处于国际先进水平，填补国内空白；其中的基于网络版的海洋结构物重量控制计算分析软件系统在国际上居领先水平。”

4. 船舶与海洋结构物现代防腐设计技术研究

针对船舶与海洋工程中腐蚀的准确预测和防腐系统的优化设计问题，开展了复杂偶合体系数值模拟计算方法研究，开发了相应的数值模拟计算软件，建立了杂散电流腐蚀问题及多电源外加电流阴极保护问题的数值模拟计算技术，为杂散电流腐蚀问题的准确预测、有效监测以及可靠防护提供了有效途径，同时为大型船舶及大规模海洋结构物多电源外加电流阴极保护系统的可靠设计提供了必要的技术手段。

在该项研究中，所取得的研究成果处于国际同步水平，在国内处于领先地位，作为实用性技术填补国内空白。2007年承接了“863计划”目标导向类课题、国家自然科学基金面上项目，多年来承接了近20项重要舰艇腐蚀防护课题以及造船和海洋石油工程中的腐蚀防护工程项目，取得了重要的实际工程应用成果。在由中国海洋石油公司投资建造的我国首座3 000米作业水深的深水半潜式钻井平台中，采用本研究开发的防腐系统数值模拟优化设计技术实现了平台全部防腐系统的优化设计，标志着我国海洋腐蚀控制技术的重要进展。

5. 海底管道检测技术与装备

实施海底管道检测是实现海底管道安全运行的必要途径，本研究围绕着海底管道检测技术的工程实现问题，在相关关键技术研究的基础上，开发出了集成化软件系统和海底管道检测装备。本研究的主要核心技术包括：①通过水上GPS定位技术、水下声学定位技术以及基于海底管道导致磁场突变的磁力探测技术的集成，实现ROV沿海底管道正上方航行的位置控制目标并完成电场测量任务；②以“海底管道防腐状态要素–海底管道防腐系统诱导电场数据库”为基础，采用BP神经网络算法建立海底管道防腐状态要素与海底管道防腐系统诱导电场测量数据之间的相关关系，并对可能出现的测试误差和位置控制误差等实施量化补偿，从而能够确保防腐状态要素评价结果的可靠性；③实现了ROV水下测试位置、电场测试结果、防腐状态要素评价结果等的实时可视化。

十一、哈尔滨工程大学

（一）基本情况

哈尔滨工程大学（下称“哈工程”）设有船舶工程学院、航天与建筑工程学院、动力与能源工程学院、自动化学院、水声工程学院、计算机科学与技术学院、软件学院、国家保密学院、机电工程学院、信息与通信工程学院、经济管理学院、材料科学与化学工程学院、理学院、人文社会科学学院、国际合作教育学院、继续教育学院、核科学与技术学院、国防教育学院、创业教育学院等19个学院，以及外语系、体育部、工程训练中心、思想政治理论课教学研究部等4个教学系、部、中心。哈工程设有40多个科研机构以及150多个科研和教学实验室，其中国防科技重点实验室2个，国防重点学科实验室2个，国家级学科创新引智基地2个，国家电工电子教学基地1个，国家级实验教学示范中心4个，国家大学生文化素质教育基地1个。图书馆共有藏书283余万册。

哈尔滨工程大学船舶工程学院前身系1953年创立的哈尔滨军事工程学院（哈军工）海军工程系造船科。目前已经成为我国船舶工业、海军装备和海洋开发领域科学研究与人才培养的重要基地。1961年开始招收硕士研究生，1982年招收博士研究生，1989年建立博士后科研流动站，是中国船舶工业和海洋开发人才培养的重要基地。该院学习环境优越，师资力量和科研实力雄厚，现有教授25人（其中博士生导师15人），副教授26人。近年来该院教师发表学术论文700余篇，出版专著、教材35部，有60余项科研成果获国家级和省部级奖。该院的船舶与海洋工程流体力学学科点是国际船模拖曳水池会议（ITTC）成员单位，船舶与海洋工程结构力学学科点先后有4名教授任国际船舶与海洋工程结构会议（ISSC）技术委员会委员。该系与加拿大诺瓦斯克蒂亚大学、西德汉堡大学造船学院、日本长崎综合大学、俄罗斯圣彼得堡国立海洋技术大学造船学院、乌克兰尼古拉耶夫造船学院以及挪威期塔万格大学有着长期紧密的合作关系。学院现有教师151人，其中中国工程院院士1人，正高级职称43人,副高级职称45人,中级职称64人。共有博士导师34人，硕士生导师77人。

（二）主要方向和重点领域

学院设有“船舶与海洋工程”、“港口航道与海岸工程”2个本科专业，具有 “船舶与海洋结构物设计制造”、“流体力学”、“港口、海岸及近海工程”、“工程力学”、“一般力学与力学基础”、“水力学及河流动力学”6个硕士学位授予权，具有“船舶与海洋工程”和“力学”2个一级学科博士学位授予权，具有“船舶与海洋结构物设计制造”、“流体力学”、“工程力学”、“一般力学与力学基础”4个二级学科博士学位授予权，设有“船舶与海洋工程”、“力学”2个博士后科研流动站，拥有国家级重点学科1个，国防重点学科1个，省部级重点学科1个。此外“船舶与海洋工程”专业为黑龙江省重点专业和国家特色专业。

学院下设船舶设计与制造技术研究所、船舶与海洋工程力学研究所、深海工程技术研究中心、舰船总体与系统工程研究所、港口航道与近海工程研究所、海洋可再生能源研究所、水运规划设计院等

7个研究所，拥有军用水下xx重点实验室、船舶与海洋工程国家级实验教学示范中心、多体船技术国防重点学科实验室、国家“111”创新引智基地——深海工程技术研究中心和船舶科学与技术黑龙江省重点实验室等。

（三）产品开发与技术进步

在船舶工业领域，哈工程在高性能船船型设计、数字化造船、船舶力学等方面有很强的技术储备，在船舶控制与导航、船舶减摇、动力定位、船舶动力等领域代表着我国基础研究和应用研究一流水平，是我国船舶工业技术进步的重要推动力量。

在海洋开发领域，哈工程全面开展海洋浮式平台设计、海洋监测、特种船舶设计、水下综合探测AUV、浮式平台控位系统、水下作业技术、潮流能发电等领域研发工作，正在成为我国海洋工程装备领域的重要技术支撑力量。

以下为哈工程在海洋工程产品开发与技术研究方面取得的部分成果。

1. 深海探测型载人潜器

深海探测型载人潜水器是哈工程发挥学校在潜器及水下机器人方面的优势而研制的，潜器总长12.3米、宽3.2米、高2.4米，首部配备有机械手一部，可以完成一般的水下作业任务。推进系统采用了六个高效导管推进器，可以使潜器灵活的进行空间六自由度运动，同时还配备了先进的定位、导航、通信、生命支持系统等。

该型载人潜器具有：下潜深度大、内部空间宽敞、水下作业时间长、续航力大的等特点。其作业深度可以在大部分海域进行探测任务，同时该型潜器强大的载荷代换功能，可以满足几十名人员和大量物资的运送任务，也意味着潜器具有很大的改造和升级的空间，该型潜器所具有多功能特点为国内首创：集科学探测、物资和人员输送等多种功能于一体。

2. 智能水下机器人技术

该系列智能水下机器人是针对海中目标的探测与识别而研制的特种水下机器人。该机器人是目前海洋探测关键技术研究与开发的试验平台，包括深海热液的探测与追踪技术、水下磁探测技术、水下激光探测与识别技术等。

3. 海洋综合探测潜水器

海洋综合探测潜水器是针对目前海洋开发的需求，特别是海洋油气开发的需求而研制的自主式潜水器。该潜水器能够自主航行在复杂海洋环境中，并自主完成对海洋油气管道、海缆、海中目标等的探测、定位与跟踪。

4. 微小型水下无人探测器

微小型水下无人探测器是以小型化为目标，针对海洋声光环境探测的需求而研制开发的自主式潜水器。该潜水器能够自主航行在复杂海洋环境中，能够完成对海中目标等的探测、定位与跟踪。

5. 船舶与浮式海洋平台波浪载荷计算软件(WALCS)

WALCS（3-D Wave Loads Calculation System）是由哈工程自主开发的基于三维频域线性势流理论的船舶与浮式海洋平台结构物波浪载荷计算软件。应用该程序计算规则波中流场速度势、三维水动力系数、波浪绕射力、F-K力、浮体的运动响应、浮体湿表面压力分布、剖面载荷，进而可以对浮体的运动、湿表面压力以及剖面载荷进行长短期统计分析。WALCS软件适用于各类常规船型（如油轮、散货船、集装箱船、水面船舶）、双体船型、多体船型以及FPSO、半潜式平台等浮式海洋工程结构物的运动及波浪载荷的计算分析。此外，该软件还具有与现有的大型结构有限元分析软件的计算接口，可以方便的实现载荷的施加。

6. 动力定位装置

哈工程从事动力定位技术研究已有30年历史，创新研制了多项国内外领先的技术和产品，多次获得国家科技进步奖。装备在胜利油田“浅海海底管线电缆检测与维修装置”（06年获国家发明二等奖）上的智能综合操纵和动力定位系统显控台IODP-1就是哈工程的科研成果，其主要包括：单运载器的多级动力定位技术（MC-DPS），多运载器的协调动力定位技术（CC-DPS）。

该装置应用了差分全球定位系统，数字滤波技术，以及最优控制软会见等先进技术，使其定位精度在几米之内，达到当今世界先进水平。该装置不仅应用于停船定位，而且还能应用于船与船间的行距固定。海上补给船在行进间进行补给工作时，需要安全可靠的航距保持操纵，该技术通过对船舶推进器的自动精确控制，使海上运动补给不再成为高难动作。

7. 其他方面

2006年4月，中国首个深海工程技术研究中心在哈工程成立。依托该中心，哈工程在深海油气开发浮式系统关键技术研究、深海钻井船初步设计、深海浮式结构的水动力及运动性能分析、半潜式平台的完整稳性及破舱稳性计算、半潜式平台的结构选型及锚泊系统设计、深海钢悬链立管的设计及分析、深海立管的VIV特性分析、FPSO系泊系统的操作管理和维护数据库研发、FPSO上浪冲击载荷研究、无动力船舶锚缆快速释放系统研究、海洋潮流能发电技术示范系统研究等方面均取得了一系列的研究成果。

十二、中国海洋大学

（一）基本情况

中国海洋大学是教育部直属重点综合性大学，以海洋和水产学科为特色，学科门类较为齐全，涵盖理学、工学、农学、医（药）学、经济学、管理学、文学、法学、教育学、历史学 、艺术学等学科，是国家“985工程”和“211工程”重点建设高校之一。学校设有17个院，1个基础教学中心，1个社会科学部，69个本科专业。现有12个博士后流动站，13个博士学位授权一级学科，81个博士学位授权学科（专业），34个硕士学位授权一级学科点、193个硕士学位授权学科（专业），13个类别硕士专业学位授权点，是国家首批工程博士专业学位授权点。“十一五”以来，主持国家级各类项目900余项，获国家技术发明二等奖2项、国家科技进步二等奖6项、省部级科技奖励56项、人文社会学科省部级以上奖励33项。

中国海洋大学工程学院前身是始建于1980年的海洋工程系，1993年成立工程学院。学院现设有海洋工程系、土木工程系、机电工程系、自动化及测控系、实验室管理中心、建设工程检测中心、现代管理信息研究所、海岸与近海工程研究所、海洋灾害防治研究所、地震工程与地质工程研究所等教学科研机构；拥有港口、海岸及近海工程国家重点学科、水利工程博士后流动站、港口、海岸及近海工程山东省重点学科和海洋工程山东省重点实验室。目前共有教职工120余人，其中博士生导师11人，教授27人，教授级高工2人。

（二）主要方向和重点领域

1. 海洋工程方向

海洋工程结构动力分析与安全保障，海洋可再生能源利用，海洋工程环境动力学与工程应用。

2. 自动化测控方向

海洋仪器与装备：包括新型海洋监测传感器的开发与应用，海洋浮标、潜标设计开发与集成、海上数据采集、处理、存储与通信技术，水下浮力平台、水下滑翔机设计，海洋仪器设备的标定研究等。

机器视觉与机器人：包括基于结构光的三维测量、标定理论与方法研究，水下目标的三位探测技术研究、基于视觉的关节机器人运动控制、结构参数标定及视觉跟踪示教，并联机器人的运动控制，移动机器人的控制，仿生及特种机器人的设计与开发等。

智能信息处理与智能控制：包括最优估计与系统辨识，水下图像、视频压缩与处理、水声信号处理与水声通信，海洋运动平台的导航与运动控制，复杂系统的先进控制与优化等。

（三）产品开发与技术进步

工程学院近年来承接的海洋工程领域的科研项目（见表27）。

表27 工程学院近年来承接的海洋工程领域的科研项目

序号	项 目 名 称	项目类别/所获奖项
1	气候变化对海洋结构设计标准的影响及结构健康监测技术	国家自然科学基金
2	深海资源开发新型立管系统的基础科学与关键技术	国家自然科学基金
3	各类水工建筑物的动力分析理论	国家自然科学基金
4	面向仿生机器人的水压电液驱动技术研究	国家自然科学基金
5	基于附加水动力振动反演的深海平台半隐耦合方法及试验研究	国家自然科学基金
6	振荡水柱波能电站冲击式透平的非定常动力性能研究与优化	国家自然科学基金
7	潮流能水轮机尾流场特性分析及多机组阵列影响规律研究	国家自然科学基金
8	海底管线的冲刷极限与动力调整研究	国家自然科学基金
9	潮流能发电系统预测维护方法研究	国家自然科学基金
10	深海环境长期作用下平台结构的累积损伤机理	国家重点基础研究发展规划项目计划（973计划）
11	海上环境及船舶运动实时监测系统研制	国家科技重大专项
12	300kW海洋能集成供电示范系统	国家高技术研究发展计划（863计划）
13	声学滑翔机系统研制	国家高技术研究发展计划（863计划）
14	海洋深水立管系统设计关键技术研究	国家高技术研究发展计划（863计划）
15	水下流浪潮综合测量技术	国家高技术研究发展计划（863计划）

（续表）

序号	项目名称	项目类别/所获奖项
16	海洋平台动力分析与损伤识别模型修正技术研究	国家高技术研究发展计划（863计划）
17	海洋监测技术成果标准化工程-波浪方向浮标	国家高技术研究发展计划（863计划）
18	海洋潮流能驱动的柔性叶片发电设备研究	国家高技术研究发展计划（863计划）
19	氨水溶液解吸-压缩制冷循环原理研究和样机研制	国家高技术研究发展计划（863计划）
20	海洋平台结构损伤探测与修复加固优化关键技术研发	国家高技术研究发展计划（863计划）
21	海洋深水立管系统设计关键技术研究	国家高技术研究发展计划（863计划）
22	浅海重力式平台水下储油技术	国家高技术研究发展计划（863计划）
23	海底管线的柔性导流促淤防护技术研究	国家高技术研究发展计划（863计划）
24	基于倾角法的多层海流测量技术	国家高技术研究发展计划（863计划）
25	基于传感器网络的深远海环境监测体系结构及关键技术研究	国家高技术研究发展计划（863计划）
26	碟型越浪式波能发电装置样机研发	国家高技术研究发展计划（863计划）
27	海洋能多能互补智能供电系统关键技术联合	国际科技合作重点项目计划
28	基于风险管理体系和城市全面可持续发展的灾区重建	国际科技合作重点项目计划
29	声学多普勒流速剖面仪海上比测关键技术研究	公益性行业科研专项
30	集约用海对海洋环境影响评估关键技术研究及重点海洋区域开发集约用海业务化应用研究	公益性行业科研专项
31	海洋维权执法目标探测识别与信息传输技术应用研究与示范	公益性行业科研专项
32	海上风能及波浪能联合发电装置研发	省部级其它
33	100kW潮流能发电装置研制安装	海洋可再生能源专项
34	组合型振荡浮子波能发电装置的研究与试验	海洋可再生能源专项

（续表）

序号	项目名称	项目类别/所获奖项
35	轴流式潮流能发电装置研究与试验	海洋可再生能源专项
36	用于海洋资料浮标观测系统的波浪能供电关键技术的研究与试验	海洋可再生能源专项
37	国家海洋局东海分局海洋资料浮标研发	海洋局其他
38	大型海洋资料浮标集成技术合作研发	海洋局其他
39	山东省海洋工程重点实验室建设–海洋可再生能源研发中心	山东省、青岛市发改委项目（理工科）
40	海洋能集成供电示范系统	青岛市科技发展计划

十三、江苏科技大学

（一）基本情况

江苏科技大学下设14个学院，61个本科专业（含方向），有2个博士学位授权一级学科、6个博士学位授权点、12个硕士学位授权一级学科、48个硕士学位授权点，形成了船舶、国防、蚕业三大特色。学校先后承担了国家高新技术研究发展项目、国家科技支撑计划项目、国家自然科学基金、国家社会科学基金以及国防军工课题在内的一批高水平研究课题，近五年来，获国家级项目103项、省部级项目240项、获得科技经费5.8亿元，获得省部级以上科研成果奖励52项，其中省部级一等奖4项。

江苏科技大学船舶与海洋工程学院成立于2002年，其前身是学校最早设置的船舶工程系。船舶与海洋工程学院是江苏科技大学的传统学院和特色学院。学院现有教职工107人，其中教授11人、副教授24人。有1个“船舶与海洋工程”一级学科硕士学位授权点，“船舶与海洋工程结构物设计制造”、“工程力学”、“流体力学”等3个二级学科硕士学位授权点，1个“船舶与海洋工程”工程硕士培养领域。“船舶与海洋结构物设计制造”学科为国家重点学科培育建设点、“十五”、“十一五”江苏省重点学科。船舶与海洋工程专业是国家特色建设专业、国防科工委重点建设专业、江苏省品牌专业，船舶工程实验教学示范中心是江苏省高等学校实验教学示范中心。学院是江苏省船舶工业行业协会秘书处以及江苏省船舶先进制造技术中心挂靠单位。学院现拥有“江苏省船舶先进设计制造技术重点实验室”、行业公共技术服务平台“江苏省船舶先进制造技术中心”和科技公共服务平台“江苏省船舶数字化设计制造技术中心”。拥有结构疲劳试验系统、大型结构试验平台、船模拖曳水池、风浪流综合试验池、波浪水槽等重型实验设施，以及目前国内外先进的FD/CAE/CAD/CAM软件系统和高性能工作站等。

（二）主要方向和重点领域

1. 船舶与海洋工程结构力学

在船舶与海洋工程结构损伤强度、船舶建造工艺力学、潜器的结构稳定性、海洋工程结构振动控制技术等方面形成了鲜明特色及优势。近5年承担国家"863"重大专项子专题1项、国家自然科学基金1项，省部级项目7项，企业委托项目21项，获国防科学技术进步三等奖2项，发表学术论文96篇，其中EI收录15篇。

2. 船舶与海洋结构物先进设计制造技术

在船舶先进设计制造技术领域开展理论研究和工程应用实践，研究内容包括船舶先进制造技术理论、船舶数字化设计制造技术、船舶制造企业信息化、以及现代造船工程应用研究与实施等方面。学术队伍中有2名教授，3人具有博士学位，6人在职攻读博士。近5年来承担了国家自然科学基金、国防预研和省部级民船专项、重大成果转化等项目及大量企业委托课题，获得省部级科技成果二等奖1项、三等奖2项，软件著作权5项，研究工作及成果在国内同行中得到充分肯定。

3. 船舶与海洋工程流体力学

近5年承担国家自然科学基金3项、国家863课题1项、国家973重大项目专题2项、国防基础研究2项，获国家专利8项；该研究方向针对船舶综合性能的多学科优化方法、强非线性瞬态自由面模拟、船舶与海洋结构物非线性水动力荷载、水下仿生推进理论与技术等热点问题开展了深入的理论分析、数值计算与模型试验等研究工作，在揭示复杂流体运动的内在机理、解决学科领域的工程技术等方面成果显著，特色鲜明。

4. 海洋工程结构物安全性评估技术

该研究方向针对现代海洋工程装备进行设计和安全评估研究。目前已在FPSO、导管架平台、自升式平台和半潜式平台水动力分析、安全性评估、海洋平台风险评估等方向开展过较深入研究，形成了较鲜明的研究特色及学科优势，并承担过国家级、省级及企业合作等较多项目。近5年承担国家自然科学基金2项、国防基础研究2项，获专利1项，省部级科技成果三等奖2项，发表学术论文50篇，其中EI收录10 篇，SCIE收录1篇。研究工作及成果在国内同行中得到充分肯定。

（三）产品开发与技术进步

1. 海洋工程结构振动控制技术、风险评估技术

在国家自然科学基金等项目资助下对海洋平台结构振动控制技术、海洋平台模型试验技术、海洋平台风险评估方法等方面进行了较系统的研究，提出了基于模糊原理磁流变阻尼器的设计方法，形成了江苏科技大学海洋工程领域中的特色研究方向。目前已在FPSO、导管架平台、自升式平台和半潜式平台水动力分析、安全性评估、海洋平台风险评估等方向开展过较深入研究。

2. 近海结构物动响应及损伤机理研究

以国际热点研究方向"近海工程动力学"为切入点，针对具有多学科交叉特色的研究项目"近海结构物动响应及损伤机理"，致力于正确描述风、随机海浪、船撞力及桩侧土与结构的相互作用下海洋平台结构的随机响应统计特性，在此基础上对其损伤机理进行深入研究，并探索有效的减振方法。本研究不仅在理论上有着重要学术研究价值，而且其研究成果可为提出有效的减振方法奠定良好的基础，从而使海洋平台免受破坏，降低监测和维护费用，提高经济效益，为国家的海洋平台建设以及正常的使用提供技术储备及安全保障。

十四、武汉理工大学

（一）基本情况

武汉理工大学是教育部直属的全国重点大学，是首批列入国家"211工程"重点建设的高校。学科涵盖工学、理学、文学、管理学、经济学、法学、哲学、历史学、教育学、医学、艺术学等门类。现有本科专业87个，一级学科国家重点学科2个，二级学科国家重点学科7个，国家重点（培育）学科1个，省部级重点学科28个；一级学科博士学位授权点15个，一级学科硕士学位授权点38个，博士后科研流动站16个；有12个硕士专业学位授权类别，34个硕士专业学位授权点。

武汉理工大学交通学院源于1946年成立的国立海事职业学校造船科，所设专业涉及船舶与海洋工程、力学、交通运输工程3个一级学科，有5个本科专业、13个硕士点和博士点、2个工程硕士领域，并建有船舶与海洋工程、力学、交通运输工程3个博士后流动站。本学科点是国内同类学科整体实力最强的学科之一，是我国内河船舶研究的主要力量，是华中、华南和西南地区最具实力的船舶与海洋工程技术领域高层次科研人才的培养基地。2001年，本学科"高性能船舶及其关键技术"项目被列为国家"十一五""211工程"重点学科建设项目；2007年，本学科"高性能船舶设计制造关键技术"项目被列为国家"十一五""211工程"重点学科建设项目。船舶与海洋工程系现有教师32人，其中教授11人、博士生导师6人、副教授13人。

（二）主要方向和重点领域

1. 船舶水动力性能研究及船型优化方向

本方向主要围绕高性能船舶、内河浅水船型、高速多体船、高速气泡船等开展船舶操纵运动水动力计算及运动预报、船舶兴波理论计算与船型优化、船舶粘性流场的湍流模式、螺旋桨理论设计、船舶倾覆机理等水动力性能方面的理论、数值计算和试验等研究。

2. 新船型开发与现代船舶设计方法方向

主要研究内河船型开发与标准化、高速船船型开发、江海直达运输方式与船型研究、不确定性动态投资决策理论和应用、船舶多学科综合优化设计技术、船舶几何建模技术、船舶产品数据管理技术等。

3. 船舶先进制造技术与装备方向

本方向主要从事造船先进制造技术与工艺方法、船舶CAM开发与应用、造船自动化装备、船舶高效生产模式及先进生产设计方法、船舶精度控制与先进测量技术、船壳板自动化成形技术等研究。

4. 船舶与海洋工程结构直接设计法与可靠性研究方向

本方向致力于大开口船舶结构强度计算方法、高速船结构轻型化技术、船体结构可靠性研究分析及极限承载能力、现役船舶结构状态检测与风险评估、船舶振动预报与控制技术、舰船结构抗暴设计、船舶结构机械噪声分析与控制原理、水下结构内部噪声场预测、流体动力噪声的产生机理与计算分析、高性能船舶噪声预报与降噪设计方法等研究。

（三）产品开发与技术进步

1. 造船重大装备肋骨冷弯机

装备性能优良，加工精度和质量符合《中国造船质量标准》，该装备已在著名的江南造船厂、渤海船舶重工、中船龙穴造船、韩国大宇造船海洋等国内外90多家船厂使用。近三年产生的经济效益达16.4亿元。设备已出口到世界造船第一大国——韩国，出口国家还有日本、越南、泰国等。仅几年时间，国内市场占有率达50%，取得了重大的经济和社会效益。

2. 重型平板运输车

"重型平板运输车"项目是一个机电液一体化、技术含量高、附加值高的特种机械装备。全车采用液压驱动、液压悬挂、独立转向和车架液压调平等技术。驱动和转向液压系统均通过微电控制来完成。本产品是造船厂钢结构船体分段在工序之间转运的主要设备.也适用于大型钢厂和公(铁)路特大型混凝土预制构件的运输。作为牵引车，还可用于机场飞机的牵引。短短4年时间里，重型平板运输车由2004年以前依靠大量进口到目前已形成5大系列40多个品种，载重量覆盖了75~1 000吨范围，产品不仅成功打入中船重工、中船工业等国内大部分船厂应用市场，而且远销挪威、韩国、印度、美国等10余个国家。

十五、华南理工大学

（一）基本情况

华南理工大学原名华南工学院，组建于1952年，教育部直属的全国重点大学，是列入国家“211工程”和“985工程”重点建设的高校。学校共设有25个学院，1个独立学院（广州学院）；25个博士学位授权一级学科，42个硕士学位授权一级学科，107个博士点，193个硕士点，2个一级学科国家重点学科，3个二级学科国家重点学科，2个国家重点（培育）学科，24个一级学科广东省重点学科，有工程博士（2个领域）和工程硕士（25个领域）、建筑学硕士15个专业学位硕士授予权，有24个博士后科研流动站，78个本科专业。

华南理工大学土木与交通学院设有土木工程系、交通运输系、工程力学系、船舶与海洋工程系和水利工程5个系、1个学院实验中心，1个校级力学实验中心（省级实验教学示范中心）。学院的船舶与海洋工程系创建于1958年，设有船舶与海洋结构物设计制造专业二级学科博士点和船舶与海洋工程专业一级学科硕士点，培养船舶与海洋工程专业本科生，船舶与海洋结构物设计制造、轮机工程、水声工程专业的硕士研究生以及船舶与海洋结构物设计制造专业博士研究生，是华南地区唯一可以系统培养船舶与海洋工程领域高层次专门人才的学科。船舶与海洋工程系现有专职教师18人，教授7人（其中6人为博士生指导教师、1人为华南理工大学“百人计划”特聘教授）、副教授6人、讲师5人。船舶与海洋工程系具有华南地区最大的船模拖曳水池实验室、海岸与近海工程实验室、船舶与海洋工程先进材料研究中心，并正在筹建水声工程实验室，可以进行船舶快速性、耐波性、船体节能装置、新型推进器、船舶与海洋新型材料、河道整治、工程泥沙及河流动力学、潮汐河口整治、海洋环境测量、防浪掩护与波浪对建筑物的作用等的试验工作。

（二）主要方向和重点领域

主要研究方向为新型船舶与海洋工程结构物开发与设计、船舶节能技术、船舶与海洋工程结构力学、船舶与海洋工程水动力学、船舶与海洋结构物先进设计与制造方法、海洋能利用与水下系统、船舶与海洋工程振动与噪声、船舶与海洋工程先进材料、近岸与近海工程、水运系统。

1. 高新海洋技术及装备研发

CAD/CAM及信息集成；先进制造技术、测量技术和人工智能技术应用；水下机器人；波浪补偿及海上稳定平台综合技术。

2. 海洋工程水动力学

海洋动力学、海洋工程学和海洋环境科学。

3. 船舶与海洋工程结构物设计与建造

船舶与海洋工程结构设计、波浪载荷与船舶直接计算法设计、船舶水弹性与结构振动分析。

（三）产品开发与技术进步

船舶与海洋工程系积极开展产品研发、成果转化、科技服务等方面的工作，承接的海洋工程领域的科研项目（见表28）。

申请的海洋工程领域的专利（见表29）。

表28 承接的海洋工程领域的科研项目

序号	项 目 名 称	项目类别/所获奖项	参与方式
1	近海及海洋环境中FRP-钢筋混凝土高耐久性构件的研究	国家自然科学基金	主持
2	海上风电浮式基础动力特性研究	国家自然科学基金	主持
3	船舶多学科设计优化的若干基础问题研究	国家自然科学基金	参研
4	近岸第三代波浪数值预报研究	国家重大高科技项目	主持
5	我国典型赤潮高发区赤潮的生物-化学-物理过程的数值模拟研究	国家重点基础规划研究项目	主持
6	水文气象的操作条件和设计条件研究	国家试点广东LNG站线项目	主持
7	大洋和海岸嵌套的热带风暴下浪、潮、流耦合数学模型和应用研究	广东省科学技术二等奖、国家海洋局海洋创新成果二等奖、广东省可持续发展合理化建议奖	主持

表29 申请的海洋工程领域的专利

序号	发 明 名 称	专利类型
1	一种多自由度推进自主稳定水下机器人	实用新型
2	一种多自由度喷水推进带缆遥控水下机器人	发明

十六、华中科技大学

（一）基本情况

华中科技大学是教育部直属的全国重点大学，是首批列入国家"211工程"重点建设和国家"985工程"建设高校之一。拥有哲学、经济学、法学、教育学、文学、历史学、理学、工学、农学、医学、管理学、艺术学等12大学科门类，设有94个本科专业，214个硕士学位授权点，175个博士学位授权点，35个博士后科研流动站；现有一级学科国家重点学科7个，二级学科国家重点学科15个，国家重点（培育）学科7个。学校建设有武汉光电国家实验室（筹）、脉冲强磁场实验装置等国家重大科技基础设施，还拥有5个国家重点实验室、1个国防科技重点实验室、6个国家工程（技术）研究中心、1个国家工程实验室、2个国家专业实验室及一批省部级研究基地。

华中科技大学船舶与海洋工程学院设有船舶与海洋工程、轮机工程及自动化2个本科专业，船舶与海洋结构物设计制造、轮机工程、水下工程、水声工程四个硕士点和博士点。目前学院有教职工53人，其中名誉院士1人，教授10人，其中博士生导师8人，副教授及高级工程师13人。学院获得的奖励有国家科技进步一、二等奖4项，省级科技进步一、二、三等奖30余项。

（二）主要方向和重点领域

1. 船舶与海洋工程结构水动力与流噪声性能分析、控制和多学科设计优化理论与方法

主要研究内容包括船舶与海洋工程计算流体力学、船舶阻力、推进、耐波性、操纵性、流噪声和舰船多学科设计优化理论与方法等。主要特色是将计算流体力学研究与船型设计相结合，改进与开发新船型；将船舶运动响应与控制相结合，提高船舶的操纵和耐波性能。

2. 船舶与海洋工程结构物力学性能与声性能分析、控制与优化

主要研究内容包括船舶与海洋结构物的流固耦合分析，水下爆炸，导弹发射等动载荷作用下的结构响应分析，结构振动的主动、半主动控制，声辐射预测和控制，焊接变形分析与控制以及智能型优化设计方法，新型船用复合夹层结构等。

3. 水下作业综合技术与舰船机电控制技术

主要研究内容：水下运载器及水下作业工具技术；水下智能作业控制技术；舰船机电装备的自动监测、控制与安全保障技术；舰船核心机电装备的半实物仿真技术；舰船用新型液压、气压驱动元件开发与控制技术。主要特色是面向海洋开发和舰船机电装备，研究水下运载器及水下作业工具水动力学建模及伺服控制技术；将信息融合与综合理解技术、规划技术与控制技术相结合，实现水下智能作业；将气动技术、液压技术及计算机控制技术相结合，开发新型气动及液压伺服系统，实现舰船机电设备控制。

（三）产品开发与技术进步

船舶与海洋工程学院在海洋工程领域主要开发的产品涵盖水下机械手、作业系统、标定系统等。

1. 水下机械手

8A4水下机器人用两型遥控水下机械手：缆控无人水下机器人的配套设备，工作使命是为水下机器人完成水下救捞和海洋油气开发的作业任务。1996年获国家教委科技进步三等奖。

鱼鹰I号潜器用两型水下机械手：攫雷手抓爪可以从手臂上自行解脱，供水面母船起吊三吨沉物，两只手可在水下任意状态应急抛弃。用于打捞水下不同直径沉物，水下抛锚定位，水下采样、安装、维修等作业。1989年部级科技进步二等奖。

蓝鲸号深潜器机械手：打捞机械手手爪可任意解脱，两只手应急可抛弃。用于海洋开发、水下打捞。

2. 位置反馈主 / 从遥控自行更换工具作业系统

功能：6个自由度及工具对接、驱动功能，主/从机械手的随动控制，作业工具自动更换，从手任意位置的直线运动、从手示教。

应用场合：水下、化学、核污染等有害环境中，完成比较复杂的作业任务。1997年获部级三等奖。

3. 船用计程仪旋转式标定系统

由学院李维嘉教授带领的课题组研制的船用计程仪旋转式标定系统，已于近期通过中船重工集团第七〇七研究所九江分部的验收并投入使用。该系统的最大线速度为20.5米/秒，显示精度为0.02米/秒，控制精度为0.04米/秒。

近年来承接的海洋工程领域的科研项目如表30所示。

表30 近年来承接的海洋工程领域的科研项目

序号	项 目 名 称	项目类别/所获奖项	参与方式
1	基于受控结构动力特性和信息融合的海洋平台结构损伤检测	国家自然科学基金	主持
2	流–固冲击作用下轻质金属夹层结构非线性力学行为及失效机理研究	国家自然科学基金	参研
3	大型复杂曲面零件的数字化设计–加工–测量一体化理论与技术	国家自然科学基金	参研
4	水下拖体高度控制水池模拟试验	中国地质科学研究院项目	主持
5	深海精密作业机械手关键技术	863项目	主持
6	海洋XX潜器–安全系统	民用专项科研工程研制项目	主持
7	水下XX实验系统集成和性能评估技术–水下自救与取样作业技术	重点预研项目	主持
8	XX水下机器人技术	基础研究项目	主持

十七、海军工程大学

（一）基本情况

海军工程大学是一所以工为主、工管结合、指技合一、文理兼容，具有鲜明海军特色的全国重点大学，也是全军五所综合大学之一。学校前身是1949年成立的大连海军学校机械系，1999年改建为海军工程大学，是我军历史最为悠久的院校之一。学校设有工学、管理学、军事学、哲学、文学、理学、经济学、教育学等8个学科门类，15个一级学科和70个二级学科硕士学位授权点、5个一级学科和25个二级学科博士学位授权点，设有“船舶与海洋工程”等7个博士后科研流动站。学校长期担负着973、863等国家和军队重点科研课题的研究任务，在综合电力、舰船隐身、复合材料、水声、电磁兼容等领域取得突破，具备较强的自主创新能力，现有3个国家级重点实验室。近年来，共获得国家科技进步一等奖3项、二等奖7项，军队科技进步一等奖31项等。

（二）、海洋工程装备重点研究方向

1. 海防工程与特殊船舶研制

（1）海防工程结构：主要研究海防工程特殊建（构）筑物结构的设计与施工、结构健康监测、工程防护、抢修抢建等。包括新型建筑材料的本构关系和工程应用（如新型钢—混凝土组合结构），新型结构的构造、性能和设计理论，组合结构和杂交结构的基本性能和设计理论，结构服役状态的实时监测、预警和评价等。

（2）海防工程维护：主要研究海防工程设施的无损检测、维修加固、腐蚀防护、延寿技术等。包括检测及其评定的理论和方法，维修加固技术及其设计和施工，混凝土结构腐蚀机理及其综合防护材料、技术，在役工程设施延寿机理及其技术等。

（3）港口浮动设施设计建造：主要研究港口浮动设施与海洋环境的相互作用以及浮动设施设计理论、制造安装技术。主要包括浮码头、水鼓、浮动靠泊系统、单点系泊码头、浮式防波堤、浮动卸载平台等。

（4）补给与输转技术研究：主要研究海运补给与输转的基本理论、补给船与各类装备研制与运用。包括高架索补给系统的结构动力学分析及其安全性，补给和输转系统的稳定性分析，纵向、横向和垂直补给技术与装备运用，补给船与接收船的两船水动力响应，补给与输转系统仿真等。

（5）海上专用污水接纳船技术：主要研究污水的监测、储存、排放、清洗、防护等相关技术、设备的研究。

2. 海洋工程设备研制

（1）岛礁及船舶分布式发电智能微电网技术研究：主要开展满足海洋环境和船舶使用要求的可扩展多能源分布式发电智能微电网技术研究，包含太阳能光伏发电、风力发电、柴油发电并可扩展其它发电方式，配置惯性储能、蓄电池储能等多种储能方式。

（2）大功率电力电子器件适应海洋环境可靠性研究（基础共性技术研究）：主要开展海洋勘探、深海作业、岛礁平台建设等大型装置中关键电力电子设备在不同海洋条件下的使用可靠性研究，对关键设备中大功率电力电子器件的使用极限进行分析，指导设备的安全使用，对功率器件的失效机理进行全面分析，对不同工况及使用环境下的各种失效模式及其表征特征量进行系统的分析。

（3）独立系统离网型大容量光伏发电系统关键技术研究：主要开展基于离网型大容量光伏发电及储能系统关键技术研究，具备百千瓦级移动平台光伏发电系统的总体设计能力。

（4）大功率海上风力发电变流器研究：主要围绕大功率风力发电并网接入装备的技术前沿研究和工程实现开展研发。

（5）海缆故障探测与定位技术与装备研究：针对海缆出现故障后对海缆本身及故障点的定位探测，开展基于有源与无源方法的海底光缆探测、定位与埋深检测等系统工程化关键技术研究。

（6）海缆施工专用设备的研制：主要开展海缆施工（布放、维护、反窃听）专用设备的研制与改造。

（7）海缆工程的监理。

（8）干涉合成孔径声纳：研制干涉仪合成孔径声纳系统(简称INSAS)，能够进行高分辨海底地形/地貌测绘和水下目标成像，主要用于海洋水下工程勘测、固体废物抛撒监测、沉底水雷探测等。

3. 海洋环境科学与监测

海洋监测：

一是目标水下电磁场特性及其远程探测。

主要研究运动舰船及海洋结构物磁场的产生机理、传播规律、数学建模与数值计算、目标远程探测等内容，在国内起步最早、系统最强。

二是水下物体地磁自主导航与定位。

已经掌握了运动载体干扰磁场补偿与消除、基于运动载体的磁场矢量高精度测量及传感器技术、水下地磁异常场数据快速获取与数据建模等核心技术，正在此基础上深入研究。

三是地球资源磁性勘探技术。

将航空磁性探测技术、电磁场浮标测量技术等用于地球物理调查和资源勘探领域，目前与中科院微电子所等单位合作，参加“国家重大研究装备研制项目”《深部资源探测核心装备研发》工作，负责子课题《直升机平台上地磁异常总场测量方法”研究。

四是海洋及结构物核辐射监测技术与装备。

主要进行γ辐射监测仪系统的研制；海水的淡化设备的研制；放射性污水的处理技术与装备研制；水下清洗装备规划与研制。

4. 其他海洋相关技术

（1）舰船流体力学方向：具有国内最大的操纵

水池和自主研发的国内最先进的操纵运动测试系统。在螺旋桨的非定常空泡、脉动压力理论预报方面处于国内领先水平。

（2）船舶结构力学方向：在新型复合式声隐身舵的研究、上层建筑振动治理研究、新型导流罩结构与工艺研究、复合材料结构稳定性理论等方面，在国内开创了新的研究途径，取得了国内领先的成果，达到了国际先进水平。

（3）船舶设计制造维修方向：研究舰船总体设计技术，涵盖船舶的全寿命（论证、设计、建造、使用）各阶段，在舰船结构防火设计、核防护设计、舰船寿命周期研究等方面走在国内同行的前列。

（4）船用材料与应用工程方向：在先进焊接材料——药芯焊丝研究方面目前处于国内领先地位，制成功了一系列低氢、高强度、高韧性药芯焊丝，其成果填补了国内空白，达到国际先进水平。主持设计了玻璃钢导流罩与钢构件的新型连接结构，为国内领先，达到国际先进水平。开展特殊环境要求的不锈钢及有色金属材料耐蚀性的研究及材料研制，如阴极保护、新型牺牲阳极、表面工程及电绝缘等综合防腐蚀新技术研究。

十八、西北工业大学

（一）基本情况

西北工业大学是国家“211工程”、“985工程”重点建设高校，设有15个学院，61个本科专业，118个硕士点，69个博士点和16个博士后流动站。现有2个一级学科国家重点学科，7个二级学科国家重点学科，2个学科国家重点培育学科，21个博士学位一级授权学科，31个硕士学位一级授权学科。建有1个国家重点实验室，6个国防科技重点实验室，2个国家工程中心（筹建），30个省部级重点实验室和20个省部级工程技术研究中心。“十一五”以来，学校承担各类科研项目上万项，包括国家科技重大专项、武器装备型号项目、国防基础科研及预先研究计划、国家863计划、973计划、国家自然科学基金等国家重大科技项目。

西北工业大学航海学院主要从事水中兵器、水下航行器、海洋工程等领域的科学研究和人才培养。其前身是1956年5月始建于西北工学院的第三机械系，1989年4月成立航海工程学院。拥有教职工150余人，其中院士3人，国家教学名师1人，千人计划1人。现设机械工程与自动控制、电子与通信、声学与信息和环境工程4个系，以及航空声纳研究发展中心和水下航行器技术等9个中心、研究所；拥有机械设计制造及其自动化、能源与动力、探测制导与控制、电子信息、水声工程、信息对抗、环境工程等7个本科专业，兵器科学与技术、信息与通信工程等2个一级学科博士学位授予点，水声工程、船舶与海洋结构物设计、声学等6个二级学科博士学位授予点，18个硕士学位授予点；有“武器系统与运用工程”、“水声工程”等2个国家二级重点学科，“兵器科学与技术”、“船舶与海洋工程”、“信号与信息系统”3个国家一级学科及其博士后流动站。建有“水下信息与控制”国家级重点实验室和“声学工程与检测技术”国家专业实验室，以及高速水洞、大型消声水池、水下物理场仿真、水下动力推进、声与振动控制、导航与控制仿真中心等多个大型实验室。

（二）主要方向和重点领域

1. 水下信道与物理场

复杂环境下的水下声场建模、目标多基地散射建模、水声环境参数反演、水下发射基阵的辐射声场建模、跨越水空界面的物理场机理等。

2. 水声信号与信息处理

水声基阵波束优化与阵列信号处理、高分辨方位估计、干扰抑制与微弱信号检测、目标分类与识别、自适应信号处理与匹配场处理等。

3. 声纳技术

声纳系统设计与分析、声纳信号与信息处理、水声换能器及其基阵设计、新型航空声纳研制、新概念声纳和网络化综合探测体制研究等。

4. 噪声控制

有源噪声控制、噪声源定位、自适应声学结构、水下及水面结构机械噪声分析与控制原理、水下结构内部噪声场预测、水声材料性能测试与评价等。

5. 水下运载与探测平台技术

运载与探测平台的现代系统设计理论与方法、导航定位和通信技术、新型能源技术、高效低噪声推进技术等。

6. 深海新型结构物设计与力学特性

水下运载平台、回收与打捞平台、智能锚链等深海新型结构物设计，水下结构物流体动力特性、抗冲击特性和强度设计等。

（三）产品开发与技术进步

近年来承接的海洋工程领域的科研项目如表31所示。

表31 近年来承接的海洋工程领域的科研项目

序号	项目名称	项目类别/所获奖项
1	基于海洋动能的水下系留平台能源技术	国家自然科学基金
2	UUV水下动态对接回收中的路径规划与路径跟踪控制研究	国家自然科学基金
3	UUV回收过程中的复杂水动力及运动性能研究	国家自然科学基金

延伸阅读：

国外海洋工程设计企业简介

一、美国 F&G 公司

F&G总部位于美国休斯敦，公司曾是美国Freide Goldman Halter集团海洋工程设计部门，2002年，Freide Goldman Halter集团破产后，该设计部门独立。

据中集集团在达成意向时介绍，F&G“目前是全球海洋工程移动式钻井平台领先设计商，其主要从事海洋工程平台设计和平台配套设备设计、制造业务，拥有超过60年海洋工程平台设计经验。到目前为止，全世界有超过100个海上作业平台是由F&G设计的。

2010年2月，中集集团就公告收购F&G的意向。在2月2日，中集集团发布公告，已与F&G的大股东俄罗斯MNP集团达成意向，拟以7 500万美元的价格收购其手中持有的75%股权。

然而，中交股份横空杀出，并给出了高出25%的溢价。2010年8月10日，中交股份发布公告，已于2010年8月9日完成了对F&G的100%股权的收购。公开资料显示，中交股份以高出中集集团25%的溢价完成了F&G全部股权的收购，将俄罗斯MNP集团持有的75%股权、Goldman Offshore Design LLC(GOD)持有的25%股权悉数揽入怀中。

二、荷兰 Gusto MSC 公司

1862年，A.F Smulders先生投资创建了Gusto MSC公司的前身公司。1904年，该公司总部迁至荷兰西南部城市斯希丹，并正式定名为Gusto MSC。20世纪50年代，Gusto MSC公司设计并制造了该公司的第1艘半潜式钻井平台——Viking Piper号。其后，该公司先后开发了DSS系列、TDS系列和OCEAN系列半潜式钻井平台。

三、意大利 Saipem 公司

Saipem公司是意大利石油巨头埃尼公司旗下从事油田服务业务的子公司，是一家大型国际石油和天然气工业承包商。Saipem公司在石油和天然气等领域有着高超的专业技术，在设计、实施大规模的海上和陆上项目，尤其在边远地区和深水相关活动中，有着卓越的表现。在工程、采购、项目管理和建设服务等诸多方面的独特功能，都走在该领域的前列。

Saipem公司总部设在意大利城市米兰，设有3个业务部门：海上、陆上和钻井。该公司的陆上和海上项目是最艰难的、技术最有挑战性的项目，它的专业技术竞争力在业内具有无可争议的优越地位。同样它的钻井服务在石油和天然气行业有着广泛的市场，并形成了许多经营“热点”，经常与它的陆上和海上活动互相协作。

Saipem公司是一家全球承包商，是一个真正的国际化公司，它有着强大的本地战略。它的项目遍布西非、北非、前苏联、中亚、中东等新兴地区，以及东南亚。但是Saipem公司的雇员除了来自其强大的欧洲市场以外，主要来自于发展中国家。Saipem公司拥有员工3.5万人，有100多个民族组成。它强大的本地化政策，使它用最具成本效益的本地人开拓并发展了它的市场，并在印度、克罗地亚、罗马尼亚和印度尼西亚拥有相当大的服务基地。

Saipem公司20世纪50年代开始运作。作为埃尼公司的一个经营部门，主要业务是陆上管道铺设、厂房建设和钻井服务，最终于1969年独立而成为现在的公司。其离岸业务也从地中海扩大至北海。并逐步扩大其客户群，包括几乎所有的超级巨头，逐步成为一家独立的石油与天然气公司，业务遍及全球。20世纪90年代末，公司进行了投资计划，调整自己的资产能力，不断适应挑战性的市场条件。投资的主要领域包括深水钻井、铺管、出租浮式生产储卸船（FPSO）和水下机器人。并通过发展新兴市场，在西非、前苏联和中东地区，增加大批本地雇员、工人，发展本地船队和设施，加强工程和项目管理能力的提高，以应付对大型综合EPC项目的市场需要，使本地化成为在境外岸上活动的第一趋势。包括有关油气开发、石油开采（重油、沥青砂

等）等大型陆上总承包项目。Saipem公司以其在石油和天然气业内卓越的专业技术，以及边远地区和深水作业能力，工程、采购、项目管理和建设服务等诸多方面的领导能力，加强其在中东地区和国家石油业界的地位。

今天Saipem公司又在进行一项重要的投资计划，旨在加强和扩大其钻井和建筑项目，特别是以满足资产挑战的超深海油气运输和边境地区，从而实现其相关资产一流的先进设计。

四、法国 Technip 公司

法国Technip集团公司是在纽约和巴黎上市的国际知名企业，现有员工约2万人，年收入高达50多亿欧元。该集团业务遍布五大洲，主要从事石油、天然气、石油化工及其他工业项目的设计、技术和建设服务，尤其擅长深海石油开采，该集团在设计、建设大型工业设施领域拥有丰富的经验，是西欧最知名的国际工程咨询设计商之一。Technip集团公司的组织结构围绕3个主要业务领域：海上作业分部、陆上与场区作业分部以及其他工业分部。其海上作业分部的经营范围包括：海上场地开发、水下生产、水下管道与施工、水下维修、浮动式与固定式平台、停泊服务和钻探服务等。陆上与场区作业分部包括：陆上场区开发、天然气加工与液化、石油精练、氢化物、硫磺、陆上管线、石油化工以及系统工程等。

该集团提供的服务范围广泛，包括可行性研究、浮动与固定式平台、上部设计与建造、项目管理与实施、基础及详细设计、采购、生产及铺设海底管道、建设施工、安装及海底设施维修、人员培训及融资等。Technip集团一直以加强与改进完善卫生、安全、环保条件为公司的战略方针。

基于近年全球安全形势趋于紧张，公司的安全战略是：确认风险；对居住在有风险地区的雇员提供咨询与帮助；保护财产与施工场地；制定应对突发事件的计划。集团公司还制定了环境保护指南，以便更好的评价管理，减少环境问题。海上作业与海上结构物的安装时，其支持船队可能装有危险品或有害物，如碳氢化合物、原料油、润滑油，均满足国际海事组织（ISM）规范。该集团于2002年因在一些地区无停工事故（英国、挪威、大洋洲、西非）获得了EXXONMOBLE安全委员会金盾奖，是迄今仅有的5个获奖者之一。Technip集团视安全、环境与经济效益同等重要的做法为该集团在国际上赢得了诸多赞誉和世界各地区的大型工程项目合同。

Technip集团作为颇受业界企业和人士瞩目的集团，为其赢得赞誉的不仅仅是超过50亿美元的年营业额，更重要是集团公司注重工程安全、环保和质量的企业文化。

五、瑞典 GVA Consultants AB 设计公司

GVA Consultants AB设计公司的前身是Gotaverken arendal AB船厂。1989年船厂关闭，在原有船厂技术部门的基础上，GVA Consultants AB设计公司成立。GVA公司的半潜式钻井平台形成系列，以满足不同需求。该公司中的系列产品中有GVA3000、GVA4000、GVA4500、GVA5000、GVA7500、GVA7500Arctic和GVA10000。

六、挪威 Agility GROUP 设计公司

Agility Group公司原名GRENLAND GROUP,是一家专业的海洋工程咨询和工程公司。该公司主要的半潜式钻井平台是GM 4000型，该型平台目前有3座被中集来福士船厂交付或正在建造。COSL Prospector的船型就是该公司的GG 5000。

（编写：刘健奕 王 颖 曾晓光 徐晓丽 吴 凯）

第九章　2012中国海洋工程装备产业主要政策

第九章 2012中国海洋工程装备产业主要政策

《“十二五”国家战略性新兴产业发展规划》

一、发布部门

国务院

二、简介

战略性新兴产业是以重大技术突破和重大发展需求为基础，对经济社会全局和长远发展具有重大引领带动作用，知识技术密集、物质资源消耗少、成长潜力大、综合效益好的产业。该规划按照“十二五”规划纲要和《国务院关于加快培育和发展战略性新兴产业的决定》(国发〔2010〕32号)的部署和要求，目的是加快培育和发展节能环保、新一代信息技术、生物、高端装备制造、新能源、新材料、新能源汽车等战略性新兴产业。规划指出，推动战略性新兴产业健康发展，要充分发挥市场配置资源的基础性作用，注重优化政策环境，激发市场主体积极性。加强自主创新，增强自主发展能力。加强国际交流合作，走开放式创新和国际化发展道路。

三、相关内容

(一)重点发展方向和主要任务——高端装备制造产业

面向我国产业转型升级和战略性新兴产业发展的迫切需求，统筹经济建设和国防建设需要，大力发展现代航空装备、卫星及应用产业，提升先进轨道交通装备发展水平，加快发展海洋工程装备，做大做强智能制造装备，把高端装备制造业培育成为国民经济的支柱产业，促进制造业智能化、精密化、绿色化发展。

(二)海洋工程装备产业

面向海洋资源特别是海洋油气资源开发的重大需求，发展海洋油气开发装备，重点突破海洋深水勘探装备、钻井装备、生产装备、作业和辅助船舶的设计制造核心技术，全面提升自主研发设计、专业化制造、工程总包及设备配套能力，积极推动海洋风能利用工程建设装备、海水淡化和综合利用等装备产业化。促进产业体系化和规模化，增强国际竞争力。海洋工程装备产业发展线路图(见表32)。

(三)重大工程——海洋工程装备工程

突破深水浮式结构物水动力性能、结构设计和强度分析等共性技术，加快发展深海高性能物探船和钻井船、浮式生产储油卸油装置、半潜式平台、水下生产系统、环境探测、观测与监测、深海运载及应急作业等装备及其关键配套设备和系统，建设液化天然气浮式生产储卸装置等新型装备总装制造平台，完善设计建造标准体系。到2015年，国产深海资源探采装备国内市场占有率明显提高，关键设备和系统实现配套，国际市场竞争力得到提升。

表32 海洋工程装备产业发展线路图

时间节点	2015年	2020年
发展目标	初步实现深水海洋工程装备的自主设计建造和关键设备配套能力，基本形成自主的深水资源开发装备体系，提高国内市场占有率，产品具有国际竞争力	全面具备深水海洋工程装备的自主设计建造和关键设备配套能力，形成海洋工程装备产业完整的科研开发、总装制造、设备供应、技术服务产业体系，进一步提高国内市场占有率，提高产品国际竞争力
重大行动	关键技术开发与产业化：实施海洋工程装备产业创新发展工程，基本掌握主要海洋油气开发装备自主设计建造技术，提高关键设备和系统配套能力。突破海洋风能利用工程建设装备、海洋观测监测仪器设备及系统、水面支持系统、水下作业与保障装备的关键技术。积极开展深海工作站、海上大型浮式结构物等海洋可再生能源利用、海底金属矿产资源开发装备等前瞻性技术的研发 创新能力建设：在海洋深水勘探装备、钻井装备、生产装备、作业和辅助船舶的设计制造领域建设具有世界先进水平的工程中心、工程实验室、重点实验室；建设深海技术装备公共试验、检测平台，加强海洋工程装备企业技术中心能力建设，加大相关标准、规范研究制定力度，建立健全我国海洋工程装备的标准体系	
重大政策	研究制定深海资源勘探专项鼓励政策	

《海洋工程装备制造业中长期发展规划》

一、发布部门

工业和信息化部、发展改革委、科技部、国资委、国家海洋局。

二、简介

该《规划》分发展现状与面临的形势、指导思想与发展目标、主要任务、政策措施、规划实施5部分。发展目标是：经过十年的努力，使中国海洋工程装备制造业的产业规模、创新能力和综合竞争力大幅提升，形成较为完备的产业体系，产业集群形成规模，国际竞争力显著提高，推动中国成为世界主要的海洋工程装备制造大国和强国。

三、相关内容

海洋工程装备是人类开发、利用和保护海洋活动中使用的各类装备的总称，是海洋经济发展的前提和基础，处于海洋产业价值链的核心环节。海洋工程装备制造业是战略性新兴产业的重要组成部分，也是高端装备制造业的重要方向，具有知识技术密集、物资资源消耗少、成长潜力大、综合效益好等特点，是发展海洋经济的先导性产业。

浩瀚的海洋蕴藏着丰富的资源，主要包括海洋矿产资源、海洋可再生能源、海洋化学资源、海洋生物资源和海洋空间资源等五大类。紧密围绕海洋资源开发，大力发展海洋工程装备制造业，对于我国开发利用海洋、提高海洋产业综合竞争力、带动相关产业发展、建设海洋强国、推进国民经济转型升级具有重要的战略意义。

根据《国务院关于加快培育和发展战略性新兴产业的决定》（国发（2010）32号）、《战略性新兴产业“十二五”发展规划》和《高端装备制造业“十二五”发展规划》，特制定本规划。规划期为2011~2020年。

（一）发展现状与面临的形势

以海洋油气资源为代表的海洋矿产资源是当前世界海洋资源开发的重点和热点，技术相对成熟，装备种类多，数量规模较大，是未来5~10年产业发展的主要方向。以海上风能、潮汐能为代表的海洋可再生能源开发装备，以及海水淡化和综合利用、海洋观测和监测等方面的技术装备也具有较好的发展前景。同时，随着海洋波浪能、海流能、天然气水合物、海底金属矿产等海洋资源开发技术不断成熟，相关装备的发展也将逐步提上日程。

新世纪以来，我国海洋工程装备制造业发展取得了长足进步，特别是海洋油气开发装备具备了较好的发展基础，年销售收入超过300亿人民币，占世界市场份额近7%，在环渤海地区、长三角地区、珠三角地区初步形成了具有一定集聚度的产业区，涌现出一批具有竞争力的企业（集团）。目前，我国已基本实现浅水油气装备的自主设计建造，部分海洋工程船舶已形成品牌，深海装备制造取得一定突破。此外，海上风能等海洋可再生能源开发装备初步实现产业化，海水淡化和综合利用等海洋化学资源开发初具规模，装备技术水平不断提升。

但是，与世界先进水平相比，仍存在较大差距，主要表现为：产业发展仍处于幼稚期，经济规模和市场份额小；研发设计和创新能力薄弱，核心技术依赖国外；尚未形成具有较强国际竞争力的专业化制造能力，基本处于产业链的低端；配套能力严重不足，核心设备和系统主要依靠进口；产业体系不健全，相关服务业发展滞后。

21世纪是海洋的世纪，面对海洋资源开发这一不断成长的新兴市场，世界各国都在积极发展相关装备，加快海洋资源开发和利用已成为世界各国发展的重要战略取向。未来五到十年是我国海洋工程装备制造业发展的关键时期，既要应对国际竞争日益激烈的挑战，更要抓住国内外海洋资源开发装备需求增加的机遇，进一步增强紧迫感和责任感，大力协同，迎难而上，力争通过十年的发展，使我国海洋工程装备制造能力和水平迈上新台阶。

（二）指导思想与发展目标

1. 指导思想

深入贯彻落实科学发展观，把握世界海洋资源开发利用与保护的总体趋势，面向国内外海洋资源开发的重大需求，重点突破深海装备的关键技术，大力发展以海洋油气开发装备为代表的海洋矿产资源开发装备，加快推进以海洋风能工程装备为代表的海洋可再生能源开发装备、以海水淡化和综合利用装备为代表的海洋化学资源开发装备的产业化，积极培育潮流能、波浪能、天然气水合物、海底金属矿产、海洋生物质资源开发利用装备等相关产业，加快提升产业规模和技术水平，完善产业链，促进我国海洋工程装备制造业快速健康发展。

2. 发展原则

（1）面向需求，突出重点。针对世界海洋资源开发的重大需求，重点发展市场需求量大、技术成熟度高的海洋油气开发装备，集中力量，加快推进。分阶段分步骤推进海洋可再生能源、海洋化学资源开发装备的产业化。

（2）总包牵引，专业发展。着力提高装备的总承包能力和总装集成能力，带动相关设备供应商和分包商的发展；坚持走专业化发展道路，努力培育研发设计、总装建造、模块制造、设备供应、技术服务等方面的专业化能力。

（3）合理布局，完善体系。立足现有装备工业基础，加强能力建设的统筹规划，大力推进产业集群发展；全面推进产业链各环节和现代制造服务业的同步协调发展，不断完善产业体系。

（4）依托骨干，培育品牌。依托现有骨干企业，努力培育一批技术实力雄厚、综合竞争力强的品牌企业；倡导“产、学、研、用”相结合，以重大项目为牵引，打造一批技术性能优良的品牌产品。

（5）着眼长远，增强储备。把握海洋资源开发装备领域科技发展的新方向，加强海洋潮流能、波浪能、温差能、天然气水合物、海底金属矿产资源、海洋与极地生物基因资源等领域相关装备的前期研究和技术储备，抢占未来发展先机。

3．发展目标

经过十年的努力，使我国海洋工程装备制造业的产业规模、创新能力和综合竞争力大幅提升，形成较为完备的产业体系，产业集群形成规模，国际竞争力显著提高，推动我国成为世界主要的海洋工程装备制造大国和强国。

（1）产业规模位居世界前列。2015年，年销售收入达到2 000亿元以上，工业增加值率较“十一五”末提高3个百分点，其中海洋油气开发装备国际市场份额达到20%；2020年，年销售收入达到4 000亿元以上，工业增加值率再提高3个百分点，其中海洋油气开发装备国际市场份额达到35%以上。

（2）形成若干产业集聚区和大型骨干企业集团。重点打造环渤海地区、长三角地区、珠三角地区三个产业集聚区，2015年销售收入均达到400亿元以上，2020年提高到800亿元以上；重点培育5~6个具有较强国际竞争力的总承包商，2015年销售收入达到200亿元以上，2020年提高到400亿元以上。

（3）技术水平和创新能力显著提升。全面掌握深海油气开发装备的自主设计建造技术，装备安全可靠性全面提高，并在部分优势领域形成若干世界知名品牌产品；突破海上风能工程装备、海水淡化和综合利用装备的关键技术，具备自主设计制造能力；海洋可再生能源、天然气水合物开发装备及部分海底矿产资源开发装备的产业化技术实现突破；海洋生物质资源开发利用装备、极地特种探测/监测设备的研发能力和技术储备明显增强。

（4）关键系统和设备的制造能力明显增强。2015年，海洋油气开发装备关键系统和设备的配套率达到30%以上，2020年达到50%以上；在海洋钻井系统、动力定位系统、深海锚泊系统、大功率海洋平台电站、大型海洋平台吊机、自升式平台升降系统、水下生产系统等领域形成若干品牌产品；具备深海铺管系统、深海立管系统等关键系统的供应能力；海洋观测/监测设备、海洋综合观测平台、水下运载器、水下作业装备、深海通用基础件等实现自主设计制造。

（三）主要任务

1．加快提升产业规模

（1）大力推进产业集聚发展。结合我国海洋资源的分布情况和现有装备工业总体布局，在以大连–天津–烟台–青岛为主的环渤海地区、以江苏苏中地区–上海–浙江浙东地区为主的长江三角洲地区、以深圳–广州–珠海为主的珠江三角洲地区，重点培育三大海洋工程装备制造业集聚区，具备总装建造、修理改装、设备供应、技术服务等方面的综合能力。

（2）全面提升总承包能力和专业化分包能力。依托大型骨干企业（集团），重点提高大型海洋工程装备的总装集成能力，打造具备总承包能力和较强国际竞争力的专业化总装制造企业（集团）。以总承包为牵引，带动和引导一批中小型企业走专业化、特色化发展道路，在工程设计、模块设计制造、设备供应、系统安装调试、技术咨询服务等领域，逐步发展成为具备较强国际竞争力的专业化分包商。

（3）加强企业技术改造。支持企业利用现有修造船设施发展海洋工程装备制造。重点支持企业（集团）适应海洋工程装备制造的特点对生产设施进行改造、工艺流程优化，以及开展企业信息化建设、节能降耗及减排等为主要内容的技术改造。

（4）加大企业兼并重组力度。支持海洋工程装备制造企业以产品、资本为纽带开展联合开发、联合经营，实施强强联合，规模化发展，实现规模经济。支持大型海洋工程装备制造企业与钢铁、石油等上下游企业以战略联盟或参股、合资合作等方式，适当延伸产业链，在上下游产业实现战略布局，实现优势互补、利益共享，增强抗风险能力。

2. 加强产业技术创新

（1）加快重点产品研发。围绕海洋资源在勘探、开采、储存运输和服务等四大环节的需求，加快培育和发展相关重点装备及其关键系统和设备。重点发展市场需求量较大的半潜式钻井平台、钻井船、自升式钻修井/作业平台、半潜式生产平台、浮式生产储卸装置、起重铺管船、大型起重船/浮吊、深海锚泊系统等关键系统和设备、水下采油树、泄漏油应急处理装置等水下系统及作业装备、海上及潮间带风机安装平台（船）、海水淡化和综合利用装备等，逐步实现自主设计建造，形成品牌,使之成为我国海洋工程装备制造业的主导产品。

（2）大力培育专业设计能力。结合海洋工程装备的技术发展趋势，在巩固提高浅水装备设计能力的基础上，着重提升装备的前端工程设计和基本设计的能力，掌握大型功能模块的设计技术，突破相关系统和设备的核心技术，全面提升大型海洋工程装备的设计能力。

（3）提高建造和工程管理水平。结合生产经营工作和实际工程项目的需要，有针对性地开展建造技术研究和项目管理技术研究，掌握海洋工程装备特有的建造技术、安装调试技术，建立与海洋工程装备项目特点相适应的、与国际接轨的现代工程管理模式和生产组织方式，支撑总承包和总装集成能力的提升。

（4）夯实产业发展的技术基础。建设深海技术装备公共试验/检测平台，积极开展海洋环境观测与监测技术、深海运载与深海探测、海底观测网络技术等海洋基础技术的研究。以满足工程项目实际需要为目标，系统开展深海浮式结构物水动力性能分析、深海设施疲劳强度分析、装备和设备的安全可靠性、海洋防腐蚀技术、深海工程安全监测/预警及远程控制技术等基础技术的研究。围绕典型海洋工程装备产品，加大对核心基础零部件和功能部件的研究支持力度，形成与部件协同发展的产业格局。加大相关标准、规范的制定、修改和完善，建立健全我国海洋工程装备的标准体系。

（5）开展前瞻概念性产品研究。着眼于海洋资源开发的长远需求，加强研发波浪能、潮流能、海水温差能等海洋可再生能源的开发装备，天然气水合物、多金属结核等海底矿产资源的开发装备，海水提锂、提铀等海水综合利用的成套装备，极地生物基因资源和空间资源开发利用装备以及极地特种探测和监测装备，海上机场、海上卫星发射场等大型海上浮式结构物，为未来的产品工程化和商业化开采奠定技术基础。

（6）推进研发平台建设。主要依托骨干科研机构，完善海洋工程装备的科研试验设施，在装备总体、功能模块、核心设备等领域，打造若干产品研发和技术创新平台。支持骨干企业（集团）设立海洋工程装备研发平台，建设深海公共测试场，高等院校、中小型企业联合设立共性技术研发平台，逐步完善以企业为主体、产学研用相结合的技术创新体系。

3. 提高关键系统和设备配套能力

（1）打造重点产品的专业化制造基地。依托造船行业和石油石化装备行业的骨干配套企业，结合已有基础，新建和扩建一批优势产品生产能力。围绕三大产业集聚区，在沿江、沿海地区打造专业系统和设备的研发制造基地。在陆上石油装备已有能力的基础上，积极发展海上石油装备，重点支持中西部地区的石油装备骨干企业，走专业化发展道路。

（2）积极培育优势产品。在海洋平台甲板机械、深海锚泊系统、海洋平台电站、海洋钻/修井设备、油气水分离处理设备等具备较好发展基础的领域，提高系统集成能力，努力将其打造成为国际知名品牌。同时加强国际合作，通过引进国外专利技术、合资办厂或收购、参股等多种方式，加快实现海洋观测和监测设备、动力定位系统、单点系泊系统、水下生产系统等高附加值设备和系统的设计制造。

4. 构筑海工装备现代制造体系

（1）积极发展海工装备制造现代服务业。以完善海洋工程装备产业体系、推动产业协调发展为宗旨，积极发展研发实验（试验）服务、工程设计服务、安装调试服务、技术交易、知识产权和科技成果转化等知识密集型服务业，重点在三大海洋工程装备制造业集聚区内，培育一批专业化的高技术服务企业。同时，大力发展信息咨询服务、投资咨询服务、信贷融资服务、保险和担保服务、各类法律服务等，为产业快速发展提供全方位的服务支撑。

（2）提升海洋工程装备制造信息化水平。充分发挥信息化技术对提升产业水平的推动作用，深化信息技术在企业生产经营各环节的应用。大力推进海洋工程装备的数字化、网络化、协同化设计，加强工程项目管理软件的开发和应用，积极支持骨干企业（集团）开展内部综合信息化网络平台的建设，完善信息共享机制，提高运行效率。

（3）建设安全、环保、高效的海工装备制造体系。结合海洋工程装备产业的特点，高度重视装备、设备的质量和安全可靠性，加强设计制造的过程控制，推动建立全员、全方位、全生命周期的质量管理体系，努力营造“安全质量第一”的企业文化。围绕设计建造重点环节，积极开展节能降耗研究，强化节能降耗基础管理，推广应用低能耗、低物耗、高效自动化装备，努力构建环保、高效的先进制造体系。

5. 提升对外开放水平

（1）广泛开展对外合作。支持国内企业把握经济全球化的新特点，积极开展国际交流与合作，充分利用各种渠道和平台，探索各种对外合作模式，加快融入全球产业链。鼓励境外企业和科研机构在我国设立研发机构，支持国内外企业联合开展装备的研发和创新，鼓励合资成立研发机构。

（2）积极实施“走出去”和“引进来”战略。大力开拓国际市场，针对海洋工程装备产业的全球区域布局，着眼于接近市场、接近客户，支持国内企业创建国际化营销和服务网络，提高国际化经营水平，创建国际知名品牌和企业。支持有实力、有条件的国内企业到境外设立公司，并购或参股国外企业和研发机构。支持海洋工程装备制造企业、设计公司与境外研发设计机构、知名企业开展合资合作、联合设计，积极引进研发设计、经营管理方面的境外高层次人才。

6. 实施重大创新工程

深海资源探采装备发展工程。围绕深海油气资源开发在勘探、开发、储存运输和服务四个核心环节的装备需求，突破深海浮式结构物水动力性能、结构设计和强度分析等共性技术以及高性能材料的研制，加快发展深海高性能物探船、浮式生产储卸油装置、半潜式平台、水下生产系统、环境探测/观测/监测等装备及其关键设备和系统，建设浮式液化天然气生产储卸装置等新型装备的总装制造平台，完善设计建造标准体系，掌握3 000米深海油气田开发所需装备的设计建造能力，形成我国开发深海油气资源的装备体系，以及包括总装、配套、技术服务等在内的相对完善的产业链。

（四）政策措施

1. 积极培育装备市场

支持海洋地质普查和资源调查，加大海洋环境的观测、监测和极地科考等海洋科技活动的支持力度。支持保险机构建立保险机制，为用户采用海洋工程装备及配套设备提供保险。对于我国海域内的海洋油气开发项目，鼓励油气开采企业提高装备及设备的配套率。支持沿海淡水资源匮乏地区开展海水淡化及综合利用试点和示范。

2. 规范和引导社会投入

新建大型海洋工程装备专用基础设施项目需报国家核准，鼓励造修船企业利用现有造修船设施发展海洋工程装备的制造和修理改装。对于海水淡化和综合利用、海洋风能工程装备等海洋工程装备研制项目在用海政策上给予重点支持。加强相关规划的统筹协调，节约、集约利用岸线资源。

3. 完善财税和金融支持政策

鼓励和支持金融机构加快金融产品和服务方式创新，有效拓宽海洋工程装备制造企业融资渠道。鼓励金融机构按照市场化原则，在符合国家政策导向和有效防范风险的前提下，灵活运用多种金融工具，支持信誉良好、产品有市场、有效益的海洋工程装备企业加快发展。按照有关政策规定，进一步探索改进适合海洋工程装备产业特点的信贷担保方式，拓宽抵押担保物范围。支持符合条件的海洋资源开发企业、海洋工程装备制造企业上市融资和发行债券。

4. 加大科研开发支持力度

加大科研经费投入，建立多渠道投入机制，支持海洋工程装备的研发和创新。依托国家科技计划、海洋科技专项，加大对海洋观测、监测及极地科考等海洋科技活动的支持力度。依托骨干海洋工程装备研发制造企业，建设国家工程研究中心、国家工程实验室、企业技术中心等。通过科技金融和国家科技成果转化资金等渠道，加快科技成果转化和产业化。鼓励企业加大创新投入，按照有关政策规定，落实企业开发新技术、新产品、新工艺发生的研究开发费用在计算应纳税所得额时加计扣除的优惠政策。

5. 推动建立产业联盟

组织和引导行业骨干研发机构、制造企业，联合检验机构、用户单位等，建立海洋工程装备产业联盟，鼓励相互持股和换股，形成利益共同体，在科研开发、市场开拓、业务分包等方面开展深入合作。引导“产、学、研、用”相结合，鼓励产业技术创新战略联盟围绕产业技术创新链开展创新，推动实现重大技术突破和科技成果产业化。鼓励总装建造企业建立业务分包体系，培育合格的分包商和设备供应商，推动“专、精、特、新”型中小企业发展。

6. 加强人才队伍建设

鼓励企业积极创造条件，营造良好的人才发展环境，引进研发设计、经营管理方面的境外高层次人才和团队。优化人才培养和使用机制，加强创新型研发人才、高级营销人才和项目管理人才、高级技能人才等专业人才队伍的建设，培育海洋工程装备领域的国家级专家，扩大海洋工程装备高端人才队伍。

（五）规划实施

工业和信息化部会同发展改革委、科学技术部、国有资产监督管理委员会、国家能源局、国家海洋局制定《规划》实施方案，建立各部门分工协作、共同推进的工作机制。地方各级政府部门根据职能分工，分别制定实施推进海洋工程装备发展的工作计划和配套政策措施，充分发挥行业协会、学会、船级社等中介组织的作用，确保实现海洋工程装备制造业发展规划目标。有关部门要适时开展《规划》的中期评估和后评价工作，及时提出评价意见。

《全国海洋经济发展“十二五”规划》

一、发布部门

国务院

二、简介

根据该规划，“十二五”期间，我国海洋经济总体实力将进一步提升，经济增长质量和效益明显提高。综合考虑未来海洋经济发展趋势，《规划》确定了“十二五”期间全国海洋经济发展的主要目标：海洋经济总体实力进一步提升，海洋经济对就业的拉动作用进一步增强，同时，海洋科技创新能力进一步加强。海洋领域研究与试验发展经费占海洋生产总值比重稳步提升。2015年，海洋科技成果转化率达50%以上，海洋科技对海洋经济的贡献率达60%以上。海洋可持续发展能力进一步增强。海洋资源节约集约利用程度进一步提高，海洋环境恶化趋势得到有效遏制。海洋传统产业升级加快；海洋新兴产业实现突破性进展。《规划》提出，我国将推进形成我国北部、东部和南部3个海洋经济圈，改造提升海洋传统产业，培育壮大海洋新兴产业，积极发展海洋服务业，提高海洋产业创新能力，推进海洋经济绿色发展，加强海洋经济宏观指导等。

三、相关内容

海洋是潜力巨大的资源宝库，也是支撑未来发展的战略空间。我国海域辽阔，海洋资源丰富，开发潜力巨大。经过多年发展，我国海洋经济取得显著成就，对国民经济和社会发展发挥了积极带动作用。大力发展海洋经济，进一步提高海洋经济的质量和效益，对于提高国民经济综合竞争力，加快转变经济发展方式，全面建设小康社会具有重大战略意义。

“十二五”时期是我国海洋经济加快调整优化的关键时期，要准确把握海洋经济发展的阶段性特征，坚持陆海统筹，科学规划，实施可持续发展战略。为科学规划海洋经济发展，合理开发利用海洋资源，根据《中华人民共和国国民经济和社会发展第十二个五年规划纲要》和《全国主体功能区规划》有关精神，编制《全国海洋经济发展“十二五”规划》，作为“十二五”时期我国海洋经济发展的行动纲领。

本规划涉及的区域包括我国的内水、领海、毗连区、专属经济区和大陆架、其他管辖海域以及海洋经济发展所依托的相关陆域（未包括港、澳、台地区）。本规划涉及的海洋产业及海洋相关产业包括海洋渔业、海洋船舶工业、海洋油气业、海洋盐业和盐化工业、海洋工程装备制造业、海洋药物和生物制品业、海洋可再生能源业、海水利用业、海洋交通运输业、海洋旅游业、海洋文化产业、涉海金融服务业、海洋公共服务业等。规划期为2011~2015年，展望到2020年。

第二章 总体要求

按照全面建设小康社会的总体部署和《中华人民共和国国民经济和社会发展第十二个五年规划纲要》有关要求，确定“十二五”时期海洋经济发展的指导思想、基本原则和总体目标。

第一节 指导思想

以邓小平理论和“三个代表”重要思想为指导，深入贯彻落实科学发展观，坚持陆海统筹，科学规划，合理布局，着力推进海洋产业结构调整升级，增强科技创新能力，强化海洋资源节约集约利用和生态环境保护，完善体制机制，全面提升我国海洋经济可持续发展能力、国际竞争能力和抗风险能力。

第二节 基本原则

陆海统筹，联动发展。统筹陆海资源配置，统筹陆海经济布局，统筹陆海环境整治和灾害防治，统筹陆海开发强度与利用时序，统筹近岸开发与远海空间拓展，全面提高综合开发水平。

结构调整，优化发展。调整产业结构，优化空间布局，合理配置生产要素，改造提升海洋传统产业，培育壮大海洋新兴产业，积极发展海洋服务业，统筹安排各行业用海，加快转变海洋经济发展方式。

生态优先，绿色发展。统筹考虑海洋生态环境保护与陆源污染防治，大力发展海洋循环经济，加强海洋资源节约集约利用，推进海洋产业节能减排与清洁生产，强化海洋生态环境保护和防灾减灾，不断增强海洋经济可持续发展能力。

科技引领，创新发展。完善科技创新体系，着力提升海洋科技自主创新和成果转化能力，发挥科技的支撑引领作用，注重海洋人才培养，改革和创新海洋管理体制，增强海洋经济发展的内生动力和竞争能力。

国际视角，开放发展。充分利用“两个市场”、“两种资源”，积极参与经济全球化，继续实施“走出去”战略，进一步扩大双边、多边经贸合作，加快提升海洋经济对外开放水平。

第三节 总体目标

综合考虑未来海洋经济发展趋势，确定“十二五”时期全国海洋经济发展的主要目标：

海洋经济总体实力进一步提升。海洋经济平稳较快发展，海洋经济增长质量和效益明显提高。海洋生产总值年均增长8%，2015年占国内生产总值的比重达到10%。海洋经济对就业的拉动作用进一步增强，新增涉海就业人员260万人。

海洋科技创新能力进一步加强。海洋领域研究与试验发展经费占海洋生产总值比重稳步提升。2015年，海洋科技成果转化率达到50%以上，海洋科技对海洋经济的贡献率达到60%以上。

海洋可持续发展能力进一步增强。海洋资源节约集约利用程度进一步提高，海洋环境恶化趋势得到有效遏制，氮、磷等主要入海污染物排放总量得到初步控制，近岸海域水质总体保持稳定。长江、黄河、珠江等重要河流入海口和渤海等重点海域的水质有所改善。新建各级各类海洋保护区80个，2015年海洋保护区面积占管辖海域面积的比重达到3%。海洋防灾减灾能力显著增强。

海洋产业结构进一步优化。海洋传统产业升级加快；海洋新兴产业实现突破性进展，2015年增加值较“十一五”期末翻一番，占海洋生产总值比重超过3%；海洋服务业增加值年均增长9%，在海洋生产总值中的比重继续提高。

海洋经济调控体系进一步完善。海洋经济的政策指导和调节能力不断增强，监测与评估能力逐步提升，标准制度日益健全，对外开放水平明显提高，综合管理体制与协调机制进一步完善。

“十二五”期间海洋经济发展主要预期指标（见表33）。

到2020年，我国海洋经济综合实力显著提高，海洋经济发展空间不断拓展，海洋产业布局更为合理，对沿海地区经济的辐射带动能力进一步增强，海洋资源节约集约利用水平明显提高，海洋生态环境得到持续改善，海洋可持续发展能力不断提升，沿海居民生活更加舒适安全。

表33 “十二五”期间海洋经济发展主要预期指标

指标名称		2010年	2015年	年均增长
经济发展	海洋生产总值年均增长（%）			8
	海洋生产总值占国内生产总值的比重（%）	9.9	10	
	新增涉海就业人员（万人）		〔260〕	52
科技创新	海洋研究与试验发展经费占海洋生产总值比重（%）	1.48	2	
	海洋科技成果转化率（%）		>50	
	海洋科技对海洋经济的贡献率（%）	54.5	>60	
结构调整	海洋新兴产业增加值占海洋生产总值比重（%）	1.6	>3	
	海洋服务业增加值年均增长速度（%）			9
环境保护	新建各级各类海洋保护区（个）		〔80〕	16
	海洋保护区面积占管辖海域面积的比重（%）	1.1	3	

注：〔　〕内为五年累计数。

第五章 培育壮大海洋新兴产业

以国家级产业园区为依托，以重大技术突破为支撑，以市场需求为导向，巩固壮大海洋工程装备制造业，加快发展海水利用业，扶持培育海洋药物和生物制品业以及海洋可再生能源业，有效提升产业竞争力。

第一节 海洋工程装备制造业

海洋油气资源勘探开发装备。重点研发新型、深水装备及关键配套设备和系统，突破设计制造核心技术，重点发展半潜式钻井平台、自升式钻井平台、半潜式生产平台、浮式生产储卸装置、钻井船、物探船、起重铺管船等装备，全面提升海洋平台电站、动力定位系统、钻井系统、水处理系统、油气处理系统及水下采油、施工、检测、维修系统等设备配套能力。掌握深海油气田开发装备的自主设计和建造技术，形成我国自主开发深海油气资源的装备体系，提升装备总装、配套、技术服务能力。

海洋可再生能源利用装备。提升适合各种类型海上风电场施工安装专用装备的制造能力，加快5兆瓦以上海上风电机组及配套设备的研发和产业化。积极开发海上风电永磁发电系统、海洋浮式风力发电系统、大容量储能系统等新产品以及海洋潮汐能、波浪能和潮流能发电装备。推进海洋能源综合集成利用，加快研发海岛可再生能源独立电力系统设备。

海水利用装备。提高海水利用装备国产化水平，积极研发日产10万吨以上海水淡化设备、循环冷却及海水脱硫成套设备，延伸海水利用装备产业链条。

第七章 提高海洋产业创新能力

推动海洋产业核心技术的原始创新、集成创新、引进消化吸收再创新，提高海洋科技成果转化率，增强科技创新与支撑能力，积极引导和鼓励科技型涉海企业发展，加强海洋产业创新型人才队伍建设。

第一节 积极发展海洋产业核心技术

支持发展市场前景广阔、辐射带动作用显著、有利于促进海洋产业结构升级的核心技术。在海水利用技术领域，加强海水淡化、海冰淡化和海水直接利用新技术研究，开发大型低温多效、反渗透海水成套技术，发展适于海岛的多能源耦合海水淡化技术和装置，研发大生活用海水高效预处理技术和后处理技术、海水脱硫技术及海水冷却技术。在海洋油气勘探开发技术领域，进一步研发具有自主知识产权的深水油气勘探和安全开发技术，发展深水工程重大装备及配套作业技术。在海洋工程装备技术领域，加快特种船舶建造、深海探测、深水油气生产作业、天然气水合物开采、深海通用材料等技术和装备研发。在海洋生物资源综合利用技术领域，发展深远海生物资源利用技术，深化海洋生物产品精深开发技术与装备研发，加强海洋药物、海洋功能食品和海洋微生物开发等关键共性技术研究。在海洋可再生能源利用技术领域，突破温差能等海洋能开发利用关键技术，自主研发万千瓦级潮汐能、兆瓦级潮流能、百千瓦级波浪能发电装置等核心设备。在海洋观测监测技术领域，重点研发海洋调查、观测、监测设备与仪器。

第二节 加快推进海洋科技成果产业化

建立健全海洋科技成果转化机制。充分发挥市场、政府和中介机构的作用，完善产学研结合模式，积极推动协同创新，加快建设公共转化平台和成果转化基地。完善海洋科技成果转化相关政策，创新海洋科技成果转化激励和评价机制，积极推进海洋科技成果转化，发展海洋高技术产业园区和技术交易市场等。创新投融资机制，鼓励企业、社会团体和中介机构参与海洋科技创新及成果推广应用。加强海洋科技成果、技术转让等信息资源的共享服务，建设并完善海洋科技成果产业化信息服务网络。有条件的地区在统筹现有资源的基础上，建设海洋科技成果转化平台、交易服务和推广中心。

加强海洋高技术产业园区建设。重点鼓励海洋高技术产业发展基础好、竞争优势突出的园区拓展发展空间，提高建设和管理水平，强化创新功能，提高产业承载和集聚能力。支持各类产业园区优化调整结构，推行园中园和一区多园模式，建设特色海洋产业园区，推进建设国家科技兴海产业示范基地和海洋高技术产业基地，规划建设青岛蓝色硅谷海洋科技自主创新示范区。

第三节 鼓励科技型涉海企业发展

积极推进涉海企业技术创新，加快培育一批集研发、设计、制造于一体的海洋科技型骨干企业。采取技术合作、知识共享、共同开发等方式，加快构建以企业为主体、市场为导向、产学研相结合的海洋产业技术创新战略联盟。支持涉海企业、社会团体和中介机构制定国际、国内海洋技术及产品标准。鼓励民营经济和中小企业积极参与海洋新兴产业发展。

第四节 培养海洋产业创新型人才

加强海洋产业高层次创新型人才培养和引进，壮大海洋工程装备、海洋资源开发、海洋公共服务专业技术人才队伍和海洋高技能人才队伍，加强跨学科优秀科技创新团队建设。营造海洋产业创新型和领军型人才发展的良好环境，建立海洋产业人才教育培训基地，完善海洋产业人才培养开发、评价发现、选拔任用、流动配置和激励保障机制，引导和鼓励涉海企业建立创新人才培养、引进和奖励制度；大力推进海洋产业人才创业，积极推动符合条件的海洋产业人才进入国家创新型人才创业扶持计划；构建统一开放的海洋产业人才信息服务平台，完善人力资源市场服务功能，促进海洋产业人才合理流动。

《高端装备制造业“十二五”发展规划》

一、发布部门

工业和信息化部

二、简介

该规划为贯彻落实《国民经济和社会发展第十二个五年规划纲要》、《国务院关于加快培育和发展战略性新兴产业的决定》和《工业转型升级规划（2011~2015年）》的精神，在总结分析高端装备制造业产业发展现状的基础上，明确了“十二五”的发展目标和思路，确定了发展重点方向及主要任务，并提出了相关政策措施。规划的实施，将进一步提升我国高端装备制造业整体发展水平和国际竞争力。《规划》还确定了政策支持措施，具体包括进一步落实财税、投资、金融等政策，制定鼓励发展的产品和技术目录，引导社会资金、人才等创新要素向行业聚集等。

三、相关内容

高端装备制造业是以高新技术为引领，处于价值链高端和产业链核心环节，决定着整个产业链综合竞争力的战略性新兴产业，是现代产业体系的脊梁，是推动工业转型升级的引擎。大力培育和发展高端装备制造业，是提升我国产业核心竞争力的必然要求，是抢占未来经济和科技发展制高点的战略选择，对于加快转变经济发展方式、实现由制造业大国向强国转变具有重要战略意义。

根据《国民经济和社会发展第十二个五年规划纲要》、《国务院关于加快培育和发展战略性新兴产业的决定》、《战略性新兴产业发展“十二五”规划》和《工业转型升级“十二五”规划》，编制本规划。规划期为2011~2015年。

（一）发展重点和方向

培育发展高端装备制造业是关系国家综合实力、技术水平和工业基础的一项长期的重点任务。

“十二五”期间，航空装备、卫星及应用、轨道交通装备、海洋工程装备和智能制造装备的重点任务是：面向国内外海洋资源开发的重大需求，以提高国际竞争力为核心，重点突破3 000米深水装备的关键技术，大力发展以海洋油气为代表的海洋矿产资源开发装备，全面推进以海洋风能工程装备为代表的海洋可再生能源装备、以海水淡化和综合利用装备为代表的海洋化学资源开发装备的产业化，积极培育海洋波浪能、潮汐能、海流（潮流）能、天然气水合物、海底金属矿产开发装备相关产业，加快提升产业规模和技术水平，完善产业链，实现我国海洋工程装备制造业快速健康发展。

（1）海洋矿产资源开发装备。以海洋油气资源开发装备为重点，大力发展半潜式钻井/生产平台、钻井船、自升式钻井平台、浮式生产储卸装置、物探船、起重铺管船、海洋钻采设备及其关键系统和设备、水下生产系统及水下立管等装备；积极开展天然气水合物、海底金属矿产资源开发装备的前期研究和技术储备，为培育相关产业奠定基础。

（2）海洋可再生能源和化学资源开发装备。以海洋风能工程装备为重点，大力发展海上及潮间带风机安装平台（船）、海上风机运营维护船、海上及潮间带风力发电装备等，全面推进海洋可再生能源的产业化；以海水淡化和综合利用装备为重点，促进海洋化学资源开发装备的产业化；积极开展海洋波浪能、潮汐能、海流能、温差能、海水提锂、海水提铀等开发装备的前期研究和技术储备。

（3）其他海洋资源开发装备。以海上浮式石油储备基地、海上后勤补给基地等装备为重点，加快关键设计、建造技术的研究和攻关；积极开展海上机场、海上卫星发射场等装备的前期研究，为工程研制奠定技术基础。

（二）重大工程与区域发展重点

1. 重大工程

以推进高端装备规模化发展为目标，针对国民经济建设和战略性新兴产业发展的需要，组织实施重大产业创新发展工程，突破一批核心关键技术，开发一批高端装备产品并产业化，实现产业创新能力的整体提升。

围绕海洋资源勘探、开采、储存运输和服务等四大核心环节，以突破600~3 000米深水资源开发装备关键技术为目标，重点突破深海浮式结构物水动力性能、结构设计和强度分析等关键共性技术，加快发展深海高性能物探船、浮式生产储油卸油装置、半潜式平台、水下生产系统、环境探测、观测与监测等装备及其关键配套设备和系统，建设液化天然气浮式生产储卸装置等新型装备总装制造平台，完善设计建造标准体系。到2015年，我国深海资源勘探开发装备、关键设备和系统的配套能力大幅度提升。

2. 区域发展重点

按照国家区域发展总体战略和全国主体功能区规划要求，立足装备制造业现有基础，充分考虑区域比较优势，促进高端装备制造业相对集中发展，形成区域发展新格局。

(1) 引导区域高端制造业相对集中发展。紧密依靠本区域装备制造业现有的制造能力和产业组织，坚持突出重点和特色的战略取向，积极推进环渤海、长三角、珠三角优势区域率先发展，培育一批具有知识产权和知名品牌的世界级企业；促进中西部特色化发展，建设高端装备制造特色产业链；加快东北老工业基地振兴，以信息化、智能化、集成化为突破口，建成具有国际先进水平的高端装备制造研发基地。

(2) 加强高端装备制造业示范基地建设。本着“布局合理、特色鲜明、集约高效、生态环保”的原则，积极推动以产业链为纽带、资源要素集聚的产业集聚地建设，创建一批以工业园区为主要载体，以高端装备产业集聚为主要特征的国家新型工业化产业示范基地，培育关联度大、带动性强的龙头企业，完善产业链协作配套体系，提高区域专业化分工和协作，引导区域高端装备制造业协调发展。

(3) 产业区域发展重点。依托航空装备、卫星及应用、轨道交通装备、海洋工程装备、智能制造装备等现有产业基础，建设优势特色产业链，促进形成设计、制造、集成、关键系统及部件配套、维护检修、技术服务等能力。

（三）政策措施

1. 加大金融财税政策支持力度

继续实施现行高端装备及基础件财税支持政策。编制高端装备制造业重点技术与产品目录，加快实施重大产业创新工程，大力支持高端装备及其关键零部件、配套系统的研发和产业化。鼓励开展引进消化吸收再创新，对研制生产国家鼓励发展的高端重大技术装备，落实有关关键零部件、原材料进口税收优惠政策。积极研究完善针对高端装备制造业公共服务体系和重大创新工程的相关进口税收政策。建立支持高端装备制造业发展的多渠道、多元化的投融资机制。鼓励金融机构创新金融产品品种，支持高端装备制造企业融资、规模化发展；发挥现有装备制造业基金的作用，支持装备制造企业转型升级，发展高端装备；鼓励支持符合条件的高端装备制造企业上市，引导创业投资和股权投资向高端装备制造领域倾斜；鼓励金融租赁公司开展高端装备的融资租赁业务。

2. 大力实施技术改造

鼓励支持企业加大技术改造，加强产业基础能力建设，大力发展高端装备所需关键基础件，如精密轴承、高精度齿轮传动装置，工程机械用高压柱塞泵/电动机、密封件等基础零部件。加强基础研究和产品试验验证工作，提高高端装备制造业的技术服务能力和水平，加快产品的技术升级。大力提高加工设备水平，推广先进工艺技术，推进制造过程信息处理、生产控制、资源管理、质量检测、环保处理等典型环节的流程化再造，实现产品设计、制造、测试等环节的自动化，提高产品稳定性和生产效率，提升制造过程的绿色化和智能化水平。

3. 着力加强技术创新

健全产业创新体系，支持产业技术平台和技术创新服务平台建设，不断提高技术创新水平，增强为全行业服务的能力。加大技术创新力度，继续抓紧抓好高档数控机床与基础制造装备、大型先进压水堆和高温气冷堆核电站、极大规模集成电路制造装备及成套工艺等科技重大专项的实施工作，加强与战略性新兴产业重大创新发展工程的衔接，突破和掌握关键核心共性技术，加大关键制造装备研发力度，加强军民创新资源集成融合，支持促进技术成果工程化，为提升高端装备产业化能力提供强有力支撑。

4. 优化产业组织结构

以促进高端装备制造规模化、集约化发展为目标，组织和引导高端装备制造领域的骨干力量，建立集“产、学、研、用”为一体的高端装备产业联盟，在科研开发、市场开拓、业务分包等方面开展合作，实现重大技术突破和科技成果产业化。大力推动优势企业实施品牌强企、国际化发展战略，积极开拓海内外市场，强强联合，跨国跨地区并购重组，做大规模，做强实力，加快培育形成一批拥有知识产权的知名品牌、主业突出、带动明显、具有国际竞争力的跨国大企业集团。鼓励规模经济效益显著的基础零部件、工艺辅具和适宜专业化发展的配套产品制造企业开展专业化协作配套，形成一大批具有竞争优势的“专、精、特、新”中小企业。

5. 突出质量品牌建设

实施质量品牌提升工程，鼓励企业建立专利联盟，联合构筑专利共享平台，拥有关键技术和前沿技术的知识产权。建立完善高端装备及其技术、关键系统、零部件的研发、试验验证及知识产权保护体系。鼓励和支持企业在质量、安全、环保等方向采用国际标准和国外先进标准，强化高端装备可靠性技术研究与应用，提升装备产品质量和安全性、可靠性、实用性。鼓励企业提升品牌层次，扩大品牌影响，支持自有品牌在境外的商标注册和专利申请，促进自有品牌跨国经营与国际化发展。

6. 加大市场培育力度

充分发挥市场的基础性作用，加大机制体制创新力度，着力规范市场秩序，营造良好市场环境。建立依托重大工程发展高端装备的机制，鼓励由装备使用单位和制造企业共同开发高端装备。建立高端装备首台套保险机制和示范应用制度，加大对首台套及配套系统推广应用的支持。探索建立高端装备发展与重大项目审批的联动机制，对于重点领域工程项目的所需装备，组织使用单位、制造企业联合制定装备联合攻关方案，并加快实施。完善招投标制度，加强对招投标工作的指导和监管。推动配套设备及高端装备维修、支援、租赁、服务等产业配套体系建设。加快建立健全有利于高端装备制造业发展的行业标准和重点产业技术标准体系，组织实施智能制造示范工程，以应用拉动产业发展。

7. 加强人才队伍建设

加快实施《装备制造人才队伍建设中长期规划（2011~2020年）》，依托国家相关人才工程、计划，大力实施人才强业战略。以建设创新型科技人才、急需紧缺专业人才和高技能人才队伍为先导，统筹装备制造经济管理人才、专业技术人才、技能人才队伍建设。加大海外高层次人才和国外智力引进工作力度，加速装备制造业人才国际化进程。充分发挥企业、科研院所、高校、职业院校和其他培训机构的平台作用，创新人才培养模式，提高人才培养质量。完善人才评价体系，健全激励与分配机制，营造良好的人才发展环境。

8. 提升对外合作水平

充分利用各种渠道和平台，积极探索合作新模式，融入全球产业链。鼓励境外企业和科研机构在我国设立研发机构，支持国外企业和国内企业开展高端装备联合研发和创新。支持国内企业“走出去”，并购或参股国外高端装备制造企业和研发机构，支持国内企业培育国际化品牌，开展国际化经营，多层次参与国际合作。

（四）规划组织实施

工业和信息化部会同发展改革委、财政部负责本规划的推动实施。建立跨区域、跨行业、跨部门分工协作、共同推进的工作机制，加强对规划实施的统一领导、精心组织，制定规划实施细则，确保各项任务和措施落到实处。建立规划实施动态评估机制，做好高端装备制造业运行监测，及时做好产业发展形势的分析和信息发布工作，引导产业健康发展。

各地工业和信息化主管部门要按照职责分工，抓紧制定与本规划纲要相衔接的实施方案，落实相关配套政策。相关行业协会及中介组织要充分发挥桥梁和纽带作用，积极参与相关工作，协同推动本规划纲要的贯彻落实。

《国家能源科技“十二五”规划(2011~2015年)》

一、发布部门

国家能源局

二、简介

国家能源局编制该规划的主要目的是为推进能源行业科技进步，用无限的科技潜力解决有限的资源环境约束，满足能源可持续发展和合理控制能源消费总量的要求。《规划》划分勘探与开采技术、加工与转化技术、发电与输配电技术和新能源技术等4个重点技术领域，并将“提效优先”的原则贯穿至各领域的规划与实施之中。《规划》在上述4个重点技术领域中确定了19个能源应用技术和工程示范重大专项，制定了实现发展目标的技术路线图，并针对重大专项中需要突破的关键技术，规划了37项重大技术研究、24项重大技术装备、34项重大示范工程和36个技术创新平台。此外，《规划》还提出了建立“四位一体”国家能源科技创新体系的构想及具体保障措施。该规划是国家能源局成立后发布的第一部规划，也是我国第一部能源科技规划。

三、相关内容

重点任务——勘探与开采技术领域——油气资源勘探

研究岩性地层油气藏勘探、碳酸盐岩油气藏勘探、低品位天然气勘探，以及水深超过3 000米的深海油气藏勘探配套技术。

Z06)海洋(含滩海)石油装备与工具

目标：研制成功深水浮式钻井装置、水下生产系统、深水铺管船、自升式钻井平台、深水物探船、适合海上的平台注汽等设备并掌握相关配套工程技术。

研究内容：3 000米深水半潜式钻井平台配套工程技术；水下生产系统；3 000米深水起重铺管船及其配套工程技术；深水大型物探船及其配套技术；海洋高精度地震勘探成套技术装备；海洋复杂油气藏三维测井综合评价成套技术与装备；海上油田注CO_2采油配套工艺技术及工具；深水大型工程

地质勘察船及其配套技术；滩海油田钻采试油-试采一体化平台。

起止时间：2011~2017年。

P04）海洋工程装备研发平台

目标：完善海上资源开发所需勘探、生产、储运等装备的研究开发、设计和试验手段，建立海洋工程装备研发实验平台和国内外合作交流平台，形成海洋能源装备基础共性技术研究、设计、建造、安装、监测与维护、配套装备等技术的研发能力，建成具有完整海洋工程装备研究、试验、设计、建造和配套能力的国家级能源装备研发中心。

建设与研发内容：深海装备模型试验与现场测试技术；海洋工程装备安全性评估与监测技术；海洋工程大型集成软件开发技术；海洋油气开发事故应急救援与处理技术。

P05）海洋石油钻井平台技术研发平台

目标：建成国际一流的海洋石油钻井平台研究中心，具备移动式钻井平台、浮式生产装置、特种工程船舶以及新型海洋石油平台产品等覆盖主流海洋工程产品的自主设计开发能力，推动海洋石油钻井平台核心关键设备的国产化进程。

建设与研发内容：海洋石油钻井平台设计与集成技术；海洋油气平台装备总装技术；海工材料技术；自升式、半潜式海洋石油钻井平台技术；海洋工程三维技术；动力定位（DP）和自动控制技术。

天然气与煤层气加工利用

研究天然气和煤层气的净化、物理液化、化学液化以及制合成气技术。

Y17）液化天然气技术

目标：掌握液化天然气技术，形成具有自主知识产权技术体系，包括海上天然气田配置FLNG。

研究内容：天然气液化工艺技术；天然气液化设备和储存技术；FLNG装载技术；FLNG安全技术。

起止时间：2011~2015年。

四、保障措施

全面建立“四位一体”能源科技创新体系，要求高、投入大、周期长，需要重点突出、持续推进、超前部署。只有加强组织和领导、建立强有力的保障体制机制、完善立法和标准体系、深入实施人才战略、积极开展合作与交流等，才能保障本《规划》的实施。

（1）统一领导，发挥政府在科技创新体系建设中的主导作用。

组织制定国家能源科技发展的重大方针政策、发展战略和规划，部署满足国家经济社会可持续发展、保障国家能源安全的能源科技战略任务，将能源科技进步和创新作为推进能源生产和利用方式变革、合理控制能源消费总量的重要途径。充分发挥国家发改委、能源局、科技部、工信部等各政府部门和中科院、高等院校等科研机构的作用，逐步建立开放、可持续的能源科技创新体系，形成长期、滚动的发展战略和科学、有效的科技创新运行机制。

（2）依托工程，加快能源技术应用与成果转化。

充分发挥行业主管部门的规划布局和重大能源项目核准职能，结合本《规划》在“十二五”期间提出的重大技术研究和重大技术装备项目，选择并确定重大能源试点示范项目。优先核准自主创新和装备国产化方案完善的重大示范项目，制定相应的措施和办法。同时利用税收及首台（套）设备优惠政策，鼓励技术创新，积极推进示范工程建设。

（3）设立专项，发挥企业科技创新的主体作用。

制定专项研究计划，依托国家能源研发中心（重点实验室）以及重点能源企业、研究院所和高校等，落实本《规划》确定的能源应用技术研发、技术装备、工程示范和创新平台的建设工作。发挥企业在科技创新中的主体作用，在政府加强引导的同时，充分调动和鼓励企业、社会加大对能源科技的投入，建立多元化投融资渠道，推动技术成果产业化，提升国产化水平、知识产权自主化和市场竞争力，使能源技术与装备具有更强的后发优势和可持续发展能力。

（4）完善立法，建立健全标准、检测、认证和质量管理体系。

不断完善支持能源科技事业发展的法律政策环境，加快现有国家标准和行业标准的制（修）订工作，形成统一完整的能源技术与装备标准体系。进一步加强能源装备质量控制和监督管理，组织建立和完善标准、检测、认证和质量监督组织体系。建立能源科技评价考核体系，推动政府相关部门和企业、科研机构、高等院校以及社会团体积极参与能源科技创新和标准化工作。

（5）注重培养，加强专业技术人才队伍建设。

重点抓好高层次骨干人才的培养，引进和培养一批处于世界科技前沿、勇于创新的技术带头人，以及具有宏观战略思维、能够组织重大科技攻关项目的科技管理专家。加大对优秀青年人才的培养力度，培养年轻人的创新精神和实践能力，倡导相互协作、集体攻关的团队精神，建设专业技术人才梯队。通过组织实施重大技术研究、重大技术装备、重大示范工程等创新项目，按照项目实施、研发平台建设和人才培养统筹安排的原则，造就能源技术各领域的领军人才，打造跨行业、跨部门、跨单位、强强联合的优秀团队。

（6）加强交流，深化国际能源科技合作。

充分利用国内外两个市场，两种资源，增强我国能源科技发展的主动权，积极实施“走出去”战略，深化国际能源科技交流与合作。充分利用技术展览、论坛等科技交流平台，广泛开展双多边合作与交流，积极参与重大能源国际科技合作计划的组织和实施工作；提升话语权与影响力，积极参与国际科技公约和标准的制定，支持我国能源科技工作者融入国际能源科技组织体系；依托重大国际能源合作项目，推动国外先进能源技术和装备的引进、消化、吸收和国产化工作，以及我国先进能源技术和装备“走出去”。

《新材料产业“十二五”发展规划》

一、发布部门

工业和信息化部

二、简介

该规划目的是为了培育和发展新材料产业，推动材料工业转型升级，支撑战略性新兴产业发展，加快走中国特色的新型工业化道路。规划提出，到2015年我国新材料产业总产值达2万亿元，年均增长率超过25%，推广30个重点新材料品种，实施若干示范推广应用工程。为明确产业发展重点方向，工信部同时发布了《新材料产业"十二五"重点产品目录》。

三、相关内容

发展重点——高端金属结构材料

高品质特殊钢。以满足装备制造和重大工程需求为目标，发展高性能和专用特种优质钢材。重点发展核电大型锻件、特厚钢板、换热管、堆内构件用钢及其配套焊接材料，加快发展超超临界锅炉用钢及高温高压转子材料、特种耐腐蚀油井管及造船板、建筑桥梁用高强钢筋和钢板，实现自主化。积极发展节镍型高性能不锈钢、高强汽车板、高标准轴承钢、齿轮钢、工模具钢、高温合金及耐蚀合金材料（见表34）。

重大工程——高性能钢铁材料专项工程

工程目标：到2015年，形成年产高品质钢800万吨的生产能力，基本满足核电、高速铁路等国家重点工程以及船舶及海洋工程、汽车、电力等行业对高性能钢材的需要。

主要内容：组织开发具有高强、耐蚀、延寿等综合性能好的高品质钢材。重点推进核电压力容器大锻件508-3系列、蒸汽发生器690传热管、AP1000整体锻造主管道316LN等关键钢种的研发生产，实现核电钢成套供应能力。提升超超临界锅炉大口径厚壁无缝管生产水平，形成年产50万吨生产能力。加快开发船用特种耐蚀钢和耐蚀钢管，分别形成年产100万吨和10万吨生产能力。开发高速铁路车轮、车轴、轴承等关键钢材，形成年产5万套生产能力。开发长寿命齿轮钢、螺栓钢、磨具钢、弹簧钢、轴承钢和高速钢等基础零件用钢，形成年产300万吨生产能力。开展DPT、TRIP、热成形、第三代汽车钢、TWIP等高强汽车板生产和应用示范，形成年产300万吨生产能力。大力实施非晶带材、高磁感取向硅钢等应用示范。

表34　重大装备关键配套金属结构材料

01	电力
	核电用汽轮机转子锻件、发电机转轴锻件、承压壳体材料、换热管材、堆内构件材料、锆合金包壳管等；超超临界火电机组锅炉管、叶片、转子；燃机用高温合金叶片、高温合金轮盘锻件；水电机组用大轴锻件、抗撕裂钢板、薄镜板锻件等
02	交通运输
	轨道列车用大型多孔异型空心铝合金型材、高速铁路车轮车轴及轴承用钢；车辆用第三代汽车钢及超高强钢、高品质铝合金车身板、变截面轧制板、大型镁合金压铸件、型材及宽幅板材等
03	船舶及海洋工程
	船用高强度易焊接宽厚板、特种耐腐蚀船板、货油舱和压载舱等相关耐蚀管系材料、殷瓦钢等；海洋工程用高强度特厚齿条钢、大口径高强度无缝管、不锈钢管及配件、深水系泊链、超高强度钢等
04	航空航天
	高强、高韧、高耐损伤容限铝合金厚、中、薄板，大规格锻件、型材、大型复杂结构铝材焊接件、铝锂合金、大型钛合金材、高温合金、高强高韧钢等

《关于调整重大技术装备进口税收政策有关目录的通知》

一、发布部门

财政部、工业和信息化部、海关总署、国家税务总局。

二、简介

按照《财政部、国家发展改革委、工业和信息化部、海关总署国家税务总局、国家能源局关于调整重大技术装备进口税收政策的通知》(财关税[2009]55号)规定，根据国内相关产业发展情况，在广泛听取产业主管部门、行业协会及相关企业意见的基础上，经研究决定，对重大技术装备进口税收政策有关装备和产品目录、进口关键零部件和原材料目录、进口不予免税的装备和产品目录等予以调整。

三、相关内容

重大技术装备和产品进口关键零部件、原材料商品清单（2012年修订）（见表35）。

表35 重大技术装备和产品进口关键零部件、原材料商品清单（2012年修订）

设备名称	一级部件	二级部件	单机用量	税则号列（供参考）
大型船舶、海洋工程设备				
自升式钻井平台	钻井包		1船套	73089000 8425399084314310 84742090
	主发电机组		8台	85021310 85030090
	推进器		9台	84871000
	电器控制系统（电气包）		1船套	85044099 8504402085261010 8526919085319090 8531809090141000 9032899090258000 9014800085371090
	平台吊车		1船套	84261120 84269900
	提升装置		1船套	84798999 8425100084254990
	桩腿和桩靴		1船套	73089000
	首部拖带气动绞车		1船套	84253990
	锚绞机		4台	84253190 84253990
	阀门遥控		1套	90328990
	变频装置		1船套	85044099
	污水处理装置		1船套	84212990 84219990

（续表）

设备名称	一级部件	二级部件	单机用量	税则号列（供参考）
海上浮式生产储卸油装置	排油监控		1船套	90328990
	液位遥测		1船套	90261000
	柴油消防泵撬块		1船套	841350 84138184131900 84142000
	直升机平台		1船套	76109000 7304419076161000
	水密移门		1船套	73083000 7308900085437099
	污水处理装置		1船套	84212990
	泥浆船用泵		1船套	841381 841350841370 841420
深海铺管船（平台）	全回转推进器		1台	84871000
	动力定位DP系统		3个	90148000 85269190
	铺管张紧器		2台	84289090
	波浪补偿式起重机		1台	84269900
	海上打桩设备		1套	84301000
	绞车		1台	84253190
大型浮式起重船	柴油发电机组		6台	85016410 85021320
	电气包		1船套	850440 85319085261010 8526919090258000 90148000
	推进器		8只	84871000
	动力定位系统		1船套	90328990 9014800085269190
	应急发电机组		2台	85021310 85016410
	通讯导航系统		1船套	85176910 85261010
	阀门遥控系统		1船套	90328990
	海水淡化系统（造水机）		2台	84798999
10、海上及潮间带风机安装船	甲板吊机		1船套	84269900 8431499084261120
	提升系统		1船套	84798999 8425100084254990
	动态定位系统（DP-2及以上）		1船套	90158000 9032899090148000 85269190
	柴油发电机组		6台	85021310 8502132085030090
	应急发电机		1台	85021310 85016410
	推进器		6个	84871000
	直升机平台系统		1船套	76161000
	深井泵（潜水泵）		2 套	84138100 84137099
	阀门遥控系统		1船套	903289

国家支持发展的重大技术装备和产品目录(2012年修订)(见表36)。

表36 国家支持发展的重大技术装备和产品目录(2012年修订)

名称	技术规格要求	销售业绩要求	修订说明
大型船舶、海洋工程设备			
(一)大型船舶、海洋工程设备			
自升式钻井平台	作业水深≥300英尺	持有合同订单	新增
(二)大型高技术、高附加值船舶			
大型汽车运输船	5 000车位及以上	持有合同订单	
科学考察船	海船	持有合同订单	
客滚船	大型	持有合同订单	
火车轮渡	大型	持有合同订单	
大型绞吸挖泥船	生产率在3 500立方米/小时及以上	持有合同订单	
大型耙吸挖泥船	泥舱容量在10 000立方米以上	持有合同订单	
海上浮式生产储卸油装置	储油≥100万桶	持有合同订单	新增
深海铺管船(平台)	水深≥2 000米,张紧器单台张紧能力≥75吨,收放绞车单台能力≥75吨	持有合同订单	新增
大型浮式起重船	起重量≥1 200吨,甲板面以上起升高度≥85m,装机功率≥3 500千瓦	持有合同订单	新增
海上及潮间带风机安装船	起吊能力≥500吨,可完成5兆瓦以上海上风机的安装	持有合同订单	新增

《产业转移指导目录(2012年版)》

一、发布部门

工业和信息化部

二、简介

该目录是工信部深入贯彻党中央国务院关于完善政策措施，推进产业有序转移，加快工业转型升级，促进区域协调发展的决策部署，落实国家区域发展战略，针对区域工业经济发展提出的一项综合性、指导性的产业政策。该目录着眼于解决产业转移过程中出现的产业承接地之间盲目竞争、产业无序流动和落后生产能力转移等问题。对于建设和完善东中西部地区良性互动、分工合理、特色鲜明、优势互补的现代产业体系，促进区域工业经济健康协调可持续发展具有重要意义。

三、相关内容

全国区域工业发展总体导向：

(一)东北地区

东北地区包括辽宁、吉林和黑龙江三省。东北地区矿产资源丰富，重化工业基础雄厚，产业技术和人才集中，具有得天独厚的工业经济发展优势。重点承接发展的产业方向：

装备制造业：以沈阳、大连、长春、哈尔滨、齐齐哈尔为中心，建设具有国际竞争力的高档机床、盾构机等大型成套装备基地，轨道交通及关键零部件等先进制造业基地。加快发展环保装备制造业。以沈阳、长春、哈尔滨为龙头，做强汽车产业。以大连、葫芦岛为重点，发展高技术、高附加值船舶和海洋工程装备。以沈阳、哈尔滨为依托，建设航空及发动机产业基地。

(二)东部地区

东部地区包括北京、天津、河北、上海、江苏、浙江、福建、山东、广东和海南七省三市。东部地区区位条件优越，面向国际、辐射中西部，是全国工业经济发展的重要引擎。重点承接发展的产业方向：

装备制造业：大力发展高档数控机床、电力装备、工程机械、环保装备等产业，建设一批重大成套和技术装备制造业基地。以上海、南京、常州为重点，做强轨道交通装备产业。全面提升汽车产品研发和技术创新能力，积极开展汽车零部件再制造，壮大汽车零部件产业集群。做强一批乘用车、大中型客车生产基地。以上海、南通、舟山等为重点，打造世界级高技术船舶、海洋工程装备及配套产品产业集群。以天津、青岛、广州、深圳、珠海为中心，建设高技术船舶和海洋工程装备制造业聚集区。壮大北京、天津航空航天产业规模，加快发展卫星导航系统、遥感、飞机总装及零部件制造等产业。

《上海市船舶与海洋工程装备产业"十二五"发展规划》

一、发布部门

上海市经济和信息化委员会

二、简介

该规划从政策、资金、人才等方面加大对船舶与海洋工程装备产业的扶持力度。按照规划，2015年上海将实现造船完工总量1 500万载重吨，船舶与海工装备产业计划实现经济总量1 250亿元，全面建成以长兴、外高桥、临港、崇明等四地域为主的长江口船舶与海工装备总装产业基地、配套产业基地和现代化修船改装产业基地。

三、相关内容

（一）培育壮大海洋工程装备产业

面向国内外海洋资源开发的重大需求，以提升主流海洋油气开发装备和海洋工程船舶的研发制造能级和市场竞争能力为核心任务，培育专业设计能力，启动一批主流海洋工程装备和关键配套设备的核心技术研发和产业化项目，掌握总体设计技术和建造技术。在工程设计、模块制造、配套设备工艺、技术咨询等领域培育具备较强市场竞争力的专业化分包商，通过典型的工程总承包项目实现从分包到总包的能力突破，培育形成较完整的海洋工程装备产业链。逐步完善技术创新体系，提高工程管理水平，快速扩大市场份额，壮大产业规模。

重点产品导向：

（1）自升式海洋平台、半潜式海洋平台、钻井船、浮式生产储卸装置（FPSO）等主流海洋工程装备；

（2）液化天然气浮式生产储卸装置（LNG-FPSO）、浮式钻井生产储卸装置（FDPSO）、立柱式平台（SPAR）、张力腿平台（TLP）等新型海洋工程装备；

（3）物探船、工程勘察船、起重铺管船、半潜运输船、大型海上浮吊、风电设备安装船、多用途工作船、平台供应船等海洋工程船舶；

（4）钻井系统、油气生产系统、海洋平台电站、海洋平台集成控制系统、自升式平台升降系统、深海锚泊系统、动力定位系统、FPSO单点系泊系统、铺管/铺缆设备、测井/录井/固井系统、水下采油系统、防喷器等海洋 工程关键系统和专用设备。

（二）深化基础共性技术研究

整合现有资源，依托船舶科研院所、有关高校和国家重点实验室、国家工程实验室、国家工程技术研究中心等研究机构，深化结构设计、流体力学、安全评估、风险控制等基础共性理论研究，加强船舶、海洋工程装备、核心系统和配套设备等领域的共性技术研究，开发共性设计软件，开展海洋工程装备建造标准体系研究，掌握高端船舶开发关键技术，突破关键系统的总体设计和集成技术，提升综合集成能力，缩小与世界先进水平的差距。

重点研究导向：

（1）船型设计理论和方法研究，船体结构安全检测及结构优化研究；

（2）船舶水动力性能预报优化技术，与船型优化相关联的流体力学预报技术研发，CFD技术在船舶流体力学研究中的应用；

（3）深海设施运动性能及载荷分析预报技术研究，深海设施动力响应及强度分析技术研究；

（4）浮式结构物恶劣海况下安全评估技术研究，海洋工程装备风险控制技术研究等。

（三）推进“两化”深度融合

上海是首批国家级“两化”融合试验区，船舶与海洋工程装备产业是上海“两化”融合三年行动计划中十大重点推进产业之一，要依托现代造船模式理论研究及创新实践的有利条件，依托数字化造船国家工程实验室，全面推进造船总装化、管理精细化和信息集成化。全面开展造船生产体系流程再造，构建综合、扁平化的船舶与海洋工程经营生产技术管理业务体系，改进计划体系，建立准时化、拉动式生产计划模式，推进编码体系、数据库标准化建设。

重点研究导向：

（1）船舶及海洋工程装备设计、生产、管理一体化编码标准研究，基于三维建模的厂所一体化设计研究；

（2）造船系统设计、管理共性软件研发及推广；

（3）造船精度控制技术、模块化制造技术、快速搭载技术研究；

（4）高效率、低消耗的先进造船工装研究；

（5）船体结构焊接机器人和涂装机器人技术研发等。

（四）大力发展现代船舶生产性服务业

推动船舶设计、软件开发等专业化服务企业发展壮大，加快发展船舶物流、电子商务、市场和法律咨询、工程管理等现代服务业，拓展产业链条，完善产业体系。鼓励开展船舶融资租赁业务，培育船舶与海洋工程装备产业基金，促进产融结合。提高船舶配套企业市场服务水平，加快骨干配套企业全球营销服务网络建设。

重点发展导向：

（1）适应产业发展和市场需求的船舶设计、软件开发等专业服务业；

（2）船舶物流、电子商务、市场和法律咨询、工程管理等现代服务业；

（3）船舶融资租赁服务业、船舶与海洋工程装备产业基金等产业金融服务业；

（4）船舶配套产品国际市场营销服务网络建设等。

（五）“十二五”发展空间布局

在“十一五”中船长兴造船基地一期工程全面竣工的基础上，长兴二期工程将是“十二五”上海船舶产业优化产业布局最重要的任务，上海将全面建成以长兴、外高桥、临港、崇明等四地域为主的长江口船舶与海洋工程装备总装产业基地、配套产业基地、现代化修船改装产业基地等（见附图）。建设长兴岛国家级产业示范基地和临港船舶配套产业基地，加强国际国内产业推介和招商引资力度，加快推进中远船务集团和中外运长航集团等有明确意向的企业在长兴岛建设海洋工程基地的项目进展，促使优质海洋工程项目早日落地，从而优化产业布局和产业结构。

1. 产业布局

（1）以外高桥造船、江南造船、沪东中华造船、上海船厂为代表的现代化总装造船基地；

（2）以外高桥造船、振华重工集团、上海船厂、中远船务长兴海工基地、中外运长航长兴海工基地为代表的海洋工程装备制造基地；

（3）以临港、长兴、闵行地区为代表的现代化船舶与海洋工程装备配套基地；

（4）以华润大东、中海工业、上海中远船务、中外运长航闽南船厂为代表的现代化修船和改装基地；

（5）以奉贤地区为代表的游艇、救生艇、公务艇、商务艇生产基地。

2. 重点投资项目

（1）中船长兴造船基地二期工程（第一阶段）将建设2座大型造船坞，配置1 800t大型龙门起重机，建设舾装码头、材料码头以及 其他配套设施。长兴二期工程建设对于提高上海大型液化天然气船、万箱级集装箱船等高技术船舶开发建造能力，实现产业转型升级具有重要意义。

（2）中远船务将结合企业搬迁契机实现调整升级，利用上海区位、人才、综合配套等优势，将中远船务海工研发中心、经营总部集中落户长兴岛，规划在长兴岛东南侧建设海洋工程装备制造基地。

（3）闽南长兴海工配套基地项目拟在长兴岛建设浮船坞、海工生产平台和船舶修理改装泊位，建成后将引入国际先进技术和管理模式，从传统修船业务向海洋工程配套业务拓展。

（4）金山区将重点引进海洋石油装备、重型石化设备、石油钻采设备生产基地以及技术研发中心、国家级检测检验中心等，增强上海在海洋工程装备配套领域的实力。

（5）外高桥造船海洋工程基地将在临港实施第二阶段建设，规划建设海洋工程总装平台、600吨龙门吊等重型设施，提升海洋工程装备制造能力，达到建设纲领。

（6）船用柴油机二轮配套产业基地将在临港新建，建成后将以船用柴油机总装产业带动二轮配套产业同步发展，提升关键零部件的本土化生产能力，完善上海船用柴油机生产链。

（六）“十二五”发展政策措施

1. 加大科技创新力度

贯彻落实国家关于培育发展战略性新兴产业的战略部署，制定高端船舶与海洋工程装备产业作为上海市战略性新兴产业专项发展的实施意见。巩固上海船舶产业在研发设计方面的优势地位，对未来型绿色船舶、重大首制海洋工程装备、核心配套系统等有利于产业高端化发展的科技创新项目，进一步强化政策性资金支持。加大对产业示范基地、船舶出口基地、国家重点实验室以及企业技术中心建设的支持，加快形成创新能力。

2. 推进现代船舶生产性服务业发展

大力推进船舶与海洋工程装备领域生产性服务业发展，着力打造与上海国际航运中心地位相适应的现代船舶与海洋工程装备服务业。鼓励发展船舶设计、软件开发、船舶物流、产业中介和法律咨询等现代服务业；鼓励研发单位与风险投资机构合作，创建风险投资基金；鼓励产业资本与金融资本融合，加大信贷融资支持力度；支持符合条件的船舶与海洋工程企业上市和发行债券，拓宽融资渠道。

3. 促进交流与合作

推动在沪船舶与海洋工程装备生产企业、科研院所和有关高校合作，打造推进产业发展的区域平台。鼓励船舶总体设计单位、总装企业、配套单位以及主要用户建立多元战略联盟；促进上海海洋工程装备骨干企业与国际知名石油公司和工程总承包商合作，从分包起步逐步提高市场知名度和工程总承包能力；鼓励与国外知名专业设计公司及中间商合作，提高前期设计能力和市场响应能力；鼓励引进吸收国际先进技术和理念，支持国际国内优势企业在沪投资和发展。

4. 加强人才队伍建设

以国家科技重大专项、战略性新兴产业重大项目等为载体，加大领军人物培育力度，积极推进创新团队建设，形成高层次科技人才和管理人才的梯队集聚；以国家新型工业化示范基地为载体，建设船舶行业技能培训中心，促进创新型、复合型技能人才的培养。鼓励多层次、多渠道、多方式的国际科技交流与合作，鼓励引进海外工程总承包管理人才、研发团队领军人才和高水平复合型人才。

5. 保障行业健康发展

贯彻落实国家各项产业政策，促进上海船舶与海洋工程装备行业规范发展，提高行业发展整体水平。开展《船舶生产企业生产条件基本要求及评价方法》、《船舶设计单位设计条件基本要求及评价方法》和《船舶修理企业生产条件基本要求及评价方法》等行业标准的宣贯和实施，引导和保障上海船舶与海洋工程装备行业健康发展。

《江苏省船舶与海洋工程装备产业“十二五”发展规划》

一、发布部门

江苏省经济和信息化委员会

二、简介

该规划指出，到2015年，江苏省海洋工程装备产业产值力争超1000亿元，占全国市场份额超30%，培育5家超百亿元的海洋工程装备总承包企业。船舶配套方面，主要船用设备制造技术达到国内先进水平，主流船型本土化船用设备平均装船率达80%以上，形成10个具有自主知识产权的品牌和系统，销售收入超百亿的企业超6家，以实现让江苏省船舶与海洋工程装备产业在“十二五”期间完成由造船大省到造船强省的转变。

三、相关内容

（一）重点任务

1. 进一步提高创新能力

（1）加快研发体系建设。努力创建具有我省行业特色的科技创新体系。突出企业在技术创新中的主体地位，进一步加大企业研发平台与载体建设力度，加快引导和支持骨干企业建设国家级和省级船舶、海洋工程以及船用设备等研发中心。加快培育省内大型船型研发和生产设计技术开发院所，形成以骨干企业为中心、服务全省、辐射全国的“江苏海洋工程研发体系”。大力推进科技服务平台建设，集中力量建设船舶行业技术公共服务平台。充分利用高校和军工科研机构的创新能力，大力支持船舶企业与国内外科研院所联办工程技术研究中心等研发机构，加快军转民技术推广和应用。加快形成产业之间、地区之间的技术创新联盟，构筑行业创新技术共享服务新载体。加快船舶产业产学研基地建设步伐，加强技术基础能力建设，加大技术储备力度，努力把江苏打造成为全国重要的船舶技术创新基地之一。

（2）突破核心关键技术。船型开发技术领域：降低新船能效设计指数（EEDI）的设计技术、低能耗低阻力船舶型线设计技术、传统能源节能减排装置应用技术、清洁能源动力装置应用技术、减少船舶压载水的设计技术、上层建筑设计技术、低噪声和低振动设计技术，超大型矿砂船、集装箱船、LNG等高技术船舶的船型开发。海洋工程装备技术领域：海洋工程装备的总装建造技术、精细化重量控制技术、综合调试技术、半浅式平台关键建造工艺、自升式平台关键建造工艺、海洋工程项目管理及信息化技术、海洋工程模块化制造技术。船舶配套技术领域：重点掌握船用柴油机设计技术，重点突破柴油机关键配套零部件制造技术，船舶动力系统集成技术、大型甲板机械和舱室机械设计制造技术。

（3）实施重大创新项目。开展一批对提升产业竞争力具有全局性、带动性的重大创新项目：实现建造大型LNG（LPG）船、深水钻井船及关键设备、深水半潜式生产平台及关键设备、海上风车安装船及关键设备、超大型散货船、超大型集装箱船及关键设备、大功率绞吸式疏浚工程船及关键设备、超级节能环保船及关键设备、驾驶室综合船桥系统等系统集成设备等重大创新项目的突破。

2. 进一步推进产品升级

（1）船舶制造和修理业。有力推进三大主流船型优化升级，积极创建一批品牌船型，加快推出一批自主研发的绿色环保船型。大力开发一批大型散货船、油船、超大型集装箱、大型LNG（LPG）船、冰区船舶等高技术、高附加值船舶，加快进入高端产品领域。努力保持海底铺管船、滚装船、全回转拖轮、大型疏浚船、起重船、打桩船等特种工程船舶的比较优势。坚持“安全、环保、绿色”发展原则，大力发展内河标准化、系列化船型，以及江海联运型、江河联运型和三峡联运型船舶。依托现代造船技术，重点发展高技术船舶的改装及修理。关注国际国内游艇产业发展趋势，支持发展游艇产业。按照国际新拆船公约的导向和国家相关拆船业的规范要求，适度发展拆船业。

（2）海洋工程装备制造业。重点发展半潜式钻井平台、钻井船、自升式钻井平台、浮式生产储卸装置（FPSO）、半潜式生产平台、物探船、起重铺管船、三用工作船、平台供应船等海洋油气开发装备，以及动力定位系统、深海锚泊系统、自升式平台升降系统、大功率海洋平台电站、水下生产系统及水下立管等关键设备和系统。

（3）船舶配套业。突破一批高端船用动力设备：满足IMO TierⅢ要求的船用低、中速柴油机、船用智能型小缸径低速柴油机、自主品牌中速柴油机；齿轮箱、大型及新型推进装置、高端船用发电机、船舶电站等发电机及动力传动装置。突破一批关键性配套品牌产品：甲板机械、船舶电气及自动化系统、冷藏空调、船用电缆、焚烧炉、污水处理装置、海水淡化装置等产品和设备。突破一批通讯和导航系统：通过引进消化吸收再创新，开发生产一批附加值高、技术水平高的船用导航雷达系统、电子通讯和自动化系统等，填补省内船舶配套领域空白。

3. 进一步调整组织结构

（1）加大培育龙头骨干企业（集团）。集中优势资源大力支持全省前10位造船企业做大做强，加快提升骨干企业扩大高端产品制造能力。大力培育5家超百亿元的骨干海洋工程装备总承包企业加快发展。积极推进三大基地内的船舶企业实行跨地区、跨行业、跨所有制的兼并重组，提高产业集中度。鼓励船舶产业上下游企业进行产业链整合，实现战略联盟。

（2）加快中小企业特色化发展。鼓励中小型造船企业面向细分市场实施差异化竞争，向“专、精、特、新、优”的方向发展，稳固全回转拖轮、工程船等优势船型，形成特色和品牌。

（3）积极发展船舶生产性服务业。加快发展船舶物流服务业，规划建设全国性的船舶配套产品交易市场，建立船用钢材、管材、电缆等大宗材料配送中心。进一步提高船舶配套企业市场营销能力，加快骨干企业全球营销服务网建设。

4. 进一步优化产业布局

（1）做强三大远洋造船基地。沿江深水地区重点支持南通、泰州、扬州三个“产业集聚、企业集群、主业突出、特色鲜明、带动性强”的远洋造船基地建设，进一步提高产业集聚度，推进建设国家级船舶出口基地。三大基地外不再新增远洋船舶建造能力，鼓励三大基地利用现有造船设施，加快发展海洋工程装备；严格执行行业准入标准，严格控制新的造船能力建设，依据船舶生产企业生产条件，引导优势造船企业以内部挖潜、优化存量配置等方式实现产能最大化，逐步淘汰低端落后的造船产能。支持重点骨干企业积极发展军民结合型船舶。

（2）打造海洋工程装备制造基地。沿海地区按照全省海洋经济“十二五”规划的布局，把海洋工程装备产业作为战略新兴产业的重要载体，在以南通为主的苏中地区打造形成集研发设计、高端制造为一体的千亿元级的海洋工程装备制造基地，并逐步培育成为中国一流、世界知名的海洋工程装备制造集聚区。加快建设以无锡为主的海洋工程技术及服务体系和以镇江为主的海洋工程配套基地。

（3）创建国家级船舶配套示范基地。沿江、沿海深水腹地围绕三大远洋船舶及海洋工程基地，同步发展船舶配套集聚区，在南京、泰州、镇江、南通四大船舶配套基地区域范围内，大幅提升产业集中度，加快建设钢铁集配、物流服务等先进生产服务体系。加快船用动力系统基地建设，支持镇江、泰州、南通地区加快发展船用动力系统、发电机组等。扩大甲板机械、舱室设备、船舶电气和自动化系统基地规模建设，支持南京地区、泰州地区依托现有骨干生产企业，通过技术改造等方式，实现规模化发展。推进船用通讯系统基地建设，支持船舶配套企业通过合资合作、许可证方式、联合设计开发等途径，培育一批船用通信导航等中高端电子产品，填补省内空白。鼓励重点骨干配套企业尽快掌握系统集成技术，加速实现单一设备供应向系统集成供货转变。引导专业相关、产品类同的中、小型船舶配套企业向船舶配套园区集聚。促进造船企业与船舶配套企业发展战略合作关系，逐步建立船舶配套供应链体系。

（4）促进内河船舶集聚发展。长江支流及其他水系地区，坚持“深水深用、浅水浅用”，“集中集约、提高标准、规范发展”的原则，在南京八卦州和乌江、泰州海陵、苏北灌河口等地区，加快建设三大内河船舶发展基地。大力推进“安全、环保、经济、美观”的标准船型，加快推进内河船舶产业升级，全面实现内河船型标准化、系列化和现代化。支持重点内河船舶企业入园进区，提高产业集中度，加快推广运用内河船舶环保、安全、节能减排等新技术，实现内河船舶可持续发展。

5. 进一步完善制造体系

（1）努力提高总装化造船水平。全面加快建立现代造船模式，深化基础管理，优化作业流程，提高建造技术水平。大力推广应用精度控制、快速搭载、舾装先行化、高效自动化焊接、整体长效防腐涂装等先进制造手段，特别是高技术高附加值船舶的建造工艺工装，大幅提升生产效率；大力推广应用节能、高效、清洁生产、循环经济和综合利用等制造技术，实现绿色造船；全面推进建立“壳、舾、涂”一体化及“设计、生产、管理”一体化的总装造船模式。

（2）全面推进行业信息化建设。充分发挥信息化技术对提升产业水平的推动作用，深化信息技术在企业生产经营各个环节的应用。大力推进船舶与海洋工程装备的数字化、网络化、协同化设计，重点提升数字化制造能力，加强信息技术对主要耗能设备和工艺流程的改造。加快虚拟制造技术、船舶企业数据库管理系统关键技术、船厂信息化集成技术、船舶建造生产系统集成技术等系统建设。建立总装化、模块化、专业化的现代制造模式。加强工程项目管理软件的开发和应用，推进数字化、自动化系统和设备的研制与应用，积极支持骨干企业开展内部综合信息化网络平台建设，完善信息共享机制，提高运营效率。

（3）提升海洋工程骨干企业总承包能力和专业化分包能力。依托重点骨干企业，提高大型海洋工程装备的总装集成能力，打造具备总承包能力和较强国际竞争力的专业化总装制造企业。以总承包为牵引，带动和引导一批中小型企业走专业化、特色化发展道路，在工程设计、模块设计制造、设备供应、系统安装调试、技术咨询服务等领域，逐步发展成为具备较强国际竞争能力的专业化分包商。提高建造和工程管理水平，掌握海洋工程装备特有的建造技术、安装调试技术，建立与海洋工程装备项目特点相适应的、与国际接轨的现代工程管理模式和生产组织方式。

（4）积极发展中间产品专业化制造。根据现代化总装造船模式要求，积极发展以分段、单元模块、舾装件等为中间产品的专业化分工协作体系。三大造船基地着力提升集群内部专业化分工协作水平，继续建立健全专业化加工配送体系，按照专业化生产要求，建立跨行业的原材料、舾装件等大宗材料配送中心，努力实现船用材料定规格、按时、按序供应。

（二）保障措施

1. 加强规划引导和政策扶持

进一步加强规划指导作用，造船重点地区、重点园区要加强组织领导和行业监管，制订相关发展规划和政策措施，并加大规划实施和政策保障力度。对列入“十二五”产业发展规划的重点技术改造、重点产品研发项目给以重点扶持。落实产业政策支持力度，出台相关政策积极引导社会资金投向船舶产业技术进步项目和资产重组项目。认真贯彻《船舶生产企业生产条件基本要求及评价方法》及造船新标准、新规范，严格控制新增大型造船设施，限制规模小、技术水平低、资源利用率差的造船项目，实现科学发展、可持续发展。

2. 加大科技投入

积极落实国家及省政府支持科技发展和自主创新的有关政策措施，支持骨干船舶企业积极申报国家高技术船舶项目。支持船舶企业加大对高技术船舶、海洋工程装备及重点配套设备的研发，鼓励造船重点地区设立船舶研发基金。支持船舶企业申报高新技术企业，享受相关政策支持。依托江苏科技大学、江苏省船舶设计研究所、江苏省船舶先进制造技术中心等，积极推进我省船舶工业产学研平台建设。支持船舶企业参与国际国内船舶行业标准、规范的研究制订。

3. 推进产业集聚

大力支持省船舶产业基地建设，落实基地发展主体，统筹安排基地的建设用地和资金，重点保障基地龙头企业的发展。不断完善船舶园区公共服务功能，实现全省船舶制造业和生产服务业的深度融合，加快建设区域性的船舶制造中心、技术研发中心、技术服务中心和人才培训中心。鼓励中小型船舶企业入园进区，实施区域内产业联合，对于符合条件和发展方向的园区积极争取国家和省级认定挂牌。引导大型造船企业以产品、资本为纽带开展联合开发或经营，实施兼并重组，不断优化资源配置。

4. 加大金融支持

加强船舶产业政策与国家有关财税、金融政策的衔接，充分利用出口退税、重大技术装备首台套支持政策和技术改造支持政策等对船舶产业发展的扶持。积极协调解决船舶企业在上市过程中遇到的相关问题，帮助重点骨干船舶企业顺利上市，增强企业发展后劲。积极争取设立船舶和海洋工程装备产业发展专项资金，主要用于产业重点建设项目和配套能力、自主创新能力建设等。积极扩大买方信贷规模，进一步开拓国际市场。深入贯彻落实《江苏省建造中船舶抵押融资试点办法》，进一步扩大融资企业范围。大胆探索和创新融资新途径、新方法，进一步加大银企合作力度，切实做好金融支持服务平台保障。

5. 建设人才队伍

切实加强船舶行业人才队伍建设，保障人才要素供应。要加快引进和培养一批高端管理及技术领军人才，通过内培外引方法，以职称评审为抓手，加快船舶行业技术人员队伍建设，加快培养一批高素质的专业研发人才队伍；以船舶行业电焊工技能大赛为载体，切实推进船舶行业技能人才队伍建设；搭建平台，建立有效的人才激励机制，完善有利于培养人才、留住人才、吸引人才和使用人才的管理与保障机制，形成一支稳定的技术人员和管理人员队伍；建立长期稳定的干部职工教育培训制度，不断提高全行业人才队伍的基本素质和职业技能。

6. 营造发展环境

加强船舶行业管理和指导，严格落实行业市场准入制度，进一步加强船舶产业体系建设，建立完备的船舶产业体系。完善船舶行业经济运行分析、监测机制，及时掌握行业发展质态，全面指导行业健康发展。支持船舶企业积极参加国际合作与交流，增强行业整体国际影响力。加强行业服务，充分发挥行业协会、商会等组织的指导、协调作用，建立海事、安监、船检、船级社、金融等部门联动协调机制，共同促进江苏船舶工业实现又好又快发展。

（三）产业导向

（1）加快培育发展高端装备制造业。贯彻落实国务院《关于加快培育和发展战略性新兴产业的决定》，将高端装备制造业作为今后一段时期重点发展的新兴产业，重点培育发展航空航天装备、轨道交通装备、海洋工程装备、智能制造装备、节能与新能源汽车等高端装备制造领域。

海洋工程装备面向海洋资源开发需求，着重提升前端工程设计和基本设计能力，重点发展新型钻井平台、浮式生产储卸装置、海洋工程作业船、起重铺管船、水下工程装备、海上及潮间带风机安装平台、海水淡化和资源综合利用装备等，大力发展动力及传动系统、通讯导航定位系统、电子电控系统等海洋工程关键技术和设备。

（2）巩固提升重点产业链优势地位。围绕新能源、新材料、医药与生物技术、节能环保、物联网等战略性新兴产业的培育发展，以及冶金、石化、轻工、纺织、建材等传统产业的创新升级，以新型电力装备、工程机械、节能环保装备、汽车、船舶、农业机械、专用设备等产业链为重点，组织攻克一批关键核心技术，加快推进技术融合集成，鼓励发展具有自主知识产权的大型成套装备、高新技术设备和关键部件，加快推进省内首台（套）重大装备和关键部件的研制和应用，建设一批重大技术装备产品示范应用工程，推动产业链上下游协调发展。

船舶突出高技术高附加值产品导向，适应国际造船新标准新规范，加大船舶企业数字化、自动化技术改造力度，推进油船、集装箱船、散货船等三大主力船型向自主化、品牌化、系列化、批量化发展，重点开发超大型液化天然气船、大型化学品船、超大型油轮、超大型矿砂船、超大型集装箱船等高技术高附加值船型，优先发展大缸径中、低速柴油机等高端配套设备，稳步提升甲板机械、舾装设备等优势产品的市场占有率。

（3）突破关键基础零部件发展瓶颈。针对关键基础零部件高水平制造能力不足等问题，以大型铸锻件、基础功能部件、高性能模具及加工辅具为重点，加大铸造、锻造、热处理、表面处理等关键共性工艺技术研发和产品开发力度，尽快突破基础材料、基础制造技术和工艺、检测技术等瓶颈，提升关键零部件的自主配套能力。

（4）进一步优化产业布局。一是重点培育新兴装备产业集群。以南京、镇江、无锡、苏州航空产业集聚区等为主体，加快对接国产大型飞机项目，打造沿沪宁线航空航天装备产业集群；以南京、常州、苏州等轨道交通装备研发生产企业为主体，加强产业链内部一体化协作配套，建设面向高速铁路和城市地铁发展需要的轨道交通装备产业集群；以南通、泰州、扬州、镇江、苏州等船舶生产和配套企业为主体，积极调整产品结构，加快建设沿江、沿海海洋工程装备产业集群；依托无锡、南京、常州、南通、苏州、扬州、泰州等机床生产企业，加快数控产品智能化集成，打造国内领先的高档数控机床产业集群；加快盐城、苏州、常州、南通、扬州节能与新能源汽车产业基地建设，强化新技术研发及应用，尽快形成规模优势和集聚效应。二是加快发展优势特色装备产业基地。重点发展南京新能源装备、无锡太阳能装备、徐州工程机械、常州农业机械、苏州精密仪器仪表、盐城汽车及零部件、扬州数控成形机床、宜兴高端电缆、昆山模具、扬中电力电器、泰兴减速机、建湖石油装备等优势特色装备产业基地。三是大力推进南北产业布局调整。立足现有产业基础和比较优势，鼓励苏南、苏北装备制造业转移与合作，进一步提高节能降耗、综合利用、循环经济水平，提升产业层次，完善产业链，积极发展特色产业，提升产业集聚水平。

（5）加快发展现代装备制造服务业。积极推动传统装备制造企业创新经营模式和改造业务流程，大力发展与制造业务密切关联的产品设计、技术服务、维护维修、人员培训、咨询及信息等服务业，鼓励发展检验检测等专业化技术服务和工程总承包服务，在大型成套装备领域，积极推广工程机械融资租赁服务模式。依托装备产业集聚区，大力发展现代物流业，建设一批区域物流配送基地。实施装备制造服务业发展示范工程，增强装备制造企业技术服务集成能力，推进非核心业务的转移外包，支持有条件的大中型装备制造企业向具有系统总集成、设备总成套、工程总承包能力的解决方案供应商转型，实现由生产型制造向服务型制造转变。

（6）全面提升两化融合水平。促进装备制造业与信息化深度融合，利用信息技术改造装备制造企业的研发设计、生产、管理、营销、采购、财务、服务等业务流程，推动企业向设计数字化、生产自动化、产品智能化、管理网络化和商务电子化转型。充分利用CAX、PDM等技术，提升产品数字化设计和产业链协同研发能力，缩短研发周期，加快新产品开发速度，打造适应市场快速发展的产品研发和工艺设计体系。加快物联网技术在装备制造业领域的应用，积极采用智能传感、智能控制、GPS定位、远程监控和故障诊断等技术提升产品智能化水平，改善产品性能和可靠性，提升产品附加值和服务质量。大力推进企业生产和管理标准化、规范化建设，加快ERP、CIMS等系统的深入应用，推动企业实现产品创新和管理创新，不断提升企业生产效率、产品质量和管理水平。

（7）大力推广绿色制造。按照建设资源节约型和环境友好型社会的要求，在设计、生产、服务各个环节积极采用新理念、新工艺、新技术、新材料，积极发展高效、节能、节材、减排型绿色产品，为全社会节能减排提供先进装备支撑。大力推进资源节约再利用，在汽车零部件、工程机械、机床等重点领域积极开展再制造试点，加强再制造产品设计、剩余寿命评估、无损拆解、微纳米表面工程等技术研发，建立装备再制造技术规范、标准和评价体系，培育一批再制造示范企业，扩大再制造应用范围，推动重点装备领域再制造规模化、市场化、产业化发展。

（四）保障措施

（1）加大政策扶持力度。认真贯彻落实国家和省促进装备制造业发展的各项政策措施，统筹运用省各类支持工业发展的专项资金，向符合规划导向的装备制造业重点产业链建设、重大技术装备研发、骨干企业培育、优势特色产业基地建设等项目倾斜。对于高端装备制造业实行政策聚焦，积极争取国家数控机床、民用飞机等重大专项资金支持，推动各级政府设立高端装备制造业发展专项资金或产业基金，加大金融支持力度，拓宽融资渠道，为培育高端装备制造业提供资金支持和金融保障。认真落实增值税转型、出口退税、进口设备免税等政策，鼓励企业加大技术改造力度，加快装备更新，推动企业技术进步。

（2）大力支持首台（套）装备研制应用。建立完善首台（套）重大装备及关键部件认定工作体系，加大对首台（套）产品研发单位的奖励力度。落实省委省政府《关于实施创新驱动战略推进科技创新工程加快建设创新型省份的意见》，加强首台（套）自主创新产品市场推广，研究制定《江苏省装备制造业首台（套）重大装备及关键部件市场推广办法》，对订购和使用省内首台（套）重大装备的重点建设工程和技改项目予以一定风险补偿。

（3）加快优势企业培育。贯彻落实国务院《关于促进企业兼并重组的意见》，加快装备制造企业战略性调整与重组，推动跨地区、跨行业、跨所有制兼并与联合，提高专业化分工和社会化生产程度。制定重点企业分类培育计划，发展一批核心竞争力强、主导产品优势突出、具有总承包和总成套能力的大型装备制造企业集团，以及一批“专、精、特、新”竞争优势明显的中小装备制造企业，鼓励装备制造企业与上下游企业、研发机构组建战略联盟，实现优势互补，提高产业整体竞争力。

（4）完善自主创新体系。建立以企业为主体，优势互补、资源共享、风险共担、开放式的国际化创新体系，推进技术创新模式由引进消化型为主，向引进消化型与自主创新型并重转变。组织实施前沿性技术研究、关键共性技术攻关、引进技术消化吸收、高新技术产业化项目，落实企业研发费用加计扣除、高新技术企业税收优惠等促进企业自主创新的政策，加快形成一批具有自主知识产权的装备产品，提升产品的质量水平。加强与高等院校、科研院所联合联动，推动基础材料和工艺公共研发平台建设，进一步夯实装备制造业发展基础。

(5)建设专业化人才队伍。围绕规划确定的高端、优势装备领域，制订实施企业人才队伍培育和开发计划，构建并完善产业创新人才政策支持体系。加快引进符合产业导向、掌握关键核心技术、拥有自主知识产权的装备制造业领军人才、高层次创新人才和创新团队，依托博士后工作站、企业技术中心等创新平台，促进骨干企业和高成长性企业加快中高端装备人才培养，提升企业人才队伍层次。鼓励支持企业、院校和行业协会共同开展专业化人才培训，大力培养一批熟练掌握生产技术和工艺的高技能人才，以及一批适应装备制造企业转型升级需要的复合型经营管理人才。建立健全人才使用激励机制，鼓励收入分配向优秀技术、管理、技能型人才倾斜。

(6)发挥行业协会作用。加快整合现有装备类行业协会资源，充分发挥协会熟悉行业、贴近企业的特点，建立行业管理部门与行业协会之间的信息沟通平台。加强政府部门、行业协会、企业之间的联系沟通，在行业发展的重要问题上主动听取行业协会的意见。积极利用协会平台，宣贯国家产业政策、发展规划、技术标准等，及时反映企业的诉求和建议。建立完善购买服务制度，将行业统计、调查分析、技能培训等行业管理的基础性职能委托给有条件的行业协会，促进装备类行业协会健康发展。

(7)做好规划实施工作。各级装备工业主管部门要结合本地发展特点，按照分类指导的原则，加强对装备制造业发展的规划引导，积极做好本地装备制造业发展规划编制工作，强化与调整和振兴规划等相关规划的衔接和协调，确保发展规划的指导性、约束性、权威性和延续性。建立规划实施监督考核机制，加强对规划落实情况的监督检查，认真贯彻落实规划的各项重点目标任务，明确各项任务和措施的实施范围、期限，加强沟通，密切配合，确保取得实效。

《广东省战略性新兴产业发展“十二五”规划》

一、发布单位

广东省人民政府办公厅

二、简介

根据该规划，到2015年，高端新型电子信息、新能源汽车、LED三大产业率先突破，生物、高端装备制造、节能环保、新能源和新材料等产业将初具规模，全省战略性新兴产业总产值突破2.5万亿元，增加值占生产总值比重达到10%左右，对经济增长的贡献率显著增强；在主要领域突破掌握一批具有自主知识产权的关键技术和标准，自主创新能力和产业技术水平显著提升；形成一批具有国际影响力的大企业和创新力强的中小企业，企业实力显著增强；形成3~5个产业链较完整、配套体系较完善、产值超千亿元的新兴产业集群，产业体系进一步完善。

三、相关内容

（一）产业发展重点

积极发展海洋工程装备、船舶制造及大功率中低速柴油机、港口物流机械、海洋石油勘探装备设施等制造业，发展浮式生产储存卸货装置（FPSO）、自升式钻井平台、半潜式钻井平台等专业化海洋工程装备、配套设备以及操锚作业拖船（AHTS）等特色海洋工程辅助设备。延伸产业链，发展大型铸锻件等配套产业。

（二）产业空间布局

重点推进广州龙穴造船基地、广州大岗船用中低速柴油机生产基地、珠海深水海洋工程装备制造基地、中山广船国际海洋工程及船舶制造基地建设，打造珠江口沿海现代化大型船舶制造基地和海洋工程装备制造基地。

（三）主要任务

1. 产业发展创新工程

（1）加强技术攻关与产业化。围绕战略性新兴产业发展的重大需求，整合国内外创新资源，集中力量突破一批支撑战略性新兴产业发展的关键共性技术，加强基础性、前沿性技术研究，支持企业加强知识产权国内外布局，抢占产业技术制高点。大力推进重大科技成果产业化，加大实施产业化示范工程力度，积极推进重大装备应用，建立健全科研机构、高校创新成果发布制度和技术转移机构，促进技术转移和扩散，加速科技成果转化为现实生产力。

（2）提升自主创新能力。强化企业技术创新能力建设，引导企业加大研究开发的投入力度，促进创新要素向企业集聚。支持企业建设国家工程（研究）中心、工程实验室、重点实验室、企业技术中心等创新平台。实施创新型中小企业成长扶持计划，建设中小企业公共（技术）服务示范平台和创新成果产业化示范基地，培育和壮大一批具有创新活力的中小企业。以广州和深圳两个国家创新型城市为依托，不断完善有利于产业创新的软硬件环境，吸引和承接跨国公司研发中心新一轮转移。集中资源建设和完善一批检验检测和认证服务平台。积极争取国家新兴产业领域重大科技基础设施和创新平台在广东布局。

（3）深化政产学研合作。深化省部（院）产学研合作，完善派驻企业科技特派员长效机制，实施产学研结合示范基地提升工程和示范企业行动计划。加强省部（院）产学研合作规划和保障体系建设。围绕战略性新兴产业关键领域，组织实施一批产学研合作重大项目，支持高校、科研机构联合广东企业共同承担国家各类重大科技计划和产业化专项。完善省部（院）产学研创新联盟建设。加快博士后科研工作站、科研基地和开发基地的建设步伐。

（4）强化知识产权和技术标准工作。支持知识产权的创造和运用，强化知识产权的保护和管理，贯彻实施《广东省专利条例》，完善知识产权法规体系，加大行政和司法执法力度，打击违法侵权行为。探索建立技术、专利与标准相结合的机制，加快知识产权转化，推动核心技术专利化，专利标准化。推进知识产权信息利用，加快建设国家专利信息服务区域（广东）中心和全省知识产权公共信息综合服务平台，建立专利信息数据库，开展战略性新兴产业专利态势分析与知识产权预警服务。引导和鼓励企业、产业联盟或行业协会建立运营专利联盟。建立健全重大经济活动知识产权特别审查制度。培育和发展知识产权服务业。支持企业主持或参与行业、国家和国际标准的研究制定工作，争取新兴产业领域标准制修订话语权。进一步加强战略性新兴产业的技术性贸易措施预警及应对工作，加快建立健全与知识产权相关的法律法规，充分发挥知识产权中介机构的作用，积极开展知识产权涉外援助工作，为积极应对国际知识产权争端和技术性贸易壁垒创造良好的法律支持环境。加快国际化认证体系建设，及时跟进国际产业标准，推动新兴产业领域先进标准体系和专业标准化技术委员会（TC/SC）建设。

2. 骨干企业培育工程

围绕战略性新兴产业重点领域，加快培育一批产品档次高、科技含量高、品牌知名度高、市场占有率高、经济效益好的骨干企业。重点引进一批国内外龙头企业，做强一批有一定优势的重点企业，培育一批有发展潜力、成长性好的创新型企业，带动上下游产业协调发展，壮大产业规模，增强产业竞争力。

（1）实施骨干企业培育计划。按照政府引导、市场选择、动态管理的原则，在我省战略性新兴产业重点发展领域，集中资源重点培育一批自主创新能力强、掌握核心关键技术、经营状况良好、主业突出、产品市场前景好、对产业带动作用大、发展初具规模的战略性新兴产业骨干企业。建立战略性新兴产业骨干企业评估指标体系，激励骨干企业增强创新主体意识，加大自主创新投入，提升自主创新能力，抢占产业价值链高端。

（2）建设骨干企业重大项目。以省战略性新兴产业专项资金引导投入，支持骨干企业实施一批涉及国民经济重要布局、带动作用强的重大产业化项目。充分发挥骨干企业的引领带动和资源整合作用，以商招商，以完善产业链为导向，积极吸引国内外大型企业在广东进行重大项目投资。支持省战略性新兴产业百强项目承担主体进入战略性新兴产业骨干企业培育计划。

3. 产业集聚发展工程

通过产业集聚区建设促进产业空间集聚，通过企业加速器、孵化器建设促进产业发展载体集聚，通过专业性服务体系建设完善产业集聚环境，引导战略性新兴产业资源加速集中集聚，形成一批各具特色的新兴产业集聚区和产业基地，努力在若干领域取得突破，形成具有较强竞争力的战略性新兴产业集群，带动区域经济持续快速健康发展。

（1）建设产业核心区。加快推进珠三角战略性新兴产业核心区建设，提高珠三角区域对战略性新兴产业企业的承载力度，发挥新兴产业的集聚效应，以信息、生物、软件、新材料、航空、高技术服务等13家国家高技术产业基地以及珠三角9个国家级高新技术产业开发区为技术核心区，各工业园区、经济技术开发区等其他园区为规模化产业区，形成定位明确、重点突出、分工协作、互补配套的产业布局，把高新区建设成集总部、研发、生产、产业配套和生活配套于一体的广东战略性新兴产业核心集聚区。

（2）打造重大产业基地。按照“创新引领、集聚发展、省市联动”的原则，依托具有优势的产业集聚区，围绕广东战略性新兴产业重点领域，规划建设一批产业优势明显、产业配套完善、龙头企业主导、创新能力突出、辐射带动作用强的省级战略性新兴产业基地（集群），引导技术、人才、资金和重大项目向产业基地集聚，形成要素集聚、规模集中、配套齐全的产业集群，成为全省自主创新核心区、国际科技合作承载区、体制机制创新先行区。

（3）推进重大项目建设。谋划、引进一批战略性新兴产业重大项目。建立战略性新兴产业100强项目的动态管理和配套支持机制，加强项目组织、管理和服务。建立和完善重点项目库，做好项目储备。大力争取国家重大科技专项、重大产业创新发展工程、重大创新成果产业化工程、重大应用示范工程、创新能力建设项目落户广东。

（4）完善产业配套体系。围绕我省战略性新兴产业重点发展领域，创新服务模式和内容，完善战略性新兴产业的投融资、研究开发、技术转让等服务体系，加快推进我省高技术服务业发展。建设重点战略性新兴产业企业加速器，搭建集研发、中试、检测验证、专利、标准和科技文献信息等功能于一体的公共技术支撑平台，降低中小企业创新创业成本。根据产业发展需要，适度扩大孵化器建设规模，创新管理体系和运行机制，逐步完善孵化环境，吸引初创型新兴企业、高技术人才、科技企业家向孵化器集聚，提高孵化器内企业的成功率。

4. 市场应用示范工程

坚持以应用促发展，积极探索创新战略性新兴产业产品市场应用的商业模式。重点围绕新能源汽车、LED、新能源等领域，研究制定重大技术和产品示范应用优惠政策，实施重大应用示范工程，引导消费模式转变，培育市场，拉动产业发展。支持广州、深圳市开展国家节能与新能源汽车推广应用试点，实施广东省新能源汽车推广应用示范工程，推动电动汽车、LNG汽车等新能源汽车在公交、出租、公务、市政和家用领域的应用，推动珠三角地区成为国家新能源汽车产业发展与推广应用试点示范区，全省新能源汽车示范应用规模达5万辆。扩大LED照明示范应用规模和范围，建设300万盏户外照明灯具、3000万只LED室内照明灯具，以及10个左右LED照明综合应用示范区。探索以“合同能源管理”方式在大型社区、公园、空旷道路等照明设施中推广应用风光互补照明装置。发挥我省海岸线长、海岛多、风力资源丰富的优势，规划建设若干海上风力发电示范电场。抓住国家实施“节能惠民”、“金太阳示范工程”、“三网融合试点”和“新能源汽车应用试点”等项目的有利时机，努力开拓我省战略性新兴产业国内市场。

5. 产业国际合作工程

加快推进我省战略性新兴产业的生产经营国际化，进一步深化合作领域，拓展国际市场，充分利用两种资源、两个市场，加快我省战略性新兴产业发展。

（1）深化国际合作领域。提升承接和吸纳国际产业转移的规模和能力，大力引进著名跨国企业在我省建设产业化项目和设立研发机构。支持企业实施走出去战略，与国外先进企业建立合作伙伴关系，鼓励有条件的企业通过境外注册商标、境外收购等方式，到出口目标市场设立研发机构、生产基地，在国外申请专利，开展国际并购，培育具有国际竞争力的跨国公司。鼓励我省企业吸引国际风险投资，到海外上市，拓宽融资渠道。积极引进国际战略性新兴产业领军人才和创新团队到广东讲学或开展研究工作。积极支持企业参与国际重大前沿技术的研究开发和国际标准的制定。积极应对国际知识产权争端和技术性贸易壁垒。

（2）加强粤港澳台合作交流。充分发挥香港连接国际市场的桥头堡作用，帮助广东企业走出去拓展国际市场，吸引国际资本、技术和人才向广东转移。建设粤港澳联合创新区，实施广州—深圳—香港创新主轴战略，打造区域创新中心。加强与香港高校、研发机构合作，推进重大科研成果在广东实现产业化。支持粤港两地企业联合开展战略性新兴产业关键共性技术攻关，联合设立研发机构，加强粤港澳知识产权服务业合作。加强与台湾在战略性新兴产业领域的深度合作，特别是在光电产业、

LED和新能源汽车领域加大合作力度，抓住广东台资企业转型升级的机遇，带动形成台资企业投资广东战略性新兴产业热潮。

6. 人才引进培养工程

重点引进战略性新兴产业领域领军人才和创新团队，积极培养一批优秀尖端人才和职业技能人才，形成产业人才梯队。

（1）大力引进领军人才。贯彻落实《中共广东省委广东省人民政府关于加强吸引培养高层次人才的意见》（粤发〔2008〕15号），从我省发展战略性新兴产业对高端人才的实际需求出发，不断完善人才激励措施和配套政策，鼓励和支持企业有计划、有步骤、有针对性地引进一批掌握关键、核心技术的创新科研团队和领军人才，不断提高我省引才聚才工作的知名度和影响力。

（2）大力培养尖端人才。发挥高等院校、科研机构培养高层次人才基础作用，进一步提升高等教育大众化水平，优化高等教育结构、人才培养体系和培养方向，鼓励有条件的高校设置新兴产业专业，在招生计划安排、专业建设经费投入等方面给予重点支持。鼓励校企合作，探索联合培养战略性新兴产业创新型人才的新途径。加快培养急需的尖端人才，同时加大后备人才的培养力度，突破人才瓶颈，攻克技术壁垒，科学配置和有效利用科技创新资源，推动人才链与产业链无缝对接，提升自主创新能力和产业竞争力。

（3）大力培养职业技能人才。推进国家和省级示范性高职院校和技工教育“名校、名专业、名教师”建设，建设一批省级、区域性和特色性示范名校，优化技校专业结构，打造精品专业，推进教师“双百双向”培训交流。开展高技能人才培养计划，建设省级综合性高技能公共实训基地。发挥专业技术职称评定的杠杆作用，将职称评定逐步向战略性新兴产业领域拓展，吸引创新人才集聚。

（四）保障措施

1. 强化组织协调

省促进战略性新兴产业发展领导小组要加强对全省战略性新兴产业发展的协调领导，各成员单位按照职责分工，密切配合，形成工作合力，共同推进战略性新兴产业的发展。制定规划实施方案，细化分解主要任务，落实责任单位。编制各产业发展专项规划和行动计划，制定战略性新兴产业技术路线图，建立知识产权预警机制，完善产业标准体系。建立产业统计体系，加强产业运行监测与形势分析。支持行业协会建设公共服务平台，参与战略性新兴产业发展的政策研究、法规制定、规划编制、咨询评价、标准制定、技术攻关和产品推广等工作。

2. 加强政策扶持

“十二五”期间，省财政集中投入220亿元支持战略性新兴产业发展，采取贷款贴息、担保贴息、无偿补助、以奖代补、股权投资、债权投资等多种支持方式，加强财政资金与金融资本结合，对技术研发、产业化、平台建设、重大项目、知识产权、产业集群、市场培育等环节进行全面支持。鼓励有条件的地级以上市设立相应的财政专项资金。积极争取国家战略性新兴产业专项资金支持。全面落实企业研发费用税前加计扣除、高新技术企业所得税优惠、进口设备减免税、软件与集成电路产业增值税减免等国家促进战略性新兴产业发展的税收优惠政策。

省财政设立省战略性新兴产业创业风险投资资金，支持省粤科风险投资集团做大做强。设立省战略性新兴产业创业投资引导基金，引导和支持社会资金进入创业投资领域。鼓励发展天使投资、创业投资，支持产业投资基金、创业投资基金发展壮大。争取国家支持实施新兴产业创投计划。支持符合条件的企业在中小企业板、创业板上市融资或发行企业债券、公司债券、短期融资融券和中期票据，支持中小企业发行集合债券、集合票据。引导金融机构建立适应战略性新兴产业发展特点的信贷管理、信用评级和贷款评审制度，推进知识产权质押融资、产业链融资等金融产品创新。加强南方联合产权交易中心和华南技术产权交易市场建设，稳步推进区域性中小企业产权交易市场试点。

鼓励重大建设项目优先采用国产新兴设备和产品。对战略性新兴产业重大建设项目用地优先予以保障，在土地利用年度计划指标中予以落实。对符合条件的创新药物优先列入基本医疗保险和工伤保险药品目录。广东省战略性新兴产业重大项目如表37所示。

3. 深化体制改革

进一步深化改革，为战略性新兴产业发展提供制度保障，建立健全创新药物、新能源、资源性产品、节能环保产品的价格形成和收费调节机制。落实新能源发展全额保障性收购制度。建立和完善主要污染物和碳排放交易制度。建立与自主创新导向相适应的科技研发、转化和评价机制，开展股权激励和科技成果转化奖励试点。积极引导科研机构、高新技术企业和创新型企业对作出突出贡献的科技人员和经营管理人员实施期权、技术入股、股权奖励等多种形式的激励机制。进一步整合行政资源，创新审批方式，推行电子政务，加快建立健全适应战略性新兴产业发展的管理体制机制。

表37 广东省战略性新兴产业重大项目表

序号	项目名称	建设单位	建设内容及规模	起止年限	总投资（亿元）	所在地区
86	中船集团海洋工程装备制造及修造船项目	中国船舶工业集团公司	规划造船能力为年产1 000万载重吨，包括FPSO、30万吨大型油轮、超大型集装箱船等	2010～2015年	443.00	广州
89	海事重工业造船基地项目	省广新外贸集团下属广东机械进出口股份公司	在中山港开发区首期投资7.9亿元建设华南最大的海洋工程及造船基地。项目二期计划投资8亿元，计划3年内实现销售收入120亿元以上	2007～2013年	15.90	中山
93	海洋工程及高技术新型船舶制造基地建设项目	中山广船国际船舶及海洋工程有限公司	主要生产能力是一期年产分段15万吨，二期年制造船舶约230万载重吨	2009～2013年	39.82	中山

《浙江省船舶工业“十二五”发展规划》

一、发布部门

浙江省经济和信息化委员会。

二、简介

该规划根据国家《船舶工业“十二五”发展规划》、《海洋工程装备制造业发展规划》和《浙江省海洋新兴产业发展规划(2010~2015年)》制定，以建设造船强省为目标，立足当前、着眼长远，提出浙江省船舶工业“十二五” 发展的主要目标、重点任务和政策措施。

三、相关内容

(一)“十二五”发展指导思想与主要目标

通过“十二五”时期的调整与发展，实现我省海洋工程装备制造、自主创新能力、绿色制造能力和现代造船模式方面的突破，全面提升浙江船舶工业产业集中度、品牌影响力和本土配套率。争取到2015年，建设成为高附加值船舶与特种船舶制造基地、海洋工程装备制造基地、世界级大型船舶修理基地和国家长三角造船基地重要组成部分，拥有在国内外具有较大影响力的船舶与船用产品交易中心以及船舶与海洋工程装备创新研究中心。

到2015年，全省船舶工业实现年工业总产值约1 800亿元，年均增长率16~17%，其中：海洋钻井平台、海洋工程辅助船等海洋工程装备产值200亿元，约占全国总量10%；修船产值达到200亿元。年造船完工量约1 600万载重吨，造船产能控制在2 000万载重吨以下，修船坞容量达到200万载重吨。

到2015年，船舶配套业实现产值300亿元，船用设备本省配套能力达到50%。其中船用低速机、中速机、甲板机械等配套设备本省配套能力达到80%。

(二)“十二五”发展重点领域与主要任务

1. 优化生产力布局，建设现代产业集群

(1)坚持重点布局、错位发展原则，舟山地区建设成为船舶工业产值超千亿元、造船完工量超千万载重吨的世界级重要船舶制造中心，形成以舟山为核心，宁波、台州、温州、杭嘉湖地区各具特色的现代化船舶产业集群。

(2)建设海洋工程装备制造集聚区。依托舟山、宁波的优越岸线与产业基础，通过实施海洋工程装备制造专项、引进国内外行业龙头企业和科研机构，进军海洋工程装备建造领域。进一步打造舟山大型海洋工程装备制造集聚区，重点推进舟山长白岛、秀山惠生以及太平洋(舟山)、舟山中远等具有生产FPSO和海洋钻井平台条件与经验的企业加大投入力度。进一步推进宁波发展成为国内海工配套产品（模块制造）、海工辅助船舶制造的重要集聚区，重点建设中油重工宁波（象山）基地项目，进一步巩固浙江造船公司世界最大海洋平台供应船制造企业地位。依托杭州高等院校、科研院所和船舶配套业重点企业，打造杭州海洋工程装备配套基地，形成集海工高等教育、海工配套系统研发设计和海工装备动力定位系统等配套设备集成制造的各类企业集聚区以及深水潜器、大功率海洋平台电站、大型海洋平台甲板机械等产品的研发基地。

2. 调整产品结构，打造浙江船舶品牌

坚持常规产品结构调整与发展新兴海洋战略产品并举，远洋船舶和内河船舶并举，促进造修船与配套业协调发展。做专做精现有优势产品，提升高技术、高附加值船舶市场份额，着力开发海洋工程装备产品，打造浙江船舶品牌。

海洋工程装备产品（见表38）。以市场需求量大的海洋油气资源开发装备为重点，立足自身优势，开发形成海洋工程装备系列产品。重点开发海洋风能利用工程建设装备和海水淡化产业化装备，海底矿产资源开发用水下运载、作业装备以及配套所需的通用关键零部件。基本形成新型自升式钻井平台、深水半潜式钻井平台和生产平台、钻井船、海上浮式生产储卸装置（FPSO）、综合服务船、海上风机安装船的自主设计建造能力和大型平台电站、动力定位系统等配套设备的研发与制造能力，形成关键系统的集成供应能力。

3. 提升创新能力，构建技术支撑体系

坚持以产业技术需求为导向，不断推进船舶研发、交易平台和服务平台建设，强化辐射功能，提升产业技术支撑能力。

（1）完善船舶研发平台，构建产业技术联盟。

大力推进舟山国家船舶舾装产品及材料质检中心建设，依托船舶修造产业集群试点、大企业集团和重点院校，集聚人才资源，采取多元投资、跨行业联合等方式，建设若干个民用船舶和海洋工程装备研发中心。推进省海洋开发研究院、浙江大学舟山海洋研究中心、省船舶行业技术中心、省船用动力产业技术创新战略联盟的建设与发展。大力支持省外、境外公司在我省建立船舶、海洋工程装备、船用柴油机及配套产品专业研发设计机构，争取引进1~2家国家级船舶设计院所在我省设立分支机构。大力培育国家级和省级企业技术中心、工程技术研究中心、重点实验室、试验基地等，加快提升我省船舶产品设计研发水平。

（2）以项目为载体，推进产学研联合。

围绕应对IMO国际新标准新规范，以突破船舶关键共性技术为切入点，争取国家重大创新项目，组建产学研联合机构。依托省内海洋、船舶、机电、信息等科研院所，浙江大学、浙江工业大学、浙江海洋学院等高等院校和行业龙头骨干企业，发挥各自技术优势，为船舶行业发展提供技术支撑。以国家、省重点建设项目为依托，建立船用中低速柴油机、船舶辅机等重点配套设备自主研发平台，建设一批高技术研发平台、试验平台、科技资源共享平台。建立科研设备和科技信息开放共享机制，进一步优化创新平台的公共服务，强化辐射功能。关键共性技术如表39所示。

4. 提升制造水平，构建现代制造体系

坚持以打造现代造船体系为目标，以确保质量、降低成本、提高效率、缩短造船周期为着力点，通过生产流程改进和优化，骨干企业全面建立现代造船模式。行业龙头骨干企业要着力加强工法研究与创新，精细化管理技术应用，实现设计、生产、物资管理的一体化和壳、舾、涂作业的一体化，提高总装化造船水平，在应用巨型分段/总段建造技术、精度控制技术、快速搭载技术、舾装先行化技术、

表38 海洋工程装备产品

海洋工程装备	海洋平台、工程作业船和辅助船：自升式钻井平台、半潜式钻井平台和生产平台、钻井船以及浮式生产储卸装置(FPSO)，深水三用工作船、起重铺管船、工程勘察船、大型半潜运输船、海上风机安装船等 配套设备和系统：海洋工程甲板机械、单点系泊系统、深海锚泊系统、自升式平台升降系统、海洋平台电站、动力定位系统、主动力及传动系统、应急动力系统、天然气排放系统、油污水处理及海水淡化系统

表39 关键共性技术

关键共性技术	各类船舶优化升级技术，大型油船、集装箱船、高档化学品船等船舶及海洋工程装备自主开发设计技术，中高档游艇设计技术，船舶建造精度控制技术，大型单元模块制造技术，快速搭载技术，整体长效防腐涂装技术，绿色造船技术，高效自动化焊接技术，造船流程再造和工法创新技术，节能技术，高技术高附加值船舶、海洋工程装备修理与改装技术 船用关键配套设备设计制造技术，船用设备智能化、模块化技术、专业化精益制造妓术 新船能效设计指数评估技术 、数值水池技术 、新型推进方式船舶的航速预报技术

大型单元模块制造技术、高效自动化焊接技术、整体长效防腐涂装技术等先进制造技术方面达到国内先进水平。二类Ⅲ级及以上造船企业基本建立现代造船模式，重点突破关键船舶制造技术，推广应用先进制造技术，尽力缩短与国内外先进造船企业在设计、制造、管理等方面的差距。加快数字化设计系统、产品数字化制造系统建设，提高企业信息化应用水平。加快节能环保技术与工艺在船舶企业中的应用，争取到“十二五”末，规模以上企业单位工业增加值能耗下降18%，行业整体技术水平显著提高。

5. 完善基础管理，加快企业结构调整

坚持以推广应用IMO国际新标准新规范为导向，进一步引导企业建立有效的质量控制体系。推动企业运用信息化手段，构建先进的生产计划体系和组织体系。

（1）规范船舶修造企业生产条件。推广《船舶生产企业生产条件基本要求及评价方法》、《船舶修理企业生产条件基本要求及评价方法》以及《船舶设计单位设计条件基本要求及评价办法》，提升全行业总体水平。进一步完善政府有关部门及船检等机构在保障船舶质量安全方面的联动监督机制，引导行业企业积极建立并有效运行质量控制体系，加强对产品全寿命周期和全供应链的质量控制。限制不具备基本生产条件的企业进入造船市场。

（2）优化资源配置，推进兼并重组。加强行业龙头骨干企业培育，鼓励通过联合、购并、控股、品牌经营、虚拟经营等方式整合中小企业，提高产业集中度。重点培育5～6个年销售收入过百亿元的船舶修造业龙头企业、2～3个年销售收入过五十亿元的船舶配套大企业集团。推动中小企业专业化、特色化发展，鼓励部分中小型造船企业发展专业化船舶中间产品制造，融入骨干企业的总装生产体系。积极发展现代船舶服务业，推进集群内设计、软件开发等专业化服务企业发展和物流、电子商务、金融、船舶融资租赁、交易市场和法律咨询等现代服务业发展,拓展产业链,丰富产业体系。

6. 创新融资模式，加大金融支持力度

以我省发展海洋经济上升为国家战略的契机，鼓励金融机构通过采取项目贷款、银团贷款等多种模式，加大对船舶工业重点领域、重点项目、重点企业的信贷资金投放力度，鼓励金融机构增加出口买方信贷资金投放。进一步推进省建造中船舶抵押贷款工作，积极利用相关政策条件，探索设立省船舶产业基金。积极支持产业投资基金加大对船舶制造领域投资力度。支持符合条件的企业通过发行企业债、公司债、可转换债、短期融资券、中期票据等融资产品以及在境内外资本市场上市融资等方式，多渠道筹措发展资金。支持金融机构设立金融租赁公司，从事船舶租赁融资业务。

7. 强化人才培养，促进国内外交流合作

发挥浙江大学、宁波大学、浙江工业大学和浙江海洋学院等高校在船舶专业教学研究方面的优势，形成更高层次的船舶工业高等教育平台。加强浙江交通职业技术学院、浙江国际海运职业技术学院等专业高职院校建设，培育与制造业发展水平相适应的技能型人才队伍。继续加强与国内外造船业界的联系协调，形成适应企业需求的开放式培训体系。坚持合力推动，扩大产学研等合作领域和范围，支持企业与大学及科研机构合作，注重以关键技术突破为目标的联合研发。鼓励企业委托大学和科研机构开发新技术、新产品，加快科研成果和专利的推广与实施，尽快形成产业集群、知识集群和创新集群新优势。

8. 加强行业趋势分析，提升服务水平

深化行业管理和服务工作，强化经济运行趋势研究，进一步关注行业发展的前瞻性、趋势性问题。深入企业调研，及时了解企业需求，开展创新服务。积极做好IMO国际造船新标准新规范应对工作，努力营造各部门共同支持船舶工业发展的良好环境。充分发挥省船舶工业行业协会、省造船工程学会等社会中介组织的积极性，配合行业主管部门开展行业发展重大问题和共性问题研究。强化行业信息发布和预警体系建设，加强行业自律，引导行业健康发展。

《福建省人民政府关于促进船舶工业转型升级十一条措施的通知》

一、发布部门

福建省人民政府

二、简介

该措施是福建促进船舶工业转型升级力度最

大、针对性最强、涵盖面最广的综合性措施。“措施”扶持海工装备等高技术船舶发展。支持发展海洋工程平台、钻井船、FPSO及电推供应船、物探船、起重铺管船、铺缆船、潜水支持船、海上风电安装船等海洋工程装备和液化气运输船、客滚船等高技术船舶。

三、相关内容

（一）明确产业发展目标

通过三年时间，力争我省船舶工业在国内整体地位、产业技术水平显著提升，建成我国东南沿海重要的修造船基地。至2015年底形成年造船能力800万载重吨以上，其中三都澳、闽江口、湄洲湾、厦漳湾（以下简称“四个产业集中区”）分别达200万、350万、100万、150万载重吨；实现年修造船产值700亿元（其中邮轮游艇100亿元），全员劳动生产率30万元/人，工业增加值率28%；四个产业集中区集中度达90%以上；具备三大主流船型自主设计能力，填补海洋工程平台空白，海洋工程装备比重从目前的20%提高到30%，本土船舶配套装船率达20%以上；培育形成2~3个100万吨生产能力的重点骨干企业，其中省船舶工业集团造船能力达480万载重吨、修造船产值240亿元以上，跻身全国造船企业前列。

（二）促进企业技术进步

开展船舶企业生产条件达标评价，进一步规范管理，提高船舶建造质量，推动产业升级。支持骨干企业建立现代造船模式，实现设计、制造和管理一体化。在三大主流船型及汽车运输船、海洋工程船等领域打造具有国际竞争力的绿色环保品牌船型。争取8 000车汽车滚装船、客滚船、海洋工程平台、远洋渔船、船用设备等关键技术自主设计、研发实现新突破，推动船舶动力“油改气”工作。落实好现行出口退税、研发费用所得税前加计扣除、固定资产加速折旧、企业购进或自制机器设备发生的增值税进项税额按规定抵扣、技术改造等优惠政策。支持以企业为主体的关键技术研发、科技成果转化，并享受《福建省人民政府关于促进科技成果转化和产业化的若干意见》（闽政〔2011〕111号）的相关政策；对省级以上企业技术中心、企业研发机构等科技创新平台，由考核认定部门按其新购置研发仪器设备实际投资总额的30%给予资助，最高可达500万元。省蓝色产业投资基金对高端船舶制造等产业给予重点支持。

（三）加快重点项目建设

推动实施闽江口的马尾船政重工造船、华东船厂修造船、冠海可门修船、平潭利亚大练岛修造船搬迁和大型舰船修造，三都澳的福宁船舶重工造船、福安白马船舶工业园区造船，湄洲湾的泉州修造船，厦漳湾的厦船重工造船三期工程、厦门大型豪华邮轮及邮轮母港等一批重点项目建设；对确定为省重点项目的，海域使用金省内部分减免30%。各级政府有关部门要切实简化和规范相关手续，提高审批效率，促进项目尽快开工建设。列入省“百项千亿”重点技术改造计划的项目，享受省重点项目相关政策，按项目银行贷款实际发生额的5%给予贴息，其中以技术设备投资为主的项目可按技术设备投资额的5%予以补助，单个项目最高不超过500万元。对符合节能、循环经济专项资金奖励条件的项目优先给予支持。

（四）扶持海工装备等高技术船舶发展

支持发展海洋工程平台、钻井船、FPSO及电推供应船、物探船、起重铺管船、铺缆船、潜水支持船、海上风电安装船等海洋工程装备和液化气运输船、客滚船等高技术船舶。

2012~2015年，省海洋经济发展专项资金对省内造船企业建造海洋工程船和高技术船舶等产品的，给予每船主机功率每千瓦200元补贴；对客船给予每客位200元的补贴。

（五）推进产业链延伸拓展

鼓励中小企业实施差异化竞争，主动融入骨干企业生产体系配套生产中间产品。加快粗芦岛、福安、惠安和漳浦等主要船舶配套园区建设，发展船用动力装置、甲板机械、船舶通信导航和自动化系统及制冷、救生、防火设备等产品，符合条件的项目优先列入相关省重点项目计划。

（六）支持修船业健康发展

支持省内修船企业承揽大型船舶、海洋工程装备等船舶维修业务，积极承接台湾修船业转移。省外经贸厅（口岸办）会同有关部门积极协调，争取宁德三都澳港区、福州罗源湾和闽江口内港区、莆田东吴港区、泉州斗尾港区、漳州东山港区等扩大对外开放获批，简化外轮修理业务审批手续。协调解决外籍船舶的修船物料合并归类和修理用服务费的审价问题。

（七）推动企业兼并重组

强化"三维对接"，支持重点骨干企业以资本、产品为纽带，实施跨地区、跨所有制兼并重组。统筹省级有关部门扶持企业发展资金，对省内船舶企业并购贷款及兼并重组前期费用予以补助，最高不超过300万元。改制重组后企业承受的原企业土地、房屋权属，符合有关规定的免征契税；对企业改制过程中资金账薄、各类应税合同，符合规定的免征印花税。

（八）加大金融财税支持

金融机构要积极为船舶企业提供卖方信贷或为船东提供买方信贷。大力发展预付款保函业务，支持船舶企业多接单。落实好《福建省人民政府关于促进航运业发展的若干意见》（闽政〔2012〕30号）中扶持造船企业的优惠政策，并将对造船企业财产抵押贷款利息补贴30%的政策适用范围扩大至金融机构开展造船企业在建船舶、船台（坞）、龙门吊、大型起运设备及大型机械设备等财产抵押贷款业务。海事部门做好在建船舶抵押贷款登记，提高在建船舶融资的可操作性。发展船舶专业评估机构和交易平台，有效降低船舶评估交易费用。发挥出口信用保险对船舶出口的支持功能，船舶企业投保出口信用保险的，按照我省信用保险扶持管理办法优先给予保费补助。支持船舶企业以发行企业债券、短期融资券、中期票据和通过融资租赁等方式募集资金。支持在区域集优债务融资模式下推动船舶企业发债融资。对为小型船舶企业提供融资担保的担保机构，按年度担保额的10‰予以奖励。支持省再担保公司开展涉船担保业务。引导企业及社会资金投资船舶工业，支持船舶集中区设立船舶产业发展基金。对上市船舶企业每家奖励100万元。对造船企业按其新增地方级"三税"（主要指增值税、营业税、企业所得税）的30%给予奖励，按属地原则由企业所在县（市、区）财政负责兑付，涉及省级、设区市级集中一定比例的，按奖励金额同比例返还给县（市、区）。

（九）强化要素保障

省级各有关部门要做好四个产业集中区的规划衔接，优化资源配置，对重点船舶修造项目的用地、用海、用林、岸线、海域等要素优先给予保障，为企业申请办理船舶登记、通航、试航等行政许可提供优质服务。适度扩大集美大学、福建船政交通职业学院、厦门海洋职业技术学院和泉州泰山航海职业学院等船舶相关专业招生规模，开展多种形式的职工技能培训，培养和输送符合船舶企业需要的实用型人才。对引进的高端人才或团队，按相关规定从省级人才经费中予以专项补助或奖励，在住房、落户、子女就业等方面给予政策支持。

《湖北省船舶工业“十二五”发展规划》

一、发布部门

湖北省发展和改革委员会、湖北省国防科学技术工业办公室

二、简介

该规划提出，十二五期间，湖北省将着力提高船舶产业集中度，形成武汉、宜昌、鄂东三大船舶工业发展区域，其中宜昌地区以长江中上游、特别是以三峡库区航行的内河标准船舶建造和环保低碳特种船舶建造为主。全行业到2015年，实现工业总产值1 000亿元，造船能力达到500万载重吨，出口创汇50亿美元，船型研发及设计、特种船舶建造、船舶配套三个方面继续保持全国领先地位，龙头企业能建造10万吨级船舶的战略发展目标”，使船舶工业成为湖北省装备制造业的重要组成部分，成为该省“两圈一带”发展战略的支柱产业，使湖北省成为在全国具有重要地位的船舶工业强省。

三、相关内容

（一）“十二五”全省船舶工业发展思路

产品发展重点

海洋工程及装置：巩固海洋石油平台工作船、海洋工程船等船型，重点发展与深水三用工作船配套的超大型拖缆机拖曳系统、海洋工程船和海洋平台的多点锚泊定位系统、深水自升式钻井平台升降系统、大型海洋平台起重机、动力定位系统关键设备之变频传动全回转和吊舱式推进装置开发、海洋工程用钢配套焊接材料、深水铺管船用超大型回转起重机及海洋工程特种起重机、实时传输潜标、定点垂直升降剖面测量系统技术、基于北斗系统的海洋环境检测数据传输系统、高可靠深海潜标、深海切割释放器、海上地震勘探拖缆深度控制系统、浅海剖面探测浮标（C-cargo浮标）、干涉合成孔径声纳拖曳系统及链、索、绳三成分深水定位系泊线系统、FPSO单点系泊系统等，形成科研、开发和批量生产能力。

（二）政策措施

（1）加快资源整合和结构调整，打造国家级船舶建造和船舶配套基地。

（2）统筹规划，合理布局，促进产业集群发展。

（3）扶优扶强，加快船舶配套业的发展。

（4）大力增强自主创新能力，推进产业结构优化升级。

（5）大力发展非船产品，培育新的经济增长点。

鼓励造船企业利用现有造船设施开展修船业务，增强大型船舶、特种船舶、海洋工程装备修理和改装能力。大力发展海洋工程装备，重点支持武

昌船舶重工有限责任公司、武汉船用机械有限责任公司、七一〇所等单位研究开发新型钻井平台等海洋工程装备，积极开发海洋工程动力及传动系统等关键系统和配套设备，积极支持军民结合海上产业园（宜昌）建设，提高海洋环境检测国产化水平，促进海洋工程产业化。充分发挥船舶企业在大型机械制造和成套设备制造方面的技术优势，积极发展非船产品，实现产品多元化。进一步扩大钢箱梁、大口径厚壁无缝钢管、大型钢结构、成套设备、舟桥、压力容器、水工、水电、核电、风电设备、智能化系统与系统集成产业、物联网及RFID产业、微电子产业、软件及信息服务产业、精密钢管、全液压凿岩机、液压油缸、钻铤系列产品、抽油泵等非船产品的市场份额，加大船舶培训模拟设备和产品的研发力度。

（6）拓宽融资渠道，加大财政金融支持力度。

（7）加快人才培养力度，创建综合信息平台，促进行业发展。

（8）加强政策引导，营造良好的发展环境。

延伸阅读之一：

海洋工程装备制造业中长期发展规划

海洋工程装备是人类开发、利用和保护海洋活动中使用的各类装备的总称，是海洋经济发展的前提和基础，处于海洋产业价值链的核心环节。海洋工程装备制造业是战略性新兴产业的重要组成部分，也是高端装备制造业的重要方向，具有知识技术密集、物资资源消耗少、成长潜力大、综合效益好等特点，是发展海洋经济的先导性产业。

浩瀚的海洋蕴藏着丰富的资源，主要包括海洋矿产资源、海洋可再生能源、海洋化学资源、海洋生物资源和海洋空间资源等五大类。紧密围绕海洋资源开发，大力发展海洋工程装备制造业，对于我国开发利用海洋、提高海洋产业综合竞争力、带动相关产业发展、建设海洋强国、推进国民经济转型升级具有重要的战略意义。

根据《国务院关于加快培育和发展战略性新兴产业的决定》（国发（2010）32号）、《战略性新兴产业“十二五”发展规划》和《高端装备制造业“十二五”发展规划》，特制定本规划。规划期为2011~2020年。

一、发展现状与面临的形势

以海洋油气资源为代表的海洋矿产资源是当前世界海洋资源开发的重点和热点，技术相对成熟，装备种类多，数量规模较大，是未来5~10年产业发展的主要方向。以海上风能、潮汐能为代表的海洋可再生能源开发装备，以及海水淡化和综合利用、海洋观测和监测等方面的技术装备也具有较好的发展前景。同时，随着海洋波浪能、海流能、天然气水合物、海底金属矿产等海洋资源开发技术不断成熟，相关装备的发展也将逐步提上日程。

新世纪以来，我国海洋工程装备制造业发展取得了长足进步，特别是海洋油气开发装备具备了较好的发展基础，年销售收入超过300亿元，占世界市场份额近7%，在环渤海地区、长三角地区、珠三角地区初步形成了具有一定集聚度的产业区，涌现出一批具有竞争力的企业（集团）。目前，我国已基本实现浅水油气装备的自主设计建造，部分海洋工程船舶已形成品牌，深海装备制造取得一定突破。此外，海上风能等海洋可再生能源开发装备初步实现产业化，海水淡化和综合利用等海洋化学资源开发初具规模，装备技术水平不断提升。

但是，与世界先进水平相比，仍存在较大差距，主要表现为：产业发展仍处于幼稚期，经济规模和市场份额小；研发设计和创新能力薄弱，核心技术依赖国外；尚未形成具有较强国际竞争力的专业化制造能力，基本处于产业链的低端；配套能力严重不足，核心设备和系统主要依靠进口；产业体系不健全，相关服务业发展滞后。

21世纪是海洋的世纪，面对海洋资源开发这一不断成长的新兴市场，世界各国都在积极发展相关装备，加快海洋资源开发和利用已成为世界各国发展的重要战略取向。未来5～10年是我国海洋工程装备制造业发展的关键时期，既要应对国际竞争日益激烈的挑战，更要抓住国内外海洋资源开发装备需求增加的机遇，进一步增强紧迫感和责任感，大力协同，迎难而上，力争通过10年的发展，使我国海洋工程装备制造能力和水平迈上新台阶。

二、指导思想与发展目标

（一）指导思想

深入贯彻落实科学发展观，把握世界海洋资源开发利用与保护的总体趋势，面向国内外海洋资源开发的重大需求，重点突破深海装备的关键技术，大力发展以海洋油气开发装备为代表的海洋矿产资源开发装备，加快推进以海洋风能工程装备为代表的海洋可再生能源开发装备、以海水淡化和综合利用装备为代表的海洋化学资源开发装备的产业化，积极培育潮流能、波浪能、天然气水合物、海底金属矿产、海洋生物质资源和极地空间资源开发利用装备等相关产业，加快提升产业规模和技术水平，完善产业链，促进我国海洋工程装备制造业快速健康发展。

（二）发展原则

1. 面向需求，突出重点

针对世界海洋资源开发的重大需求，重点发展市场需求量大、技术成熟度高的海洋油气开发装备，集中力量，加快推进。分阶段分步骤推进海洋可再生能源、海洋化学资源开发装备的产业化。

2. 总包牵引，专业发展

着力提高装备的总承包能力和总装集成能力，带动相关设备供应商和分包商的发展；坚持走专业化发展道路，努力培育研发设计、总装建造、模块制造、设备供应、技术服务等方面的专业化能力。

3. 合理布局，完善体系

立足现有装备工业基础，加强能力建设的统筹规划，大力推进产业集群发展；全面推进产业链各环节和现代制造服务业的同步协调发展，不断完善产业体系。

4. 依托骨干，培育品牌

依托现有骨干企业，努力培育一批技术实力雄厚、综合竞争力强的品牌企业；倡导“产、学、研、用”相结合，以重大项目为牵引，打造一批技术性能优良的品牌产品。

5. 着眼长远，增强储备

把握海洋资源开发装备领域科技发展的新方向，加强海洋潮流能、波浪能、温差能、天然气水合物、海底金属矿产资源、海洋与极地生物基因资源和极地空间资源等领域相关装备的前期研究和技术储备，抢占未来发展先机。

（三）发展目标

经过10年的努力，使我国海洋工程装备制造业的产业规模、创新能力和综合竞争力大幅提升，形成较为完备的产业体系，产业集群形成规模，国际竞争力显著提高，推动我国成为世界主要的海洋工程装备制造大国和强国。

1. 产业规模位居世界前列

2015年，年销售收入达到2 000亿元以上，工业增加值率较“十一五”末提高3个百分点，其中海洋油气开发装备国际市场份额达到20%；2020年，年销售收入达到4 000亿元以上，工业增加值率再提高3个百分点，其中海洋油气开发装备国际市场份额达到35%以上。

2. 形成若干产业集聚区和大型骨干企业集团

重点打造环渤海地区、长三角地区、珠三角地区三个产业集聚区，2015年销售收入均达到400亿元以上，2020年提高到800亿元以上；重点培育5～6个具有较强国际竞争力的总承包商，2015年销售收入达到200亿元以上，2020年提高到400亿元以上。

3. 技术水平和创新能力显著提升

全面掌握深海油气开发装备的自主设计建造技术，装备安全可靠性全面提高，并在部分优势领域形成若干世界知名品牌产品；突破海上风能工程装备、海水淡化和综合利用装备的关键技术，具备自主设计制造能力；海洋可再生能源、天然气水合物开发装备及部分海底矿产资源开发装备的产业化技术实现突破；海洋生物质资源和极地空间资源开发利用装备、极地特种探测/监测设备的研发能力和技术储备明显增强。

4. 关键系统和设备的制造能力明显增强

2015年，海洋油气开发装备关键系统和设备的配套率达到30%以上，2020年达到50%以上；在海洋钻井系统、动力定位系统、深海锚泊系统、大功率海洋平台电站、大型海洋平台吊机、自升式平台升降系统、水下生产系统等领域形成若干品牌产品；具备深海铺管系统、深海立管系统等关键系统的供应能力；海洋观测/监测设备、海洋综合观测平台、水下运载器、水下作业装备、深海通用基础件等实现自主设计制造。

三、主要任务

（一）加快提升产业规模

1. 大力推进产业集聚发展

结合我国海洋资源的分布情况和现有装备工业总体布局，在以大连–天津–烟台–青岛为主的环渤海地区、以江苏苏中地区–上海–浙江浙东地区为主的长江三角洲地区、以深圳–广州–珠海为主的珠江三角洲地区，重点培育三大海洋工程装备制造业集聚区，具备总装建造、修理改装、设备供应、技术服务等方面的综合能力。

2. 全面提升总承包能力和专业化分包能力

依托大型骨干企业（集团），重点提高大型海洋工程装备的总装集成能力，打造具备总承包能力和较强国际竞争力的专业化总装制造企业（集团）。以总承包为牵引，带动和引导一批中小型企业走专业化、特色化发展道路，在工程设计、模块设计制造、设备供应、系统安装调试、技术咨询服务等领域，逐步发展成为具备较强国际竞争力的专业化分包商。

3. 加强企业技术改造

支持企业利用现有修造船设施发展海洋工程装备制造。重点支持企业（集团）适应海洋工程装备制造的特点对生产设施进行改造、工艺流程优化，以及开展企业信息化建设、节能降耗及减排等为主要内容的技术改造。

4. 加大企业兼并重组力度

支持海洋工程装备制造企业以产品、资本为纽带开展联合开发、联合经营，实施强强联合，规模化发展，实现规模经济。支持大型海洋工程装备制造企业与钢铁、石油等上下游企业以战略联盟或参股、合资合作等方式，适当延伸产业链，在上下游产业实现战略布局，实现优势互补、利益共享，增强抗风险能力。

（二）加强产业技术创新

1. 加快重点产品研发

围绕海洋资源在勘探、开采、储存运输和服务等四大环节的需求，加快培育和发展相关重点装备及其关键系统和设备。重点发展市场需求量较大的半潜式钻井平台、钻井船、自升式钻修井/作业平台、半潜式生产平台、浮式生产储卸装置、起重铺管船、大型起重船/浮吊、深海锚泊系统等关键系统和设备、水下采油树、泄漏油应急处理装置等水下系统及作业装备、海上及潮间带风机安装平台（船）、海水淡化和综合利用装备等，逐步实现自主设计建造，形成品牌,使之成为我国海洋工程装备制造业的主导产品。

2. 大力培育专业设计能力

结合海洋工程装备的技术发展趋势，在巩固提高浅水装备设计能力的基础上，着重提升装备的前端工程设计和基本设计的能力，掌握大型功能模块的设计技术，突破相关系统和设备的核心技术，全面提升大型海洋工程装备的设计能力。

3. 提高建造和工程管理水平

结合生产经营工作和实际工程项目的需要，有针对性地开展建造技术研究和项目管理技术研究，掌握海洋工程装备特有的建造技术、安装调试技术，建立与海洋工程装备项目特点相适应的、与国际接轨的现代工程管理模式和生产组织方式，支撑总承包和总装集成能力的提升。

4. 夯实产业发展的技术基础

建设深海技术装备公共试验/检测平台，积极开展海洋环境观测与监测技术、深海运载与深海探测、海底观测网络技术等海洋基础技术的研究。以满足工程项目实际需要为目标，系统开展深海浮式结构物水动力性能分析、深海设施疲劳强度分析、装备和设备的安全可靠性、海洋防腐蚀技术、深海工程安全监测/预警及远程控制技术等基础技术的研究。围绕典型海洋工程装备产品，加大对核心基础零部件和功能部件的研究支持力度，形成与部件协同发展的产业格局。加大相关标准、规范的制定、修改和完善，建立健全我国海洋工程装备的标准体系。

5. 开展前瞻概念性产品研究

着眼于海洋资源开发的长远需求，加强研发波浪能、潮流能、海水温差能等海洋可再生能源的开发装备，天然气水合物、多金属结核等海底矿产资源的开发装备，海水提锂、提铀等海水综合利用的成套装备，极地生物基因资源和空间资源开发利用装备以及极地特种探测和监测装备，海上机场、海上卫星发射场等大型海上浮式结构物，为未来的产品工程化和商业化开采奠定技术基础。

6. 推进研发平台建设

主要依托骨干科研机构，完善海洋工程装备的科研试验设施，在装备总体、功能模块、核心设备等领域，打造若干产品研发和技术创新平台。支持骨干企业（集团）设立海洋工程装备研发平台，建设深海公共测试场，高等院校、中小型企业联合设立共性技术研发平台，逐步完善以企业为主体、产学研用相结合的技术创新体系。

（三）提高关键系统和设备配套能力

1. 打造重点产品的专业化制造基地

依托造船行业和石油石化装备行业的骨干配套企业，结合已有基础，新建和扩建一批优势产品生产能力。围绕三大产业集聚区，在沿江、沿海地区打造专业系统和设备的研发制造基地。在陆上石油装备已有能力的基础上，积极发展海上石油装备，重点支持中西部地区的石油装备骨干企业，走专业化发展道路。

2. 积极培育优势产品

在海洋平台甲板机械、深海锚泊系统、海洋平台电站、海洋钻/修井设备、油气水分离处理设备等具备较好发展基础的领域，提高系统集成能力，努力将其打造成为国际知名品牌。同时加强国际合作，通过引进国外专利技术、合资办厂或收购、参股等多种方式，加快实现海洋观测和监测设备、动力定位系统、单点系泊系统、水下生产系统等高附加值设备和系统的设计制造。

（四）构筑海工装备现代制造体系

1. 积极发展海工装备制造现代服务业

以完善海洋工程装备产业体系、推动产业协调发展为宗旨，积极发展研发实验（试验）服务、工程设计服务、安装调试服务、技术交易、知识产权和科技成果转化等知识密集型服务业，重点在三大海洋工程装备制造业集聚区内，培育一批专业化的高技术服务企业。同时，大力发展信息咨询服务、投资咨询服务、信贷融资服务、保险和担保服务、各类法律服务等，为产业快速发展提供全方位的服务支撑。

2. 提升海洋工程装备制造信息化水平

充分发挥信息化技术对提升产业水平的推动作用，深化信息技术在企业生产经营各环节的应用。大力推进海洋工程装备的数字化、网络化、协同化设计，加强工程项目管理软件的开发和应用，积极支持骨干企业（集团）开展内部综合信息化网络平台的建设，完善信息共享机制，提高运行效率。

3. 建设安全、环保、高效的海工装备制造体系

结合海洋工程装备产业的特点，高度重视装备、设备的质量和安全可靠性，加强设计制造的过程控制，推动建立全员、全方位、全生命周期的质量管理体系，努力营造“安全质量第一”的企业文化。围绕设计建造重点环节，积极开展节能降耗研究，强化节能降耗基础管理，推广应用低能耗、低物耗、高效自动化装备，努力构建环保、高效的先进制造体系。

（五）提升对外开放水平

1. 广泛开展对外合作

支持国内企业把握经济全球化的新特点，积极开展国际交流与合作，充分利用各种渠道和平台，探索各种对外合作模式，加快融入全球产业链。鼓励境外企业和科研机构在我国设立研发机构，支持国内外企业联合开展装备的研发和创新，鼓励合资成立研发机构。

2. 积极实施“走出去”和“引进来”战略

大力开拓国际市场，针对海洋工程装备产业的全球区域布局，着眼于接近市场、接近客户，支持国内企业创建国际化营销和服务网络，提高国际化经营水平，创建国际知名品牌和企业。支持有实力、有条件的国内企业到境外设立公司，并购或参股国外企业和研发机构。支持海洋工程装备制造企业、设计公司与境外研发设计机构、知名企业开展合资合作、联合设计，积极引进研发设计、经营管理方面的境外高层次人才。

（六）实施重大创新工程

1. 深海资源探采装备发展工程

围绕深海油气资源开发在勘探、开发、储存运输和服务四个核心环节的装备需求，突破深海浮式结构物水动力性能、结构设计和强度分析等共性技术以及高性能材料的研制，加快发展深海高性能物探船、浮式生产储卸油装置、半潜式平台、水下生产系统、环境探测/观测/监测等装备及其关键设备和系统，建设浮式液化天然气生产储卸装置等新型装备的总装制造平台，完善设计建造标准体系，掌握3 000米深海油气田开发所需装备的设计建造能力，形成我国开发深海油气资源的装备体系，以及包括总装、配套、技术服务等在内的相对完善的产业链。

2. 深海空间站工程

以抢占海洋工程装备制造业未来发展的技术制高点为目标，根据全水下开发等新兴开发模式的装备需求，积极开展深海空间站及水面支持系统的研发，突破大潜深结构设计技术、特种材料及建造工艺技术、水下设施承压密封技术、水下设施连接和监控技术、海底能源站技术、水下生命维持与综合保障技术、水面支持系统及对接技术等关键技术，为产品的工程化研制奠定技术基础。

四、政策措施

（1）积极培育装备市场支持海洋地质普查和资源调查，加大海洋环境的观测、监测和极地科考等海洋科技活动的支持力度。支持保险机构建立保险机制，为用户采用海洋工程装备及配套设备提供保险。对于我国海域内的海洋油气开发项目，鼓励油气开采企业提高装备及设备的配套率。支持沿海淡水资源匮乏地区开展海水淡化及综合利用试点和示范。

（2）规范和引导社会投入新建大型海洋工程装备专用基础设施项目需报国家核准，鼓励造修船企业利用现有造修船设施发展海洋工程装备的制造和修理改装。对于海水淡化和综合利用、海洋风能工程装备等海洋工程装备研制项目在用海政策上给予重点支持。加强相关规划的统筹协调，节约、集约利用岸线资源。

（3）完善财税和金融支持政策鼓励和支持金融机构加快金融产品和服务方式创新，有效拓宽海洋工程装备制造企业融资渠道。鼓励金融机构按照市场化原则，在符合国家政策导向和有效防范风险的前提下，灵活运用多种金融工具，支持信誉良好、产品有市场、有效益的海洋工程装备企业加快发展。按照有关政策规定，进一步探索改进适合海洋工程装备产业特点的信贷担保方式，拓宽抵押担保物范围。支持符合条件的海洋资源开发企业、海洋工程装备制造企业上市融资和发行债券。

（4）加大科研开发支持力度加大科研经费投入，建立多渠道投入机制，支持海洋工程装备的研发和创新。依托国家科技计划、海洋科技专项，加大对海洋观测、监测及极地科考等海洋科技活动的支持力度。依托骨干海洋工程装备研发制造企业，建设国家工程研究中心、国家工程实验室、企业技术中心等。通过科技金融和国家科技成果转化资金等渠道，加快科技成果转化和产业化。鼓励企业加大创新投入，按照有关政策规定，落实企业开发新技术、新产品、新工艺发生的研究开发费用在计算应纳税所得额时加计扣除的优惠政策。

（5）推动建立产业联盟组织和引导行业骨干研发机构、制造企业，联合检验机构、用户单位等，建立海洋工程装备产业联盟，鼓励相互持股和换股，形成利益共同体，在科研开发、市场开拓、业务分包等方面开展深入合作。引导“产、学、研、用”相结合，鼓励产业技术创新战略联盟围绕产业技术创新链开展创新，推动实现重大技术突破和科技成果产业化。鼓励总装建造企业建立业务分包体系，培育合格的分包商和设备供应商，推动“专、精、特、新”型中小企业发展。

（6）加强人才队伍建设鼓励企业积极创造条件，营造良好的人才发展环境，引进研发设计、经营管理方面的境外高层次人才和团队。优化人才培养和使用机制，加强创新型研发人才、高级营销人才和项目管理人才、高级技能人才等专业人才队伍的建设，培育海洋工程装备领域的国家级专家，扩大海洋工程装备高端人才队伍。

五、规划实施工

工业和信息化部会同发展改革委、科学技术部、国有资产监督管理委员会、国家能源局、国家海洋局制定《规划》实施方案，建立各部门分工协作、共同推进的工作机制。地方各级政府部门根据职能分工，分别制定实施推进海洋工程装备发展的工作计划和配套政策措施，充分发挥行业协会、学会、船级社等中介组织的作用，确保实现海洋工程装备制造业发展规划目标。有关部门要适时开展《规划》的中期评估和后评价工作，及时提出评价意见。

延伸阅读之二：

海洋工程装备产业创新发展战略（2011~2020年）

为贯彻落实《国务院关于加快培育和发展战略性新兴产业的决定》（国发〔2010〕32号）精神，增强海洋工程装备产业的创新能力和国际竞争力，推动海洋资源开发和海洋工程装备产业创新、持续、协调发展，特制定本战略。战略实施期为2011~2020年。

一、战略意义

海洋工程装备产业是开发利用海洋资源的物质和技术基础，是我国当前加快培育和发展的战略性新兴产业，是船舶工业调整和振兴的重要方向。

海洋工程装备主要指海洋资源（特别是海洋油气资源）勘探、开采、加工、储运、管理、后勤服务等方面的大型工程装备和辅助装备，具有高技术、高投入、高产出、高附加值、高风险的特点，是先进制造、信息、新材料等高新技术的综合体，产业辐射能力强，对国民经济带动作用大。

党的十七届五中全会把发展海洋经济提到了国家战略的高度，明确提出了提高海洋开发、控制、综合管理能力。《国务院关于加快培育和发展战略性新兴产业的决定》明确将海洋工程装备产业纳入重点培育和发展的战略性新兴产业。

近年来，我国海洋工程装备产业发展具备了一定基础，已成功设计和建造了浮式生产储卸装置

（FPSO）、自升式钻井平台、半潜式钻井平台以及多种海洋工程船舶，在基础设施、技术、人才等方面初步形成了海洋工程装备产业的基本形态，但在高端新型装备设计、建造、配套、工程总承包能力等方面尚明显落后于发达国家，难以满足国内海洋开发和参与国际竞争的需要。

未来十年，是我国海洋工程装备产业快速发展的关键时期。充分利用我国船舶工业和石油装备制造业已经形成的较为完备的技术体系、制造体系和配套供应体系，抓住全球海洋资源勘探开发日益增长的装备需求契机，加强技术创新能力建设，加大科研开发投入力度，大幅度提升管理水平，完全有可能实现我国海洋工程装备产业跨越发展。

二、指导思想和战略目标

（一）指导思想

坚持以邓小平理论和“三个代表”重要思想为指导，深入贯彻落实科学发展观，面向国内国际两个市场，以需求为导向，立足科技创新，完善支撑体系，充分发挥企业的市场主体作用和政府的引导推动作用，重点突破海洋深水勘探装备、钻井装备、生产装备、工程船舶的设计制造核心技术，全面提升自主研发设计、专业化制造及设备配套能力，提高核心竞争力，实现海洋工程装备产业跨越发展。

（二）战略目标

到2015年，基本形成海洋工程装备产业的设计制造体系，初步掌握主力海洋工程装备的自主设计和总包建造技术、部分新型海洋工程装备的制造技术以及关键配套设备和系统的核心技术，基本满足国家海洋资源开发的战略需要。

到2020年，形成完整的科研开发、总装制造、设备供应、技术服务产业体系，打造若干知名海洋工程装备企业，基本掌握主力海洋工程装备的研发制造技术，具备新型海洋工程装备的自主设计建造能力，产业创新体系完备，创新能力跻身世界前列。

三、总体部署

“十二五”期间，按照“市场为牵引、创新为驱动、总装为龙头、配套为骨干”的发展思路，在现有基础上加强对主力装备技术的引进消化吸收再创新，掌握总体设计技术和建造技术，启动一批主力装备、新型装备和关键配套设备的核心技术研发和产业化项目，加强创新能力建设，健全和完善技术创新体系，建设符合海洋工程装备产业创新发展要求的科研开发协作机制，推动自主研发设计能力快速提高。

“十三五”期间，着力开展集成创新，注重培育原始创新能力，进一步提高主力海洋工程装备的设计制造能力，掌握关键共性技术，加快发展新型海洋工程装备，开展前瞻性海洋工程装备技术研究，推动我国海洋工程装备产业由低端制造向高端集成方向发展。

四、战略重点

（一）主力海洋工程装备

指量大面广、占市场总量80%以上的海洋工程装备，主要包括：物探船、工程勘察船、自升式钻井平台、自升式修井作业平台、半潜式钻井平台、半潜式生产平台、半潜式支持平台、钻井船、浮式生产储卸装置（FPSO）、半潜运输船、起重铺管船、风车安装船、多用途工作船、平台供应船等。重点突破自主开发设计的关键核心技术，具备概念设计、基本设计和详细设计能力。

（二）新型海洋工程装备

指近年来国际上新发展起来的、我国目前尚处于空白状态的、有广阔市场前景的海洋工程装备，主要包括：液化天然气浮式生产储卸装置（LNG-FPSO）、深水立柱式平台（SPAR）、张力腿平台（TLP）、浮式钻井生产储卸装置（FDPSO）、自升式生产储卸油平台、深海水下应急作业装备及系统，以及其他新型装备。重点突破总装建造技术，逐步提升集成设计能力，填补国内空白。

（三）前瞻性海洋工程装备

指代表当今国际海洋工程装备新兴技术，可能改变当前海洋资源开发模式的新装备，主要包括：多金属结核、天然气水合物等开采装备，波浪能、潮流能等海洋可再生能源开发装备，海水提锂等海洋化学资源开发装备，以及其他新型装备。重点开展概念性技术研究，提高前瞻性技术开发能力，为未来装备发展做好技术储备。

（四）关键配套设备和系统

指海洋工程平台和作业船的配套系统和设备，以及水下采油、施工、检测、维修等设备，主要包括：自升式平台升降系统、深海锚泊系统、动力定位系统、FPSO单点系泊系统、大型海洋平台电站、燃气动力模块、自动化控制系统、大型海洋平台吊机、水下生产设备和系统、水下设备安装及维护系统、物探设备、测井/录井/固井系统及设备、铺管/铺缆设备、钻修井设备及系统、安全防护及监测检测系统，以及其他重大配套设备。重点突破系统集成设计技术、系统成套试验和检测技术、关键设备和系统的设计制造技术等。

（五）关键共性技术

指制约我国海洋工程装备自主创新能力的关键技术和共性技术，主要包括：设计建造标准体系研究、海工工程管理技术、深海设施运动性能及载荷分析预报技术、深海设施动力响应及强度分析技术、深海锚索/立管等柔性构件的动力特性分析技术、深海海洋工程装备风险控制技术、深海设施长效防腐及防护技术、深水浮式结构物恶劣海况下安全性评估技术、海上构筑物寿命评估及弃置技术等。

五、战略实施途径

（一）支持创新驱动，实施产业创新发展工程

将海洋工程装备发展战略纳入国家加快培育和发展战略性新兴产业的总体部署，组织实施海洋工程装备产业创新发展工程，突破核心装备设计制造技术，完善标准体系，全面提升自主研发设计、专业化制造及关键配套技术水平，加快引进消化吸收再创新，大力开展集成创新，积极培育原始创新能力，加速创新成果转化。加强创新能力建设，整合现有资源，依托现有条件，建设若干具有世界先进水平的国家工程研究中心、国家工程实验室、国家重点实验室、国家工程技术研究中心、企业技术中心等，并大力完善以企业为主体的技术创新体系。

（二）以需求为牵引，形成产业联盟

面向国际国内两个市场，促进应用和供给的融合，遵循海洋油气开发规律和程序要求，充分发挥企业的市场主体作用。积极培育油气企业海上油气田规划、施工建设、设备制造、安装和维护能力，以及油气开采技术开发能力。支持船舶工业企业提高装备设计、建造和总包能力，推动产业结构调整升级。鼓励船用设备配套企业积极开展关键配套设备及系统研制。支持设立由大型骨干企业主导，科研机构、高校、专业技术服务公司等参与的产业联盟，推进产、学、研、用密切结合。

（三）加强国际合作，打造一流人才队伍

鼓励优势企业走出去，积极参与境外相关产业的合资合作，充分利用各种有利的国际资源，提高企业的国际竞争力。改革和完善企业分配和激励机制，积极营造人才发展良好环境，创造条件吸引海外有专长的工程技术专家、学者来国内工作。依托

创新平台的建设和重大科研项目的实施，积极培养具有跨专业学科研发能力的领军人才。

（四）加强政策引导，完善产业结构

加强产业统筹规划和政策导向，对产能建设、行业协作、产业布局、创新发展等重要领域和关键环节，发挥政府宏观引导和协调作用，统筹现有设施和新建能力，坚持设计、制造、总装和配套同步发展。

六、保障措施

（一）加大国家支持力度

以提高设计制造能力、加速产业发展为目标，针对战略发展重点，依托优势企业，统筹工程化技术开发、标准制定、关键装备及配套设备产业化和创新能力建设等环节，加大国家投入力度，推动要素整合和技术集成，努力实现海洋工程装备产业核心技术重大突破。结合海洋工程装备产业特点，进一步落实相关税收支持政策。

（二）鼓励研究开发和创新

鼓励企业、科研机构、高校对重点项目和重大工程进行联合攻关。鼓励企业加大对海洋工程装备的研发投入和创新成果产业化的投入；按照企业所得税的法律法规和有关政策规定；落实企业开发新技术、新产品、新工艺发生的研究开发费用，在计算应纳税所得额时加计扣除的优惠政策。鼓励国内企业开展海外并购，与有实力的国际设计公司合资合作。推动国际海洋工程装备技术转移，鼓励境外企业和研究开发、设计机构在我国设立合资、合作研发机构。推动建立由项目业主、装备制造企业和保险公司风险共担、利益共享的重大技术装备保险机制。

（三）改进和完善金融服务

鼓励和支持金融机构加快金融产品和服务方式创新，有效拓宽海洋工程装备制造企业融资渠道。鼓励金融机构灵活运用票据贴现、押汇贷款、保函等多种方式，支持信誉良好、产品有市场、有效益的海洋工程装备企业加快发展。按照有关政策规定，进一步探索改进适合海洋工程装备产业特点的信贷担保方式，拓宽抵押担保物范围。积极开展海洋工程装备的融资租赁业务。支持符合条件的海洋工程装备制造企业上市融资和发行债券。

（四）做好组织和协调

有关部门应加强对海洋工程装备产业创新发展的总体规划和协调，制定和落实相关政策，组织实施海洋工程装备创新研发及产业化专项工程，推进关键设备和系统的示范应用，协调科技、金融、财税等各方关系，引导和推动全社会力量，将海洋工程装备产业创新发展战略落到实处。

延伸阅读之三：

海洋工程装备科研项目指南（2012年版）

为加快贯彻落实国务院发布的《“十二五”国家战略性新兴产业发展规划》，工业和信息化部、国家发展和改革委员会、财政部联合发布的《高端装备制造业“十二五”发展规划》（工信部联规〔2012〕145号），以及工业和信息化部、国家发展和改革委员会、科学技术部、国务院国有资产监督管理委员会、国家海洋局联合发布的《海洋工程装备制造业中长期发展规划》（工信部联规〔2011〕597号，以下简称《海工规划》），引导企业加强深海资源开发所需装备的研制，形成我国开发深海资源装备的设计制造能力，特制定本指南。

本指南围绕海洋资源勘探、开采、储存运输和服务四大环节的需求，选择《海工规划》明确的部分急需海洋工程装备重点产品和关键技术，按照海洋资源勘探、开采、作业装备，关键系统和设备，基础共性技术和标准等三个领域，形成了2012年海洋工程装备研发的重点方向。

一、海洋资源勘探、开采、作业装备

（一）深海半潜式生产平台总体设计关键技术研究

1. 研究目标

掌握深海半潜式生产平台的设计理念，突破平台总体设计关键技术。

紧密结合我国南海海域的自然环境条件，研究开发出一型深海半潜式生产平台设计方案，其功能满足我国南海海域深海油气资源开发的需求。

完成基本设计并通过国内外相关船级社的审查。

2. 主要研究内容

总体方案设计技术研究；

平台设计环境条件及总体性能研究；

平台结构设计技术研究；

超深海定位系统设计与海上安装技术研究；

平台模型试验技术研究；

平台立管系统设计技术研究；

平台上部采油、生产作业流程设计研究；

平台系统集成及集成控制设计研究。

3. 成果形式

各种相关技术研究报告；

基本设计图纸、计算书、试验报告；

相应的专利；

半潜生产平台设计指导性文件；

与上述平台配套的生产立管研制技术要求；

半潜生产平台设计技术标准名录。

（二）浮式液化天然气生产储卸装置（LNG-FPSO）总体设计关键技术研究

1. 研究目标

跟踪国外LNG-FPSO的技术发展趋势，重点开展船型关键技术和关键系统研究，突破LNG-FPSO的总体设计关键技术。

紧密结合我国南海海域的自然环境条件，开发出一型用于深海大型气田的大型LNG-FPSO设计方案，该型LNG-FPSO的年产量约为300万吨，舱容约30万立方米。

完成基本设计并通过国内外相关船级社的审查。

2. 主要研究内容

总体方案优化技术研究；

水动力性能分析与模型试验技术研究；

全船结构分析及设计技术研究；

系泊分析及系统设计技术研究；

工艺处理模块及方案设计研究；

液化处理系统设计研究；

LNG-FPSO基本设计方案。

3. 成果形式

各种相关技术研究报告；

基本设计图纸、计算书、试验报告；

相应的专利；

LNG-FPSO设计指导性文件；

提出与上述LNG-FPSO配套的离岸液化装置及工艺处理装置研制技术要求；

LNG-FPSO设计技术标准名录。

（三）深海半潜式支持平台研发

1. 研究目标

掌握深海半潜式支持平台的设计理念，突破深海半潜式支持平台总体设计关键技术。

结合当前国内外深海油气资源开发需要，开发出一型集钻井支持、海上安装、供应、居住等功能为一体的半潜式支持平台的设计方案。

完成基本设计并通过国内外相关船级社的审查，具备承接工程项目的条件。

2. 主要研究内容

平台总体方案论证研究；

深海耦合多点系泊系统设计及栈桥技术研究；

钻机模块自安装技术研究；

钻井作业材料输送技术及流程研究；

动力供应及接口技术研究；

人员居住安全及环保技术研究；

平台振动与噪声控制技术研究；

平台建造方案及关键设备安装调试技术研究。

3. 成果形式

各种相关技术研究报告；

基本设计图纸、计算书、试验报告；

相应的专利；

半潜式支持平台设计指导性文件；

半潜式支持平台设计与建造技术标准名录。

（四）浮式液化天然气储存及再气化装置（LNG-FSRU）总体设计关键技术研究

1. 研究目标

掌握LNG-FSRU的设计理念，突破LNG-FSRU的总体设计关键技术。

结合国内外市场需要，开发一型舱容在20万立方米以上、年气化能力约为200万吨的LNG-FSRU的设计方案。

完成基本设计并通过国内外相关船级社的审查，具备承接工程项目的条件。

2. 主要研究内容

LNG-FSRU船型及海况分析研究；

船体运动性能及液货晃荡分析技术研究；

液货舱结构强度及疲劳分析技术研究；

系泊分析及系统研究；

货物输送系统研究；

液货存储系统选型研究。

3. 成果形式

各种相关技术研究报告；

基本设计图纸、计算书、试验报告；

相应的专利；

LNG-FSRU设计指导性文件；

LNG-FSRU设计技术标准名录。

（五）海上油田环保作业船研发

1. 研究目标

掌握海上油田环保作业船的设计理念，突破此类船舶的核心技术。

以大功率、大收油舱容、具备高海况作业能力和应急能力为主要目标，开发一型经济、收油效果好及综合作业能力强的海上油田环保作业船的设计方案。

完成基本设计并通过国内外相关船级社的审查，具备承接工程项目的条件。

2. 主要研究内容

大船、收油艇与内置式收油机联合操作技术；

节能减排技术；

溢油回收设备分析、选型技术；

船舶推进装置技术；

空调通风系统技术；

浮油回收舱布置技术；

区域及设备防爆处理技术；

总体建造方案及关键设备安装调试技术研究。

3. 成果形式

各种相关技术研究报告；

基本设计图纸、计算书、试验报告；

相应的专利；

海上油田环保作业船设计指导性文件；

海上油田环保作业船设计与建造技术标准名录。

二、关键系统和设备

（一）海洋钻井平台用深海隔水管系统研究及关键部件研制

1. 研究目标

开展钻井隔水管及相关配套设备的技术研究，掌握钻井隔水管设计制造关键技术。

开发一套适合我国南海2 000m水深作业要求的钻井隔水管系统及关键设备配套方案。

完成钻井隔水管提升装置、卡盘、200K钢丝绳式隔水管张紧装置、灌注阀、隔水管主体单根的样机研制，并完成样机的API认证。

完成钻井隔水管伸缩装置原理样机的研制。

完成万向节、隔水管伸缩装置、隔水管终端接头的图纸设计并经相关机构或单位认可，符合API相关规定。

2. 主要研究内容

系统配套技术研究；

万向节技术研究；

隔水管终端接头技术研究；

隔水管伸缩装置技术研究；

隔水管提升装置研制；

卡盘研制；

200K钢丝绳式隔水管张紧装置研制；

灌注阀研制；

隔水管主体单根研制；

隔水管主体及关键设备功能试验技术研究。

3. 成果形式

各种相关技术研究报告；

钻井隔水管系统及关键设备配套样机设计图纸、计算书、试验报告；

相应的专利；

钻井隔水管系统及关键设备配套方案设计指导性文件；

钻井隔水管系统及关键设备技术标准名录。

（二）深海轻型J型海底管道铺设系统研制

1. 研究目标

以满足深海油气田井口间短距离小管径管道铺设需求和水下设施安装需求为主要目标，开展轻型J型铺设系统设计方案和关键设备的研究。

开发一套作业水深300~1 000米，满足6~12英寸海管铺设。200吨以内水下设施安装，适用我国海洋油气开发铺管船的轻型J型海底管道铺设系统设计方案。

完成轻型J型铺设系统工程样机的制造并在实船安装和测试。

2. 主要研究内容

国外轻重型深海J型铺设系统分析研究；

深海J型铺设管道预处理与输送技术研究；

深海J型铺设系统水下安装与监测技术研究；

轻型J型铺设系统总体方案研究；

轻型J型铺设系统设备集成设计技术研究；

轻型J型铺设系统工程样机研制；

轻型J型铺设系统实船适应性升级技术研究；

轻型J型铺设系统海上风险分析。

3. 成果形式

各种相关技术研究报告；

轻型J型铺设系统工程样机及样机设计图纸、计算书、试验报告；

相应的专利；

铺管船用轻型J型铺设系统设计指导性文件；

J型铺设系统及关键设备技术标准名录。

（三）水下连接系统及关键设备研制

1. 研究目标

以突破适用于1 500米深海环境下水下生产系统连接系统的设计、制造、测试、安装关键技术为目标，开展相关技术研究和设备研制。

完成深海水下连接系统设计方案。

完成一套卡箍式连接系统工程样机，设计水深1 500米，连接器连接管径6英寸，实现海试及示范应用。

完成一套螺栓法兰连接系统工程样机，设计水深1 500米，连接器连接管径24英寸，实现海试。

2. 主要研究内容

水下连接系统材料选择及材料工艺特性研究；

水下连接系统与ROV接口技术研究；

水下连接系统密封技术研究；

水下连接系统模拟仿真技术研究；

卡箍式连接系统工程样机研制及示范应用研究；

卡箍式连接系统安装与测试技术研究；

螺栓法兰式连接系统工程样机研制；

螺栓法兰式连接系统安装与测试技术研究。

3. 成果形式

各种相关技术研究报告；

卡箍式连接系统工程样机和螺栓法兰式连接系统工程样机及相应的设计图纸、计算书、试验报告；

相应的专利；

深海水下连接系统设计指导性文件；

水下连接系统及关键设备技术标准名录。

（四）FPSO原油外输系统集成技术研究及关键设备研制

1. 研究目标

以满足30万吨级及以下FPSO配套需求为主要目标，开展FPSO原油外输系统集成设计技术研究和关键设备研制。

完成一型外输能力为每小时3000～5000 立方米的FPSO原油外输系统集成设计，完成系统样机及快速应急拉断阀（ESD阀）、快速拉断接头等关键部件研制和试验验证，获得相关船级社的认可。

2. 主要研究内容

大流量安全输送、快速应急等原油外输系统安全保护及集成技术研究；

原油外输系统ESD阀、快速拉断接头等关键部件研制；

原油外输系统试验验证技术研究。

3. 成果形式

各类技术研究报告；

30万吨级FPSO配套的原油外输系统集成设计方案（设计文件与图纸）；

相应的专利；

FPSO原油外输系统设计指导性文件和试验验证规范；

FPSO原油外输系统技术标准名录。

（五）悬链式单点系泊装置研制

1. 研究目标

攻克海洋浮式结构物悬链式单点系泊装置的

核心设计和建造技术，研制出具有自主知识产权的悬链式单点系泊装置，形成装置总包能力。

完成一台具备系泊30万吨级以下大型油轮、设计传输能力每小时5 000立方米、设计寿命25年的悬链式单点系泊装置的研制，完成主轴承及立管的研制。

2. 主要研究内容

悬链式单点系泊装置功能分析、类型选择和设计参数论证；

锚链-浮筒-船舶耦合水动力分析和模型试验研究；

海洋环境动载荷作用下海底桩锚定位设计与分析；

悬链式单点系泊装置结构设计和多种接卸管路系统设计与分析；

悬链式单点系泊装置建造、安装、调试技术研究；

主轴承及立管等主要配件研制及试验验证技术研究。

3. 成果形式

各种相关技术研究报告；

主轴承及立管等样机及样机设计图纸、计算书、试验报告；

相应的专利；

悬链式单点系泊装置设计指导性文件；

悬链式单点系泊装置相关技术标准。

（六）内转塔式单点系泊系统开发及液体旋转接头研制

1. 研究目标

对FPSO单点系泊系统技术进行系统研究，开发一套适应我国南海100米工作水深FPSO需要的内转塔式单点系泊系统的设计方案。

完成基本设计，完成液体旋转接头、电滑环等关键设备样机的研制，通过船级社认可。

2. 主要研究内容

国外内转塔式单点系泊系统功能（多种接卸管路系统能力）分析；

内转塔式单点系泊系统总体设计技术研究；

内转塔式单点系泊系统与FPSO船体的匹配设计研究；

内转塔式单点系泊系统水动力性能分析与模型试验；

内转塔式单点系泊系统海上安装方案研究；

内转塔式单点系泊系统核心部件——液体旋转接头及电滑环研制；

内转塔式单点系泊系统及关键部件功能验证试验技术研究。

3. 成果形式

各种相关技术研究报告；

液体旋转接头、电滑环样机及样机设计图纸、计算书、试验报告；

相应的专利；

内转塔式单点系泊系统设计指导性文件；

内转塔式单点系泊系统设计及关键部件的技术标准。

（七）海洋平台及FPSO用大容量发电模块设计技术研究

1. 研究目标

以满足海洋平台及FPSO用大容量电站系统中发电模块工作需要为目标，通过开展海洋平台及FPSO用大容量发电模块设计技术研究，突破电站系统中发电模块匹配仿真、试验验证等关键技术，掌握海洋平台及FPSO用大容量电站系统中发电模块设计技术和集成方法。

完成一套大容量电站系统中发电模块的设计，其技术指标：①电压11kV，②单机功率

≥5 000~10 000kW，③电站模块匹配仿真软件仿真精度≥90%，④电站结构噪声隔振量≮15dB(A)，⑤中压系统THD<4%，400V系统THD<5%，⑥排放满足Tier Ⅲ要求。

2. 主要研究内容

大容量电站系统中发电模块集成设计技术研究；

大容量电站系统中发电模块匹配仿真技术研究；

大容量电站系统中发电模块试验验证技术研究。

3. 成果形式

各种相关技术研究报告；

仿真软件理论文本、使用说明、源代码文件、目标文件、测试报告，软件著作权登记证书；

机组样机设计图纸、计算书、试验报告；

相应的专利；

海洋工程用大容量发电模块技术标准。

（八）LNG-FSRU 再气化模块总体设计关键技术研究及相关设备研制

1. 研究目标

以形成LNG-FSRU再气化模块总包能力为主要目标，开展再气化模块总体设计技术研究和相关设备的研制工作，具备设计建造LNG-FSRU再气化模块的能力，完成相应的工程样机。

工程样机的目标输出压力为10MPa，日产气量最大为3.75亿立方英尺，设计寿命大于20年。

2. 主要研究内容

ORV、SCV、IFV/STV、AAP等工艺在LNG-FSRU上应用的可行性研究；

再气化模块总体布置方案研究；

再气化模块关键流程工艺研究；

再气化模块关键建造工艺研究；

LNG增压泵、中间介质泵、加热蒸发器等再气化模块关键设备的关键工艺技术研究及设备研制；

LNG吸入罐和中间介质罐研制；

再气化模块主结构材料和舾装件研制；

再气化模块建造用特殊焊接材料研制；

再气化模块样机研制及测试。

3. 成果形式

各种相关技术研究报告；

一套LNG-FSRU再气化模块样机及样机设计图纸、计算书、试验报告；

相应的专利；

LNG-FSRU再气化模块的技术标准名录。

（九）深海作业起重机主动升沉补偿系统研制

1. 研究目标

以满足深海作业起重机配套需要为目标，开展主动升沉补偿系统共性技术研究，突破深海作业起重机主动升沉补偿系统设计及研制技术。

完成一型满足500~3 000米深海作业环境工作要求，能够为200吨及以下的海洋起重机配套的主动升沉补偿系统样机及试验系统，获得船级社的认可。

2. 主要研究内容

深海作业起重机主动升沉补偿系统环境适应性、检测及控制等共性技术研究；

深海作业起重机主动升沉补偿系统设计及研制；

深海作业起重机主动升沉补偿系统试验验证技术研究。

3. 成果形式

各种相关技术研究报告；

配套200吨深海作业起重机的主动升沉补偿

系统设计技术文件及工程样机图纸、计算书、试验报告；

配套200吨及以下的深海作业起重机的主动升沉补偿系统试验系统；

相应的专利；

深海作业起重机主动升沉补偿系统设计指导性文件和试验验证规范；

深海作业起重机主动升沉补偿系统技术标准名录。

三、基础共性技术和标准

（一）岛礁中型（总长300米级）浮式结构物关键技术研究

1. 研究目标

针对南海岛礁经济发展、渔业资源开发与政府管辖的需求，开展深远海多种结构型式中型浮式结构物（岛礁后勤支持平台）总体性能、结构特性、运动性能控制、水池模型试验、总体设计、海上安装、系泊定位、防波等关键技术与相应技术标准的研究，掌握南海典型岛礁环境下大型浮式结构物概念设计技术。完成一型总长300米级、水深大于200米、可抗百年一遇海况的深远海大型浮式结构物及防波设施的概念设计方案，具备人员居住、船舶停靠、物资储存、能源补给、淡水制造、医疗中心、可再生能源利用、信息枢纽等多种功能，并通过水池模型试验验证。

2. 主要研究内容

南海典型（目标）岛礁自然环境（风、浪、流、海床结构、台风、高温等）测量技术研究；

南海典型（目标）岛礁的使用特征与技术指标优化论证；

不同功能的浮式结构物符合舒适性、使用性、维护性要求的总布置研究；

浮式结构物总体性能分析技术研究；

浮式结构物系泊定位技术研究；

浮式结构物防波技术研究；

浮式结构物、防波设施水池模型试验技术研究；

浮式结构物运输与安装技术研究；

新型材料在南海浮式结构物设计中的应用技术研究；

浮式结构物、防波设施在高温自然环境下防腐技术研究；

环境测量装置研制和典型（目标）岛礁环境测量技术研究；

浮式结构物、防波设施安全标准研究。

3. 成果形式

各类研究报告；

完成的概念设计图纸通过中国船级社审核；

浮式结构物、防波设施水池模型试验研究报告；

浮式结构物、防波设施设计与安全分析指导性文件；

环境测量装置样机；

相关技术标准名录；

相关专利。

（二）海洋工程涡激振动（VIV）和与涡激运动（VIM）专用工程计算软件开发

1. 研究目标

从求解N-S方程出发，建立海洋立管涡激振动和SPAR平台涡激运动的CFD计算方法，开发海洋立管涡激振动（VIV）和SPAR平台涡激运动（VIM）的CFD软件，解决海洋立管VIV和VIM引起的疲劳强度预报问题，为海洋工程立管和平台的设计提供自主知识产权的数值分析工具。

2. 主要研究内容

南海海流和内波测量、建模研究；

基于任意物体高雷诺数（Re>104～106）绕流的CFD方法研究和软件开发；

挠性结构（如深海立管）的动力学计算方法研究和软件开发；

流体结构耦合计算方法研究和软件开发；

软件包前处理和后处理功能开发；

软件功能及计算精度多种验证方法研究（实际结构、模型试验、国外声誉良好的同类工程计算软件比较）。

3. 成果形式

相应的各类研究报告；

VIV、VIM计算软件理论文本、使用说明、源代码文件、目标文件、测试报告、软件著作权登记证书；

软件计算功能与精度的深水池模型验证、实际结构验证与工程应用、国外同类软件比较等报告。

（三）自升式钻井平台设计建造信息化管理技术研究

1. 研究目标

以实现系列化、批量化建造自升式钻井平台的国内海工企业为示范典型，在研究总结国内外自升式钻井平台项目管理经验的基础上，建立与国际海工项目相适应的管理体系。采用现代软件开发技术，研发具有自主知识产权的海洋工程项目信息化管理平台，实施自升式钻井平台项目数据流和物流的信息化管理，实现项目设计、制造、管理信息及异构专业软件平台的有效集成，全面提高自升式钻井平台的设计建造效率，为提升项目总承包能力奠定基础。

该信息化管理平台应具备良好的开放性及可配置性，对海工企业设计建造自升式平台的管理具有适用性，对平台项目管理中的进度控制、物资采购及配套管理、机械完工和调试管理、质量管理、成本管理等方面的覆盖面达90%以上，在典型企业中得到示范应用。

2. 主要研究内容

项目管理模式和体系研究；

项目管理关键技术研究；

项目信息化管理平台体系架构研究；

项目信息化管理平台功能模块研究；

项目信息化管理平台开发技术研究；

项目管理数据集成技术研究；

自升式钻井平台设计建造信息化管理示范应用。

3. 成果形式

各种相关技术研究报告；

海洋工程项目信息化管理平台理论文本、使用说明、源代码文件、目标文件、测试报告；

软件著作权登记证书及论文；

相关技术标准名录。

（四）海洋工程装备设计建造标准体系顶层研究

1. 研究目标

以国际主流海洋工程装备及关键系统和配套设备为重点，在对国外海洋工程装备设计建造规范、国际标准和国外先进标准进行全面研究分析的基础上，重点围绕我国典型海洋工程装备的科研生产需求，开展标准应用研究及需求分析。深化我国海洋工程装备专业标准体系研究，提出急需制定的海洋工程装备标准项目并明确标准主要内容及要求，为进一步开展海洋工程装备标准制定，建立我国海洋工程装备标准体系，提升我国海洋工程装备设计建造水平奠定基础。

2. 主要研究内容

海洋工程装备重点国际标准、国外先进标准、设计建造规范研究（包括ISO/IEC国际标准、API标准、NORSOK标准、DNV海工规范等)；

国内典型海洋工程装备应用国际标准和国外先进标准分析研究(重点围绕自升式钻井平台、半潜式钻井平台、FPSO、钻井船及重要配套系统设备等典型产品)；

我国相关行业标准在海洋工程装备科研生产中的适用性研究(包括船舶工业标准、石油工业标准等)；

我国海洋工程装备标准体系深化研究及急需制定标准分析。

3. 成果形式

《海洋工程装备重点国际标准、国外先进标准和设计建造规范研究》报告；

《国内典型海洋工程装备设计建造应用国际标准和国外先进标准研究》报告；

《我国相关行业标准在海洋工程装备科研生产中的适用性研究》报告；

《海洋工程装备标准体系深化研究》报告；

国内急需制定的海洋工程标准项目、主要内容及要求。

延伸阅读之四：

海洋工程装备科研项目指南(2013年版)

海洋工程装备制造业是国家战略性新兴产业的重要组成部分，是高端装备制造业的重点方向。大力发展海洋工程装备，对加快装备制造业结构调整和转型升级，抢占未来经济科技竞争的制高点，推动海洋资源开发和海洋经济发展，支撑我国建设海洋强国的目标实现具有十分重要的意义。

为进一步落实《“十二五”国家战略性新兴产业发展规划》(国发〔2012〕28号)和《海洋工程装备制造业中长期发展规划》(工信部联规〔2011〕597号)，加快提升海洋工程装备制造业创新能力，提升行业技术水平，特制定本指南。指南从工程与专项、关键系统和设备、共性技术与标准三个方面，提出了“十二五”后三年海洋工程装备制造业的重点科研方向。

一、工程与专项

(一) 深远海浮式基地

1. 工程总目标

满足我国深远海岛礁生活和建设、岛礁和海洋旅游、海上维权执法、海洋油气及渔业资源开发、后勤保障等方面的紧迫需要，根据不同海域风、浪、流分布的情况，结合不同用途对浮式结构型式的需要，重点开展小水线面半潜箱型、筒形桁架组合型、单船体型单元浮式结构及复合型浮式结构等系列深远海大型浮式结构设计、建造、安装等方面的关键技术研究，分阶段实施大型浮式结构的示范工程。

主要包括：“小水线面半潜式箱型组合浮式结构工程化研制”，“筒形桁架组合型浮式结构工程化研制”，“单船体浮式结构工程化研制”，“变干舷异型多阶次浮式结构工程化研制”，“超大型多类结构复合型浮式结构工程化研制”5个课题。

2. 重点研究方向

2015年前，重点开展单元浮式结构的研究，即小水线面半潜箱型组合浮式结构、多功能筒形桁架组合型浮式结构、多功能单船体型浮式结构等三型单元浮式结构的关键设计建造技术研究，并结合目标海域和岛礁具体情况进行工程示范。具体如下：

（1）小水线面半潜箱型组合浮式结构工程化研制。

研究目标：开发南海开敞海域适用的小水线面半潜箱型组合浮式结构，设计寿命达到25年以上。

研究内容：①目标岛礁自然环境（无泻湖的开敞水域，包括风、浪、流、海床结构、台风、温度、湿度、盐度等）研究。②开敞水域岛礁的使用特征与技术指标优化论证。③功能与舒适性、使用性、维护性匹配的总布置研究。④总体性能分析技术研究。⑤系泊定位技术研究。⑥防波技术研究。⑦浮式结构、防波设施水池模型试验技术研究。⑧浮式结构运输与安装技术研究。⑨新型材料在浮式结构设计建造中的应用技术研究。⑩高温、高湿、高日照、多盐环境下的防腐技术研究。⑪岛礁环境测量技术研究与环境测量装置研制。⑫设计、建造、安装及安全标准研究。

成果形式：相关研究报告；浮式结构、防波设施水池模型试验报告；浮式结构设计指导性文件；防波设施设计与安全分析指导性文件；泻湖外波浪环境测量装置样机；相关技术标准名录；相关专利；小水线面半潜式组合型浮式结构工程示范。

（2）多功能筒形桁架组合型浮式结构工程化研制。

研究目标：开发南海开敞水域环境适用的筒形桁架组合型浮式结构，设计寿命达到25年以上。

研究内容：①所处海域（包括岛礁周边，泻湖内、外）的风、浪、流环境条件研究。②浮式结构功能与安全性、使用性、维护性匹配的总布置研究。③浮式结构波浪中水动力特性分析技术研究。④浮式结构三维波浪载荷计算与结构分析响应研究。⑤特殊节点结构设计与疲劳分析研究。⑥不沉性等级划分与新型轻型材料研究。⑦浮式结构多单元连接形式设计与强度分析。⑧电站与电力推进系统配置研究。⑨系泊定位技术研究。⑩水池模型试验技术研究。⑪运输与多单元安装技术研究。⑫抗疲劳新材料及结构形式应用研究。⑬防腐技术、防腐钢材应用与技术标准研究。⑭设计、建造、安装及安全标准研究。

成果形式：相关研究报告；浮式结构、定位设备水池模型试验报告；浮式结构设计与安全分析指导性文件；相关技术标准名录；相关专利；多功能筒形桁架组合型浮式结构工程示范。

（3）多功能单船体型浮式结构工程化研制。

研究目标：开发一型适用于深水/浅水的单船体型浮式结构，设计寿命达到25年以上。

研究内容：①浮式结构功能、规划研究、经济性分析。②考虑泻湖内外环境差异的浮体波浪流环境与生存条件研究。③浮式结构总体方案研究。④浮式结构结构设计技术研究。⑤浮式结构补给形式研究。⑥浮式结构系泊技术及模型试验研究。⑦浮式结构生态保障及新能源系统研究。⑧高强度轻质复合材料的应用研究。⑨基于防腐技术的材料、涂料应用研究。⑩浮式结构物建造与安装技术研究。⑪设计、建造、安装及安全标准研究。

成果形式：相关研究报告；浮式结构、定位设备水池模型试验报告；浮式结构设计与安全分析指导性文件；相关技术标准名录；相关专利；单体船型浮式结构工程示范。

（二）深海天然气浮式装备（一期工程）

1. 工程总目标

满足我国深海大型气田开发和海上液化天然气接收站建设的紧迫需求，系统开展深海天然气浮式装备（英文简称：FLNG，包括浮式液化天然气生产储卸装置LNG-FPSO和浮式储存及再气化装置LNG-FSRU）设计、建造、集成等方面的关键技术研究，以及相关关键设备和系统的研制，形成相应的总体设计方案、设备工程样机及全套系统的试验验证装置，完成有关测试和检验、试验验证等工作，建立相应的FLNG设计建造规范与标准体系。开发一型适应我国南海大型气田开发需要、舱容约30万立方米、LNG年产量约为200~300万吨的LNG-FPSO，一型舱容在20万立方米以上、年气化能力约为200万吨的LNG-FSRU。

工程分两期实施，一期目标是：完成LNG-FPSO、LNG-FSRU总体设计方案，实现LNG-FSRU再气化模块及LNG-FPSO部分系统和设备的样机研制，具备20~50万立方米/天的小型天然气液化系统核心装置的工程化应用能力。二期目标是：LNG-FPSO、LNG-FSRU总体具备工程化条件，主要系统和设备完成样机研制及实验验证，具备LNG年产200~300万吨的天然气预处理系统及液化系统装置研制能力。

主要包括："LNG-FPSO总体设计技术研究"，"LNG-FSRU总体设计技术研究"，"LNG-FSRU再气化系统装置研制"，"FLNG货物围护系统设计与建造技术研究"，"天然气液化系统设计、集成及试验验证"，"天然气预处理用大型塔器研制"，"天然气液化用大型混合冷剂压缩机研制"，"天然气液化用大型板翅式换热器冷箱研制"，"大型LNG绕管式换热器研制"，"海水-混合冷剂换热器研制"，"LNG液力透平研制"，"LNG潜液泵研制"，"天然气液化系统硫回收装置研制"，"LNG蒸发汽再液化装置研制"，"货物外输/转驳装置研制"，"内转塔式单点系泊系统开发及液体旋转接头研制"，"液化天然气船用殷瓦合金和绝缘箱胶合板关键技术应用研究"，"FLNG建造、安装及调试关键技术研究"等18个课题。

2. 重点研究方向

2015年前，重点围绕一期工程目标，突破天然气预处理系统及液化系统、再气化系统、内转塔式单点系泊系统、LNG货物外输/转驳装置等设备和系统设计、制造、试验验证等方面的关键技术，部分系统和设备完成样机研制；开展FLNG建造、安装及调试关键技术研究；开展处理能力为20~50万立方米/天的天然气液化工艺和设备试验验证；初步建立起FLNG设计建造规范与标准体系。具体如下：

（1）天然气液化系统设计、集成及试验验证。

研究目标：掌握天然气液化系统的设计技术、集成技术，完成处理能力为20~50万立方米/天的天然气液化系统的设计和制造，开展工艺和关键设备试验验证。

研究内容：①处理能力为20~50万立方米/天的天然气液化系统总体方案设计。②天然气液化系统集成技术研究。③天然气液化系统工艺和关键设备试验验证。

成果形式：总体设计方案；处理能力为20~50万立方米/天天然气液化系统及试验报告。

（2）天然气预处理用大型塔器研制研究目标。

掌握适合FLNG天然气预处理系统使用的大型塔器的设计制造关键技术，包括强度计算、填料和塔盘的水力学计算等，完成大型塔器详细设计和样机研制，具备工程化应用条件，与国际同类产品技术水平相当。

研究内容：①工艺参数优化和工艺流程设计。②大型塔器的材料选型、强度计算及分析。③大型塔器中填料、塔盘等内件水力学计算。④大型塔器气液分布器的设计与优化。⑤晃荡对大型塔器性能影响研究。⑥适用于年产液化天然气300万吨LNG-FPSO使用的大型塔器详细设计。⑦大型塔器样机研制。

成果形式：相关设计图纸、计算书、研究报告；样机及试验验证报告，并通过船级社认可。

（3）天然气液化用大型混合冷剂压缩机研制。

研究目标：完成满足LNG年产量约为200～300万吨的LNG-FPSO要求的大型混合冷。

剂压缩机的选型方案，攻克设计制造关键技术，完成详细设计和样机研制，具备工程化应用条件，与国际同类产品技术水平相当。

研究内容：①压缩机选型方案论证。②设计制造关键技术研究。③大型混合冷剂压缩机详细设计。④大型混合冷剂压缩机样机研制。

成果形式：相关设计图纸、计算书、研究报告；样机及试验验证报告，并通过船级社认可。

（4）天然气液化用大型板翅式换热器冷箱研制。

研究目标：掌握板翅式换热器冷箱均布、安全性相关技术等关键技术，完成相应的试验研究和小型样机研制，满足LNG-FPSO的技术要求。

研究内容：①多联板翅式换热器均布技术研究。②板翅式换热器应用于FLNG的安全性和可靠性研究。③板翅式换热器小型样机研制。

成果形式：相关设计图纸、计算书、研究报告；适用于处理能力为20～50万立方米/天天然气液化系统的样机及试验验证报告，并通过船级社认可。

（5）大型LNG绕管式换热器研制。

研究目标：掌握LNG绕管式换热器设计、制造、检验等方面的关键技术，完成满足LNG年产量为200～300万吨的LNG-FPSO要求的大型绕管式换热器详细设计方案，开展中试研究，完成小型样机研制，设计、制造、检验能力达到LNG-FPSO的技术要求。

研究内容：①LNG绕管式换热器设计关键技术研究。②晃荡对LNG绕管式换热器性能影响研究。③LNG绕管式换热器制造和检验关键技术研究。④LNG绕管式换热器小型样机研制。⑤相关技术标准研究。

成果形式：相关设计图纸、计算书、研究报告；适用于处理能力为20～50万立方米/天天然气液化系统的样机及试验验证报告，并通过船级社认可。

（6）海水-混合冷剂换热器研制。

研究目标：掌握海水-混合冷剂换热器设计、制造、检验等关键技术，开展满足LNG年产量约为200～300万吨的LNG-FPSO要求的海水-混合冷剂换热器详细设计方案，完成中试研究和小型样机研制，设计、制造、检验能力达到LNG-FPSO技术要求。

研究内容：①海水-混合冷剂换热器选型研究。②设计关键技术研究。③制造和检验关键技术研究。④海水-混合冷剂换热器小型样机研制。

成果形式：相关设计图纸、计算书、研究报告；适用于处理能力为20～50万立方米/天天然气液化系统的样机及试验验证报告，并通过船级社认可。

（7）LNG液力透平研制。

研究目标：掌握LNG液力透平的关键技术，完成小型样机设计制造及现场试验，开展适用LNG-FPSO的LNG液力透平详细设计，完成中试研究和样机研制。

研究内容：①液力透平设计关键技术研究。②小型样机设计制造及现场试验。③适用LNG-FPSO的LNG液力透平详细设计。④LNG液力透平小型样机研制。⑤技术标准研究。

成果形式：相关设计图纸、计算书、研究报告；小型样机及试验验证报告，并通过船级社认可。

（8）LNG潜液泵研制。

研究目标：掌握水力技术、结构优化设计、密封技术等LNG潜液泵关键设计制造技术，开展适用LNG-FPSO的LNG潜液泵详细设计，完成中试研究和小型样机研制。

研究内容：①水力计算与选型。②泵体结构优化设计。③密封设计。④适用LNG-FPSO的LNG潜液泵详细设计。⑤LNG潜液泵小型样机研制及试验研究。⑥技术标准研究。

成果形式：相关设计图纸、计算书、研究报告；小型样机及试验验证报告，并通过船级社认可。

（9）天然气液化系统硫回收装置研制。

研究目标：研究适用于浮式条件下的硫回收工艺，研制橇装的硫回收装置，具备安全性高、占地少的特点，完成小型样机研制。

研究内容：①硫回收装置关键设备选型研究。②硫回收工艺的工艺包设计。③硫回收装置的橇块化技术研究。④硫回收装置小型样机研制。⑤LNG-FPSO硫回收装置的技术标准研究。

成果形式：相关设计图纸、计算书、研究报告；小型样机及试验验证报告，并通过船级社认可。

（10）LNG蒸发汽再液化装置研制。

研究目标：根据LNG蒸发汽（BOG）和浮式平台的特点设计出适合浮式平台上的BOG再液化工艺，完成BOG再液化装置的橇块化设计，达到能够制造的深度，完成小型样机研制。

研究内容：①核心设备选型研究和浮式条件下的适应性研究。②橇块化设计方案研究。③再液化装置的橇块化设计。④再液化装置小型样机研制。⑤相关技术标准研究。

成果形式：相关设计图纸、计算书、研究报告；小型样机及试验验证报告，并通过船级社认可。

（11）货物外输/转驳装置研制。

研究目标：研究开发适用于LNG-FSRU、LNG-FPSO与穿梭LNG船之间的货物外输/转驳装置，能够实现低温液体和气体的输送，具备较高的可靠性。货物外输/转驳装置在满足旁靠相关海况的相对运动和串联情况下，转运能力达到1.0万立方米/小时。

研究内容：①两船并靠水动力分析与试验验证。②旁靠转驳与串联转驳的比较论证。③刚性装卸臂与低温软管输送比较论证。④软管旁靠输送装置样机研制。⑤软管旁靠转运的模拟海况试验和液体试验。⑥串联输送技术预研。

成果形式：两船旁靠水动力分析和水池模型试验报告；旁靠转驳与串联转驳设计图纸和计算书；软管旁靠输送装置样机及试验验证报告，并通过船级社认可。

（12）内转塔式单点系泊系统开发及液体旋转接头研制。

研究目标：对FLNG单点系泊系统进行系统研究，开发一型适合深海LNG-FPSO作业需要的内转塔式单点系泊系统的设计方案和一型适合近海LNG-FSRU作业需要的内转塔式单点系泊系统的设计方案，完成系统的基本设计和液体旋转接头、电滑环等关键设备样机的研制，通过船级社认可。

研究内容：①国外内转塔式单点系泊系统功能（多种接卸管路系统能力）分析。②内转塔式单点系泊系统总体设计技术研究。③与FLNG船体的匹配设计研究。④水动力性能分析与模型试验。⑤海上安装方案研究。⑥核心部件—液体旋转接头及电滑环研制。⑦内转塔式单点系泊系统及关键部件功能验证试验技术研究。

成果形式：相关技术研究报告；液体旋转接

头、电滑环样机及样机设计图纸、计算书、试验报告；相应的专利；内转塔式单点系泊系统设计指导性文件；内转塔式单点系泊系统设计及关键部件的技术标准。

（13）液化天然气船用殷瓦合金和绝缘箱胶合板关键技术应用研究。

研究目标：完成液化天然气（LNG）船用殷瓦合金带材和绝缘箱胶合板研制，突破应用关键技术，完成模拟舱建造和实船应用。

研究内容：①LNG船用殷瓦合金带材制造、加工、焊接工艺技术研究。②LNG船用绝缘箱胶合板制造、加工工艺技术研究。③LNG船用殷瓦合金带材加工性能、焊接性能研究。④LNG船用绝缘箱胶合板加工性能研究。⑤采用LNG船用殷瓦合金带材、绝缘箱胶合板模拟舱建造及试验验证。

成果形式：相关技术研究报告；LNG船用殷瓦合金带材制造、加工、焊接等工艺文件及相关标准；LNG船用胶合板及绝缘箱制造、加工工艺文件及相关标准；相关技术专利；LNG船用殷瓦合金和绝缘箱胶合板通过GTT和有关船级社认可。模拟舱建造并通过GTT和有关船级社认可，实现实船应用。

（三）水下油气生产系统（一期工程）

1. 工程总目标

以我国深海油气田开发为工程背景，系统开展水下生产系统、控制系统、安防系统、铺管系统等总体设计技术研究，以及水下采油树、混输增压泵、脐带缆、水下阀门、水下作业工具等关键设备的研制，初步形成水下油气生产系统的标准体系。掌握3 000米水深水下生产系统及关键设备设计、制造、测试与安装技术；实现1 500米水深水下生产系统及关键设备产业化。

工程分两期实施，一期目标是：具备500米水深水下油气生产系统及关键设备的工程设计、制造、测试与安装能力，初步实现产业化。二期目标：具备1 500米水深水下油气生产系统及关键设备的工程设计、制造、测试与安装能力，初步实现产业化；掌握3 000米水深水下油气生产系统关键技术。主要包括："水下生产系统设计及关键设备研发"，"水下控制系统与关键设备研发"，"水下安防系统研制"，"水下混输增压泵研制"，"水下两相湿气流量装置研制"，"水下立式采油树研制"，"水下立式采油树配套工具研制"，"海底管道作业工具研制"，"硬质土海底管道施工技术与装备研制"，"卷管式海底管道铺设装置研制"，"软管铺设系统研制"，"综合生产脐带缆研制"，"水下阀门工程化研制"，"高强度钢配套水下焊接材料研制"，"水下作业仿真测试技术与配套装备研制"等15个课题。

2. 重点研究方向

2015年前，重点围绕一期目标，开展水下油气生产系统的总体设计和集成技术研究、各子系统及其关键设备的研制。重点研究方向如下：

（1）水下生产系统设计及关键设备研发。

研究目标：掌握500米水下生产系统工程设计、制造、测试与安装技术，以及水下关键油气生产系统及配套工具的功能分析、设计要求和系统集成技术，形成深水海底管道作业装备技术要求，完成500米采油树下游系列产品（分离设备除外）的工程样机及工程示范应用。

研究内容：①水下生产系统总体开发方案研究。②深海水下生产系统分离技术研究。③水下关键油气处理设备及配套工具的功能分析、设计要求和系统集成技术研究。④完成深水海底管道作业装备技术要求研究。⑤海底管线终端(PLET)设计、制造、测试与安装技术研究。⑥水下硬质跨接管设计、制造、测试与安装技术研究。⑦水下管汇产品设计、制造、测试与安装技术研究。⑧海底管线终端的设计、制造、测试与安装的标准研究。

成果形式：水下生产系统设计关键技术研究报告；水下生产系统总体设计方案及流动保障、材料与防腐、可靠性分析工程设计研究报告；水下关键油气处理设备及配套工具的功能分析和设计要求文件；海底管道作业工具技术要求文件；水下生产系统分离技术研究报告；500米NPS10″海底管线终端图纸报告及工程样机；水下硬质跨接管产品的设计、制造、测试与安装的工程设计文件与技术研究报告及6″水下硬质跨接管工程样机；水下管汇产品的设计、制造、测试和安装的工程设计文件与技术研究报告及4井槽水下管汇工程样机；样机海试及工程示范应用报告。

（2）水下控制系统与关键设备研发。

研究目标：掌握500米水下控制系统设计、制造、测试与安装技术能力，完成水下控制产品的功能分析、设计要求及总体系统集成技术研究，掌握水下控制模块、水下分配单元及水下温压变送器的设计、制造、安装技术。

研究内容：①功能分析和设计要求。②系统总体设计、测试和总体系统集成技术研究。③水下控制模块（SCM）设计、制造、测试和安装技术研究。④水下分配单元（SDU）设计、制造、测试和安装技术研究。⑤水下温压变送器设计、制造、测试和安装技术研究。

成果形式：水下控制系统方案设计与研究报告；水下控制产品的功能分析、设计要求及总体系统集成技术研究报告；水下控制模块产品设计、制造、测试和安装的设计与研究报告；500米可回收式水下控制模块原理样机及全套设计文件；500米可回收式水下分配单元原理样机及全套设计文件；500米水下温压变送器原理样机及全套设计文件。

（3）水下安防系统研制。

研究目标：掌握500米水下安防系统产品设计、制造、测试与安装技术，完成500米水下安防系统的工程样机研制。

研究内容：①水下安防系统设计、制造、测试、安装技术研究。②水下安防系统工程样机研制。③水下安防系统设计、制造与测试标准研究。

成果形式：水下安防系统设计、制造与测试的设计与研究报告；以水下设施为中心的500米水下安防系统工程样机；相关标准研究报告。

（4）水下混输增压泵研制。

研究目标：掌握500米水下混输增压泵的设计、制造、测试与安装技术，工程应用和总体方案设计技术，成橇设计技术，关键零部件制造、测试与安装工程技术，完成500米水下混输增压泵工程样机。

研究内容：①总体方案研究。②设计技术研究。③控制系统设计技术研究。④供电系统设计技术研究。⑤水下混输增压泵成橇设计技术研究。⑥水下混输增压泵制造、测试与安装技术研究。

成果形式：500米水下混输增压泵工程样机设计文件和技术性的研究报告；500米水下混输增压泵工程样机；制造、测试和安装的相关文件与海试报告。

（5）水下两相湿气流量装置研制。

研究目标：掌握500米水下两相湿气流量装置产品设计、制造、测试与安装技术，完成500米水下两相湿气流量装置工程样机的研制。

研究内容：①水下两相湿气流量装置设计、制造、测试、安装技术研究。②工程样机研制。③水下两相湿气流量装置设计、制造与测试标准研究。

成果形式：水下两相湿气流量装置产品设计、制造与测试的设计文件和研究报告；500米6″水下两相湿气流量装置工程样机。

（6）水下立式采油树研制。

研究目标：掌握满足海洋500米水深油气开发需要的水下立式采油树系统的设计、制造技术，完成500米水深水下立式采油树工程样机研制。

研究内容：①设计、制造技术研究。②试验方法及试验装置研究。③水下立式采油树工程样机和海试。④下水安装及回收技术研究。

成果形式：水下立式采油树产品设计、制造与测试的设计文件和研究报告；500米水下立式采油树工程样机及海试报告。

（7）水下立式采油树配套工具研制。

研究目标：掌握满足500米水深油气开发需要的水下立式采油树系统配套工具的设计、制造技术，完成工程样机研制。

研究内容：①设计、制造技术研究。②工厂验收试验方法及试验装置研究。③工程样机。

成果形式：水下立式采油树配套工具产品设计、制造与测试的设计文件和研究报告；500米水下立式采油树配套工具工程样机。

（8）海底管道作业工具研制。

研究目标：针对深水管道安装及应急维修作业的需求，突破深水环境下系列海底管道作业工具与装备的设计、制造、测试、安装关键技术；掌握1 500米水深管道多功能维修机具和管线切割关键技术，完成500米工程样机的研制。

研究内容：①金刚石绳锯机、闸刀锯研制。②海底管道多功能作业机具研制。③电弧复合切割机锯研究、设计和工程样机的研制。

成果形式：500米金刚石绳锯机工程样机及相关技术文件；500米多功能作业机具工程样机及相关技术文件；闸刀锯工程样机及相关技术文件；500米电弧复合切割机工程样机及相关技术文件。

（9）硬质土海底管道施工技术与装备研发。

研究目标：针对深水管道作业的需求，开展硬质土海底管道施工作业装备关键技术研究，完成500米工程样机的研制。

研究内容：①大深度海底管道挖沟技术理论研究。②硬质土海底管道挖沟机设计技术研究。③硬质土海底管道挖沟机制造工艺及测试技术。

成果形式：设计图纸、计算说明书、实验报告等全套设计资料；500米水深硬质土海底管道挖沟机工程样机；相关专利。

（10）卷管式海底管道铺设装置研制。

研究目标：掌握卷管装置与铺管装置分析设计技术，形成卷管装置与铺管装置设计能力，完成卷管与铺管装置样机，并形成测试体系。

研究内容：①卷管流程与卷管过程力学模拟与分析。②铺管流程与铺管过程力学模拟与分析。③铺管过程矫直及对正系统技术研究。④卷管装置及配套设施样机试制。⑤卷管与铺管装置测试。

成果形式：卷管与铺管力学分析报告；卷管与铺管装置设计图纸、计算书、试验报告；相关专利；卷管与铺管装置工程样机。

（11）软管铺设系统研制。

研究目标：掌握500米深水软管铺设关键技术，完成500米深水软管铺设系统工程样机研制。

研究内容：①深水软管铺设技术研究。②软管铺设关键设备制造技术研究。

成果形式：500米水深软管铺设系统相关技术文件；软管铺设系统工程样机及示范应用。

（12）综合生产脐带缆研制。

研究目标：掌握500米水深综合生产脐带缆设计、制造、测试和安装技术能力，完成500米水深中心大孔径综合生产脐带缆测试样缆。

研究内容：①产品设计技术。②制造技术。③样缆研制和产品测试技术。

成果形式：500米水深大孔径综合生产脐带缆设计、制造与测试的设计文件和研究报告，500米水深中心大孔径综合生产脐带缆样缆及海试报告。

（13）水下阀门工程化研制。

研究目标：掌握500米水深水下阀门及执行机构的设计、制造与测试技术，具备500米水深水下阀门高压舱测试能力，完成500米水深水下阀门工程样机研制，完成海试。

研究内容：①水下阀门（闸阀、球阀）设计、制造与测试技术研究。②水下阀门执行机构的设计、制造与测试技术研究。③水下阀门高压舱测试技术研究。

成果形式：水下闸阀及执行机构样机及相关支持文件；水下球阀及执行机构样机和相关支持文件；水下阀门制造与测试研究报告；500米水深水下阀门测试高压舱；5 000磅/平方英寸的6″水下闸阀工程样机；一台2 500磅的12″水下球阀工程样机。

（14）高强度钢配套水下焊接材料研制。

研究目标：掌握屈服强度为460MPa、550MPa、690MPa级别高强度钢无缝药芯焊丝、实心焊丝、焊条等焊材的制造，以及360MPa和390MPa级别高强度钢水下焊接药芯焊丝、全位置焊条和高效切割电极研制技术，水下焊接接头性能指标与实验方法满足美国国家标准ANSI/AWSD3.61999(Specification for underwater welding)。

研究内容：①460MPa、550MPa、690MPa级别高强度钢焊接所需药芯焊丝、焊条渣系的确定。②360MPa级别高强度钢30米水深水下焊接药芯焊丝、390MPa级别高强度钢30米水深全位置焊条以及200米水深药芯焊丝的渣系确定。③460MPa、550MPa、690MPa级别高强度钢手工电弧焊、气保焊、埋弧焊工艺规范确定。④360MPa和390MPa级别高强度钢不同水深水下焊条电弧焊、药芯焊丝、电弧焊工艺规范确定。⑤焊缝金属常规力学性能调整及耐腐蚀性能优化。⑥焊缝金属断裂韧性研究。⑦焊接接头扩散氢控制。⑧各种焊材焊接工艺性调整及配方优化。

成果形式：各类焊接材料相关技术研究报告；相应的各类焊接材料实物；相应的各类焊接材料生产工艺指导性文件；各类焊接材料焊接工艺规程；相关专利；工程示范应用。

（15）水下作业仿真测试技术与配套装备研制。

研究目标：通过开展海洋工程大型装备作业测试系统功能需求研究、海洋水动力环境模型研究、海洋工程大型装备作业风险源识别与分析研究，建立海洋工程作业安全模拟系统，形成500米水下安装和铺管作业仿真测试平台。

研究内容：①作业测试系统功能需求研究。②作业测试系统平台研究。③作业水动力环境模型研究。④作业风险源识别与分析研究。⑤安全模拟系统工程应用研究。

成果形式：水下安装测试系统及支持文件；180度水下起重作业测试系统及支持文件；240度驾驶/铺管/DP/调度作业测试系统及支持文件；完成万吨级浮托方案验证和过程预演；完成500米水深海洋工程安全作业模拟系统平台及装备。

二、关键系统和设备

（一）海洋平台及FPSO用大容量发电模块研制

研究目标：以满足海洋平台及FPSO用大容量电站系统中发电模块工作需要为目标，通过开展海洋平台及FPSO用大容量发电模块设计技术研究，突破电站系统中发电模块匹配仿真、试验验证等关键技术，掌握海洋平台及FPSO用大容量电站系统中发电模块设计技术和集成方法，完成一套大容量电站系统中发电模块的设计和研制。其技术指标为：①电压11kV；②单机功率≥5 000～10 000kW；③电站模块匹配仿真软件仿真精度≥90%；④电站结构噪声隔振量≤15dB(A；⑤中压系统THD<4%，400V系统THD<5%；⑥排放满足Tier Ⅲ要求。

研究内容：①大容量电站系统中发电模块集成设计技术研究。②发电模块匹配仿真技术研究。③发电模块试验验证技术研究。

成果形式：各种相关技术研究报告；仿真软件理论文本、使用说明、源代码文件、目标文件、测试报告，软件著作权登记证书；机组样机及设计图纸、计算书、试验报告；相应的专利；海洋工程用大容量发电模块技术标准。

（二）浮式钻井补偿系统研制

研究目标：掌握深水浮式钻井补偿系统设计制造关键技术，完成样机研制。

研究内容：①钻井升沉补偿绞车设计研究。②天车型钻柱升沉补偿装置技术研究。③液缸式隔水管张紧装置技术研究。

成果形式：天车型钻柱升沉补偿装置、升沉补偿绞车、液缸式隔水管张紧装置的设计图纸、计算书及相关技术报告；1 000hp钻井升沉补偿绞车的工程样机，天车型钻柱升沉补偿装置、液缸式隔水管张紧装置原理样机，一套工程样机和两套原理样机的测试及试验报告，并获得船级社认可；相关专利。

（三）FPSO系泊监测系统研制

研究目标：针对目前渤海、南海的FPSO系泊系统应用现状，开展FPSO整体运动性能数值分析技术研究以及系泊系统方案设计研究，在此基础上研制出一套集成环境监测、FPSO运动与载荷监测且同时具备评估与预警功能的系统，以及可能的主动控制系统，为FPSO系泊系统设计、安全作业以及维修、改造提供技术支持，使得系泊系统在全生命周期内风险可控、事故可防或减少，从而保证总体装备能够经济合理地安全运行。

研究内容：①开展系泊系统的全生命周期安全性评估、事故损伤评估与风险评估技术研究。②FPSO水动力/系泊分析研究。③FPSO系泊系统监测与预警总体集成技术研究。④FPSO系泊系统监测与预警系统开发。⑤监测数据后处理技术研究。⑥工程化应用。

成果形式：FPSO系泊系统风险评估方法及完整性管理体系；FPSO总体性能数值计算报告；FPSO单点系泊系统评估报告；塔架式系泊FPSO运动与载荷监测系统一套；获得船级社认可，实现工程示范应用；相关专利。

（四）井口防喷器就位系统研制

研究目标：掌握大型井口防喷器及采油树准确传输就位系统的甲板空间布置特点；掌握深水钻井平台对大型井口防喷器及采油树准确传输就位系统的设计要求；完成大型井口防喷器及采油树准确传输就位系统的工程样机研制；完成系统的测试并取得船级社相关认证工作；编制我国井口防喷器及采油树准确传输就位系统的设计指南。

研究内容：①半潜式钻井平台及钻井船用500吨BOP龙门吊（含BOP/LMRP扶正装置），150吨龙门吊的研制。②半潜式钻井平台及钻井船用400吨BOP滑移小车（含BOP/LMRP测试桩），250吨滑移小车的研制。③半潜式钻井平台及钻井船用500吨BOP升降月池车（BOP的垂直升降及存储功能）研制。④半潜式钻井平台及钻井船用带有悬挂功能的250吨月池车（首次将悬挂移出功能与存储功能整合）研制。⑤整套系统的控制系统研制。⑥上述五组设备的功能测试。

成果形式：全套设计文件；半潜式钻井平台及钻井船用500吨BOP龙门吊（含BOP/LMRP扶正装置）及150吨XTree龙门吊样机制造及试验报告；半潜式钻井平台及钻井船用400吨BOP滑移小车（含BOP/LMRP测试桩）及250吨XTree滑移小车样机制造及试验报告；半潜式钻井平台及钻井船用500吨BOP升降月池车（BOP的垂直升降及存储功能）及250吨XTree月池车（XTree存储及悬挂移出功能）样机制造及试验报告；BOP/XTree精确传输就位系统控制系统样机制造及实验报告；全套系统取得相关船级社认证及工程示范；各设备专用功能专利。

（五）海洋油气压裂作业系统研制

研究目标：突破在海洋环境下装备的轻量化、模块化以及智能化的集成压裂装备系统设计与制造关键技术；完成一套适应我国海洋油气开发要求、满足船体布置要求、总输出功率15 000hp模块化压裂装备系统研究；完成液体泵送装置、供砂与混砂装置、快速脱离装置、满足环保要求的海水处理及压裂液回收装置的样机研制。

研究内容：①海洋油气模块式压裂装备系统参数确定及配套方案技术研究。②压裂装备模块化系统整体装备布置、连接、减振与控制研究。③压裂作业系统智能化控制与安全保护系统研究。④液体泵送模块、供砂与混砂模块、快速脱离模块、压裂液处理模块的研究及样机研制并取得船级社认证。

成果形式：压裂作业系统技术研究报告、全套设计资料；模块化的关键装备及成套系统集成；控制系统及软件著作权；海洋油气压裂作业工程示范应用；相关专利；相关技术标准。

（六）深水液压打桩锤研制

研究目标：掌握深水液压打桩锤设计技术；完成适应2 000米以内水深、锤芯重量40吨、加速度不小于1.8g的液压打桩锤研制。

研究内容：①开展深水液压打桩锤和1 500米脐带电缆绞车的设计研究。②系统设计方法及深水动力单元（HPU）设计方法研究。③深水液压打桩锤施工工艺技术及锤装备制造

成果形式：深水液压打桩锤技术研究报告；深水液压打桩锤各设计阶段设计图纸、计算书、试验报告；深水液压打桩锤专利审核证书；深水液压打桩锤制造规范标准；相关专利；深水液压打桩锤产品样机及工程示范。

（七）基于漏磁的海底管道内检测器研制

研究目标：掌握海底复杂管道高通过与高精度内检测技术、海底管道多功能检测与缺陷精确定位技术、海底管道综合评估技术；突破基于漏磁的海底管道高适应性高清晰度检测器工程化设计技术；完成海底管道综合评估系统研制及海底管道内检测器研制；完成工程示范应用。

研究内容：①复杂管道的高清晰度内检测器设计、数据采集分析技术研究。②海底管道缺陷及轨迹精确定位技术研究。③海底管道内多类型检测数据融合、缺陷判别及安全评估研究。④复杂管道的高清晰度内检测器制造、测试与示范应用。⑤综合性安全评估专家分析系统开发、测试与示范应用。

成果形式：研究报告、试验报告、海底管道内检测器详细设计图纸、计算书等；系列化海底管道内检测器及其试验标验设施；缺陷分析软件与综合评估系统；相关专利；系列指导性文件、相关规范和标准；工程示范。

（八）高性能深水浮力材料研制

研究目标：完成适应水深1 500~3 000米水深的抗压强度不小于35MPa、渗水率每天不大于1%、密度大于0.50g/cm^{3}的浮力材料研制。

研究内容：①“深水浮力材料”材料体系研究。②“深水浮力材料”结构设计及装备工艺研究。③“深水浮力材料”可靠性评价及标准研究。④“深水浮力材料”在ROV作业设备中应用研究。

成果形式：典型海洋工程装备专用深水浮力材料研制；海洋工程装备用高性能深水浮力材料工程示范应用；海洋工程装备用高性能深水浮力材料典型工程部件生产标准和质量标准；报告、图纸及相关专利。

（九）大排量潜液泵系统技术研究

研究目标：开展潜液泵系统关键技术研究，完成15万吨以上FPSO配套的大排量潜液泵系统样机设计、研制和试验验证。

研究内容：①液压潜液泵系统适配性及集成设计技术研究。②高效单吸离心式潜液泵模型及泵体优化设计技术研究。③潜液泵系统防腐及密封技术研究。④不同工作压力的流体输送多层同心管组件集成技术研究。⑤无极调速、运行监控及安全保护策略等控制技术研究。⑥典型产品样机研制及性能试验研究。⑦潜液泵系统模块化、标准化和系列化技术研究及设计。

成果形式：相关技术研究报告；典型大排量液压潜液泵系统工程样机设计图纸、计算书及试验报告；工程样机，通过船级社认可并实现实船配套；潜液泵系统系列化设计图纸、计算书及技术规范；产品设计、制造及试验验证技术规范；相关专利。

（十）大型铺管船深水绞车系统技术研究

研究目标：以满足400吨大型管道铺设的铺管船配套需求为主要目标，开展大型铺管船400吨A&R绞车系统集成设计技术研究和关键部件研制；完成一型400吨大型铺管船400吨A&R绞车系统集成设计，完成系统模块化设计，包括牵引绞车模块、储绳绞车模块、补偿单元、驱动和控制等关键技术研究，样机研制和实验验证，获得相关船级社的认可。

研究内容：①大型铺管船深水A&R绞车系统集成设计技术研究。②400吨A&R绞车系统牵引、补偿、控制等关键设备技术研究和研制；③大型铺管船A&R绞车系统试验验证技术研究。

成果形式：各类技术研究报告；400吨A&R绞车系统集成设计技术文件并获得船级社审核；400吨A&R绞车系统关键设备样机研制；产品设计、制造及试验验证技术规范；相关专利。

三、共性技术与标准

（一）海洋工程涡激振动和涡激运动专用工程计算软件开发

研究目标：建立海洋立管涡激振动和Spar平台涡激运动的CFD计算方法，开发海洋立管涡激振动（VIV）和Spar平台涡激运动（VIM）的CFD软件，解决海洋立管VIV和VIM引起的疲劳强度预报问题，为海洋工程立管和平台的设计提供数值分析工具。

研究内容：①南海海流和内波测量与建模研究。②基于任意物体高雷诺数（$Re>10^4\sim10^6$）绕流CFD方法研究和软件开发。③挠性结构（如深海立管）的动力学计算方法研究和软件开发。④流体结构耦合计算方法研究和软件开发。⑤软件包前处理和后处理功能开发。⑥软件功能及计算精度多种验证方法研究（实际结构、模型试验、国外声誉良好的同类工程计算软件比较）。

成果形式：相应的各类研究报告；VIV、VIM计算软件理论文本、使用说明、源代码文件、目标文件、测试报告、软件著作权登记证书；软件计算功能与精度的深水池模型验证、实际结构验证与工程应用、国外同类软件比较等报告。

（二）海洋工程数据库研究开发

研究目标：针对海洋工程行业发展对基础数据的迫切需求，通过梳理海洋工程产业体系，建立科学、合理、系统、内容丰富、可扩展性良好的海洋工程数据库，涵盖海洋油气勘探、开发、生产等环节的装备和设备及各环节参与者的相关数据和信息，实现集信息获取、处理、存储、维护和服务等功能为一体，且应用系统界面友好、功能齐全，能够实现多维度筛选与交叉查询，满足不同类型用户的研究分析需求，为政府主管部门、行业有关单位、上下游企业提供优质、快捷、完备的数据信息服务和决策支撑。

研究内容：①海洋工程产业体系研究。②海洋工程数据库数据采集技术研究。③海洋工程数据库数据结构设计技术研究。④海洋工程数据库数据分析与展示技术研究。⑤海洋工程数据库实现技术研究。

成果形式：相关研究报告；具有自主知识产权的海洋工程数据库1套，包含软硬件系统、软件理论文本、使用说明、测试报告、软件著作权登记证书等。

（三）FPSO 失效数据库及风险评估系统研发

研究目标：在借鉴国外海洋工程风险数据库的基础上，针对我国FPSO特点，重点研究FPSO的风险源、风险成因、致灾机理及防损措施，系统掌握FPSO风险评估技术，开发具有自主知识产权的FPSO失效数据库和FPSO风险评估软件。数据库涵盖FPSO设备的失效及维护、人因可靠性及相关结构的可靠性数据；开发的FPSO风险评估系统包括可靠性预测、系统建模、故障模式及影响分析、寿命失效数据分析等；风险监测系统可实现对FPSO外输及生产作业的全面安全监测。

研究内容：①FPSO风险辨识技术。②FPSO失效数据库设计及研发。③FPSO风险评估系统研发。④FPSO重大风险监测系统设计。

成果形式：风险辨识及评估技术研究报告；FPSO失效数据收集与分析指导性文件；FPSO失效数据库、风险评估系统、风险监测系统各1套；相关专利。

（四）潜水器标准体系项目研究

研究目标：为满足海洋探索和资源开发的需求，结合国际潜水器的技术发展和国内潜水器的研发，根据《船舶工业标准体系（2012年版）》，重点开展深海潜水器（EB）设计、建造、试验、作业、维护与修理等相关重点标准研究，填补行业空白，建立完善潜水器标准体系，为国内潜水器发展奠定技术基础。

研究项目：标准研究项目见表40。可按每一项单独进行申报，或按相关联项目组合申报。

成果形式：

相关研究报告和标准草案。

表40 潜水器标准体系研究项目表

序号	标准体系号	研究项目名称
1	EBA0001	潜水器标识通用要求
2	EBA0010	潜水器钛合金对接焊缝射线检测方法及质量分级
3	EBA0011	潜水器钛合金对接焊缝超声波检测方法及质量分级
4	EBA0013	深海潜水器合成固体浮力块设计要求
5	EBB0001	载人潜水器无动力潜浮运动压载匹配计算方法

（续表）

序号	标准体系号	研究项目名称
6	EBB0002	深海载人潜水器耐压结构设计计算方法
7	EBB0003	载人潜水器结构疲劳强度校核方法
8	EBB0004	深海载人潜水器水面支持系统技术要求
9	EBB0006	深海空间站耐压结构设计规则
10	EBB0008	潜水器球形载人舱设计方法
11	EBB0011	潜水器舱口盖启闭机构
12	EBB0012	潜水器生命支持系统设计要求
13	EBB0013	潜水器环境控制系统安全要求
14	EBB0014	载人潜水器信息显控系统设计要求
15	EBB0015	载人潜水器手操系统设计要求
16	EBB0016	载人潜水器航迹推算系统设计要求
17	EBB0021	便携式AUV结构模块化设计要求
18	EBB0024	水下滑翔器总体设计方法
19	EBB0025	水下滑翔器控制系统设计方法
20	EBB0027	潜水器导管设计计算方法
21	EBB0028	潜水器螺旋桨设计计算方法
22	EBB0029	载人潜水器电气绝缘对供电设计的通用要求
23	EBB0030	潜水器电缆水密接插件
24	EBC0001	潜水器建造工艺要求
25	EBC0003	潜水器钛合金窄间隙TIG焊接工艺要求
26	EBC0004	潜水器水密电缆敷设工艺
27	EBD0002	深海载人潜水器试验方法
28	EBD0004	潜水器与潜水系统压力试验方法
29	EBD0005	潜水器海底避碰系统性能及测试要求
30	EBD0006	潜水器底置导航系统性能及测试要求
31	EBD0007	载人潜水器电气绝缘检测方法
32	EBD0008	水下滑翔器陆上联调试验规程
33	EBD0009	水下滑翔器海上试验规程
34	EBE0001	潜水器作业工具技术要求
35	EBF0001	载人潜水器使用与维护修理指南

延伸阅读之五：

高技术船舶科研项目指南（2013年版）

为贯彻落实《工业转型升级规划（2011~2015）》和《船舶工业“十二五”发展规划》，促进船舶工业科技发展，提升自主创新能力，推动产业转型升级，提高国际市场竞争力，按照《船舶工业“十二五”科技重点发展方向与重点》的任务部署，特制定本指南。

一、工程与专项

（一）超级节能环保船示范工程

1. 总目标

根据船舶节能减排相关国际公约、规范的要求，结合船舶技术发展和国内外航运市场需求，在油船、散货船、集装箱船三大主流船型中分别选择一型作为超级节能环保示范工程船，通过节能减排环保技术及装备的综合开发，突破清洁能源与可再生能源应用关键技术，全面提升我国船舶节能环保整体技术水平。

示范船舶须有具体工程依托并由船东实际订造，与现有同类船型相比节能环保水平大幅提高，单船平均日油耗降低40%以上，船舶能效设计指数（EEDI）比国际海事组织（IMO）EEDI基线值下降30%以上，同时须满足IMO船舶噪声新规则、涂层性能标准、硫氧化物（SOx）、氮氧化物（NOx）排放指标等相关法规要求。

2. 重点研究方向

（1）船型节能环保概念设计与技术经济性论证研究。

（2）低阻船体型线与上层建筑设计技术研究。

（3）最低压载量的分舱优化配置及航行中纵倾优化技术研究。

（4）波浪中失速控制与波浪增阻预报技术研究。

（5）新型结构轻量化设计技术研究。

（6）船体表面减阻技术应用研究。

（7）高效推进系统与水动力节能装置优化匹配设计研究。

（8）轮机节能环保设备集成应用研究。

（9）货油挥发（VOC）回收及再利用系统技术研究（仅适用于油船）。

（10）LNG燃料动力船型风险设计技术研究。

（11）LNG供气系统应用开发技术研究。

（12）太阳能、风能等清洁辅助能源在船上的应用研究。

（13）船舶舱室噪声控制关键技术研究。

（14）货油舱涂装关键技术研究（仅适用于油船）。

（15）建造工艺关键技术研究。

（16）节能、减排、环保、降噪验证试验技术研究。

3. 主要成果形式

(1)相关技术研究报告。

(2)相关工艺指导性文件。

(3)有关节能环保设备经船级社认可的设计图纸、计算书、试验报告及工程样机。

(4)通过营运验证的工程示范船。

(5)相关专利。

(6)相关技术标准研究报告及标准制修订建议。

(二)清洁能源发动机

1. 总目标

针对国际航运节能减排法规与清洁能源发动机技术发展趋势，面向内河、沿海和远洋应用的不同需求，分阶段、分步骤地进行清洁能源船用发动机设计/制造关键技术研究、典型样机和系统研制，开发具有自主知识产权的天然气及双燃料发动机系列化产品，形成自主研发能力。

2. 重点研究方向

2015年之前，重点开展高速天然气发动机、中速双燃料发动机的工程化开发，完成相关样机研制，并通过装船验证；开展小缸径低速双燃料发动机关键技术攻关，提出小缸径低速双燃料发动机总体概念设计方案，通过单缸机试验验证。

(1)高速天然气发动机工程化开发。

研究目标：针对400kW及以上船用高速天然气发动机的市场需求，通过开展船用高速天然气发动机总体设计研究、关键部件开发，完成船用高速天然气发动机工程样机研制，并通过装船验证。

主要研究内容：①总体设计技术研究。②燃烧系统优化技术研究。③多点燃气喷射控制及安全保护技术研究。④高能点火装置等特种零部件关键技术研究。⑤活塞等关键部件制造技术研究。⑥关键技术集成及样机试验验证。⑦船舶适应性及实船试验技术研究。

主要成果形式：①相关技术研究报告。②相关设计图纸、计算书及试验报告并通过船级社审核。③高能点火装置、多点燃气喷射控制安全保护装置等特种零部件样件。④通过装船验证的工程样机。⑤高速天然气发动机设计指导性文件。⑥相关专利。⑦相关技术标准研究报告及标准制修订建议。

(2)中速双燃料发动机工程化开发。

研究目标：针对1 000kW及以上船用中速双燃料发动机的市场需求，通过开展双燃料发动机总体设计及制造技术的研究，完成船用中速双燃料发动机工程样机研制，并通过装船验证。

主要研究内容：①总体设计及性能综合优化技术研究。②天然气、柴油双模式高效燃烧系统优化技术研究。③天然气、柴油双模式智能化控制及安全保护技术研究。④微喷引燃系统等特种零部件关键技术研究。⑤关键技术集成及样机试验验证。⑥船舶适应性及实船试验技术研究。

主要成果形式：①相关技术研究报告。②相关设计图纸、计算书及试验报告并通过船级社审核。③微喷引燃装置、燃气喷射阀、智能化控制及安全保护装置等特种零部件样件。④通过装船验证的工程样机。⑤中速双燃料发动机设计指导性文件。⑥相关专利。⑦相关技术标准研究报告及标准制修订建议。

(3)小缸径低速双燃料发动机关键技术研究。

研究目标：针对500mm及以下缸径船用低速双燃料发动机的市场需求，重点突破双燃料发动机燃料喷射系统、调控和安全保护系统以及关键零部件设计与制造技术，完成单缸机试验验证，为自主开发低速双燃料发动机提供技术支撑。

主要研究内容：①燃烧技术路线研究。②燃料喷射系统关键技术研究。③受热零部件关键技术及工艺技术研究。④调控及安全保护技术研究。⑤概念机总体技术研究。⑥单缸机试验验证技术研究。

主要成果形式：①相关技术研究报告。②低速双燃料发动机概念设计方案、相关设计图纸、计算书及试验报告。③低速双燃料单缸机燃料喷射系统、调控及安全保护装置等样件。④低速双燃料单缸机活塞、气缸盖等受热零部件样件。⑤低速双燃料单缸机样机。⑥相关专利。⑦相关技术标准研究报告及标准制修订建议。

（三）高技术特种船

1. 总目标

针对水上液化天然气应用、极地多用途运输、汽车运输、液化乙烯气体运输等细分市场的不同需求，开展相关船型设计和制造关键技术研究以及关键配套设备研制，开发具有自主知识产权的高技术特种船舶产品，形成自主设计制造能力。

2. 重点研究方向

（1）LNG燃料加注船。

研究目标：针对LNG燃料加注船的市场需求，通过开展LNG燃料加注船的储存舱、加注、冷舱、机电、安全控制等关键系统的设计和建造技术研究，完成LNG燃料加注船工程开发。

主要研究内容：①市场需求及功能定位分析研究。②总体方案论证。③液化天然气储存舱设计与建造技术研究。④液化天然气加注系统设计、制造及实船应用研究。⑤冷舱设计与制造技术研究。⑥机电系统设计及设备配套选型研究。⑦安全控制系统设计与制造技术研究。⑧设计、建造及营运过程风险控制研究。⑨适用材料与工艺制造技术研究。⑩液化天然气燃料动力设备安装及试验技术研究。⑪技术标准研究。

主要成果形式：①相关技术研究报告。②通过船级社审核的相关设计图纸、计算书及试验报告。③相关设备系统工程样机。④液化天然气燃料加注船设计指导性文件。⑤通过营运验证的工程示范船。⑥相关专利。⑦相关技术标准研究报告及标准制修订建议。

（2）极地多用途运输船

研究目标：针对北极航道开通对多用途运输船的市场需求，结合最新的国际公约、航道主管机关法定规则、技术标准要求，完成一型航行于北极东北航道的极地多用途运输船工程开发，并通过营运验证。

主要研究内容：①国际公约、航道主管机关法定规则及技术标准研究。②极地运输多用途船总体设计技术研究。③冰区航行稳性、快速性和操纵性研究。④极地航行船冰载荷研究。⑤温度场对船体材料的影响研究。⑥船体强度与设计分析技术研究。⑦电力推进系统配备研究。⑧极地运输船舶锚绞机系统开发。⑨防冰和除冰措施的研究。⑩极地船舶设备保护技术研究。⑪极地环境绿色环保技术研究。⑫建造技术研究。

主要成果形式：①相关技术研究报告。②相关设计图纸、计算书及试验报告。③极地运输船舶锚绞机样机并装船验证。④通过营运验证的工程示范船。⑤极地运输多用途船设计指导性文件。⑥相关技术标准研究报告及标准制修订建议。

（3）超大型汽车滚装船。

研究目标：通过对超大型汽车滚装船的总体性能、结构设计、滚装通道系统以及节能环保技术应用等方面的研究，研发装载量在1万车以上的汽车滚装船。

主要研究内容：①船型主尺度及技术经济性论证。②滚装通道系统与单/双排支柱的设计布置优化研究。③总布置设计研究。④基于经济航速的宽体线型研究与开发。⑤基于破损稳性要求的分舱优化研究。⑥宽体汽车船舶结构设计及强度分析研究。⑦节能减排及环保技术的应用研究。⑧货舱区通风及消防系统技术研究。

主要成果形式：①相关技术研究报告。②完成一型万车级汽车滚装船的基本设计，并通过船级社审核。③形成汽车滚装船滚装通道设计指导性文件。④万车级汽车滚装船总体设计指导性文件。⑤相关技术标准研究报告及标准制修订建议。

（4）全冷式液化乙烯气体运输船。

研究目标：通过对液货围护系统技术进行研究，开发出能承受液体晃荡载荷、操作与维护方便的新型液化乙烯气体（LEG）运输船液货围护系统，掌握其设计建造关键技术，并完成新型LEG运输船设计。

主要研究内容：①大型全冷式LEG海上运输航线和港口限制条件研究。②货物围护系统总体方案论证。③货物围护系统金属材料适用性研究。④货物围护系统隔热材料适用性研究。⑤货物围护系统施工工艺、金属材料焊接技术研究。⑥货物围护系统模拟舱建造。⑦货物围护系统模拟舱冷态密性试验研究。⑧货物围护系统模拟舱冷态蒸发率测试技术研究。⑨基于乙烯等气体运输需求的适用船型开发研究。⑩液货系统自行配套开发研究。

主要成果形式：①相关技术研究报告。②形成具有自主知识产权的大型全冷式乙烯等气体海上运输货物围护系统设计建造方案，进行模拟舱实验验证，并通过船级社审核。③大型全冷式乙烯运输船船型设计指导性文件。④相关专利。⑤相关技术标准研究报告及标准制修订建议。

二、关键配套设备

1. 3兆瓦级吊舱式电力推进系统开发及关键设备研制

研究目标：针对吊舱式电力推进系统的市场需求，通过3兆瓦级主推进用吊舱推进系统开发、关键设备研制以及实船试验验证，掌握3兆瓦级吊舱推进系统的设计方法，具备其核心设备的设计制造能力。

研究内容：①吊舱推进系统总体设计技术研究。②吊舱推进器水动力性能研究。③吊舱推进器操控技术研究。④吊舱推进器永磁电机及变频调速装置研制。⑤吊舱推进器样机研制。⑥吊舱推进器实船匹配设计及安装、试验技术研究。

成果形式：①相关技术研究报告。②通过船级社审核的相关设计图纸、计算书及试验报告。③3兆瓦级吊舱推进器、永磁电机及变频调速装置工程样机。④吊舱式电力推进系统指导性文件。⑤相关专利。⑥相关技术标准研究报告及标准制修订建议。

2. 新型船用生活污水处理装置开发

研究目标：针对国际海事组织关于船舶生活污水处理的最新要求，通过灰水处理和生活污水高效生化处理以及氮磷去除技术研究，开展新型船用生活污水处理装置系列化设计，完成样机研制并通过装船试验验证。

研究内容：①国际公约、技术标准研究。②灰水处理技术研究。③高效生化处理技术研究。④氮、磷去除技术研究。⑤系统集成技术研究。⑥系列化设计研究。⑦样机研制及装船试验技术研究。

成果形式：①相关技术研究报告。②通过船级社批准的相关设计图纸、计算书及试验报告。③通过装船试验验证的工程样机。④船用生活污水处理装置设计及制造指导性文件。⑤相关专利。⑥相关技术标准研究报告及标准制修订建议。

3. 远洋深水拖网渔船高效捕捞甲板绞车系统开发

研究目标：针对500米以上作业水深拖网渔船高效捕捞作业装备市场需求，开展甲板起放网绞车系统关键技术研究，完成产品样机研制，形成自主开发制造能力。

研究内容：①深水拖网作业渔船捕捞机械船网参数协调性研究。②深水拖网网形自动化系统控制技术研究。③深水拖网绞车变频电力控制技术研究。④深水拖网起放网机集成控制系统研究。⑤深水拖网高效捕捞成套装备样机研制与试验研究。

成果形式：①相关技术研究报告。②通过渔检审核的相关设计图纸、计算书、说明书、试验大纲、试验报告。③通过装船试验验证的工程样机。④产品实船应用报告。⑤高效捕捞甲板绞车系统设计及制造指导性文件。⑥相关专利。⑦相关技术标准研究报告及标准制修订建议。

4. 高性能导航雷达系统研发

研究目标：针对国际海事组织对船用综合导航系统的新要求，通过对雷达系统数字化及组网应用、天线模块设计制造、信号处理等关键技术研究，开发出技术领先、成本经济的新一代导航雷达系统，完成样机研制和装船应用验证。

研究内容：①相关国际规范、技术标准研究。②雷达视频信号处理技术研究。③导航雷达信号数字化及组网应用技术研究。④先进自动标绘（ARPA）算法研究。⑤导航雷达与电子海图、自动识别系统目标的信息融合和功能联合应用研究。⑥X波段、S波段导航雷达天线和接收器、发射器研制。⑦产品装船试验研究。

成果形式：①相关技术研究报告。②X波段和S波段导航雷达产品相关设计图纸、计算书、说明书、试验报告。③通过装船验证的工程样机。④产品实船应用报告。⑤相关专利。⑥相关技术标准研究报告及标准制修订建议。

5. 新型船用罗经开发

研究目标：开发出符合国际最新规范要求，动态性能好，环境适应能力强，性价比高，具有国际先进水平的新型船用罗经，开发的工程样机获得船级社认证，并经装船应用验证。

研究内容：①国际相关规范跟踪及对标研究。②总体设计技术研究。③快速启动对准、长时间误差抑制及补偿等系统技术研究。④高纬度导航算法研究。⑤样机研制与试验验证技术研究。

成果形式：①相关研究报告。②通过装船验证的工程样机。③产品实船应用报告。④相关专利。⑤相关技术标准研究报告及标准制修订建议。

三、基础共性技术与标准

1. 三体船三维波浪载荷预报与结构响应分析技术研究

研究目标：通过对三体船三维波浪载荷与砰击载荷预报方法、钢/铝合金船体结构静/动态响应分析技术、三体船载荷与典型结构的模型试验方法等进行研究，掌握相关的关键技术，开发专用的三体船三维波浪载荷预报软件，制定三体船结构响应分析指导性文件。

研究内容：①三维波浪载荷计算方法研究。②连接桥砰击载荷的计算方法研究。③波浪载荷与砰击载荷模型试验技术研究。④全船结构有限元分析技术研究。⑤船体结构在砰击载荷作用下的动力响应分析方法研究。⑥与我国南海环境相联系的三体船结构典型节点疲劳强度预报研究。⑦连接桥典型结构疲劳强度计算与模型试验验证研究。⑧三体船结构强度技术标准研究。

成果形式：①相关技术研究报告。②专用的三体船三维波浪载荷预报软件理论文本、目标文件、使用说明、测试报告、软件著作权登记证书、应用报告等。③水池与结构强度试验报告。④三体船结构响应分析指导性文件。⑤相关专利。⑥相关技术标准研究报告及标准制修订建议。

2. 极地及周边地区航行船舶性能理论预报方法研究

研究目标：通过开展极地及周边地区通航环境条件、海冰形态、艏艉部线型与结构型式、船桨匹配与操纵性能分析、结构设计与强度评估、减振降噪等关键技术研究，掌握航行于极地海域海洋环境参数以及冰载荷及破冰能力预报、运动性能、结构性能的预报技术，为极地及周边地区运输船舶设计工作提供基础支撑。

研究内容：①极地及周边地区海冰形态、海况环境研究。②冰载荷及破冰形式、能力预报技术研究。③船舶运动性能理论预报方法研究。④船舶结构性能理论预报方法研究。

成果形式：①相关技术研究报告。②冰载荷与破冰能力、水动力性能、结构直接计算法理论预报软件理论文本、目标文件、使用说明、测试报告、软件著作权登记证书、应用报告等。

3. 数字化水池顶层研究

研究目标：通过对国内外数值手段模仿现有物理水池的部分试验功能应用水平及软件现状的研究，结合现代数据库、计算机技术应用，制定开发我国船舶/海工数字化水池可行性研究方案。

研究内容：①国内外虚拟数值手段模仿物理水池的部分试验功能应用水平及软件现状的研究。②国内外船舶与海洋工程计算流体动力学（CFD）发展水平研究。③数字化水池技术实现船舶物理水池的试验功能与分阶段实现目标研究。④数字化水池技术实现船舶物理水池的试验功能及软件开发与分阶段实现目标研究。⑤数字化水池数值代码、通用图形处理器和计算软硬件开发平台研究。⑥云计算、E-技术的发展现状与数字化水池融合性研究。⑦数字化水池体系构成与流程研究。⑧数字化水池顶层设计研究。⑨数字化水池技术在主流运输船舶、深海半潜式平台水动力性能应用研究。

成果形式：①各类研究报告。②我国数字化水池开发可行性方案建议。

4. 船舶建造技术数据库和评价系统研究

研究目标：突破船舶建造技术基础数据的采集、分析和评价等关键技术，建立船舶建造技术数据库，开发船舶建造技术评价与分析决策支持系统，为全面提升行业建造技术水平奠定基础。

研究内容：①基础数据分析研究。②基础数据采集技术研究。③基础数据库系统软件开发。④建造技术评价方法研究。⑤评价与分析决策支持系统开发。⑥相关技术标准研究。

成果形式：①相关技术研究报告。②建造技术数据采集指导性文件和软件。③建造技术数据库。④评价与分析决策支持系统软件集成平台。⑤相关技术标准研究报告及标准制修订建议。

5. 国际船舶建造与修理质量标准及船舶结构安全标准研究

研究目标：根据国际船级社协会（IACS）《船舶建造与修理质量标准》（REC.47）最新修订内容及《协调的共同结构规范》（HCSR）新要求，完善《中国造船质量标准》，研究提出船舶结构安全和船舶修理相关标准。

研究内容：①《船舶建造与修理质量标准》（REC.47）和与HCSR相关和引用船舶标准研究分析。②《中国造船质量标准》及相关结构安全标准的适用性研究分析。③《中国修船质量标准》研究及相关船舶修理标准的适用性研究分析。

成果形式：①《国际船舶建造与修理质量及结构安全要求标准研究》报告。②《中国造船质量标准及相关结构安全标准的适用性研究》报告。③《中国造船质量标准》及相关船舶结构安全标准项目制修订主要内容及要求。④《中国修船质量标准》标准草案及相关标准制修订主要内容及要求。

6. 渔业船舶标准体系顶层研究

研究目标：根据国际海事组织（IMO）《国际渔船安全公约》的要求，在对渔业船舶相关国际标准和国外先进标准全面研究分析的基础上，重点围绕我国远洋渔业船舶技术和装备发展需求，开展标准应用研究及需求分析，深化我国渔业船舶技术标准体系研究，提出急需制定的重点项目标准并明确标准主要内容及要求，为提升我国渔业船舶设计建造及装备水平奠定基础。

研究内容：①相关国际公约规则、国际标准及国外先进渔业国家(地区)渔船标准分析研究。②典型远洋渔业船舶及装备标准需求分析。③我国现有渔业船舶标准适用性分析研究。④我国渔船及装备标准体系深化研究和急需制修订标准分析。

成果形式：①《国际渔船安全公约、规范、国际标准及国外先进渔业船舶标准研究》报告。②《国内典型远洋渔业船舶及装备标准需求分析》报告。③《我国现有渔业船舶标准适用性分析研究》报告。④国内急需制定的重点渔业船舶标准项目、主要内容及要求。

7. 船舶标准体系项目研究

研究目标：为确保船舶产品符合国际安全、环保、节能要求，支撑高技术船舶关键系统设备研制，提升船用机电设备模块化、自动化水平，推动信息技术应用，根据《船舶工业标准体系（2012年版）》，着重开展海洋船（AA）、船舶动力装置（DA）、船用机械设备（DB）、船舶电气系统及设备（DC）、船舶导航/通信/水声设备（DD）、船舶舾装设备（DE）等专业相关重点标准的研究，填补相关领域标准的空白，健全完善船舶工业标准体系。

研究项目：标准研究项目见表41。可按每一项单独进行申报，或按相关联项目组合申报。

成果形式：相关研究报告和标准草案。

四、国际新公约新规范前期研究

1. 船舶综合安全评估及安全水平法研究

研究目标：通过对船舶综合安全评估方法（FSA）和安全水平方法（SLA）理论、方法及应用的系统性研究和实际案例验证，研究制定FSA/SLA应用指南和软件，初步建立国内主流船型安全性数据库，并向国际海事组织提出相关提案。

研究内容：①FSA/SLA议题动态跟踪研究和对我国船舶工业的影响分析。②FSA/SLA的方法论研究。③船舶安全数据库框架、数据采集、统计分析与应用研究。④运用实际案例和主流船型，进行FSA/SLA安全水平分析和验证。⑤FSA/SLA分析指导性文件研究和应用软件开发。⑥国际海事组织FSA/SLA议题相关提案研究。

成果形式：①相关研究报告。②FSA/SLA应用软件及理论文本、目标文件、使用说明、测试报告、软件著作权登记证书、应用报告等。③FSA/SLA应用指南。④国际海事组织 FSA/SLA议题相关提案。

2. 国际海事组织船舶建造档案研究

研究目标：通过对国际海事组织船舶建造档案要求的全面研究分析，完成船舶建造档案行业标准的制定，提出我国岸上档案中心的方案，研究开发我国船舶建造档案管理软件，并向国际海事组织提出相关提案。

研究内容：①国际海事组织船舶建造档案要求对我国船舶工业的影响分析。②船舶建造档案行业标准研究。③我国船舶建造档案岸上档案中心方案研究。④我国船舶建造档案管理软件开发。⑤国际海事组织船舶建造档案议题相关提案研究。

成果形式：①相关研究报告。②船舶建造档案行业标准草案及实施指南。③船舶建造档案岸上档案中心建设方案。④船舶建造档案管理软件及理论文本、目标文件、使用说明、测试报告、软件著作权登记证书、应用报告等。⑤国际海事组织船舶建造档案议题相关提案。

3. 船舶液舱和密性舱壁试验规则及质量管理体系研究

研究目标：通过对目前船舶液舱和密性舱壁试验方案及操作规程的分析、评估及国际海上人命安全公约（SOLAS）公约相关要求的研究，提出满足船舶安全性要求的液舱和密性舱壁试验规程及相关国际提案，形成相关标准，完善质量管理体系。

研究内容：①国际海上人命安全公约（SOLAS）相关要求研究。②国内外船舶液舱和密性舱壁试验方案研究分析。③现有液舱和密性舱壁试验方案安全性评估。④液舱和密性舱壁试验改进方案研究。⑤液舱和密性舱壁试验相关标准和质量管理体系研究。⑥国际海事组织液舱和密性舱壁试验议题相关提案研究。

成果形式：①相关技术研究报告。②船舶舱室密性试验操作流程和指导性文件。③相关标准制定和质量管理体系改进方案。④国际海事组织船舶舱室密性试验议题相关提案。

4. 新造船有害物质清单应用技术研究

研究目标：开展国际安全与环境无害化拆船公约和配套导则分析，形成能够满足公约要求的、可操作的新造船有害物质清单执行程序，以及用于船舶设计、建造（含改建）、配套企业实施的指导手册，为将来能够履行公约要求提供技术支撑。

研究内容：①国际安全与环境无害化拆船公约中有害物质的范围、控制和影响以及有害物质清单验证程序研究。②我国造船业与国际安全与环境无害化拆船公约及其导则的异同实证研究。③欧盟等国船舶再回收法规等相关法规研究。④不同无石棉标准阈值区别和影响研究。⑤取样、分析、判定方法及替代产品或免除方法研究。⑥绿色产品认证、分级和国际安全与环境无害化拆船公约绿色产品数据库研究。⑦船上有害物质的取样检测等流程研究。⑧有害物质清单编制及流程研究。⑨国内船厂产品信息执行程序和实施方案研究。

成果形式：①相关技术研究报告。②有害物质清单与材料声明的制定报告。③相关执行程序和指导手册。④国际安全与环境无害化拆船公约、欧盟法规对策建议书。

5. 新船能效设计指数风浪失速因子预报和最小推进功率研究

研究目标：在对国际海事组织《新船能效设计指数（EEDI）计算导则》等全面研究分析的基础上，重点开展船舶风浪失速因子（FW）预报和恶劣海况下船舶最小推进功率等研究，提出相关设计、试验、预报、评估方法和指导性文件，研究开发相关软件和数据库。

研究内容：①船舶波浪增阻、风阻数值计算理论与方法研究。②风浪失速因子相关模型试验、实船验证与监测技术研究。③风浪失速因子数据库及预报与监测系统开发研究。④最小推进功率验证评估方法研究。⑤最小推进功率评估要求下的模型试验技术研究。⑥相关技术标准研究。⑦国际海事组织相关提案研究。

成果形式：①相关技术研究报告。②相关设计、试验、预报、评估指导性文件。③风浪失速因子预报软件。④最小推进功率评估软件。⑤相关技术标准研究报告。⑥国际海事组织风浪失速因子、最小推进功率相关提案草案。

6. 船舶柴油机颗粒物排放控制先期研究

研究目标：在研究国内外内燃机颗粒物（PM）

排放限制法规的基础上，对船舶柴油机颗粒物形成机理、成分以及对环境的影响进行研究，提出科学可行的船舶柴油机颗粒物控制技术方案。

研究内容：①国内外内燃机颗粒物排放限制法规研究。②船舶柴油机颗粒物排放对环境影响的分析。③船舶柴油机颗粒物形成机理及检测对比分析。④船舶柴油机颗粒物排放控制技术方案及减排能力研究。⑤船舶柴油机颗粒物排放控制技术的经济性分析。⑥船舶柴油机颗粒物排放限值及标准研究。

成果形式：①相关研究报告。②船舶柴油机颗粒物排放控制设计指导性文件。③国际海事组织船舶柴油机颗粒物排放限值标准提案草案。

表41 船舶标准体系研究项目表

序号	标准体系号	研究项目名称
1	AAA0042	船舶风险与安全评估方法
2	AAA0050	液化天然气船NO.96型围护系统通用要求
3	AAC0013	船舶能效设计指数预验证方法
4	AAC0016	喷水推进试验规程
5	AAD0101	船用金属材料的腐蚀与防护要求
6	AAD0103	焊缝相控阵超声波无损检测方法
7	AAD0166	船舶防污涂料含量及性能测定法
8	AAD0167	船舶耐低温用涂料
9	AAD0168	船用耐低温橡胶材料
10	AAD0169	船用耐低温玻璃
11	AAD0170	船用耐低温胶粘剂
12	AAD0172	舱室绝缘材料
13	AAE0044	船体高强度钢焊接工艺要求
14	AAE0170	船舶涂装用磨料选择指南
15	AAG0019	船舶工艺文件完整性要求
16	AAG0104	拆船企业生产条件基本要求及评价方法
17	AAG0133	船舶系泊航行试验安全规程
18	AAH0118	船舶压载水管理手册编制要求

（续表）

序号	标准体系号	研究项目名称
19	AAI0006	船舶三维生产设计建模通用要求
20	AAI0009	船舶设计与制造数据库 产品数据库框架
21	AAI0010	船舶设计与制造数据库 资源数据库框架
22	AAI0011	船舶设计与制造数据库 管理信息数据库框架
23	AAI0012	船舶设计与制造数据库 基础数据库框架
24	DAA0095	智能型柴油机液压执行模块
25	DAA0096	船用柴油机用电控单元
26	DAA0104	船用低速柴油机曲轴技术要求
27	DAA0109	船用柴油机燃油系统模块
28	DAA0110	船用发动机滑油系统模块
29	DAA0111	船用柴油机缸套冷却水泵模块
30	DAA0112	船用柴油机空气冷却器模块
31	DAB0043	喷水推进装置技术条件
32	DBA0041	船用压力水柜模块
33	DBA0042	船舶压缩空气系统模块
34	DBA0049	液化气船再液化装置设计要求
35	DBA0073	船用热井模块
36	DBB0072	机舱独立箱柜设计要求
37	DBC0014	船舶锚机模块
38	DBD0013	船用火灾探测报警系统
39	DBD0014	船用光电感烟火灾探测器
40	DBD0016	船舶自动喷水灭火系统
41	DBD0021	船用火灾声光报警器

（续表）

序号	标准体系号	研究项目名称
42	DBD0024	船舶水消防系统试验方法
43	DBD0028	船用惰性气体灭火装置
44	DBD0036	船用室内消火栓
45	DBE0020	船用收油机
46	DBF0131	船用阀门温压曲线图要求
47	DBF0333	超低温管路支架
48	DBF0334	超低温管路止动器
49	DBF0339	液化天然气船用超低温管系冷却试验要求
50	DBG0068	船舶液压泵站模块
51	DBG0069	船用组合式液压缸
52	DBG0070	船用多级伸缩式液压缸
53	DCA0033	船用电气设备塑料选用要求
54	DCB0012	船用发电装置动力管理系统
55	DCB0013	船用应急发电机技术条件
56	DCB0014	船用低噪声汽轮高速发电机技术条件
57	DCB0015	船用大功率发电机组噪声控制设计要求
58	DCB0016	船舶发电设备控制系统要求
59	DCB0017	船舶智能化交流不间断电源技术条件
60	DCE0016	船用绝缘监测装置设计要求
61	DCE0017	船用单人驾控台通用技术条件
62	DCF0044	船用探照灯和投光灯配置要求
63	DCF0046	救生艇和救助艇用探照灯
64	DCF0053	船舶及海洋平台用直升机助降灯具

（续表）

序号	标准体系号	研究项目名称
65	DCF0054	船舶及海洋平台用直升机助降灯控制设备
66	DCF0055	船舶及海洋平台用直升机红外信号助航通信设备
67	DDA0063	救生磁罗经
68	DDA0067	船舶综合信息系统通用要求
69	DDC0015	水声通信机
70	DEA0073	深海工程船定位用吊锚装置
71	DEA0074	深水定位锚技术要求
72	DEB0038	应急拖带装置
73	DEC0014	H120级防火风雨密门
74	DEC0016	A60级带逃生口防火门
75	DEC0026	H120级船用防火窗
76	DED0061	气胀式撤离通道风险评估方法
77	DED0062	气胀式撤离通道技术条件

延伸阅读之六：

海洋工程装备科研项目指南（第一批）

大力发展海洋工程装备是当前船舶工业应对金融危机，进一步调整产业结构、提升发展空间、培养新经济增长点的战略方向。为贯彻落实《船舶工业调整和振兴规划》，加快海洋工程装备研发，推动我国船舶工业在海洋工程装备制造领域做大做强，特制定本指南。

一、发展现状与问题

随着陆上油气资源的不断枯竭，海洋油气开发特别是深海油气开发已成为世界能源开发的主要领域。尽管遭受金融危机影响，但与造船市场相比，国际海洋工程装备市场仍有一定需求。随着我国海洋油气开发的加速发展，国内市场对装备的需求变得更为迫切。

21世纪以来，我国船舶工业在海洋工程装备设计建造方面取得了一些新突破，成功建造了多型FPSO和自升式钻井平台，完成了国外第六代半潜式钻井平台的改装建造，承接了国内3 000米水深半潜式钻井平台和起重铺管船的订单，在国内外产生较大影响，具备了技术能力快速提升的基础。但总体来说，我国海洋工程装备技术水平和研发能力还远不能适应国内国际深海油气开发的需要，与国外先进水平相比仍存在较大差距，突出表现在：

（1）主流装备的自主设计能力不足。目前我国只能自主设计用于浅海油气田开发的装备，尚不具备100米以上水深自升式钻井平台、深水半潜式平台、深水FPSO等装备，以及具有国际市场竞争力的深海海洋工程辅助船的自主设计能力。

（2）新型高端装备的设计建造仍属空白。在SPAR平台、LNG-FPSO、多功能自升式平台等新型海洋工程装备领域，我国至今未曾涉及，缺乏设计建造经验，更不具备自主研发能力。

（3）基础共性技术整体薄弱。在海洋工程装备的水动力性能分析、结构性能分析、工程管理技术、总装建造技术等方面，我国研究水平与国外存在明显差距，影响了我国海洋工程装备技术水平的进一步提升。

(4)配套设备发展明显滞后。我国在海洋工程装备配套领域尚处于起步阶段，大多数配套设备依赖进口，国内生产的配套产品技术指标相对较低，单点系泊系统等高附加值海洋工程配套设备均属空白。

二、发展思路与目标

（一）发展思路

深入贯彻《船舶工业调整和振兴规划》的战略部署，按照突出重点、有所为有所不为、分期分批实施的原则，开展海洋工程装备的技术研发。一是瞄准需求、抓住主流，着眼于我国南海油气开发的现实紧迫需求和提高国际市场占有率，以具有一定基础的主流海洋工程装备为重点，着重提高自主研发能力，突破设计瓶颈。二是统筹兼顾，远近结合，兼顾配套设备发展，尤其是关键配套设备研制，推动配套设备与海洋工程装备协同发展；兼顾基础共性技术研究，发挥海洋工程装备的共性基础技术支撑作用，提升可持续发展能力。将当前需求与长远发展相结合，提前加大市场前景广阔的新型装备研究力度，增强技术储备。

（二）发展目标

到2012年，在主流移动钻井平台（船舶）、海洋工程作业船和辅助船的研发方面取得全面突破，形成若干知名品牌产品；掌握主流浮式生产系统和新型海洋工程装备的关键设计技术，为后续工程研制奠定基础；具备主流海洋工程装备关键设备的配套能力，填补国内空白；提升海洋工程装备的基础共性技术水平，形成一系列技术标准和规范。

三、研发重点

针对海洋油气资源勘探、开发、加工、储运等方面的装备需求，本批指南主要包括海洋移动钻井平台（船舶）、浮式生产系统、海洋工程作业船和辅助船等三类装备及其关键配套设备和系统。

（一）主流海洋移动钻井平台（船舶）

1. 120米及以上水深自升式钻井平台研发

研发目标：瞄准当代自升式钻井平台的主流结构形式和功能配置，掌握自升式钻井平台的设计建造关键技术，推出具有知识产权的设计方案，打造品牌产品，具备工程总承包的技术能力。

2. 3 000 米水深钻井船研发

研发目标：瞄准当代钻井船的主流结构形式和功能配置，掌握深水钻井船的设计建造关键技术，推出具有知识产权的设计方案，打造品牌产品。

（二）主流浮式生产系统

1. 深水浮式生产储卸装置（FPSO）关键设计技术研究

研发目标：以满足深水油气田开发需要为主要目标，结合我国南海海域的自然环境条件，掌握深水FPSO的关键设计技术，为工程研制奠定技术基础。

2. 深水半潜式生产平台关键设计技术研究

研发目标：以深水半潜式钻井平台技术为基础，掌握半潜式生产平台的设计理念，结合我国南海海域的自然环境条件，掌握深水半潜式生产平台的关键设计技术，为工程研制奠定技术基础。

（三）主流海洋工程作业船和辅助船

1. 万马力级深水三用工作船研发

研发目标：以能够适应深水工作需求的三用（起抛锚、拖航、供应）工作船为目标，掌握此类船舶的设计建造关键技术，具备开发设计能力，打造品牌产品。

2. 3 000 米水深大型起重铺管船研发

研发目标：以3 000米工作水深和起重能力在4 000吨以上的大型起重铺管船为目标，掌握此类船舶的设计建造关键技术，具备开发设计能力，打造品牌产品。

3. 高性能物探船研发

研发目标：瞄准目前市场主流的三维高性能物探船，通过相关关键技术研究，掌握此类船舶的设计建造关键技术，具备开发设计能力，打造品牌产品。

4. 5万载重吨及以上半潜运输船研发

研发目标：针对大型海洋工程装备海上运输和安装需求，以5万载重吨及以上的大型半潜运输船为目标，掌握此类船舶的设计建造关键技术，具备开发设计能力，打造品牌产品。

5. 3 000 米水深工程勘察船研发

研发目标：针对海洋油气及其他海洋资源开发的工程需要，以具备3 000米水深工程地质勘察和工程地质特性测试能力的作业船为目标，掌握此类船舶的设计建造关键技术，具备开发设计能力，打造品牌产品。

（四）新型海洋工程装备

1. 浮式LNG生产储卸装置（LNG-FPSO）关键设计技术研究

研发目标：以满足海洋气田或油田生产开采需要为目标，掌握LNG-FPSO的设计理念，针对我国南海海域的自然环境条件，掌握LNG-FPSO的关键设计技术，为工程研制奠定技术基础。

2. 多功能自升式平台关键设计技术研究

研发目标：结合国内外海洋工程市场的最新需求，对具有钻井/修井、生产和储油功能的多功能自升式平台进行研究，掌握关键设计技术，为工程研制奠定技术基础。

3. 边际油田型浮式生产储油装置（FPSO）关键设计技术研究

研发目标：以边际油田开发为主要目标，结合我国海域环境条件，开发出一套投资小、生产流程简化、可迁移和重复利用的边际油田型FPSO，掌握相关设计原理，突破设计关键技术，为工程研制奠定技术基础。

4. 立柱式生产平台（SPAR）关键设计技术研究

研发目标：跟踪研究SPAR发展情况，掌握SPAR的设计理念，结合我国南海海域的自然环境条件，开展相关技术经济论证研究和关键设计技术研究，具备SPAR研发能力，为工程研制奠定技术基础。

（五）基础共性技术

1. 深水浮式结构物运动耦合及外载荷分析研究

研发目标：围绕深水海洋工程装备开发，通过开展深水浮式结构物运动耦合分析、外载荷分析等研究，掌握深水浮式结构物的先进设计理念、设计方法和工具，提升研发能力和创新能力。

2. 海洋工程装备总装建造技术研究

研发目标：针对海洋工程装备深水化、大型化等趋势，结合现代造船模式特点，开展总装建造技术研究，为提高建造质量和效率提供支撑。

3. 海洋工程装备项目管理技术研究

研发目标：掌握海洋工程装备项目管理思路、操作方法，结合国内造船企业实际情况，建立与海洋工程装备项目相适应的现代管理模式、方法和体系，为具备项目总承包管理能力奠定基础。

（六）关键配套设备和系统

1. 大型海洋工程装备深水定位系泊系统研制

研发目标：针对海洋工程装备大型化和深水化趋势，通过开展大功率绞车及其控制技术、钢制锚链或合成材料缆索、预抛锚设施、锚固基础等关键设备和技术研究，以及系泊系统安装研究，掌握深水定位系泊系统的设计和计算分析等关键技术，并具备研发能力。

2.FPSO 单点系泊系统研究及关键装置研制

研发目标：通过技术引进与合作，对单点系泊系统技术进行系统研究与开发，攻克单点系泊系统的多通道流体旋转接头技术，设计出具有知识产权的多通道流体旋转接头。

3. 动力定位系统研制

研发目标：通过技术合作，在控制系统、推进系统、测量系统、动力系统等方面开展研究，掌握动力定位系统的集成技术，建立动力定位系统可靠性和冗余度设计分析方法；通过对全回转舵桨装置、吊舱式电力推进装置等关键设备进行研究，开发出具有知识产权的产品。

4. 海洋工程船舶综合信息集成管理系统研制

研发目标：以装备海洋工程船舶为目标，突破综合信息集成管理系统的关键技术，形成设计和开发能力，初步具备海洋工程船舶集成管理系统的配套能力。

5. 大型海洋平台电站集成技术研究及关键设备研制

研发目标：针对海洋平台电站规模大、功率高、非线性负载多的特点，突破电站系统的设计制造关键技术，开发出具有知识产权的关键设备，具备系统集成能力。

6. 自升式钻井平台升降系统研制

研发目标：通过对自升式钻井平台升降系统进行研究开发，突破升降机构的设计制造关键技术，以及升降系统的传动和控制关键技术，开发出具有知识产权的产品和技术。

四、项目鼓励原则

（1）重点鼓励瞄准国际先进水平，打造自主品牌产品的研发项目。

（2）重点鼓励有工程依托，以形成自主研发设计和建造能力的研发项目。

（3）重点鼓励有一定基础、价值高、市场需求量大的关键配套设备的研发项目。

（4）重点鼓励“产、学、研、用”共同参与，以及开展技术合作并拥有知识产权的研发项目。

（编写：刘健奕 范 维 刘华祥 张小凯 郭腾飞 王 婧）

第十章　国际合作与交流

第十章　国际合作与交流

一、挪威船级社在上海成立自升式钻井平台中心

2012年5月25日，挪威船级社（DNV）在上海成立自升式钻井平台中心。该平台中心的成立，是继新加坡、迪拜、休斯敦、里约热内卢和斯塔万格之后，DNV建立的全球海工网络的重要组成部分，可为相关技术领域的客户提供技术标准、专家咨询及技能发展支持。

此次成立的自升式钻井平台中心是DNV支持自升式钻井平台行业的又一重要举措，也展示了DNV持续致力于支持中国市场的承诺。2012年5月1日，DNV在美国国际石油天然气展（OTC）上推出了最新的自升式钻井平台规范。该规范为设计院和船厂的设计与新造船项目提供入级指南。它还明确地解释了DNV的入级规范以及国际建造标准。

二、国内海洋工程相关单位积极参加OTC展会

2012年4月30日~5月3日，一年一度的国际石油石化天然气展（OTC）在美国休斯顿隆重举行，本届展会盛况空前，展览面积达641 350平方英尺，云集了来自世界各地2 500多家海洋技术及相关领域的厂商和89 400专业观众。中国海洋工程相关政府部门、行业机构、企业集团等派出多个团队，通过参展、参观、交流和商务洽谈等多种形式的活动在展会上获取了国外大量市场及技术信息资料，进一步掌握了世界海洋工程装备及技术最新发展动向，对国际海洋工程装备行业发展动态也有了更深入了解，同时充分展示了中国海洋工程装备制造业的快速发展和现有能力，有力促进了国际交流与合作。

三、2012中国国际海洋石油天然气技术展览会举办

2012年11月14~16日，为期3天的2012中国（北京）国际海洋石油天然气技术展览会（简称CIOTC 2012）在北京举办，展会同期举办2012中国（北京）国际石油石化技术展览会（简称CIPTC 2012），与此同时，2012中国海洋工程国际研讨会和2012中国天然气国际高峰会议也同期举行。CIOTC 2012全方位、多角度展示了海洋油气产业链的技术与装备。海洋工程国际研讨会就深海油气技术装备需求、建造重点和合作机遇进行了深入探讨。在2012中国天然气国际高峰会议上，国内外专家学者就天然气市场的机遇和挑战，以及非常规天然气的工艺、装备、技术和发展前景等进行了详细解读。展会期间吸引了来自美国、俄罗斯、挪威和英国等20多个国家的政府部门与企业参观交流，观展人数超过8 000人。

作为"2012中国(北京)国际海洋石油天然气技术展览会"期间的重要活动,由中船重工第七一四研究所主办,中船重工经济研究中心与中船重工展览办公室、中国海洋工程网联合承办,德国劳氏船级社和上海佳豪共同协办的"2012南海深水油气钻采装备与技术研讨会"于11月15日在北京举行。研讨会以"深度解析南海战略,探讨行业发展机遇"为主题,就南海资源开发现状与展望、南海深水油气开发装备的机遇与挑战、"海洋石油981"的自主研制及应用、国际海上钻井设备供应商在中国南海的机遇与挑战、深海极端环境腐蚀模拟研究等多个议题进行了热烈的探讨,搭建了一个探讨南海深水海洋油气开发与海洋工程装备发展方向和策略的交流平台,为业内共商解决方案提供了良好条件。来自中国船舶科学研究中心、中国南海研究院海洋科学研究所、中海油、德国劳氏船级社、中船重工经济研究中心等众多领导及专家到会发表主题演讲,200多位业内的管理者、经营者与研究者参加会议。

四、2012中国大连国际海洋工程装备发展论坛举办

2012年10月23~26日,第十届中国大连国际海事展览会在大连世界博览广场举行。为了进一步拓展海洋工程装备等新兴市场的开发和推广,探讨全球船舶及海洋工程装备技术与供需态势,作为中国船舶工业协会海工分会下半年主要活动之一,中国船舶工业行业协会和2012大连海事会组委会在展会同期(10月24~25日)共同举办了"2012中国大连国际海洋工程装备发展论坛"。会议内容主要包括中国海洋工程装备发展规划及中国能源工业中的海洋油气的发展与规划、中海油总公司"十二五"发展规划与具体需求、世界和中国海工装备市场的特点与发展趋势、新型海工装备研发动态及海工装备与技术最新标准与要求、韩国海工产业发展概况、中国主要企业海洋工程装备发展情况、国内外海洋石油钻采设备现状与发展展望,丹麦、挪威、德国海工技术发展介绍等。

五、2012年中国国际海洋工程技术装备展览会举办

2012年5月23~25日,2012年中国国际海洋工程技术装备展览会在江苏南京国际博览中心与中国国际船舶工业博览会同期举办。来自荷兰、丹麦、美国、英国、芬兰、挪威、西班牙、德国、意大利、法国、瑞典、韩国、新加坡、日本等14个国家的展团,超过100家的境外展商及境外机构参展。展品类别包括各类钻采平台、辅助船舶、海上风电装备、水下工程、海工钢结构、海上施工、平台设备、钻采工具、港口建设、标准规范认证、质量监督、工程建设、产品设计、专业院校、信息与媒体等。同期举办了中国海洋工程发展国际高峰论坛,邀请了政府官员、业内专家、海内外学者等进行主题演讲和专题报告,对中国海洋工程和造船工业的发展前景及相关热点问题开展了深入研讨。

六、2012海洋工程中国峰会在上海召开

2012年9月25~26日,2012海洋工程中国峰会在上海召开。国内外海事权威官员、专家以及企业界代表,中外石油公司、海洋工程承包商、供应商、服务商就全球及中国海洋工程行业所面临的机遇和挑战、南海勘探的现状和市场预测、海洋新能源开发及应用、海洋平台建造的最新施工案例、深水工程技术的现状和未来趋势、最新水下安装设备及其安装技术、最新船舶规定及应用方向、以及海洋工程融资的战略优化等诸多重要问题进行了深入的探讨和交流。

七、2012 中国海洋工程国际研讨会召开

2012年11月14~15日，“COES 2012中国海洋工程国际研讨会”在金茂北京威斯汀大饭店召开。会议以“抓住钻井船和FLNG设备建造领域新商机，紧跟海工创新潮流”为主题，从国际环境和国内机遇全方面诠释了海洋油气产业的海工商机。COES 2012迎合中国海工产业“引进来、走出去”的发展思路，对深海油气技术装备需求、建造重点、合作机遇进行了分享，为国内外专注于海洋油气市场的企业和机构提供重要的启示，起到了里程碑作用。此次参与COES 2012的嘉宾人数达到近300人。

八、2012 年海上作业专业研讨会（MOSS 2012）在新加坡举行

第二届海上作业专业研讨会（MOSS 2012）2012年8月6~8日在新加坡举行。会议由新加坡国立大学近海研究和工程中心主办，旨在交流全球范围内近海油气的浅水和深水作业以及设备安装业务。会议的专题为：海底作业；风力、水流、波浪和热力系统安装；环境监视设备安装；安装船；海上作业模拟；管道安装等。

九、第六届亚太海事水动力学研讨会（APHydro 2012）举行

第六届亚太海事水动力学研讨会（APHydro 2012）于2012年9月3~5日在马来西亚新山市举行。会议由马来西亚技术大学主办。APHydro为PAAMES下属的系列性国际会议，会议所涉及的专业为船舶阻力与船型、船舶推进与螺旋桨、船舶运动与控制、船上监控技术、海洋工程水动力学、水下技术、海岸工程、海洋科学、系泊系统、船舶与海洋工程计算水动力学。

（编写：王 颖 张广浩 李东亮 周长江）

第十一章　2012~2013年全球海洋工程装备产业数据

第十一章 2012~2013年全球海洋工程装备产业数据

2012年1月全球海洋工程装备成交情况

一、油气钻采装备成交情况

表42 钻采装备成交一览表（2011年12月16日～2012年1月15日）

装备类型		数量	单价（亿美元）	装备建造商		装备订购商
钻井装备	自升式钻井平台	1		Lamprell		墨西哥Pemsa公司
	半潜式钻井平台	1	8.09	吉宝岸外海事	新加坡	Urca Drilling公司
	半潜式钻井平台	1	6.219	大宇造船	韩国	Odfjell Drilling公司
生产装备	水下生产系统	1	1.5	FMC	美国	Woodside公司
	水下生产工程	1	1.72	Technip	法国	Nexen石油公司
	LNG-FPSO	1		Technip, Modec和JGC		巴西国家石油公司
	Spar平台	1		Technip	法国	Anadarko石油公司
	天然气平台	2	合计9	现代重工	韩国	雪佛龙公司
其他装备及配套设备	居住维修船改装	1	1.4	胜科海事	新加坡	Equinox Offshore Accommodation公司
	VLCC改装	1		中远船务	中国	日本Modec公司
	钻井立管合同			Aker Solutions	挪威	韩国大宇造船
	FLNG压缩机			三菱重工	日本	

二、海洋工程船舶成交情况

表43　辅助船舶等装备部分订单（2011年12月16日～2012年1月15日）

<table>
<tr><th>装备类型</th><th>规格</th><th>数量</th><th>单价（亿美元）</th><th colspan="2">装备建造商</th><th>装备订购商</th></tr>
<tr><td>起重铺管船</td><td></td><td>2</td><td>合计2.2</td><td>南通中远船务</td><td>中国</td><td>亚洲船东</td></tr>
<tr><td>高速客船</td><td></td><td>3</td><td></td><td>Grandweld船厂</td><td>阿联酋</td><td>沙特阿拉伯Zamil海洋公司</td></tr>
<tr><td>海上风场支持船</td><td></td><td>1</td><td>0.062</td><td>Austal船厂</td><td>澳大利亚</td><td>英国Turbine Transfers Limited</td></tr>
<tr><td>全回转拖轮</td><td></td><td>1</td><td></td><td>粤新船厂</td><td>中国</td><td>南美船东</td></tr>
<tr><td>ROV支持船</td><td></td><td>1</td><td></td><td>Wilson Sons船厂</td><td>巴西</td><td>荷兰Fugro公司</td></tr>
<tr><td>PSV</td><td></td><td>1</td><td></td><td>Shinan重工</td><td>韩国</td><td>Marin Teknikk AS</td></tr>
<tr><td>PSV</td><td></td><td>4</td><td></td><td>达门船厂</td><td>荷兰</td><td>World Wide Supply公司</td></tr>
<tr><td>海洋工程船</td><td></td><td>2+4</td><td>合计2</td><td>Asenav船厂</td><td>智利</td><td>Maersk Supply Service</td></tr>
<tr><td>海工支持船</td><td></td><td>2</td><td rowspan="4">合计0.73</td><td>Coastal船厂</td><td rowspan="4">马来西亚</td><td>美国Tidewater公司</td></tr>
<tr><td>海工支持船</td><td></td><td>1</td><td>Coastal船厂</td><td>尼日利亚船东</td></tr>
<tr><td>登陆艇</td><td></td><td>2</td><td>Coastal船厂</td><td>马来西亚船东</td></tr>
<tr><td>驳船</td><td></td><td>2</td><td>Coastal船厂</td><td>印度尼西亚船东</td></tr>
</table>

三、海洋油气钻井装备利用率

表44　海洋油气钻井装备利用率（主要地区）

月份	钻井船			自升式钻井平台			半潜式钻井平台		
2011年12月	58	71	81.7%	310	377	82.2%	156	181	86.2%
2011年11月	56	68	82.4%	304	374	81.3%	154	178	86.5%
2011年10月	55	67	82.1%	301	372	80.9%	154	178	86.5%
2011年9月	53	65	81.5%	298	370	80.5%	155	177	87.6%
2011年8月	53	65	81.5%	294	368	79.9%	152	176	86.4%
2011年7月	50	65	76.9%	297	368	80.7%	150	174	86.2%
2011年6月	58	71	81.7%	310	377	82.2%	156	181	86.2%

2012年2月全球海洋工程装备成交情况

一、油气钻采装备成交情况

表45 钻采装备成交一览表（2012年1月16日～2月15日）

<table>
<tr><th colspan="2">装备类型</th><th>数量</th><th>单价（亿美元）</th><th colspan="2">装备建造商</th><th>装备订购商</th></tr>
<tr><td rowspan="3">钻井装备</td><td>钻井船</td><td>1</td><td>7.925</td><td>胜科海事</td><td>新加坡</td><td>巴西Sete Brasil</td></tr>
<tr><td>半潜式钻井平台</td><td>1</td><td></td><td>中集来福士</td><td>中国</td><td>挪威North Sea Rigs As</td></tr>
<tr><td>半潜式钻井平台</td><td>1</td><td></td><td>大宇造船</td><td>韩国</td><td>挪威Odfjell公司</td></tr>
<tr><td>生产装备</td><td>LNG-FSRU</td><td>1</td><td></td><td>现代重工</td><td>韩国</td><td>Hoegh公司</td></tr>
<tr><td rowspan="9">其他装备及配套设备</td><td>CPF</td><td>1</td><td>27.3</td><td>三星重工</td><td>韩国</td><td>澳大利亚Ichthys</td></tr>
<tr><td>FPSO升级</td><td>1</td><td></td><td>Blohm+Voss船厂</td><td>德国</td><td></td></tr>
<tr><td>ROV</td><td>6</td><td></td><td>Forum能源技术</td><td>美国</td><td>美国DOF Subsea公司</td></tr>
<tr><td>海洋风电平台</td><td>1</td><td></td><td>干船坞世界</td><td>阿联酋</td><td>挪威Aibel公司</td></tr>
<tr><td>水下生产系统</td><td>1</td><td>20</td><td>McDermott</td><td>美国</td><td>澳大利亚Ichthys</td></tr>
<tr><td>水下装备</td><td>1</td><td>1</td><td>Subsea 7</td><td>挪威</td><td>英国BP公司</td></tr>
<tr><td>水下装备</td><td>1</td><td>0.708</td><td>Technip</td><td>法国</td><td>挪威Statoil公司</td></tr>
<tr><td>海底管道涂层</td><td>1</td><td>4</td><td>ShawCor公司</td><td>加拿大</td><td>澳大利亚Ichthys</td></tr>
<tr><td>FPSO转塔系泊系统</td><td>1</td><td>5</td><td>SBM Offshore</td><td>荷兰</td><td>澳大利亚Ichthys</td></tr>
</table>

二、海洋工程船舶成交情况

表46 辅助船舶等装备部分订单（2012年1月16日～2月15日）

装备类型	数量	单价（亿美元）	装备建造商		装备订购商
PSV	1+1		Remontowa船厂	波兰	美国Edison Chouest集团
PSV	1		Kleven海事	挪威	Ugland Offshore
PSV	2	0.79	Balenciaga船厂	西班牙	英国Craig集团
PSV	2		Damen船厂	荷兰	挪威WWS公司
PSV	2		英国Craig集团	英国	英国Talisman Energy
PSV	1		SIMEK船厂	挪威	Gulfmark Offshore公司
LNG OSV	2	1.1	Trinity Offshore	新加坡	美国Harvey Gulf国际海事
OCV	1	1.387	Bergen Group Fosen	挪威	Volstad Maritime公司
AHTS	6	合计1.014	ABG公司	印度	印度SCI
AHTS	2	合计0.596	ST Marine	新加坡	SPO公司
海底作业支持船	1		Havyard	挪威	挪威Forland Shipping
LNG	2		现代重工	韩国	Golar LNG
LNG	2				欧洲船东

三、海洋油气钻井装备利用率

表47 海洋油气钻井装备利用率（主要地区）

月份	钻井船			自升式钻井平台			半潜式钻井平台		
2012年1月	57	73	78.1%	306	374	81.8%	155	182	85.2%
2011年12月	58	71	81.7%	310	375	82.7%	157	181	86.7%
2011年11月	56	68	82.4%	304	371	81.9%	154	178	86.5%
2011年10月	55	67	82.1%	301	369	81.6%	154	178	86.5%
2011年9月	53	65	81.5%	298	369	80.8%	155	177	87.6%
2011年8月	53	65	81.5%	294	367	80.1%	152	176	86.4%
2011年7月	57	73	78.1%	306	374	81.8%	155	182	85.2%

2012年3月全球海洋工程装备成交情况

一、油气钻采装备成交情况

表48 钻采装备成交一览表（2012年2月16日～3月15日）

装备类型		数量	单价（亿美元）	装备建造商		装备订购商
钻井装备	钻井船	2	6	三星重工	韩国	挪威Seadrill公司
	自升式钻井平台	1	2.13	胜科海事	新加坡	奥地利Safin Gulf FZCO
	自升式钻井平台	1+1		外高桥	中国	中石油海洋工程公司
生产装备	FPSO	1	20	大宇造船	韩国	日本Inpex公司
	海洋平台	1	5.6	大宇造船	韩国	丹麦DONG E&P公司
其他装备	油井干涉平台	1	3.855	胜科海事	新加坡	美国Helix Energy Solutions集团

二、海洋工程船舶成交情况

表49 辅助船舶等装备部分订单（2012年2月16日～3月15日）

装备类型	数量	单价（亿美元）	装备建造商		装备订购商
风电安装船	1	2.84	波兰Crist船厂	波兰	德国Hochtief Solutions公司
风场支持船	8		Strategic Marine船厂	澳大利亚	英国Njord Offshore公司
平台供应船	4		日本万国造船	日本	新加坡SPO公司

（续表）

装备类型	数量	单价（亿美元）	装备建造商		装备订购商
平台供应船	4		巴西EISA船厂	巴西	新加坡SPO公司
铺管船	3		IHC Offshore & Marine	荷兰	
铺管船	1		OSX	韩国	Sapura Navegação Mar í tima公司
起重船	1		STX	韩国	比利时Scaldis Salvage & Marine Contractors NV公司
平台供应船	4	0.495	现代尾浦	韩国	欧洲船东
拖拽救捞船	2		万国造船	日本	新加坡Ezion集团
平台供应船			Wilson Sons公司	巴西	巴西国油

三、海洋油气钻井装备利用率

表50 海洋油气钻井装备利用率（主要地区）

月份	钻井船			自升式钻井平台			半潜式钻井平台		
2012年2月	58	74	78.40%	302	374	80.70%	155	182	85.20%
2012年1月	58	73	79.50%	305	373	81.80%	156	181	86.20%
2011年12月	59	71	83.10%	310	375	82.70%	156	180	86.70%
2011年11月	57	68	83.80%	304	371	81.90%	154	178	86.50%
2011年10月	55	67	82.10%	301	369	81.60%	154	178	86.50%
2011年9月	53	65	81.50%	298	369	80.80%	155	177	87.60%
2011年8月	58	74	78.40%	302	374	80.70%	155	182	85.20%

2012年4月全球海洋工程装备成交情况

一、油气钻采装备成交情况

表51 钻采装备成交一览表（2012年3月16日～4月15日）

装备类型		数量	单价（亿美元）	装备建造商		装备订购商
钻井装备	钻井船	1	6	三星重工	韩国	美国Pacific Drilling
	钻井船	1+2	6.45			美国Ensco集团
	自升式钻井平台	1	2.05	吉宝远东美国船厂	新加坡	Perforadora Central公司(墨西哥)
	半潜式钻井平台	1	5.68	胜科海事裕廊船厂	新加坡	北大西洋钻井公司
	自升式钻井平台	1	2.185	胜科海事PPL厂	新加坡	Gulf Drilling International
生产装备	FPSO升级	1	合计1.35	吉宝船厂	新加坡	荷兰SBM Offshore
	FPSO升级	1				马来西亚Bumi Armada
	钻井辅助平台	1	1.35	南通中远船务	中国	挪威Seadrill公司
	半潜式支持平台	2+2	3.15	大连船舶重工集团	中国	挪威Sirius Offshore Accommodation公司
	钻井包	2		Aker Solutions	挪威	大宇造船海洋公司
	水下工程	1	8.36	Technip	法国	英国BP公司
	海洋工程总包	1		McDermott	美国	阿联酋KJO公司
	水下生产设备	1	0.7	FMC Technologies	美国	挪威Statoil公司

二、海洋工程船舶成交情况

表52 辅助船舶等装备部分订单（2012年3月16日～4月15日）

装备类型	数量	单价（亿美元）	装备建造商		装备订购商
平台供应船	4+6	合计 1.05	中远船务	中国	美国某船东
风车安装船	1	1.55			丹麦船东A2Sea公司
平台供应船	4	合计 1.97	现代尾浦	韩国	英国BP航运
三用工作船	2	合计 2.09	STX OSV	韩国	挪威Farstad Shipping公司
水下工程船	2				挪威Siem Offshore公司
水下作业支持船	1	0.868			挪威Island Offshore公司
水下工程船	2	合计 1.27			挪威DOF公司
三用工作船	1				挪威Iceman公司
海工船	1	1.32	Bergen	挪威	Volstad Maritime公司

三、海洋油气钻井装备利用率

表53 海洋油气钻井装备利用率（主要地区）

月份	钻井船			自升式钻井平台			半潜式钻井平台		
2012年3月	61	76	80.30%	302	375	80.50%	162	185	87.60%
2012年2月	58	74	78.40%	302	374	80.70%	155	182	85.20%
2012年1月	57	74	77.00%	307	373	82.30%	156	181	86.20%
2011年12月	59	72	81.90%	312	375	83.20%	156	180	86.70%
2011年11月	57	68	83.80%	306	371	82.50%	154	178	86.50%
2011年10月	55	67	82.10%	303	369	82.10%	154	178	86.50%
2011年9月	61	76	80.30%	302	375	80.50%	162	185	87.60%

2012年5月全球海洋工程装备成交情况

一、油气钻采装备成交情况

表54 钻采装备成交一览表（2012年4月16日～5月15日）

装备类型		数量	单价（亿美元）	装备建造商		装备订购商
钻井装备	钻井船	1	6	三星重工	韩国	挪威Seadrill公司
	钻井船	1	6.5	现代重工	韩国	美国Diamond Offshore Drilling公司
	半潜式钻井平台	1+1	6.5	现代三湖	韩国	挪威Seadrill公司
	半潜式钻井平台	2	合计11	大宇船厂	韩国	挪威Songa offshore
	自升式钻井平台	1+1	2.08	PPL船厂	新加坡	马来西亚Perisai公司
	自升式钻井平台	1	2.27	Lamprell船厂	阿联酋	
	自升式钻井平台	2	1.67	Lamprell船厂	阿联酋	阿布扎比National Drilling公司
	钻井驳船	2+2	合计2.2	广东中远船务	中国	新加坡Energy Drilling公司
	钻井平台	2	3～4	熔盛重工	中国	
生产装备	井口平台	2		OSX船厂	巴西	巴西OGX公司
	井口平台	2	合计1.13	PTSC M&C	越南	Lam Son Joint Operating公司
	FSPO改造	4	合计17	Inhaúma船厂	巴西	巴西国家石油公司
其他装备	半潜式生活平台	1	2	南通中远船务	中国	墨西哥COTEMAR S.A. De C.V.公司
	海底设备			Aker Solutions	挪威	Subsea 7
	钻井平台配件			Aker Solutions	挪威	中集来福士
	上部模块	1	14	Kvaerner公司	挪威	挪威Lundin石油公司
	上部模块	1	1.54	肯嘉纳石油公司	马来西亚	墨菲（沙捞越）石油公司
	火炬气回收系统	4		瓦锡兰海威公司		巴西国家石油公司

二、海洋工程船舶成交情况

表55 辅助船舶等装备部分订单（2012年4月16日～5月15日）

装备类型	数量	单价（亿美元）	装备建造商		装备订购商
海洋工程船	5	合计1.06	ASL Marine公司	新加坡	
平台供应船	1		Simek船厂	挪威	挪威Atlantic 海洋公司
水下工程支持船	1		Kleven Maritime	挪威	Rem Offshore公司
物探船	1		Kleven Maritime	挪威	Sanco Shipping公司
三用工作船	2	合计0.5	Topaz Energy & Marine	迪拜	英国BP公司

三、海洋油气钻井装备利用率

表56 海洋油气钻井装备利用率（主要地区）

月份	钻井船			自升式钻井平台			半潜式钻井平台		
2012年3月	61	76	80.30%	302	375	80.50%	162	185	87.60%
2012年2月	58	74	78.40%	302	374	80.70%	155	182	85.20%
2012年1月	57	74	77.00%	307	373	82.30%	156	181	86.20%
2011年12月	59	72	81.90%	312	375	83.20%	156	180	86.70%
2011年11月	57	68	83.80%	306	371	82.50%	154	178	86.50%
2011年10月	55	67	82.10%	303	369	82.10%	154	178	86.50%
2011年9月	61	76	80.30%	302	375	80.50%	162	185	87.60%

2012年6月全球海洋工程装备成交情况

一、油气钻采装备成交情况

表57 钻采装备成交一览表（2012年5月16日～6月15日）

装备类型		数量	单价（亿美元）	装备建造商		装备订购商
钻井装备	半潜式钻井平台	1	7	现代重工	韩国	挪威Fred Olsen能源公司
	半潜式钻井平台	1	5.6	现代三湖重工	韩国	
生产装备	石油生产平台	4		现代重工	韩国	
	天然气生产设施	1				
	半潜式生产设施	1				
	FLRSU	1		惠生海工	中国	比利时Exmar集团
	FLNG总包合同	1	20	Technip–Daewoo联盟		马来西亚国家石油公司Petronas
其他装备及配套设备	FSO维修和翻新	1	合计1.3	Sembawang船厂	新加坡	安哥拉国家石油公司
	LNG维修和翻新	2				
	井口平台	2	合计1.75	PT SOME（SOME公司旗下）与PT Rajawali Swiber Cakrawaka合作		Permier Oil Natuna Sea B.V.
	油田管道	2				
	钻井平台升级	1	0.505	丹麦Semco Maritime公司	丹麦	Transocean公司
	水下生产设备		1	美国Cameron公司	美国	中海油
	火炬气回收系统	4		瓦锡兰海威公司	芬兰	巴西国家石油公司
	海底管道	2		法国Technip公司	法国	墨西哥国家石油公司
	海洋平台整修	1	2.2	英国Petrofac 集团	英国	马来西亚国家石油公司
	海底管道			意大利Saipem公司	意大利	俄罗斯鲁克公司
	油气田输气管道和输油管道					丹麦Dong E&P公司

二、海洋工程船舶成交情况

表58 辅助船舶等装备部分订单（2012年5月16日～6月15日）

装备类型	数量	单价（亿美元）	装备建造商		装备订购商
水下工程作业船	1	2.35	STX OSV	韩国	Ocean Installer公司和Solstad Offshore公司
PSV	1+1		Kleven Maritime	挪威	挪威Ugland Offshore公司
海工船	1	1.65	Bergen集团	挪威	挪威北海航运公司
PSV	2		L&T船厂	印度	卡塔尔船东Halul Offshore
AHTS	2		L&T船厂	印度	卡塔尔船东Halul Offshore
PSV	4		现代重工	韩国	英国BP航运公司
海底建造支持船	1+1		Ulstein Verft	挪威	挪威GC Rieber Shipping公司
PSV	2	合计0.528	昇阳船厂	马来西亚	汶莱Belait船务公司
PSV	1+1	0.45	Havyard集团	挪威	印度全球离岸服务公司
多功能服务船	1		Simek船厂	挪威	Simon Møkster Shipping
水下工程支持船	1+1		Kleven Maritime	挪威	挪威Eidesvik Offshore
PSV	1+1		Kleven Maritime	挪威	挪威Ugland Offshore公司
PSV	1		Simek船厂	挪威	Atlantic Offshore公司
海洋工程船	1		Sungjin Geotec公司		新加坡太古海洋开发公司
PSV	4		日本万国造船株式会社	日本	新加坡太古海洋开发公司
PSV	4		巴西Estaleiro Ilha SA	巴西	新加坡太古海洋开发公司

三、海洋油气钻井装备利用率

表59 海洋油气钻井装备利用率（主要地区）

月份	钻井船			自升式钻井平台			半潜式钻井平台		
2012年5月	69	78	88.50%	313	380	82.40%	164	185	88.60%
2012年4月	66	78	84.60%	307	379	81.00%	162	185	87.60%
2012年3月	61	76	80.30%	304	379	80.20%	161	185	87.00%
2012年2月	58	74	78.40%	304	378	80.40%	154	182	84.60%
2012年1月	57	74	77.00%	308	377	81.70%	155	181	85.60%
2011年12月	59	72	81.90%	314	378	83.10%	156	180	86.70%
2011年11月	69	78	88.50%	313	380	82.40%	164	185	88.60%

2012年7月全球海洋工程装备成交情况

一、油气钻采装备成交情况

表60 钻采装备成交一览表（2012年6月16日～7月15日）

装备类型		数量	单价（亿美元）	装备建造商		装备订购商
钻井装备	钻井船	1		三星重工	韩国	Ensco公司
	半潜式钻井平台	6		吉宝岸外海事	新加坡	巴西国家石油公司
	自升式钻井平台	1	2.42			哈萨克斯坦 Teniz Burgylau公司
	自升式钻井平台	2		大连船舶重工	中国	中石油
生产装备	石油生产平台	1	4	现代重工	韩国	
	天然气生产设施	1	1			
	半潜式生产设施	1	1			
	FPSO上部模块	1	2	吉宝岸外海事	新加坡	MTOPS
	圆筒型FPSO	1		大连中远船务	中国	Sevan Marine公司
其他装备及配套设备	钻井平台升级	1	0.7	吉宝岸外海事	新加坡	Transocean公司
	上部模块改造	1	0.68	Apply Sorco		挪威国家石油公司

二、海洋工程船舶成交情况

表61 辅助船舶等装备部分订单（2012年6月16日～7月15日）

装备类型	数量	单价（亿美元）	装备建造商		装备订购商
平台供应船	6+4		日本万国造船	日本	新加坡 Swire Pacific Offshore公司
平台供应船	2	合计1.2	STX OSV	韩国	挪威Farstad Shipping公司
平台供应船	2	合 计0.87			挪威Island Offshore公司
MPSV	4+4	合计1.3	Nam Cheong 船厂	马来西亚	Bumi Armada油服公司
油田支持船	1		Havyard		Atlantic Offshore公司
PSV	1		Astilleros Gondan	西班牙	Simon Møkster公司
PSV	2+1	合 计1.17	Kleven Maritime		Atlantic Offshore公司
CCSV	1				Olympic Shipping公司
地震调查船	4	10	俄罗斯联邦造船	俄罗斯	俄罗斯 Sovcomflot公司
AHTS	2	合 计0.84	Jaya		

三、海洋油气钻井装备利用率

表62 海洋油气钻井装备利用率（主要地区）

月份	钻井船			自升式钻井平台			半潜式钻井平台		
2012年7月	72	79	91.10%	314	383	82.00%	173	186	93.00%
2012年6月	71	78	91.00%	315	380	82.90%	169	186	90.90%
2012年5月	69	78	88.50%	312	380	82.10%	164	185	88.60%
2012年4月	66	78	84.60%	306	379	80.70%	162	185	87.60%
2012年3月	61	76	80.30%	304	379	80.20%	161	185	87.00%
2012年2月	58	74	78.40%	304	378	80.40%	154	182	84.60%

2012年8月全球海洋工程装备成交情况

一、油气钻采装备成交情况

表63 钻采装备成交一览表（2012年7月16日～8月15日）

装备类型		数量	单价（亿美元）	装备建造商		装备订购商
钻井装备	半潜式钻井平台	1	1.35	胜科海事	新加坡	美国Dimaond offshore Drilling公司
	钻井船	5	合计40.32			巴西Sete Brasil公司
	自升式钻井平台	1	1.7	大连中远船务	中国	英国Foresight公司
生产装备	FPSO	2	合计9.5	吉宝岸外海事	新加坡	巴西国家石油公司
	SPAR	1	6.57	Hyundai-Technip		挪威国家石油公司
	圆筒式FPSO	1	5.26	中远船务	中国	Sevan Marine公司
	LNG-FPSO	1		日美联合企业		马来西亚公司
其他装备及配套设备	FPSO改装	3	合计1.03	吉宝岸外海事	新加坡	PTSC Asia Pacific公司
	FPSO上部模块	1	2			
	FPSO改装	2	合计9	OSX船厂	巴西	巴西国家石油公司
	半潜式钻井平台钻井包	1		Aker Solutions	挪威	现代重工
	钻井立管系统	1	0.5			Atwood Oceanics公司

二、海洋工程船舶成交情况

表64 辅助船舶等装备部分订单（2012年7月16日～8月15日）

装备类型	数量	单价（亿美元）	装备建造商		装备订购商
三用工作船	6	总计1.4	Coastal Contracts船厂	马来西亚	中东船东
平台供应船	2				
多用途支持船	4				
平台供应船	6		太平洋造船	中国	尼日利亚SLOK公司
自升式自航船	1	1.21	Lamprell船厂	阿联酋	Seajacks 4公司
平台供应船	2+2		BAE公司	英国	美国GulfMark Offshore公司
平台供应船	1		STX OSV	韩国	Troms Offshore Supply公司
油田支持船	2+2		Amakona船厂	西班牙	挪威Atlantic Offshore公司

三、海洋油气钻井装备利用率

表65 海洋油气钻井装备利用率（主要地区）

月份	钻井船			自升式钻井平台			半潜式钻井平台		
2012年7月	72	79	91.10%	314	383	82.00%	173	186	93.00%
2012年6月	71	78	91.00%	315	380	82.90%	169	186	90.90%
2012年5月	69	78	88.50%	312	380	82.10%	164	185	88.60%
2012年4月	66	78	84.60%	306	379	80.70%	162	185	87.60%
2012年3月	61	76	80.30%	304	379	80.20%	161	185	87.00%
2012年2月	58	74	78.40%	304	378	80.40%	154	182	84.60%

2012年9月全球海洋工程装备成交情况

一、油气钻采装备成交情况

表66 钻采装备成交一览表（2012年8月16日～9月15日）

装备类型		数量	单价（亿美元）	装备建造商		装备订购商
钻井装备	钻井船	1+3		大连船厂	中国	
	自升式钻井平台	2+3		中集来福士	中国	新加坡船舶公司Hans Van Royen Drilling
	钻井船	1	6.2	现代重工	韩国	美国Diamond Offshore Drilling公司
生产装备	FPSO改装合同	2		OSX Brasil	巴西	巴西国家石油公司
	FPSO改装	2	6.74	胜科海事	新加坡	Tupi B.V.公司
	FSO建造	1	4.3	STX	韩国	北非石油公司
其他装备	半潜式生活平台	1	3.15	吉宝船厂	新加坡	Floatel International
	半潜式生活平台	1+2		中远船务（启东）	中国	Axis Offshore
	浮式存储设施	1	2.3	三星重工	韩国	挪威国家石油公司
	固定平台	5	20	大宇船厂	韩国	非洲船东

二、海洋工程船舶成交情况

表67 辅助船舶等装备部分订单（2012年8月16日～9月15日）

装备类型	数量	单价（亿美元）	装备建造商		装备订购商
平台供应船	1		Havyard Group	挪威	挪威Island Offshore公司
平台供应船	合计8艘		North American Shipbuilding船厂		美国Edison Chouest Offshore公司
			La Ship船厂		
			Gulf Ship船厂		
			Tampa Ship船厂		
自升式驳船	1		中远船务（启东）	中国	
海洋工程船	1		广州黄埔船厂	中国	
海洋工程船	2	0.89	T Engineering Ltd.	新加坡	Hornbeck Offshore Services, LLCde公司
平台供应船	2	0.87	STX OSV Brevik船厂	韩国	挪威Island Offshore公司

三、海洋油气钻井装备利用率

表68 海洋油气钻井装备利用率（主要地区）

月份	钻井船			自升式钻井平台			半潜式钻井平台		
2012年8月	70	79	88.6%	318	382	83.2%	170	189	89.9%
2012年7月	70	79	88.6%	320	380	84.2%	172	189	91.0%
2012年6月	70	78	89.7%	318	378	84.1%	165	189	87.3%
2012年5月	69	77	89.6%	314	378	83.1%	163	187	87.2%
2012年4月	66	76	86.8%	309	378	81.7%	161	187	86.1%
2012年3月	61	76	80.30%	302	375	80.50%	162	185	87.60%
2012年2月	58	74	78.40%	302	374	80.70%	155	182	85.20%

2012年10月全球海洋工程装备成交情况

一、油气钻采装备成交情况

表69 钻采装备成交一览表（2012年9月16日～10月15日）

装备类型		数量	单价（亿美元）	装备建造商		装备订购商
钻井装备	钻井船	1	6.23	三星重工	韩国	欧洲船东Seadrill公司
	钻井船	4	合计20.6	大宇造船	韩国	美国船东
	钻井船	1+3		大船重工	中国	挪威Norshore公司
	自升式钻井平台	2		熔盛重工	中国	
	自升式钻井平台	2		招商局重工	中国	天津海恒船舶海洋工程服务有限公司
	自升式钻井平台	1		Saipem公司	意大利	哈萨克斯坦
生产装备	LNG-FSRU	1	2.7	现代重工	韩国	Höegh LNG公司
	FSO	1	4.3	STX造船集团	韩国	北非石油公司
	圆筒型FPSO	1	4	中远船务	中国	韩国国家油气公司
其他装备及配套设备	半潜式生活平台	1		胜科海事	新加坡	挪威Prosafe公司
	海底管道EPCI	2		Saipem公司	意大利	安哥拉
	FLNG压缩机			GE	美国	马拉西亚国家石油公司

二、海洋工程船舶成交情况

表70 辅助船舶等装备部分订单（2012年9月16日～10月15日）

装备类型	数量	单价（亿美元）	装备建造商		装备订购商
浮式生活船	1	合计3.92	Navantia船厂	墨西哥	墨西哥国家石油公司
浮式生活船	1		Barreras船厂		
平台供应船设计	12		浙江造船	中国	Seatankers Group公司
平台供应船	1		Kleven Maritime公司	挪威	Ugland Supplier公司
平台供应船	1		POET船厂	新加坡	Atlantic海工服务公司
海上安装支持船	1+1	0.55	Fjellstrand AS	挪威	挪威Siem Offshore公司
水下作业支持船	2		STX OSV	韩国	挪威Siem Offshore 公司
平台供应船	1		JES集团	新加坡	挪威船东
LNG动力平台供应船	2		TY Offshore	美国	Harvey Gulf公司
平台供应船	2+2		船厂	中国	新加坡Sentinel Marine公司

三、海洋油气钻井装备利用率

表71 海洋油气钻井装备利用率（主要地区）

月份	钻井船			自升式钻井平台			半潜式钻井平台		
2012年9月	71	79	89.9%	328	381	86.1%	170	190	89.5%
2012年8月	70	79	88.6%	318	382	83.2%	170	189	89.9%
2012年7月	70	79	88.6%	320	380	84.2%	172	189	91.0%
2012年6月	70	78	89.7%	318	378	84.1%	165	189	87.3%
2012年5月	69	77	89.6%	314	378	83.1%	163	187	87.2%
2012年4月	66	76	86.8%	309	378	81.7%	161	187	86.1%
2012年3月	61	76	80.30%	302	375	80.50%	162	185	87.60%

2012年11月全球海洋工程装备成交情况

一、油气钻采装备成交情况

表72 钻采装备成交一览表（2012年10月16日～11月15日）

装备类型		数量	单价（亿美元）	装备建造商		装备订购商
钻井装备	钻井船	1	6	三星重工	韩国	Ocean Rig公司
	钻井船	1				QGOG Constellation
	深水钻井船	1+4	7	STX集团	韩国	欧洲船东
	自升式钻井平台	1		吉宝船厂	新加坡	阿拉伯钻井公司
	自升式钻井平台	1	1.7			英国Foresight Limited公司
生产装备	FLNG改造	1+2		吉宝船厂	新加坡	Golar LNG公司
其他	浮式生活平台	2	3.8			墨西哥国家石油公司
	水下生产系统		1.65	GE	美国	雪佛龙公司

二、海洋工程船舶成交情况

表73 辅助船舶等装备部分订单（2012年10月16日～11月15日）

装备类型	数量	单价（亿美元）	装备建造商		装备订购商
钻井辅助驳船	1		熔盛重工	中国	挪威船东
三用工作船	4		Nam Cheong船厂	马来西亚	
平台供应船	2		芜湖新联造船	中国	新加坡Pristine Offshore公司
平台供应船	1+2		江苏东方重工	中国	挪威船东
平台供应船	2+2			中国	新加坡Sentinel Marine公司
平台供应船			Hellesor船厂	挪威	Siem Offshore公司
风车安装船	3		Austal船舶公司	澳大利亚	英国Turbine Transfers公司
物探船	2		三菱重工	日本	挪威PGS公司
海上作业支持船	1+2		Volstad海事公司	挪威	Bergen Group
水下作业支持船	1		Kleven公司	挪威	Rem Offshore公司

三、海洋油气钻井装备利用率

表74 海洋油气钻井装备利用率（主要地区）

月份	钻井船			自升式钻井平台			半潜式钻井平台		
2012年10月	71	79	89.9%	330	383	86.2%	168	190	88.4%
2012年9月	71	79	89.9%	328	381	86.1%	170	190	89.5%
2012年8月	70	79	88.6%	318	382	83.2%	170	189	89.9%
2012年7月	70	79	88.6%	320	380	84.2%	172	189	91.0%
2012年6月	70	78	89.7%	318	378	84.1%	165	189	87.3%
2012年5月	69	77	89.6%	314	378	83.1%	163	187	87.2%
2012年4月	66	76	86.8%	309	378	81.7%	161	187	86.1%

2012年12月全球海洋工程装备成交情况

一、油气钻采装备成交情况

表75 钻采装备成交一览表（2011年11月16日～12月15日）

装备类型		数量	单价（亿美元）	装备建造商		装备订购商
钻井装备	钻井船	1	8.06	胜科海事	新加坡	巴西Sete Brasil公司
	自升式钻井平台	2	合计4.34			墨西哥Oro Negro公司
	半潜式钻井平台	2	合计 12	吉宝船厂	新加坡	乌克兰Naftogaz公司
	自升式钻井平台	2	合计 4.2			墨西哥国家石油公司
	自升式钻井平台	1	0.9	新加坡Triyards Holdigns	新加坡	
	钻井平台	1	2	扬子江海工公司	中国	卡塔尔投资公司
生产装备	FPSO	1		Modec	日本	巴西国油
	SPAR	1		Technip公司	法国	Anadarko石油公司
其他装备及配套设备	半潜式生活平台	1	2.95	胜科海事	新加坡	Prosafe公司
	自升式作业平台	1		金海重工	中国	
	水下贮油设施			干船坞世界公司	阿联酋	英国Premier Oil公司
	海底装备		1.52	FMC Technologies	美国	挪威国家石油公司
	海底设备		8	Subsea 7 公司		Total E&P Norge公司
	FPSO天然气处理设施	8		霍尼韦尔公司	美国	巴西国家石油公司

二、海洋工程船舶成交情况

表76 辅助船舶等装备部分订单（2012年11月16日～12月15日）

装备类型	数量	单价（亿美元）	装备建造商		装备订购商
平台供应船	2		LA NAVAL船厂	西班牙	塞浦路斯EDT Offshore公司
平台供应船	2		BAE Systems公司		美国Jackson Offshore Operators公司
平台供应船	2+6		黄埔造船	中国	新加坡Basic Offshore公司
潜水支持船	1		现代重工	韩国	Subsea 7公司

三、海洋油气钻井装备利用率

表77 海洋油气钻井装备利用率（主要地区）

月份	钻井船			自升式钻井平台			半潜式钻井平台		
2012年11月	70	79	88.6%	330	385	85.7%	169	190	88.9%
2012年10月	71	79	89.9%	330	383	86.2%	168	190	88.4%
2012年9月	71	79	89.9%	328	381	86.1%	170	190	89.5%
2012年8月	70	79	88.6%	318	382	83.2%	170	189	89.9%
2012年7月	70	79	88.6%	320	380	84.2%	172	189	91.0%
2012年6月	70	78	89.7%	318	378	84.1%	165	189	87.3%
2012年5月	69	77	89.6%	314	378	83.1%	163	187	87.2%

2013年1月全球海洋工程装备成交情况

一、油气钻采装备成交情况

表78 钻采装备成交一览表（2012年12月16日～2013年1月15日）

<table>
<tr><th colspan="2">装备类型</th><th>数量</th><th>单价
（亿美元）</th><th colspan="2">装备建造商</th><th>装备订购商</th></tr>
<tr><td rowspan="5">钻井装备</td><td>自升式钻井平台</td><td>2</td><td>4.2</td><td>吉宝船厂</td><td>新加坡</td><td>墨西哥国家石油公司</td></tr>
<tr><td>钻井船</td><td>1</td><td></td><td>三星重工</td><td>韩国</td><td>Pacific Drilling</td></tr>
<tr><td>半潜式钻井平台</td><td>2+4</td><td>13</td><td>中集莱福士</td><td>中国</td><td>Frigstad Offshore公司</td></tr>
<tr><td>钻井船</td><td>2</td><td></td><td>上海船厂</td><td>中国</td><td>华彬集团</td></tr>
<tr><td>自升式钻井平台</td><td>2</td><td></td><td>招商局重工</td><td>中国</td><td>天津海恒船舶海洋工程服务有限公司</td></tr>
<tr><td rowspan="3">生产装备</td><td>FPSO</td><td>1</td><td>3.7</td><td>南通中远船务</td><td>中国</td><td>挪威Sevan Marine公司</td></tr>
<tr><td>FPSO改造和升级</td><td>1</td><td></td><td>吉宝船厂</td><td>新加坡</td><td></td></tr>
<tr><td>LNG-FSRU</td><td>1</td><td></td><td>三星重工</td><td>韩国</td><td>新加坡百国盛环球航运公司</td></tr>
<tr><td rowspan="4">其他</td><td>半潜式生活平台</td><td>1</td><td>2</td><td>启东中远船务</td><td>中国</td><td>Axis Offshore公司</td></tr>
<tr><td>上部模块</td><td>1</td><td>12.5</td><td>Technip与三星重工联盟</td><td></td><td>Total E&P Norge公司</td></tr>
<tr><td>上部模块</td><td>1</td><td>17.6</td><td rowspan="2">大宇造船</td><td rowspan="2">韩国</td><td rowspan="2">挪威国家石油公司</td></tr>
<tr><td>固定式油气平台</td><td>1</td><td>18</td></tr>
</table>

二、海洋工程船舶成交情况

表79 辅助船舶等装备部分订单（2012年12月16日～2013年1月15日）

装备类型	数量	单价（亿美元）	装备建造商		装备订购商
平台供应船	4		Havyard船厂	美国	中海油服
平台供应船	4	合计1.2	舟山中远船务	中国	香港船东
多用途海工船	1+1		Ulstein	挪威	
海底作业支持船	1		Kleven Maritime	挪威	Olympic Shipping
深海铺管船	1		吉宝船厂	新加坡	美国McDermott International公司
潜水支持船	1				澳大利亚Bhagwan Marine公司
锚拖供应船	2+2		粤新海工	中国	

三、海洋油气钻井装备利用率

表80 海洋油气钻井装备利用率（主要地区）

月份	钻井船			自升式钻井平台			半潜式钻井平台		
2012年12月	72	79	91.10%	337	388	86.90%	166	191	86.90%
2012年11月	70	78	89.70%	329	386	85.20%	168	191	88.00%
2012年10月	71	79	89.9%	330	383	86.2%	168	190	88.4%
2012年9月	71	79	89.9%	328	381	86.1%	170	190	89.5%
2012年8月	70	79	88.6%	318	382	83.2%	170	189	89.9%
2012年7月	70	79	88.6%	320	380	84.2%	172	189	91.0%
2012年6月	70	78	89.7%	318	378	84.1%	165	189	87.3%

2013年2月全球海洋工程装备成交情况

一、油气钻采装备成交情况

表81 钻采装备成交一览表（2013年1月16日～2月15日）

装备类型		数量	单价（亿美元）	装备建造商		装备订购商
钻井装备	钻井船	1	6.2	三星重工	韩国	Pacific Drilling
	自升式钻井平台	2	2.3	大连船舶重工	中国	挪威船东Seadrill公司
	自升式钻井平台	1		Lamprell船厂	阿联酋	新加坡Jindal集团
生产装备	SPAR	1	11	现代重工	韩国	挪威国家石油公司
	TLP			Technip与马来西亚MMHE的合资公司		Sabah Shell石油公司
其他	海底设备		1.35	Subsea 7	法国	英国Shell集团
	固定式海洋平台	1	15.8	大宇造船	韩国	欧洲船东
	海洋平台	1		Technip公司	法国	印度石油天然气公司
	海洋平台上部模块	1	11	大宇造船	韩国	挪威国家石油公司

二、海洋工程船舶成交情况

表82 辅助船舶等装备部分订单（2013年1月16日～2月15日）

装备类型	数量	单价（亿美元）	装备建造商		装备订购商
三用工作船	2	0.8	中交振华重工	中国	香港东方华晨集团
三用工作船	2				新加坡MEO公司
多用途重吊船	4		泰州三福船舶	中国	丹麦船东Nordana公司
平台供应船	2		广东中远船务	中国	荷兰Vroon公司
海底作业支持船	1+1		福建东南造船厂	中国	荷兰Vroon公司
油田支持船	1		Astilleros Zamakona船厂	西班牙	挪威Atlantic Offshore公司
潜水作业支持船	1		中国某船厂	中国	新加坡Kreuz Subsea Marine公司
物探船	1		Kleven Verft	挪威	挪威GC Rieber Shipping公司
三用工作船	4		太平洋造船	中国	Femco集团
多用途海上建造船（MOCV）	1+1		现代重工	韩国	英国Sealion Shipping公司
海底作业支持船	1	1.09	STX OSV	韩国	挪威Solstad Offshore公司
海底作业支持船	1	1.44	STX OSV	韩国	挪威Farstad Shipping公司
海底作业支持船	1		STX OSV	韩国	挪威DOF Subsea公司

三、海洋油气钻井装备利用率

表83 海洋油气钻井装备利用率（主要地区）

月份	钻井船			自升式钻井平台			半潜式钻井平台		
2013年1月	73	79	92.4%	342	395	86.6%	172	191	90.1%
2012年12月	72	79	91.10%	337	388	86.90%	166	191	86.90%
2012年11月	70	78	89.70%	329	386	85.20%	168	191	88.00%
2012年10月	71	79	89.9%	330	383	86.2%	168	190	88.4%
2012年9月	71	79	89.9%	328	381	86.1%	170	190	89.5%
2012年8月	70	79	88.6%	318	382	83.2%	170	189	89.9%
2012年7月	70	79	88.6%	320	380	84.2%	172	189	91.0%

2013年3月全球海洋工程装备成交情况

一、油气钻采装备成交情况

表84 钻采装备成交一览表（2013年2月16日～3月15日）

装备类型		数量	单价（亿美元）	装备建造商		装备订购商
钻井装备	钻井辅助平台	1+1		广东中远船务	中国	新加坡Energy Drilling 公司
	自升式钻井平台	1		吉宝船厂	新加坡	Star Drilling 公司
	自升式钻井平台	1	2.08	PPL船厂	新加坡	Perisai 公司
	自升式钻井平台	2	2.3	大连船厂	中国	挪威Seadrill公司
	自升式钻井平台	2	2.2	上海外高桥造船有限公司	中国	Prospector Offshore Drilling
生产装备	FPSO改装	1		大连中远船务	中国	巴西EEP公司
	SPAR上部模块	1		CB&I		韩国现代重工

二、海洋工程船舶成交情况

表85 辅助船舶等装备部分订单（2013年2月16日～3月15日）

装备类型	数量	单价（亿美元）	装备建造商		装备订购商
物探船	1		Kleven Verft	挪威	GC Rieber Shipping公司
多功能工程船	1		Nam Cheong船厂	马来西亚	Armada Offshore公司
三用工作船	2		Otto Marine	新加坡	印度尼西亚公司
铺管驳船	1		舟山中远船务	中国	
生活支持船	2+1		现代重工	中国	挪威Edda Accommodation公司
平台供应船	2		福建东南造船厂	中国	荷兰VOS公司

三、海洋油气钻井装备利用率

表86 海洋油气钻井装备利用率（主要地区）

月份	钻井船			自升式钻井平台			半潜式钻井平台		
2013年2月	73	79	92.4%	342	394	86.8%	172	191	90.1%
2013年1月	73	79	92.4%	342	395	86.6%	172	191	90.1%
2012年12月	72	79	91.10%	337	388	86.90%	166	191	86.90%
2012年11月	70	78	89.70%	329	386	85.20%	168	191	88.00%
2012年10月	71	79	89.9%	330	383	86.2%	168	190	88.4%
2012年9月	71	79	89.9%	328	381	86.1%	170	190	89.5%
2012年8月	70	79	88.6%	318	382	83.2%	170	189	89.9%

2013年4月全球海洋工程装备成交情况

一、油气钻采装备成交情况

表87 钻采装备成交一览表（2013年3月16日～4月15日）

<table>
<tr><th colspan="2">装备类型</th><th>数量</th><th>单价（亿美元）</th><th colspan="2">装备建造商</th><th>装备订购商</th></tr>
<tr><td rowspan="6">钻井装备</td><td>自升式钻井平台</td><td>1+1</td><td>3.6</td><td>熔盛重工</td><td>中国</td><td>新加坡船东</td></tr>
<tr><td>自升式钻井平台</td><td>2+1+1+1</td><td>2.2</td><td>招商局重工</td><td>中国</td><td>澜玛钻井公司</td></tr>
<tr><td>自升式钻井平台</td><td>4</td><td>2.1</td><td rowspan="3">吉宝船厂</td><td rowspan="3">新加坡</td><td>墨西哥Grupo R公司</td></tr>
<tr><td>自升式钻井平台</td><td>1</td><td>2.25</td><td>Ensco公司</td></tr>
<tr><td>自升式钻井平台</td><td>1</td><td>2.26</td><td>新加坡Falcon Energy公司</td></tr>
<tr><td>半潜式钻井辅助平台</td><td>1</td><td></td><td>美国BassDrill公司</td><td>美国</td><td>道达尔（刚果）公司</td></tr>
<tr><td rowspan="4">生产装备</td><td>浮式生产设施</td><td>1</td><td rowspan="2">合计20</td><td rowspan="2">现代重工</td><td rowspan="2">韩国</td><td rowspan="2">道达尔（刚果）公司</td></tr>
<tr><td>TLP</td><td>1</td></tr>
<tr><td>超大型FPSO</td><td>1</td><td>31</td><td>三星重工</td><td>韩国</td><td></td></tr>
<tr><td>FPSO</td><td>1</td><td>19</td><td>现代重工</td><td>韩国</td><td>雪佛龙公司</td></tr>
<tr><td rowspan="7">其他装备</td><td>海底生产系统</td><td></td><td>8.5</td><td rowspan="2">Aker Solutions公司</td><td rowspan="2">挪威</td><td>道达尔（刚果）公司</td></tr>
<tr><td>海底生产系统</td><td></td><td>8</td><td>巴西国家石油公司</td></tr>
<tr><td>海底管汇设备</td><td></td><td>1.3</td><td rowspan="3">FMC Technologies</td><td rowspan="3">美国</td><td>巴西国家石油公司</td></tr>
<tr><td>海底设备</td><td></td><td>0.96</td><td>挪威国家石油公司</td></tr>
<tr><td>海底设备</td><td></td><td>0.47</td><td>挪威国家石油公司</td></tr>
<tr><td>海底装备</td><td></td><td>6.5</td><td>Technip</td><td>法国</td><td>道达尔公司</td></tr>
<tr><td>紧凑型半潜式生活平台</td><td>4</td><td></td><td>福建马尾船厂</td><td>中国</td><td>阿联酋MAC Offshore公司</td></tr>
</table>

二、海洋工程船舶成交情况

表88 辅助船舶等装备部分订单（2013年3月16日～4月15日）

<table>
<tr><th>装备类型</th><th>数量</th><th>单价（亿美元）</th><th colspan="2">装备建造商</th><th>装备订购商</th></tr>
<tr><td>海洋居住船</td><td>1+3</td><td>1.47</td><td>江苏东方重工</td><td>中国</td><td>新加坡船东</td></tr>
<tr><td>平台供应船</td><td>2</td><td></td><td>BAE SYSTEM公司</td><td>美国</td><td>Jackson Offshore Operators公司</td></tr>
<tr><td>平台供应船</td><td>1</td><td>0.57</td><td rowspan="2">Havyard公司</td><td rowspan="2">挪威</td><td>芬兰Fafnir Offshore公司</td></tr>
<tr><td>海底作业支持船</td><td>1.03</td><td></td><td>Marine Platforms公司</td></tr>
<tr><td>潜水支持船</td><td>2</td><td></td><td>芜湖新联造船</td><td>中国</td><td>新加坡船东</td></tr>
<tr><td>多用途海工支持船</td><td>1</td><td></td><td>Shipyard De Hoop</td><td></td><td>SeaMar Subsea BV</td></tr>
<tr><td>应急救援船</td><td>4</td><td></td><td rowspan="2">Nam Cheong船厂</td><td rowspan="2">马来西亚</td><td rowspan="2">Sentinel Marine</td></tr>
<tr><td>三用工作船</td><td>2</td><td></td></tr>
<tr><td>平台供应船</td><td>2+2</td><td></td><td>LEEVAC Shipyards Jennings</td><td></td><td>Tidewater Marine</td></tr>
</table>

三、海洋油气钻井装备利用率

表89 海洋油气钻井装备利用率（主要地区）

月份	钻井船			自升式钻井平台			半潜式钻井平台		
2013年3月	71	80	88.8%	343	397	86.4%	175	190	92.1%
2013年2月	73	79	92.4%	342	394	86.8%	172	191	90.1%
2013年1月	73	79	92.4%	342	395	86.6%	172	191	90.1%
2012年12月	72	79	91.10%	337	388	86.90%	166	191	86.90%
2012年11月	70	78	89.70%	329	386	85.20%	168	191	88.00%
2012年10月	71	79	89.9%	330	383	86.2%	168	190	88.4%
2012年9月	71	79	89.9%	328	381	86.1%	170	190	89.5%

2013年5月全球海洋工程装备成交情况

一、油气钻采装备成交情况

表90 钻采装备成交一览表（2013年4月16日～5月15日）

装备类型		数量	单价（亿美元）	装备建造商		装备订购商
钻井装备	自升式钻井平台	1		中集来福士	中国	中石化胜利油田
	自升式钻井平台	1		中船黄埔	中国	TSC集团
生产装备	FPSO改装	1		大连中远船务	中国	日本MODEC公司
	FPSO上部模块	2	合计0.32	Dyna-Mac控股公司	新加坡	
	FPSO上部模块	1		巴西EBR公司	巴西	
	FPSO	1		Technip和Techint		巴西船东
其他装备	油田生活平台	1	0.94	现代重工	韩国	Hertel Offshore公司

二、海洋工程船舶成交情况

表91 辅助船舶等装备部分订单（2013年4月16日～5月15日）

装备类型	数量	单价（亿美元）	装备建造商		装备订购商
三用工作船	2+2		粤新海工	中国	印度尼西亚船东
物探船	1		上海船厂	中国	中海油田股份服务有限公司
物探船	2	2.5	三菱重工	日本	挪威PGS公司

（续表）

装备类型	数量	单价（亿美元）	装备建造商		装备订购商
布缆船	1	0.85	Remontowa船厂	波兰	挪威Siem Offshore公司
平台供应船	10		厦船重工	中国	新加坡MK Marine以及马来西亚Nam Cheong集团
居住工作驳船	2	0.59	Nam Cheong船厂	马来西亚	Perdana Petroleum公司
海洋工程船			镇江船厂	中国	新加坡鸿鹰能源集团
浮装下水驳船	1		舟山中远船坞	中国	马来西亚船东
平台供应船	2			中国	香港Kuma Shipping公司
海洋工程船	1	0.85	VARD（原STX OSV）	韩国	挪威Island Offshore公司
海洋工程船	2	0.72	江苏舜天船舶	中国	
重型工程船	1		三星重工	韩国	Subsea 7公司

三、海洋油气钻井装备利用率

表92 海洋油气钻井装备利用率（主要地区）

月份	钻井船			自升式钻井平台			半潜式钻井平台		
2013年4月	71	81	87.7%	348	405	85.9%	177	190	93.2%
2013年3月	71	80	88.8%	343	397	86.4%	175	190	92.1%
2013年2月	73	79	92.4%	342	394	86.8%	172	191	90.1%
2013年1月	73	79	92.4%	342	395	86.6%	172	191	90.1%
2012年12月	72	79	91.10%	337	388	86.90%	166	191	86.90%
2012年11月	70	78	89.70%	329	386	85.20%	168	191	88.00%
2012年10月	71	79	89.9%	330	383	86.2%	168	190	88.4%

2013年6月全球海洋工程装备成交情况

一、油气钻采装备成交情况

表93 钻采装备成交一览表（2013年5月16日～6月15日）

<table>
<tr><th colspan="2">装备类型</th><th>数量</th><th>单价
（亿美元）</th><th colspan="2">装备建造商</th><th>装备订购商</th></tr>
<tr><td rowspan="7">钻井装备</td><td>自升式钻井平台</td><td>1+1</td><td>5.96</td><td>胜科海事裕廊船厂</td><td>新加坡</td><td>美国Noble公司</td></tr>
<tr><td>自升式钻井平台</td><td>1+1</td><td></td><td>振华重工</td><td>中国</td><td>欧洲船东</td></tr>
<tr><td>自升式钻井平台</td><td>1</td><td>2.205</td><td>胜科海事PPL船厂</td><td>新加坡</td><td>BOTL公司（日本三菱东京UFJ银行旗下的租赁公司）</td></tr>
<tr><td>半潜式钻井平台</td><td>1</td><td>7.55</td><td>现代重工</td><td>韩国</td><td>Diamond Offshore Drilling</td></tr>
<tr><td>自升式钻井平台</td><td>2+2</td><td>6.5</td><td>三星重工</td><td>韩国</td><td>挪威国家石油公司</td></tr>
<tr><td>钻井船</td><td>1</td><td>6.25</td><td>三星重工</td><td>韩国</td><td>Ensco</td></tr>
<tr><td>半潜式钻井平台</td><td>1</td><td>8</td><td>吉宝岸外海事</td><td>新加坡</td><td>阿塞拜疆国油</td></tr>
<tr><td rowspan="2">生产装备</td><td>FPSO的上部模块</td><td>1</td><td></td><td>EBR</td><td>巴西</td><td>Petrobras Netherlands B.V.</td></tr>
<tr><td>FPSO</td><td>1</td><td>30</td><td>三星重工</td><td>韩国</td><td></td></tr>
<tr><td>其他设备</td><td>海底设备</td><td>1</td><td>1.7</td><td>Subsea 7</td><td>挪威</td><td>挪威国家石油公司</td></tr>
</table>

二、海洋工程船舶成交情况

表94 辅助船舶等装备部分订单

<table>
<tr><th>装备类型</th><th>数量</th><th>单价
（亿美元）</th><th colspan="2">装备建造商</th><th>装备订购商</th></tr>
<tr><td>铺管船</td><td>1</td><td></td><td>洛伊德威夫特船厂</td><td>德国</td><td>Ceona</td></tr>
</table>

（续表）

装备类型	数量	单价（亿美元）	装备建造商		装备订购商
三用工作船	1	0.3	广新海事重工	中国	Marine Bulk SA
三用工作船	2		Pacific Ocean Eng		Pacific Ocean Eng
平台供应船			厦船重工.	中国	Sentinel Marine
平台供应船	2		外高桥船厂	中国	Pacific Radiance
平台供应船	1		南通润邦	中国	厦门 ITG
平台供应船	10		广州航通	中国	Coastal Contracts
平台供应船	1		江门鸿达	中国	Pheranzy Gas
平台供应船	1		Remontowa	波兰	ECO
平台供应船	1		江苏镇江船厂	中国	新加坡船东
平台供应船	1		VARD Aukra	挪威	Mokster Shipping
快速支持船/船员艇	4	0.05	Grandweld	迪拜	Cotemar
多功能支持船	1	0.5	Batamec S.Y.	印度尼西亚	

三、海洋油气钻井装备利用率

表95 海洋油气钻井装备利用率（主要地区）

月份	钻井船			自升式钻井平台			半潜式钻井平台		
2013年5月	70	83	84.3%	351	407	86.2%	176	190	92.6%
2013年4月	71	82	86.6%	348	405	85.9%	177	190	93.2%
2013年3月	71	80	88.8%	343	399	86.0%	175	190	92.1%
2013年2月	73	79	92.4%	343	398	86.2%	172	190	90.5%
2013年1月	72	79	91.1%	339	395	85.8%	172	190	90.5%
2012年12月	72	79	91.1%	339	393	86.3%	166	190	87.4%

2012年1月全球海洋工程船舶租赁市场分析

一、三用工作船租赁市场分析

2011年12月中旬，13~18 000 bhp三用工作船和18 000 bhp以上三用工作船租金曾相继出现反弹，但好景不长，经过短短几日反弹后即再度回落。13~18 000bhp三用工作船租金已跌至10 000英镑/天附近，18 000 bhp以上三用工作船租金也只有约16 000英镑/天（见图11）。当前，三用工作船需求低迷主要是季节性因素所致，北半球严冬给海洋油气开发活动造成困难，预计这种情况还将持续一段时间。

二、平台供应船租赁市场分析

北半球的严寒使平台供应船租赁市场持续处于低位。过去一个月，小于600m^{2}平台供应船租金维持4 800英镑/天的低水平不变，而大于800m^{2}平台供应船平均日租金也不足10 000英镑/天,近期更是跌至7 537英镑/天（见图12）。

三、国际原油价格走势

2011年12月16日~2012年1月13日，塔皮斯原油现货平均价格为117.56美元/桶，较上一个月上涨1.29美元/桶。进入2012年，受美国利好经济数据以及欧盟原则上已就伊朗石油进口禁运达成初步共识的刺激，油价出现快速上涨。2012年1月4日，塔皮斯原油现货价格较前一交易日大涨4.8美元/桶。1月5日，又上涨1.24美元/桶。之后，受美国原油库存增加，美元走强，标普调降法国等欧洲多个国家主权信用评级传闻影响，国际油价出现回落。1月16日，塔皮斯原油现货价格跌至118.43美元/桶（见图13）。

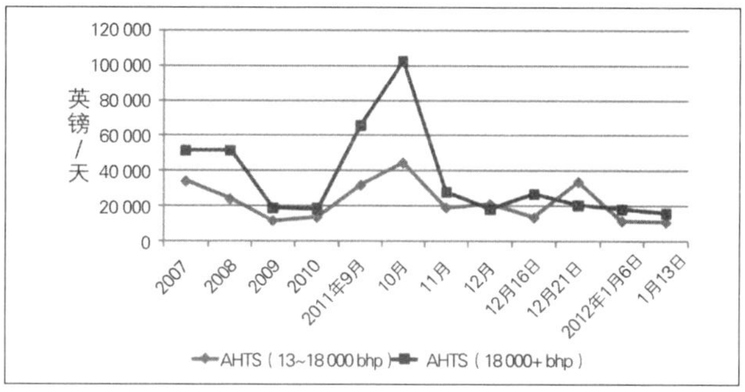

图 11 三用工作船（AHTS）平均日租金走势图

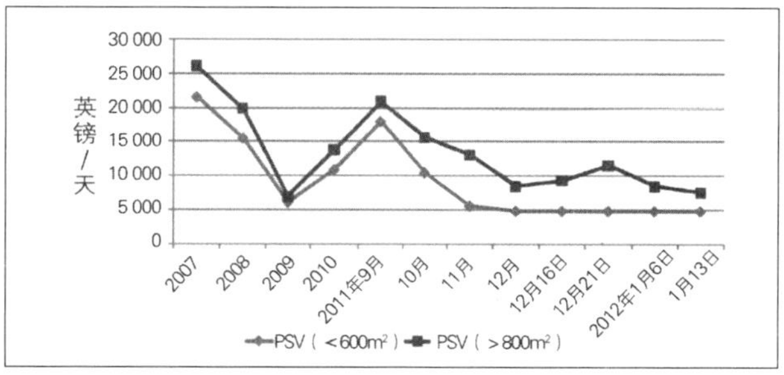

图 12 平台供应船（PSV）平均日租金走势图

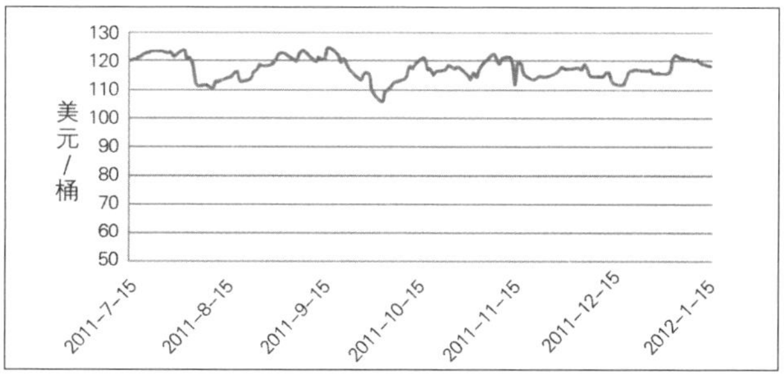

图 13 塔皮斯原油现货价格走势图

2012年2月全球海洋工程船舶租赁市场分析

一、三用工作船租赁市场分析

虽然18 000 bhp以上三用工作船租金曾在2月初出现过大幅反弹，但在严寒的冬季结束之前低迷仍是三用工作船市场的常态。过去一个月中，13~18 000 bhp三用工作船平均日租金基本维持在10 000英镑/天以下的低位，18 000 bhp以上三用工作船平均日租金也在20 000英镑/天上下震荡，最低曾触及8 813英镑/天的低点(见图14)。

二、平台供应船租赁市场分析

平台供应船租赁市场也看不出有半点起色，仅有大型平台供应船（>800m^2）在2月初出现过短暂的反弹，其他时间市场都保持低迷状态。小于600m^{2}平台供应船租金已经很长时期处于4 800英镑/天的低水平，而大于800m^{2}平台供应船则在10 000英镑/天上下波动（见图15）。

三、国际原油价格走势

2012年1月16日~2月15日，塔皮斯原油现货平均价格为119.95美元/桶，较前一个月上涨2.39美元/桶。其中，前半月国际油价小幅震荡，塔皮斯原油现货平均价格维持在115美元/桶至119美元/桶之间。2月份以后，欧美经济传来利好数据，与此同时，EIA上调了2012年世界石油需求增长预期，伊朗局势越发紧张。多重利好导致国际油价重拾升势，2月15日，塔皮斯原油现货平均价格达到126.1美元/桶，创出2011年5月中旬以来的新高（见图16）。

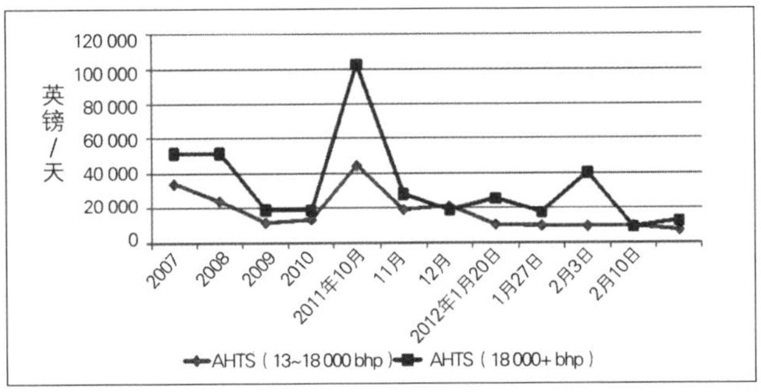

图 14 三用工作船（AHTS）平均日租金走势图

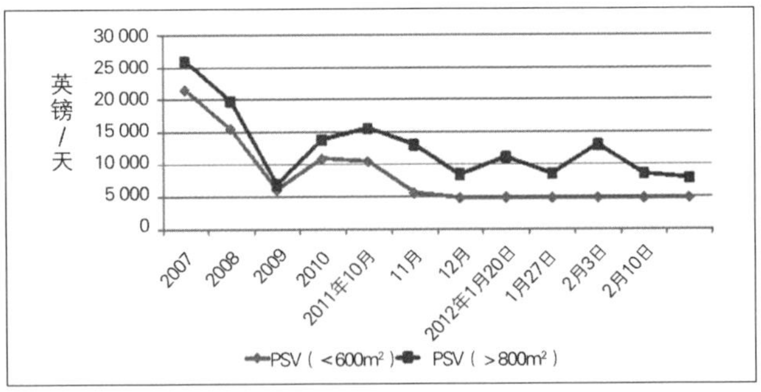

图 15 平台供应船（PSV）平均日租金走势图

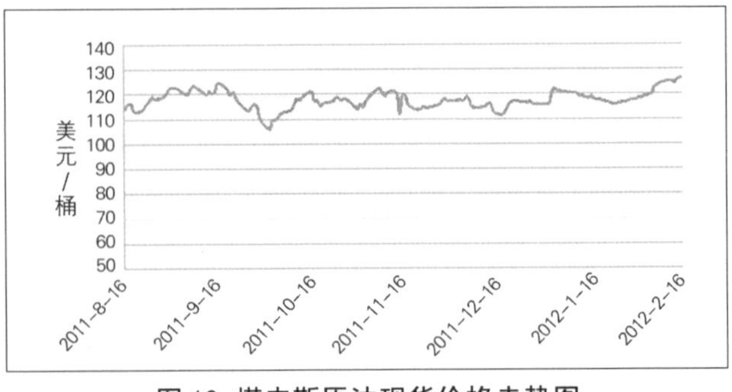

图 16 塔皮斯原油现货价格走势图

2012年3月全球海洋工程船舶租赁市场分析

一、三用工作船租赁市场分析

随着北半球天气逐步转暖，海洋油气开发活动逐渐活跃，海洋工程船租赁市场也迎来了久违的大幅反弹，三用工作船主要船型租金均呈震荡上行趋势。2012年3月中旬，18 000 bhp以上三用工作船和13~18 000 bhp三用工作船租金分别涨至42 707英镑/天和28 708英镑/天，达到2012年以来最高水平（见图17）。

二、平台供应船租赁市场分析

海洋油气开发活动的恢复也使平台供应船租赁市场呈现稳中有升的局面，尽管小于600m²平台供应船租金仍处于5 000英镑/天以下的低水平，但3大型平台供应船（>800m²）已开始活跃，3月份以来租金持续回升，至中旬其平均日租金已达18 071英镑/天（见图18）。

三、国际原油价格走势

上月（2012年2月16日~3月15日）塔皮斯原油现货平均价格较上一月上涨11.98美元/桶，达到131.93美元/桶，创出2008年金融危机以来单月最高水平。从本月油价走势看，基本以上行为主：3月2日，塔皮斯原油现货价格曾达到134.67美元/桶的高位，之后出现轻微回落，但仍处于130美元/桶以上的高水平（见图19）。由于目前世界主要发达经济体境况仍不容乐观（欧洲经济仍深陷泥淖，美国经济仍为摆脱困境，日本经济依旧低迷），且发展中经济体经济增速下滑明显，预计国际油价面临较大的下行压力。

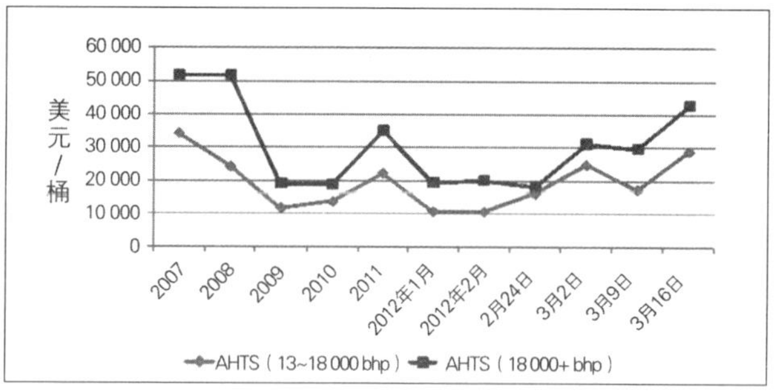

图 17 三用工作船（AHTS）平均日租金走势图

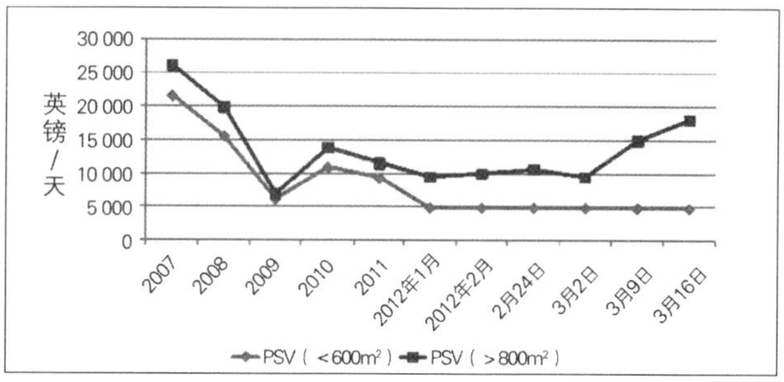

图 18 平台供应船（PSV）平均日租金走势图

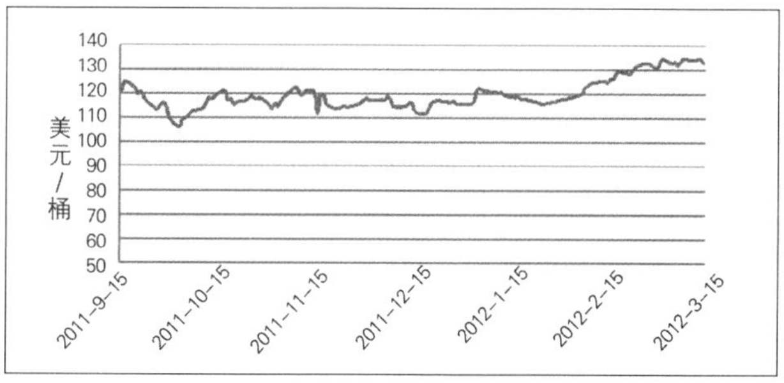

图 19 塔皮斯原油现货价格走势图

2012年4月全球海洋工程船舶租赁市场分析

一、三用工作船租赁市场分析

在经历前期大幅反弹后，海洋工程船租赁市场开始呈现震荡走势。2012年3月中旬以来，18 000 bhp以上三用工作船租金出现快速下滑，其平均日租金在4月中旬探至19 800英镑/天。与之相反的是，13~18 000 bhp三用工作船租金震荡上行，4月中旬平均日租金达到46 139英镑/天的高位，远高于同期18 000 bhp以上三用工作船租金（见图20）。

二、平台供应船租赁市场分析

平台供应船租赁市场方面，大型平台供应船（>800平方米）租金总体呈上行态势，其平均日租金一度达到25 750英镑/天的高位，之后虽有所回落，但仍高达20 000英镑/天左右。小于600平方米平台供应船租赁市场波澜不惊，其日租金依旧保持4 800英镑/天不变（见图21）。

三、国际原油价格走势

本月（2012年3月16日~4月15日）塔皮斯原油现货平均价格为130.53美元/桶，较上一月下跌1.40美元/桶，总体仍处于较高水平。不过，从全月油价的走势看呈现出一定的回落势头，尤其是4月份以来油价震荡下行趋势明显。4月初，塔皮斯原油现货平均价格最高曾达132.57美元/桶，而4月中旬则跌至125美元/桶左右（见图22）。

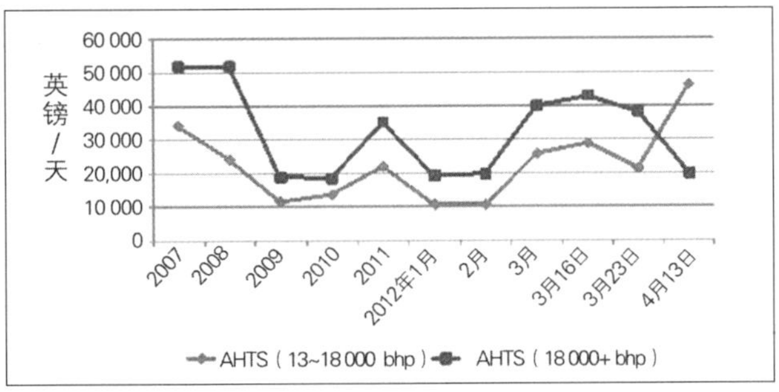

图 20 三用工作船（AHTS）平均日租金走势图

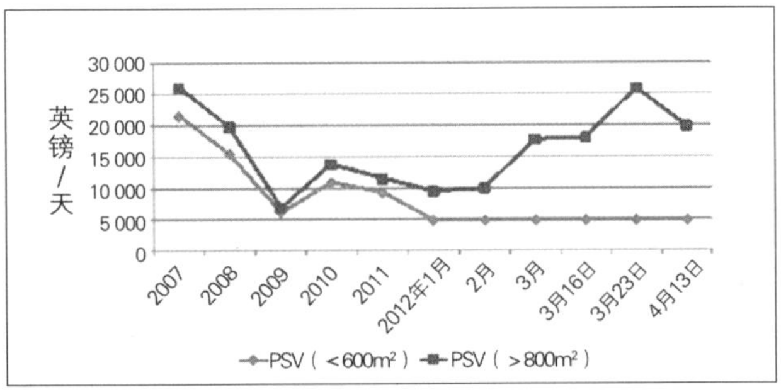

图 21 平台供应船（PSV）平均日租金走势图

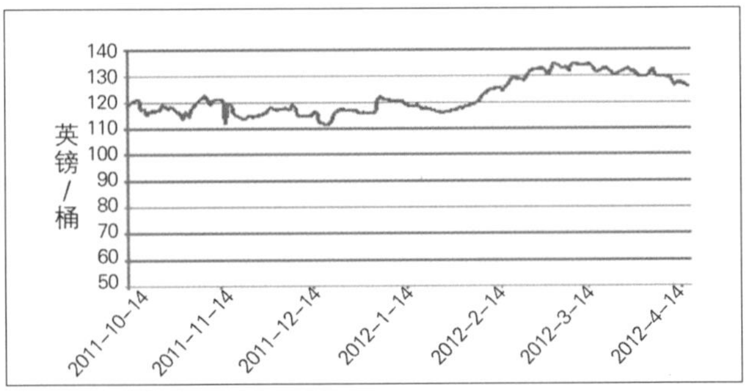

图 22 塔皮斯原油现货价格走势图

2012年5月全球海洋工程船舶租赁市场分析

一、三用工作船租赁市场分析

海洋工程船租赁市场震荡之后，自4月下旬开始又呈下行走势。5月中旬，18 000 bhp以上三用工作船平均日租金仅为14 125英镑/天，不及4月中旬平均日租金（46 139英镑/天）的1/3。13~18 000 bhp三用工作船租也有明显下滑，5月中旬的平均日租金也仅为11 800英镑/天（见图23）。

二、平台供应船租赁市场分析

平台供应船租赁市场方面，大型平台供应船（>800平方米）和中小型平台供应船（<600平方米）市场走势各异。其中，大型平台供应船租金出现大幅回落，目前处于10 000英镑/天的较低水平；而中小型平台供应船租金逆势上行，其平均日租金已升至7 250英镑/天，较第1季度明显提高（见图24）。

三、国际原油价格走势

本月（2012年4月15日~5月15日）塔皮斯原油现货平均价格为122.46美元/桶，较上一个月大幅下跌8.07美元/桶，主要是由于欧美经济表现不佳，市场预期回落所致。其中，4月中下旬国际油价稳中有升，但5月份以来受美国经济复苏放缓和欧洲制造业活动持续萎缩影响，国际油价出现大幅下挫，塔皮斯原油现货平均价格最低跌至117.78美元/桶，逼近2012年1月份的低点（见图25）。

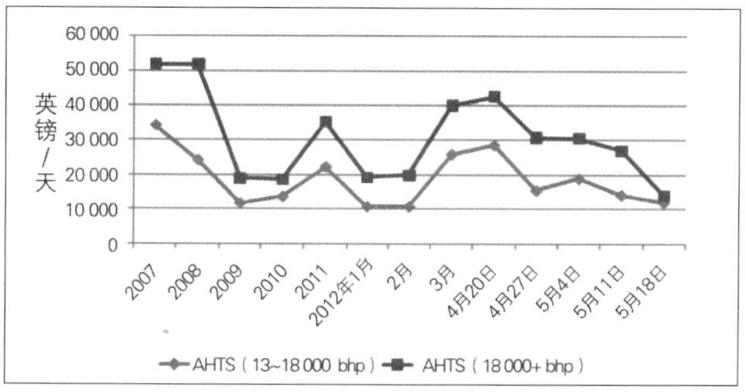

图 23 三用工作船（AHTS）平均日租金走势图

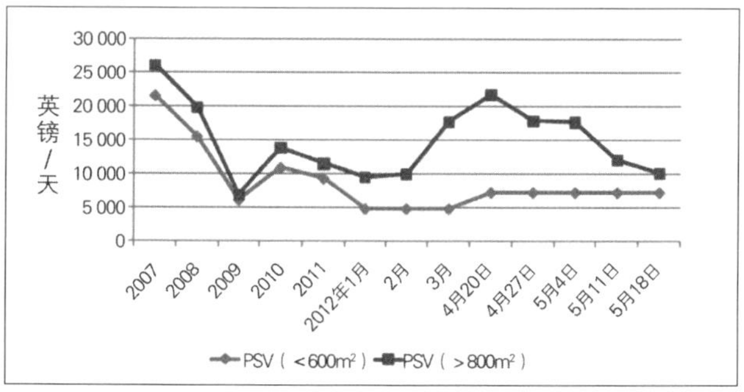

图 24 台供应船（PSV）平均日租金走势图

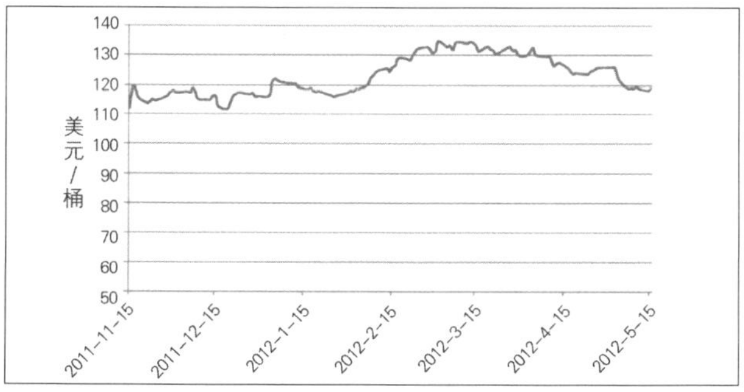

图 25 塔皮斯原油现货价格走势图

2012年6月全球海洋工程船舶租赁市场分析

一、三用工作船租赁市场分析

2012年5月下旬，三用工作船租赁市场下行行情受到抑制。6月份，主要船型日租金开始有所回升，13~18 000 bhp三用工作船市场和18 000 bhp以上三用工作船分别由月初的8 500美元/天和10 500美元/天上涨至月中16 500美元/天和18 211美元/天，涨幅均达一倍左右，三用工作船租赁市场显露触底回升迹象（见图26）。

二、平台供应船租赁市场分析

2012年5月中旬以来，大型平台供应船（>800m²）和中小型平台供应船（<600m²）市场走势各异。其中，大型平台供应船租金振荡上行，6月中旬日租金涨至169 111英镑/天；而中小型平台供应船租金走势趋于平稳，平均日租金持续维持在6 500英镑/天左右（见图27）。

三、国际原油价格走势

2012年5月16日~6月15日，国际原油价格呈加速下滑趋势，塔皮斯原油现货平均价格为109.36美元/桶，较前一月大幅下跌13.1美元/桶。其中，上半个月（5月16日~31日）受欧元区经济低迷、希腊或退出欧元区的增加影响美元走强，及美国经济数据疲软和美国原油库存连续增加影响，国际油价大幅下挫。6月份，由于预期欧洲和美国好转，国际油价跌势渐缓（见图28）。

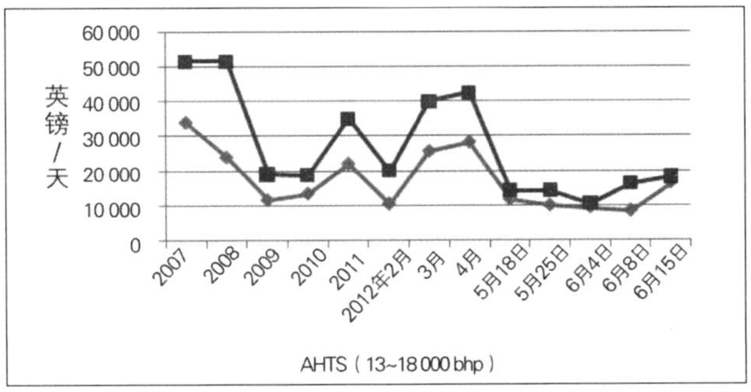

图 26 三用工作船（AHTS）平均日租金走势图

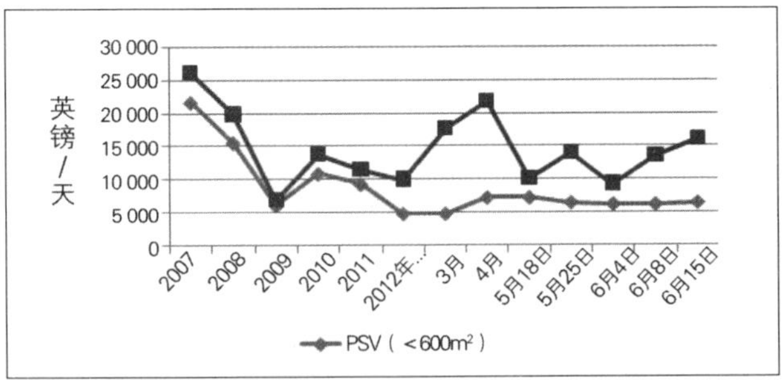

图 27 平台供应船（PSV）平均日租金走势图

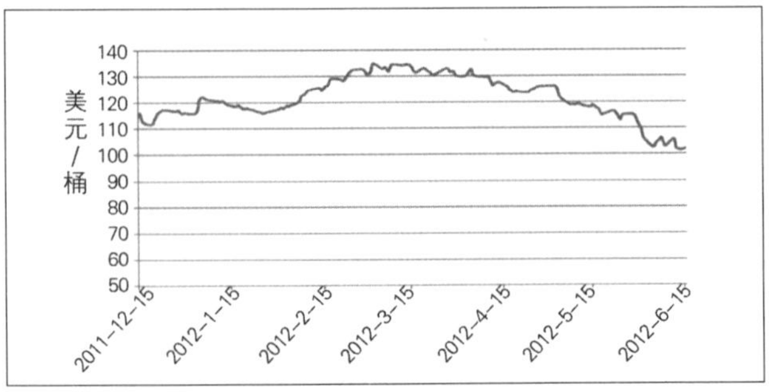

图 28 塔皮斯原油现货价格走势图

2012年7月全球海洋工程船舶租赁市场分析

一、三用工作船租赁市场分析

2012年6月中旬以来，主要船型日租金继续上涨。其中，7月中旬，13~18 000 bhp三用工作船和18 000 bhp以上三用工作船日租金分别达到16 405英镑/天和27 050英镑/天，较6月平均日租金分别上涨2 598英镑/天和10 547美元/天，虽然涨幅较大，但从本月整体表现情况来看，三用工作船日租金依旧在低位徘徊(见图29）。

二、平台供应船租赁市场分析

平台供应船方面，大型平台供应船（>800平方米）和中小型平台供应船（<600平方米）租赁市场本月均有明显下滑。其中，7月中旬，大型平台供应船日租金为11 805英镑/天，仅为6月最高日租金的一半左右；而中小型平台供应船日租金下跌至5 250英镑/天，租金水平创造历史新低（见图30）。

三、国际原油价格走势

本月（2012年6月16日~7月13日），塔皮斯原油现货日平均价格为99.46美元/桶，较上个月109.36美元/桶的平均油价再降一个台阶。不过，从全月走势来看，油价却呈不断震荡上行之势，塔皮斯原油现货价格在6月22日降至93.93美元/桶的低点后，即探底回升，7月份又重新回到100美元/桶的水平，并有进一步回升的可能（见图31）。

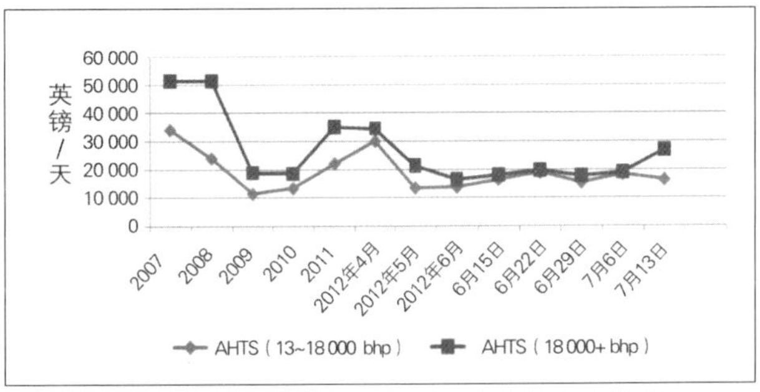

图 29 三用工作船（AHTS）平均日租金走势图

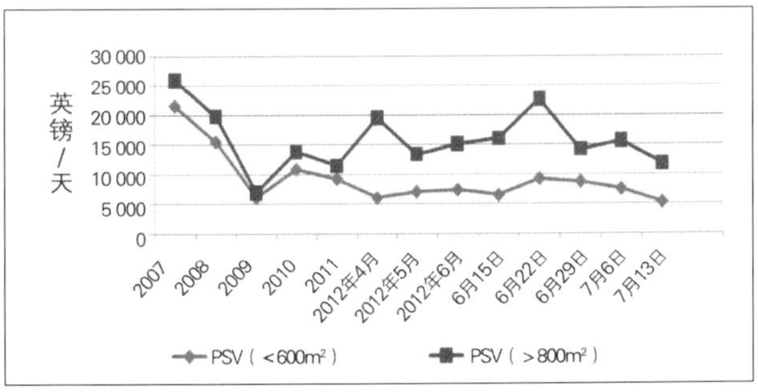

图 30 平台供应船（PSV）平均日租金走势图

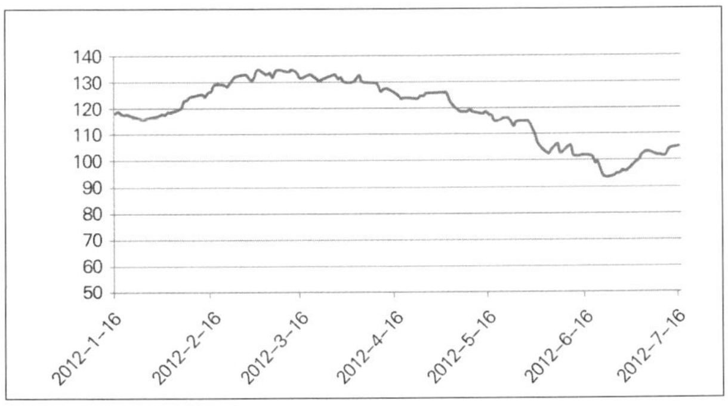

图 31 塔皮斯原油现货价格走势图

2012年8月全球海洋工程船舶租赁市场分析

一、三用工作船租赁市场分析

过去一个月，主要船型日租金呈现高开低走之势。其中，7月中旬，13~18 000 bhp三用工作船和18 000 bhp以上三用工作船日租金分别达到19 825英镑/天和29 000英镑/天，其后日租金出现快速下滑，8月中旬日租金分别探至7 400英镑/天和7 989英镑/天，下降幅度历年罕见（见图32）。

二、平台供应船租赁市场分析

平台供应船方面，大型平台供应船（>800平方米）和中小型平台供应船（<600平方米）日租金依旧处在低位徘徊。其中，大型平台供应船日租金在7月底有所上涨后，8月初开始逐步回落，至8月中旬日租金降至7 378英镑/天；而中小型平台供应船租赁市场总体表现基本平稳，日租金维持在6 250英镑/天左右，较7月份平均日租金有小幅上涨（见图33）。

三、国际原油价格走势

本月（2012年7月16日~8月16日），国际原油价格受中东紧张局势升级、美联储刺激经济措施预期升温、挪威石油工人罢工致北海原油供应下降，美国原油库存下滑等因素影响，震荡上行，塔皮斯原油现货日均价为109.69美元/桶，较上个月均价上涨10.23美元/桶，目前达到近3个月以来的高点（见图34）。

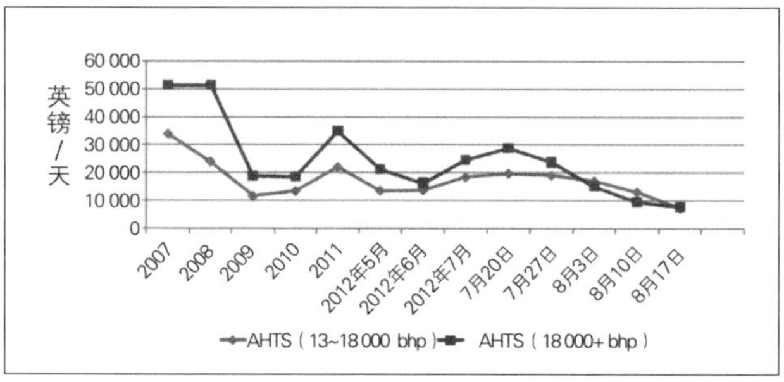

图 32 用工作船（AHTS）平均日租金走势图

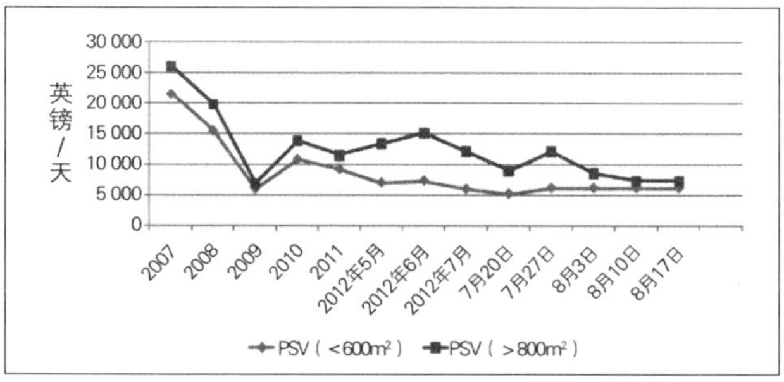

图 33 平台供应船（PSV）平均日租金走势图

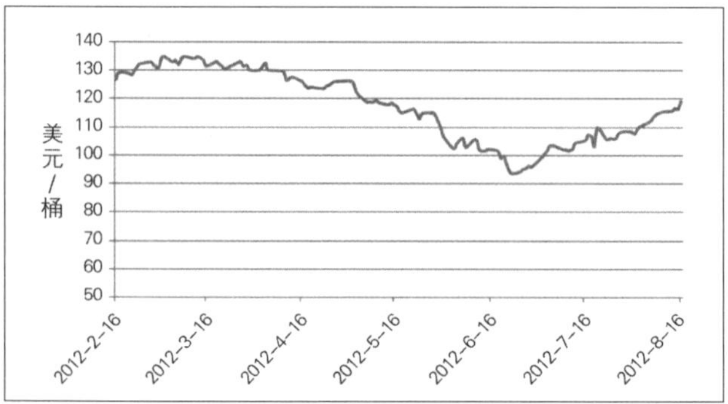

图 34 塔皮斯原油现货价格走势图

2012年9月全球海洋工程船舶租赁市场分析

一、三用工作船租赁市场分析

大型三用工作船（>18 000 bhp）和中小型三用船（13~18 000 bhp）租赁市场在经过三个多月的低位徘徊后，8月中旬出现大幅上涨，然而仅仅持续三周后，又出现大幅下滑。其中18 000 bhp以上三用工作船，日租金由8月中旬的7 400英镑/天迅速上涨至9月初的29 467英镑/天，9月中旬又快速下落至15 700英镑/天。13~18 000 bhp三用工作船，其日租金也由8月中旬的7 989英镑/天上涨至9月初的40 654英镑/天，9月中旬又回落至19 939英镑/天（见图35）。

二、平台供应船租赁市场分析

平台供应船租赁市场方面，大型平台供应船（>800m^2）租金租赁市场波澜不惊，其日租金近一个月保持6 250英镑/天不变。小于600m^{2}平台供应船，近一个月呈上行态势，其日租金由8月中旬的7 378英镑/天上涨至14 341英镑/天，上涨幅度达1倍以上（见图36）。

三、国际原油价格走势

2012年8月16~9月16日在经济、美元汇率、原油库存等多种因素的影响下，国际原油价格小幅波动，塔皮斯原油现货价格基本处于在115~120美元/桶之间。其中，8月中旬，受美元走弱和美国原油库存意外减少影响，油价上涨，下旬又因欧中经济数据疲软和美国释放油储预期影响出现下跌。进入9月份，国际原油价格在小幅震荡中略有上升，9月14日塔皮斯原油现货均价为121.3美元/桶，达5月以来的高点（见图37）。

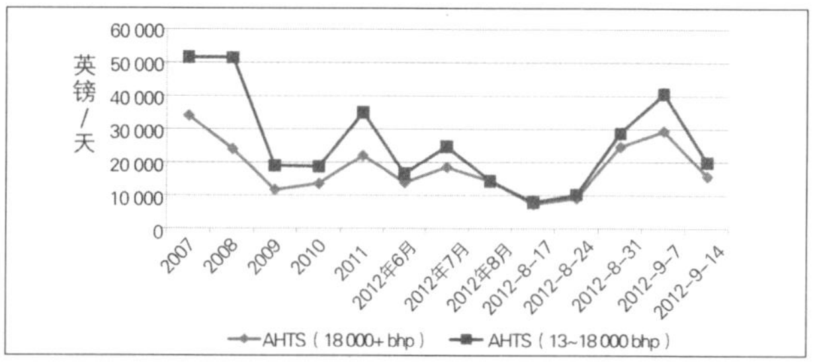

图 35 三用工作船（AHTS）平均日租金走势图

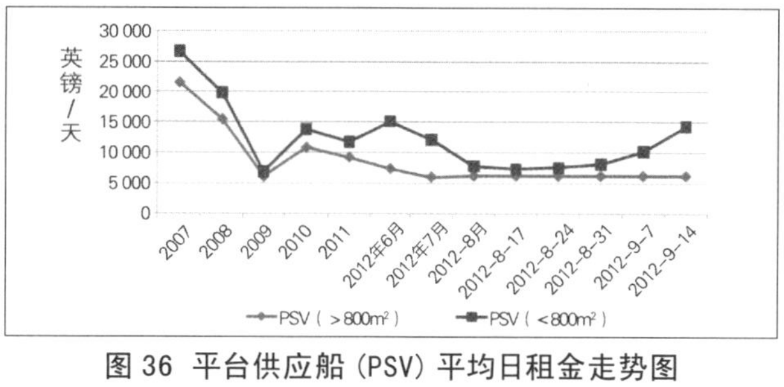

图 36 平台供应船（PSV）平均日租金走势图

图 37 塔皮斯原油现货价格走势图

2012年10月全球海洋工程船舶租赁市场分析

一、三用工作船租赁市场分析

近一个月来，大型三用工作船（>18 000 bhp）和中小型三用船（13~18 000 bhp）日租金在上个月基础上继续上涨，但两者走势略有差异。其中18 000 bhp以上三用工作船上涨幅度较大，日租金由9月中旬的19 939英镑/天上涨至10月中旬的60 000英镑/天。13~18 000 bhp三用工作船日租金却呈先扬后抑之势，由9月中旬的15 700英镑/天上涨至9月底的31 000英镑/天，10月中旬又快速回落至18 086英镑/天（见图38）。

二、平台供应船租赁市场分析

平台供应船租赁市场方面，小于600平方米平台供应船租赁市场经过近三个月的平稳走势后，于10月初出现大幅上涨达到14 083英镑/天，然而好景不长，10月中旬又迅速回落至8 625英镑/天。大型平台供应船（>800平方米），近一个月来，日租金一直处在高位运行，基本维持在15 000英镑/天左右，在10月中旬出现下滑，降至10 107英镑/天（见图39）。

三、国际原油价格走势

本月（2012年9月16日~10月15日），国际原油市场总体上呈回升趋势。9月中下旬，受投资者获利回吐、美国原油库存意外大增、沙特明确表态打压油价以及对全球经济增长忧虑的影响，国际油价出现快速回调。但随后在利好因素的刺激下，油价恢复上涨，10月中旬塔皮斯原油现货价格重新回到120美元/桶附近（见图40）。

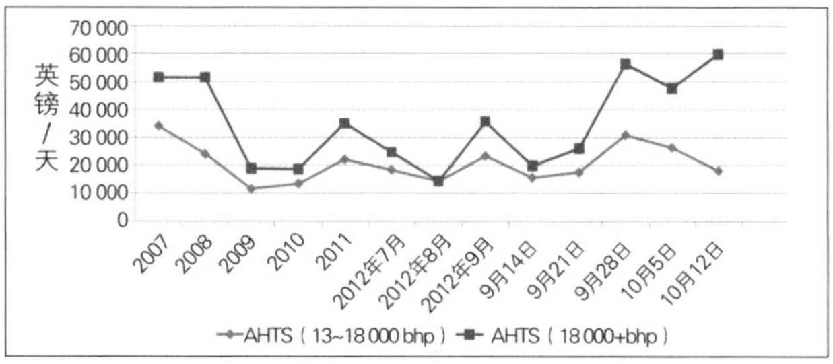

图 38 三用工作船（AHTS）平均日租金走势图

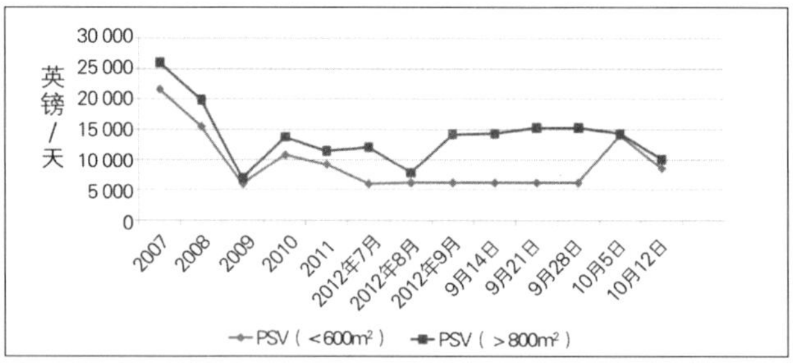

图 39 平台供应船（PSV）平均日租金走势图

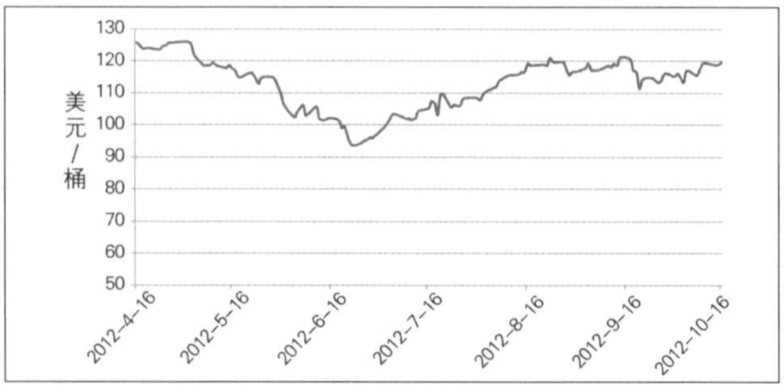

图 40 塔皮斯原油现货价格走势图

2012年11月全球海洋工程船舶租赁市场分析

一、三用工作船租赁市场分析

三用工作船租赁市场上两个月的良好表现未能持续，尤其是大型三用工作船租赁市场。18 000 bhp以上三用工作船日租金在10月中旬出现大跌，虽然10月底有反弹，但11月份以来持续下滑，11月中旬其日租金已降至16 152英镑/天。相对而言，13～18 000 bhp三用工作船没有出现如此剧烈的波动，但近一个月来也出现一定程度的下跌，11月中旬日租金仅为10 329英镑/天（见图41）。

二、平台供应船租赁市场分析

平台供应船租赁市场近期表现也不尽如人意,近一个月来，小于600平方米平台供应船及大型平台供应船（>800平方米）日租金持续走低。其中小于600平方米平台供应船的日租金由10月中旬的8 180英镑/天降至11月中旬的5 456英镑/天，大型平台供应船的日租金已由10月中旬的9 240英镑/天降至11月中旬的7 242英镑/天（见图42）。

三、国际原油价格走势

本月（2012年10月16日～11月15日），国际原油市场运行较为平稳，塔皮斯原油现货价格在120美元/桶至110美元/桶之间反复震荡，全月均价为114.16美元/桶（见图43）。其中，10月中旬至11月初，国际油价曾出现一波震荡下行，但随后在快速反弹后进入持续小幅震荡阶段，从走势分析并未表现出明显的趋势性。

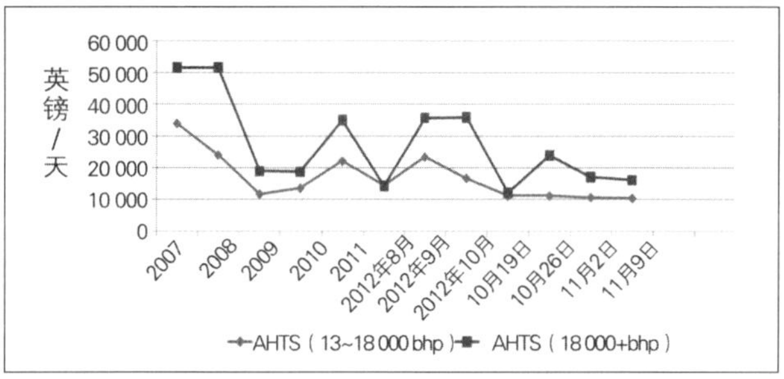

图 41 三用工作船（AHTS）平均日租金走势图

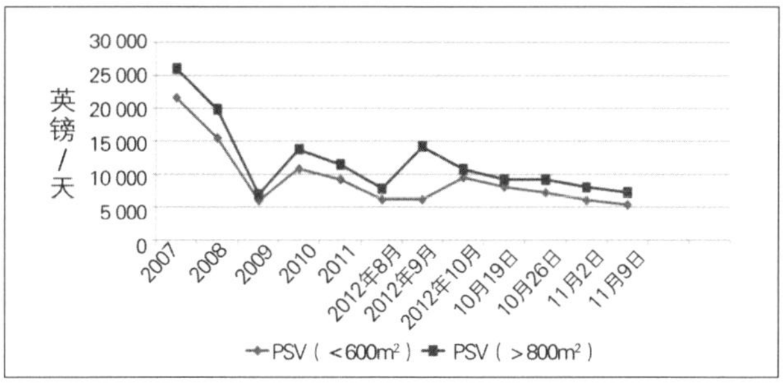

图 42 平台供应船（PSV）平均日租金走势图

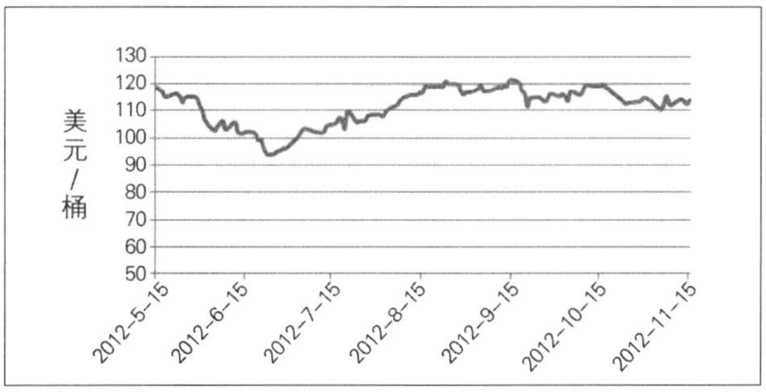

图 43 塔皮斯原油现货价格走势图

2012年12月全球海洋工程船舶租赁市场分析

一、三用工作船租赁市场分析

大型（13～18 000 bhp）及超大型（18 000 bhp以上）三用工作船租赁市场经过上月（2012年10月16～11月15日）大跌之后，近一月来持续上涨。其中，18 000 bhp以上三用工作船日租金已由2012年11月中旬的6938英镑/天上涨至2012年12月中旬的15 840英镑/天，13～18 000 bhp三用工作船日租金也由2012年11月中旬的11 923英镑/天上涨至2012年12月中旬的21 159英镑/天，上涨幅度均在一倍左右（见图44）。

二、平台供应船租赁市场分析

平台供应船租赁市场近期表现不尽如人意，过去一个月，小于600平方米平台供应船及大型平台供应船（>800平方米）日租金水平均在低位平稳运行。其中小于600平方米平台供应船日租金基本维持在4 400英镑/天左右，大型平台供应船的日租金维持在7 000英镑/天左右（见图45）。

三、国际原油价格走势

本月（2012年11月16日～12月14日），塔皮斯原油现货日均价为114.5美元/桶，较上月上涨0.3美元/桶。国际原油价格总体下行走势，前半月小幅震荡，后半月受困于欧洲经济困境、美国石油库存水平上升以及财政悬崖谈判的不确定性等不利因素影响，原油价格出现一波快速下跌，从116美元/桶跌至112.4美元/桶（见图46）。

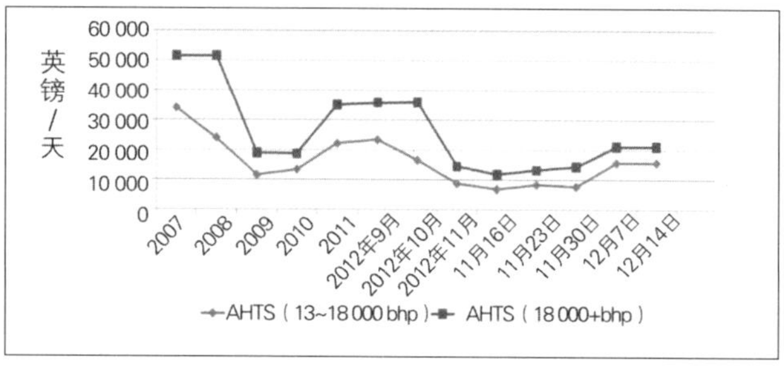

图 44 三用工作船（AHTS）平均日租金走势图

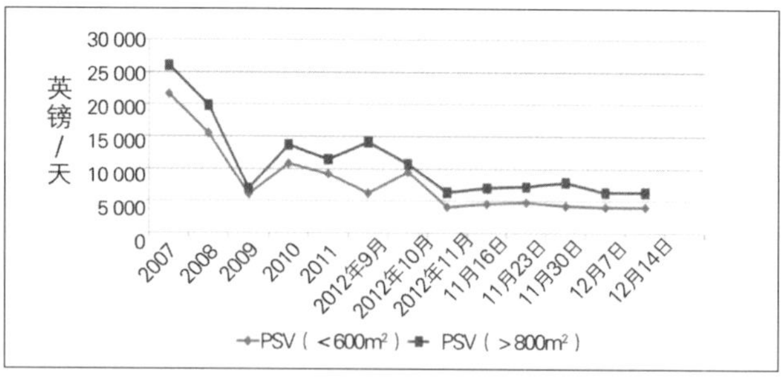

图 45 平台供应船（PSV）平均日租金走势图

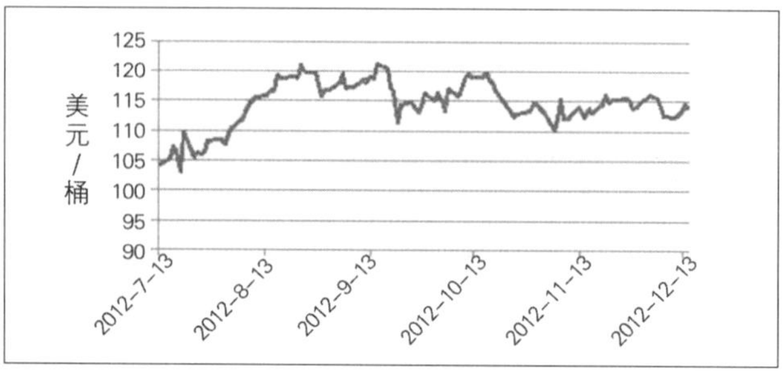

图 46 塔皮斯原油现货价格走势图

2013年1月全球海洋工程船舶租赁市场分析

一、三用工作船租赁市场分析

近三个月来，受北半球严冬天气等因素影响，海洋工程船进入季节型需求低迷期，海洋工程船日租金一直处在低位徘徊。虽然进入2012年12月份后，三用工作船日租金有所上涨，但在1月中旬，又快速回落至低位水平。目前，13~18 000 bhp三用工作船租金日租金基本维持在10 000英镑/天附近，18 000 bhp以上三用工作船租金也只有约15 000英镑/天（见图47）。

二、平台供应船租赁市场分析

北半球的严寒也使平台供应船租赁市场持续处于低位。过去一个月，小于600平方米平台供应船租金维持4 400英镑/天低位水平，而大于800平方米平台供应船平均日租金也基本维持7 000英镑/天附近（见图48）。

三、国际原油价格走势

本月（2012年12月16日~2013年1月15日），受全球石油供应需求相对宽松，中东地区的紧张局势趋于常态，市场投机者在新年初始大都持观望态度等因素影响，国际原油市场运行较为平稳，并总体呈小幅回升走势，塔皮斯原油现货价格在110美元/桶至120美元/桶之间小幅波动，全月均价为116.59美元/桶（见图49）。

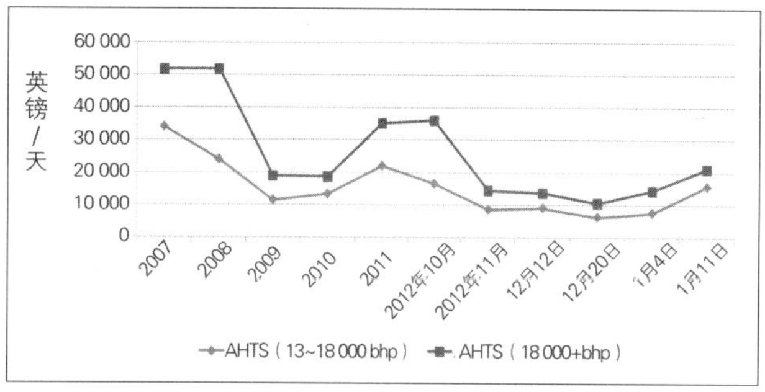

图 47 三用工作船（AHTS）平均日租金走势图

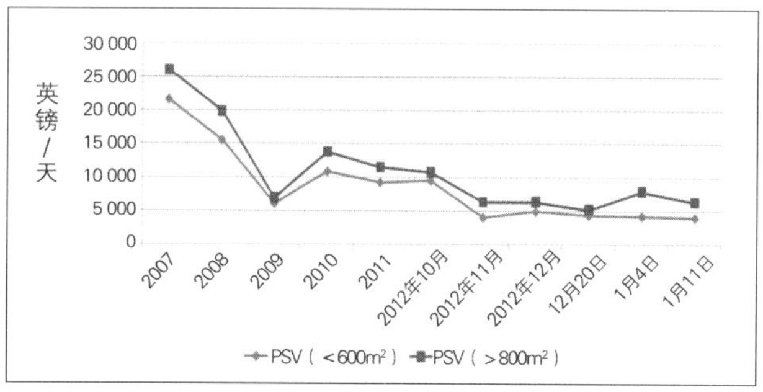

图 48 平台供应船（PSV）平均日租金走势图

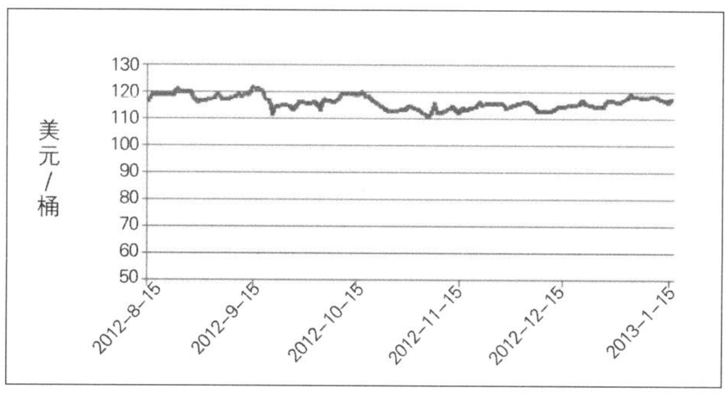

图 49 塔皮斯原油现货价格走势图

2013年2月全球海洋工程船舶租赁市场分析

一、三用工作船租赁市场分析

随着北半球天气逐步转暖，海洋油气开发活动逐渐活跃，海洋工程船租赁市场迎来了久违的大幅反弹，三用工作船主要船型租金均大幅上涨。3月中旬，18 000 bhp以上三用工作船和13~18 000 bhp三用工作船日租金一度高涨至49 000英镑/天和487 256英镑/天，虽然2月中旬有所回落，但也分别高达28 300英镑/天和35 171英镑/天（见图50）。

二、平台供应船租赁市场分析

海洋油气开发活动的恢复也使平台供应船租赁市场呈现大幅上涨的局面，小于600平方米平台供应船日租金由1月中旬的4 875英镑/天上涨至2月中旬的14 500英镑/天，大型平台供应船（>800平方米）的日租金也由1月中旬的10 158英镑/天上涨至2月中旬的15 985英镑/天，达到近两年来的最好水平（见图51）。

三、国际原油价格走势

本月（2013年1月16日~2月15日），受美国达成财政预算协议、中美经济总体向好、发达经济体货币宽松政策、中东地缘政治局势紧张、全球股市上涨等因素影响，本月油价总体呈现上行趋势，塔皮斯原油现货1月平均价格达到120.05美元/桶，较前一月上涨3.46美元/桶（见图52）。

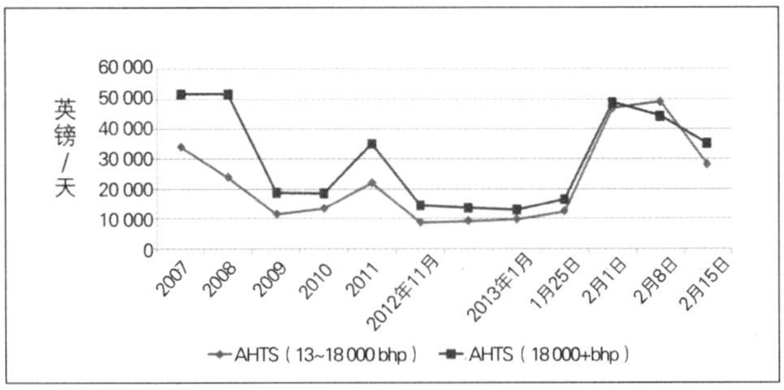

图 50 三用工作船（AHTS）平均日租金走势图

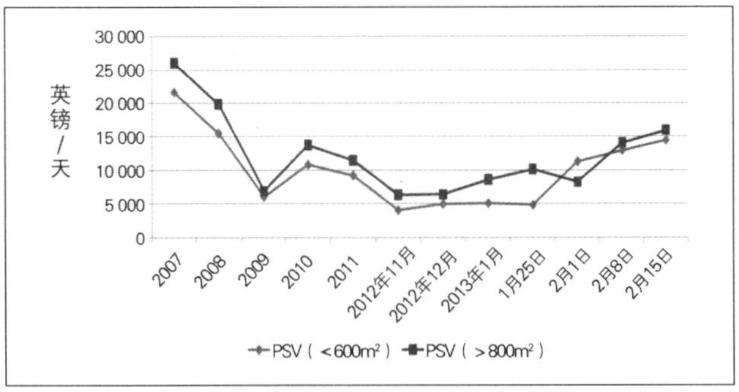

图 51 平台供应船（PSV）平均日租金走势图

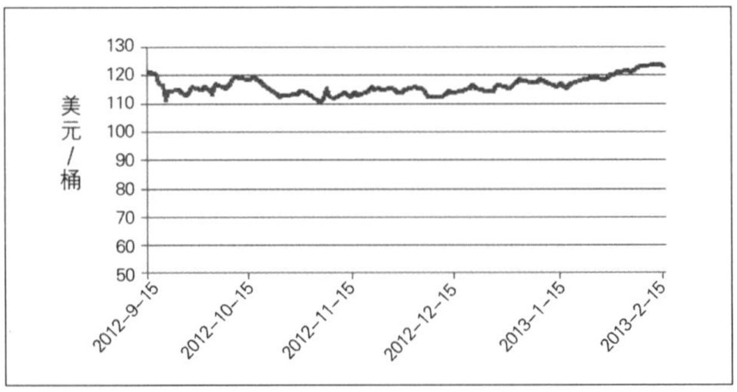

图 52 塔皮斯原油现货价格走势图

2013年3月全球海洋工程船舶租赁市场分析

一、三用工作船租赁市场分析

在经历上个月的大幅反弹后，海洋工程船租赁市场开始呈现震荡走势。3月中旬以来，13~18 000 bhp三用工作船租金出现快速下滑，其平均日租金在4月中旬探至12 500英镑/天；18 000 bhp以上三用工作船租金呈现先抑后扬态势，虽然3月中旬平均日租金与2月中旬基本持平，达到40 000英镑/天左右，但其3月初日租金曾跌至27 509英镑/天（见图53）。

二、平台供应船租赁市场分析

平台供应船租赁市场方面，大型（>800平方米）及中小型（<600平方米）平台供应船租金总体呈震荡上行态势。其中小于600平方米平台供应船日租金由2月中旬的13 143英镑/天上涨至3月中旬的13 200英镑/天，总体持平；大型平台供应船（>800平方米）的日租金由2月中旬的13 636英镑/天上涨至3月中旬的16 178英镑/天，上涨幅度较大（见图54）。

三、国际原油价格走势

本月（2013年2月16日~3月15日），受到意大利大选、美国未通过政府开支削减计划以及世界主要经济体数据低迷等利空的影响，国际油价自2月中旬进入下行通道。而且近日塞浦路斯议会否决了对银行存款征税的议案，再次加剧了投资者对欧洲债务问题的担忧，导致国际油价大幅下挫，塔皮斯原油现货价格已由2月中旬的123.2美元/桶下降至3月中旬的114.4美元/桶（见图55）。

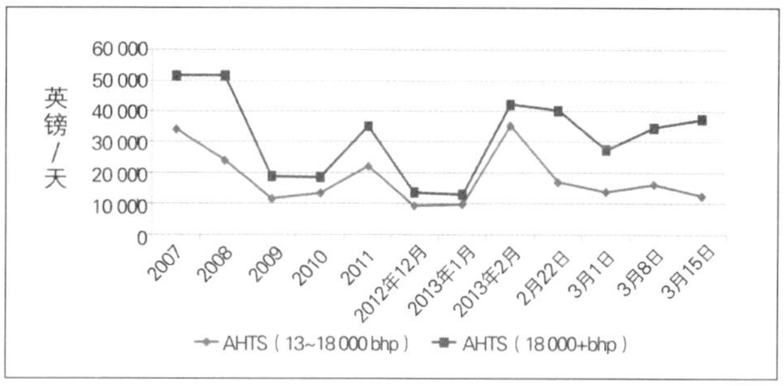

图 53 三用工作船（AHTS）平均日租金走势图

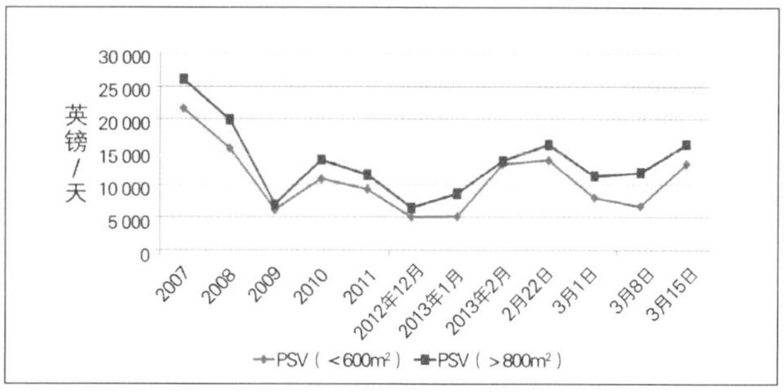

图 54 平台供应船（PSV）平均日租金走势图

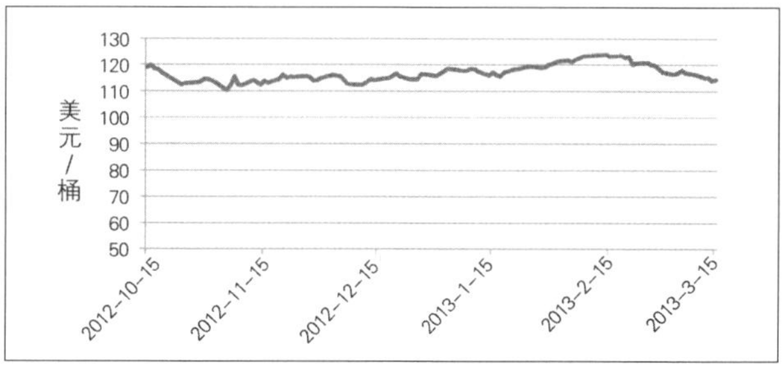

图 55 塔皮斯原油现货价格走势图

2013年4月全球海洋工程船舶租赁市场分析

一、三用工作船租赁市场分析

近一个月来，18 000 bhp以上以及13~18 000 bhp三用工作船租赁市场走势各异。其中，18 000 bhp以上三用工作船租赁市场呈现震荡下行态势，其日租金已由3月中旬的37 321英镑/天下降至4月中旬的17 000英镑/天，下降幅度较大；而13~18 000 bhp三用工作船租赁市场呈现稳中有升局面，其4月中旬日租金虽然较4月初有所下降，但对比3月中旬租金水平有所提高，达到13 598英镑/天（见图56）。

二、平台供应船租赁市场分析

平台供应船租赁市场方面，大型（>800m^2）及中小型（<600m^2）平台供应船租金总体均有所下滑。其中<600m^{2}平台供应船日租金由3月中旬的13 200英镑/天下降至4月中旬的7 200英镑/天，下降幅度较大；大型平台供应船（>800m^2）近一个月来，其日租金呈现先抑后扬之势，虽然4月中旬有所回升，但幅度较小，其4月中旬日租金水平维持在12 000英镑/天左右（见图57）。

三、国际原油价格走势

本月（2013年3月16日~4月15日），近期公布的美国经济数据较为疲软，加之欧洲经济仍维持低迷，投机者做多动力不强，支撑油价上升动力不足；美国原油库存今年以来持续增加，创33年来新高，导致国际油价近一个月来持续下滑，塔皮斯原油现货价格已由3月中旬的114.4美元/桶下降至4月中旬的106美元/桶（见图58）。

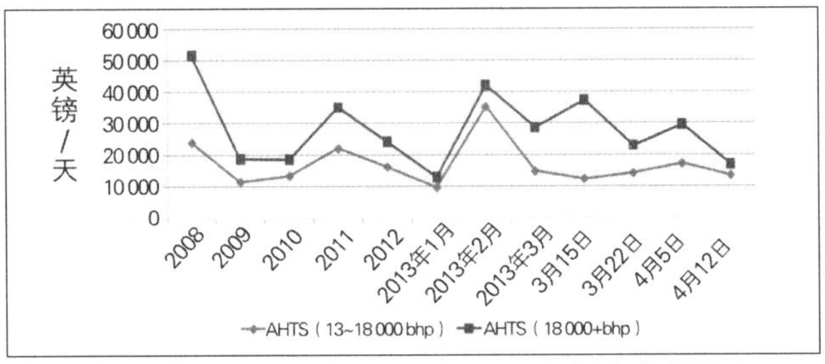

图 56 三用工作船（AHTS）平均日租金走势图

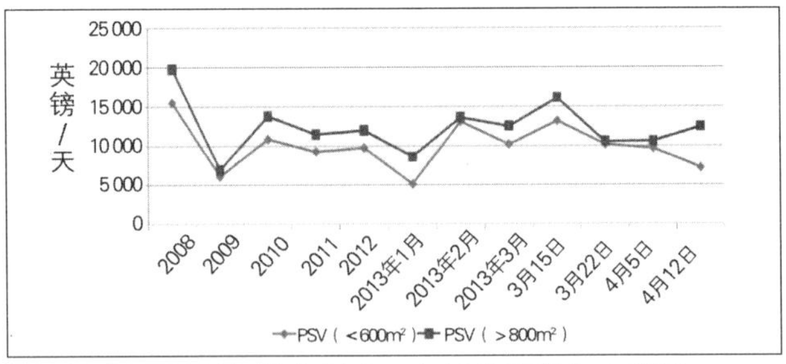

图 57 平台供应船（PSV）平均日租金走势图

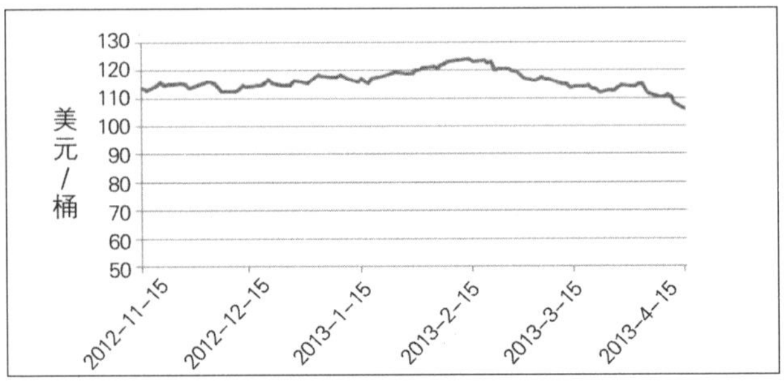

图 58 塔皮斯原油现货价格走势图

2013年5月全球海洋工程船舶租赁市场分析

一、三用工作船租赁市场分析

18 000 bhp以上以及13~18 000 bhp三用工作船日租赁市场经过2个月的低位运行后，本月呈大起大落之势。其中18 000 bhp以上三用工作船日租金从4月中旬的22 416英镑/天上涨至5月初的73 945英镑/天；13~18 000 bhp三用工作船日租金也从15 069英镑/天上涨至48 875英镑/天，然而好景不长，5月中旬两型三用工程船日租金又出现大幅下跌，18 000 bhp以上三用工作船和13~18 000 bhp三用工作船日租金已分别降至25 800英镑/天和26 917英镑/天（见图59）。

二、平台供应船租赁市场分析

平台供应船租赁市场方面，大型（>800m^2）及中小型（<600m^2）平台供应船租金本月总体呈上涨之势，虽然在5月中旬两型平台供应船日租金有所回落，但下降幅度较小。截至5月中旬，大型（>800m^2）及中小型（<600m^2）平台供应船日租金分别为16 893英镑/天和16 500英镑/天，较4月中旬上涨幅度较大（见图60）。

三、国际原油价格走势

2013年4月16日~5月15日，油价走势较为震荡。4月中旬开始，油价出现小幅下行，而随后欧美两地公布的经济数据大都差于市场预期，反而令市场对欧元区降息的预期加强，同时美联储短期内弱化量化宽松的可能性减弱，在强劲欧美股市走势强劲支撑下，油价有所回升（见图61）。

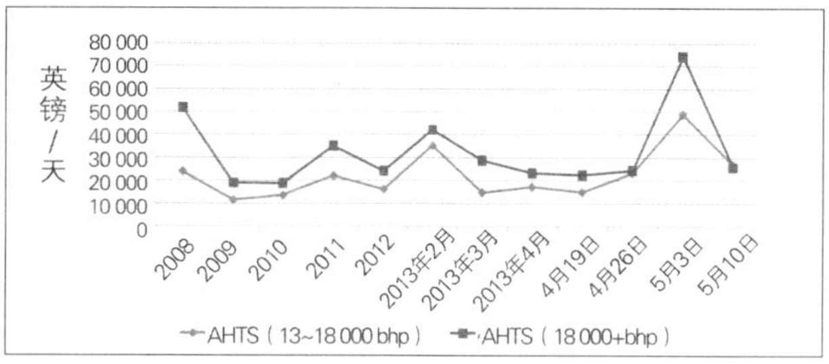

图 59 三用工作船（AHTS）平均日租金走势图

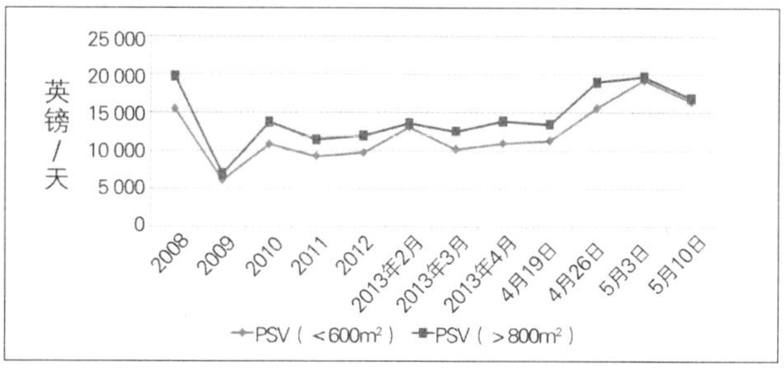

图 60 平台供应船（PSV）平均日租金走势图

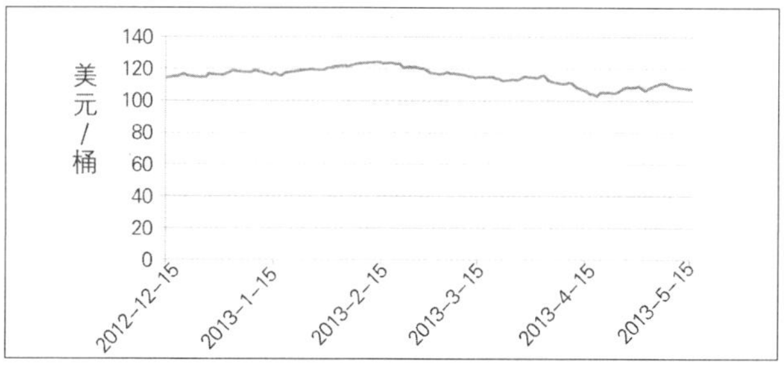

图 61 塔皮斯原油现货价格走势图

2013年6月全球海洋工程船舶租赁市场分析

一、三用工作船租赁市场分析

13～18 000 bhp三用工作船日平均租金价格从5月17日的13 750英镑/天一路上扬至6月7日的48 000英镑/天，之后迅速下探到6月14日的29 375英镑/天；18 000 bhp以上三用工作船日租金走势基本与前者类似，6月初攀升到最高的81 140英镑/天，随即经历一波跳水行情而下探至37 433英镑/天（见图62）。虽然日租金变化较大，但是6月中旬，两型AHTS的日租金价格均维持在进入2013年以来的历史高位，也比2012年日平均租金提高了近5成以上，可见AHTS近期在海洋油气开发中受到较热追捧。

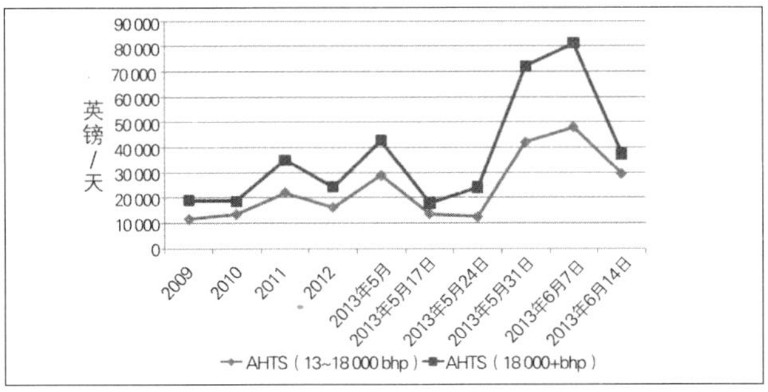

图 62　三用工作船（AHTS）平均日租金走势图

二、平台供应船租赁市场分析

2013年5月中旬～6月中旬，大型（>800m^2）和中小型（<600m^2）平台供应船日租金呈现快速上扬走势。其中，大型平台供应船日租金由5月17日的14 804英镑/天上升到6月中旬的22 500英镑/天，达到了2009年以来的历史最高点；中小型平台供应船也扶摇直上到了25 000英镑/天（见图63），其日租金甚至已经超过了大型平台供应船，出现了价格倒挂的现象。由此可见，近期海洋油气开发活动的火热程度。

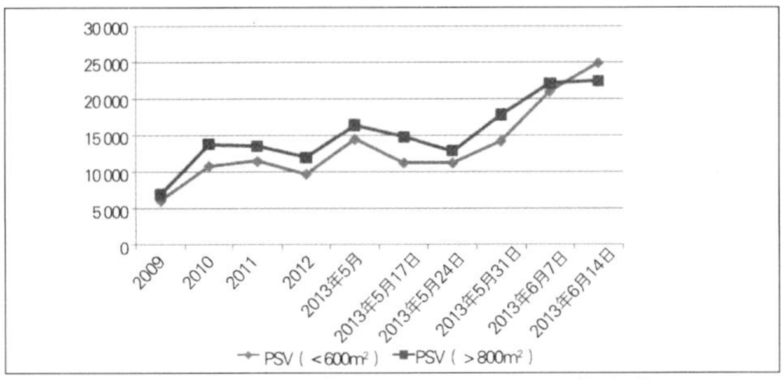

图 63　平台供应船（PSV）平均日租金走势图

三、国际原油价格走势

2013年5月16日～6月15日，国际油价在震荡中微幅走高，由5月中旬的104美元/桶升至6月中旬的近106美元/桶（见图64）。鉴于仍保持在100美元/桶以上，国际原油的价格依然可以有效拉动海洋油气开发投资上涨。可以预见的是，只要下游市场供求关系维持稳定，作为上游的油气开发就会保持较高热度。

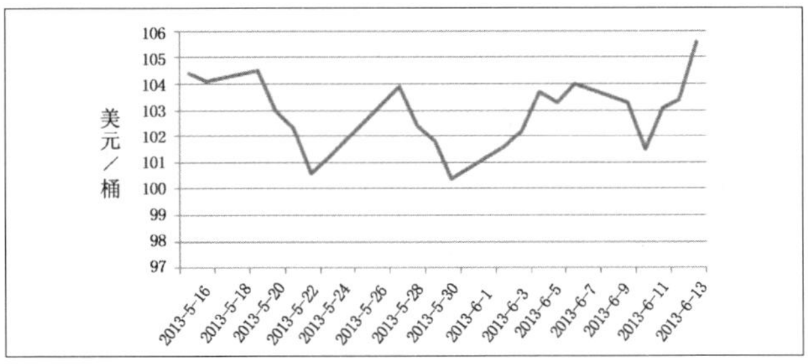

图 64　塔皮斯原油现货价格走势图

（编写：赵泽华　吴　凯　刘健奕　王　颖　张广浩　王文祥）

第十二章　2012年中国海洋工程行业大事记

第十二章 2012年中国海洋工程行业大事记

1月

◎ 2012年1月，胜利油田海洋石油船舶中心对井下作业公司作业四号平台实施移就位施工，这是该中心2012年首次承揽的大型船舶施工作业任务。仅用了2个多小时就圆满结束，获得一次性成功。

◎ 2012年1月，靖江南洋船舶制造有限公司建造的中国最大海上风电安装船“华尔辰”号出坞。该工程船为双体船设计，是中国最大的集风塔打桩、风电设备安装于一体的海上风电设备工程安装施工船舶，总造价人民币3亿元左右。该船船长90米，船宽50米，型深6.8米。船体上配置83米高的主吊钩平台，主吊钩平台安装一台400吨能360度回转的起重机，最大吊高为120多米。该船除能进行风电安装外，还可以进行风机桩基的打桩作业、风机整体运输和风机散件安装等功能，实现海上风电施工一体化作业，可以完成以往一个船队的作业量，大大提高了施工效率。

◎ 2012年1月，招商局重工（深圳）有限公司 “华海龙” 3万吨自航半潜船交付。，该船是中国第一艘具有DP-1动力定位的3万吨自航半潜船，。具有DP-1动力定位和四点锚泊定位两套船舶定位系统，采用电力推进，可在无限航区航行及进行半潜作业。

◎ 2012年1月，新型海底电缆工程船“舟电 7 号”在舟山下水试运行。这是国内自主设计并制造的具备动力定位功能，可满足海缆敷设、全程打捞、埋设等综合施工需求的新型海缆移动作业平台。同时也可完成我国登陆的国际通信线路的路由调查、布放、更换、埋设任务、电力电缆和小直径油水软管的布放作业。

◎ 2012年1月，江苏森和船舶制造有限公司为新加坡CPC制造的2号69米海洋平台供应船，缓缓离开公司码头，迎着美丽的晚霞，开赴新加坡CPC加入海洋石油服务行列。

◎ 2012年1月，招商局重工有限公司建造的海恒一号平台190吨的首台绕桩吊机本体采用双机抬吊，双机钩头一次性同步起升到120米高度，抬吊着吊机本体越过2#桩腿顶部，从百米高空穿入桩腿，于13:30分安全顺利落位。

◎ 2012年1月，武桥重工投资4.2亿元建造的中国最大海上风电工程船在靖江南洋船厂顺利下水。该工程船除了能进行风电安装外，还可以进行风机桩基的打桩作业、风机整体运输和散件安装等。

◎ 2012年1月，“胜利281”船在武昌船舶重工公司举行下水仪式。这艘船是胜利油田海洋石油船舶中心委托武昌船舶重工公司建造的。这艘船的顺利下水，标志着胜利油田海洋石油船舶中心又一艘大型拖轮将投入海上石油生产。

● 2012年1月，江苏镇江船厂为营口港集团有限公司建造的2800HP全回转拖船---“营港27”于2012年1月19日下午离开船厂码头。

● 2012年1月，由广州文冲船厂有限责任公司为中交天津航道局有限公司建造的亚洲最大自航耙吸式挖泥船“通途”号完工交付，并于1月10日前往海南进行挖泥作业。“通途”号具有无限航区适航能力，可在世界各地承担港口与航道疏浚、填海造地、深海取沙及海岸维护等工程，是一艘双桨、双机复合驱动、双耙、单甲板、艏楼、钢质焊接、流线型、带球鼻艏的自航耙吸式挖泥船，多项技术达到国际先进水平。该船也是采用主机“一拖二”形式且大型设备均采用变频电力拖动的现代化挖泥船，能在各种工况下充分利用动力系统提供的功率，油耗低，环保性能好。

● 2012年1月，福建东南造船厂2万吨级船台红旗飘扬，鞭炮轰鸣，烟花灿烂，船厂首制78米工作拖船SK203的215分段在新造300T门式起重机平稳起吊下，顺利定位二万吨级斜船台上。

● 2012年1月，天津河船重工为东南亚原油管道有限公司建造的20m交通船（NB126）举行了开工仪式。

● 2012年1月10日，南通中远船务建造的世界先进圆筒型超深水海洋钻探平台“SEVAN BRASIL”，经过周密策划顺利出坞并通过启东北支航道到长江口，向指定锚地进发。

● 2012年1月10日，扬子江船业有限公司为英国船东CARISBROOKE建造的1号8 500吨多用途船举行了交船签字仪式。

● 2012年1月16日下午16时，烟台打捞局船厂建造的2艘4000HP多用途拖轮—“德滋”、“德涞” 轮顺利交付救捞工程处使用。交付的4 000HP船舶为海洋多功能拖轮，总长42.150米、型宽11.40米、型深5.25米、设计吃水4.35米、定员14人，配备有2台1471kW主机，航行于近海航区，可进行海上船、驳的拖运和海上沉船打捞工作。

2月

● 2012年2月寿光市甬德船业承建的我国第五艘大马力多用途拖轮在寿光市滨海新区下水。该拖轮总长78米，型宽18.5米，型深7.8米，服务航速13.8节，总造价达1.6亿元。该拖轮是潍坊地区造船企业建造的第一艘入级船舶，填补潍坊地区大型运输船舶、海洋工程船舶制造产业的空白，开创了潍坊地区货运及工程船舶制造的先河。

● 2012年2月，南通市通顺船舶修造有限公司为CC船东公司建造的3号97米过驳平台“BULK SUMATRA”（TS111027）开工仪式在通顺南厂区顺利进行。

● 2012年2月，上海外高桥造船有限公司获得中石油海洋工程公司(CPOE)1+1座F&G JU-2000E型自升式钻井平台的建造合同。这是外高桥造船首次获得自升式钻井平台订单，外高桥造船将在上海基地建造这座自升式钻井平台。JU-2000E型自升式钻井平台作业水深达400英尺，预计于2014年交付。

● 2012年2月8日，南通中远船务为Searill公司设计建造的系列钻井辅助船“腾达1号”（N390）主船体，通过“远通驳8号”半潜驳顺利下水。主船体下水后，将进行生活区分段吊装和其它设备系统安装作业。与此同时，该系列钻井辅助船“腾达2号”、“腾达3号”，正在船台进行搭载。

● 2012年2月9日上午，江苏镇江船厂为舟山长宏国际船舶修造有限公司建造的3 680kW全回转拖船——“长宏拖1”竣工启航。

● 2012年2月9日12点45分，由浙江方圆船厂建造的具有国内高端技术的8 000立方米自航耙吸式挖泥船顺利下水，这条8 000立方米自航耙吸挖泥船所采用的设备为全进口。

◎ 2012年2月10日，河船重工为中国航空技术北京有限公司建造的缅甸系列船中的CSD600绞吸式挖泥船（NB101）、10米工作艇（NB107）和150立方米开体驳（NB113）在公司船体大车间举行了开工仪式。中国航空技术北京有限公司、CCS、河船重工相关负责人等出席了仪式并共同签字确认三条船正式开工。

◎ 2012年2月11日，蛇口友联船厂与中石化上海海洋石油局正式签署“勘探三号”钻井平台2012年坞修改造合同。根据合同约定，“勘探三号”钻井平台于2012年7月进厂进行修理改造，这也是“勘探三号”2007年以来第三次到该船厂进行修理改造。今次主要工程内容包括：特检修理、钻井设备升级改造、压载系统升级改造、高压管线升级改造等。

◎ 2012年2月16日下午，武汉航道船厂为中石化长江燃料有限公司建造的中长燃2 000吨供油驳举行了下水仪式。船厂领导集聚船台，见证了2012年第一艘船舶安全下水，为2012年全年生产开了个好头。该船船长80米，型宽16米，型深3.8米，设计吃水2.6米，最大载重2 000吨。全船底下分布16支大型气囊，每只能承重120吨以上压力，保证了空船约重1 000吨的船舶能被成功托起。

◎ 2012年2月21日，粤新海工公司77.8米平台维护船YX3188在粤新分段厂正式开工。该船型长77.8米，型宽17.6米，型深7.8米，最大吃水6.4米，可一次性装载60名人员，并装载1 100立方米燃油，1 100立方米钻井水，600立方米淡水，700立方米水泥，280立方米水泥，设计拖力为65吨，设计航速为13.5节。该船入级美国船级社，并具备强大的平台供应、一级外消防、二级动力定位等功能。此外，该船还具备污油回收功能，能一次性回收740立方米污油，防治污油对环境的污染。

◎ 2012年2月22日，舱容12 000立方米的自航耙吸式挖泥船“长江口02”号在道达海洋重工（集团）启东基地顺利下水。12 000立方米自航耙吸式挖泥船是道达集团与荷兰著名工程船建造公司IHC联手为交通部长江口航道管理局建造的首个海工船项目，也是道达承建的国内第一艘最先进，技术含量最高的特种工程船，属于耙吸式挖泥船中的高端产品。

◎ 2012年2月25日上午，润邦海洋首条多用途工作船，从公司码头出发，开往东海海域，成功完成各项测试后，安全返回公司码头。参加试航的船东代表、船检、试航公司、测试公司、服务商、公司各相关部门共同见证了这一历史时刻。

◎ 2012年2月27日上午，浙江欧华造船有限公司为希腊EVALEND船东公司建造的首制船——37K项目606船，在公司1号船坞开始铺底合拢。

◎ 2012年2月29日，日照港达船舶重工有限公司为新加坡船东建造的59m海上平台服务船顺利完成试航任务。在5天的航行试验中，船舶各项性能指标均一次性通过检测，全部合格，各项指标符合合同要求。

3月

◎ 2012年3月，南通中远船务为挪威SEVAN公司建造的第六代半潜式圆筒型海洋钻井平台“SEVAN BRASIL”（希望2号）成功交付。该平台具备12 500英尺（3 810米）水深和40 000英尺（12 192米）井深的钻井能力，打破国内海工建造新纪录。同月，南通中远船务第六代深水半潜式钻井平台“GM4000”出坞。

◎ 2012年3月，中集来福士承接北海深水半潜式钻井平台总包合同，开始进行符合北海、巴伦支海、北极圈的恶劣冰区海况要求的钻井平台设计建造技术研究。

◎ 2012年3月，大连船舶重工承建的400英尺自升式钻井平台"海洋一号"在埃及东部红海苏伊士湾海域开始钻井作业。"海洋一号"钻井平台总投资3.17亿美元，是中国石化集团新星石油公司与埃及的合资公司--中萨钻井公司首个自升式钻井平台，设计最大作业水深400英尺，最大钻井深度3万英尺，一次定位能完成40口井以上钻井作业，整个平台全部实现自动控制，是埃及国内同类型海上钻井平台中设计和装备最先进、作业能力最大的海上钻井平台。

- 2012年3月，世界上第一艘带动力定位的5万吨级以上自航式半潜船"海洋石油278"在招商局重工交付。该船船体总长221.6米，型宽42.0米，型深13.3米，半潜吃水26.8米，含压载水的装载量为50 424吨，总载重量53 500吨，载重量在世界上同类船舶中排名第二，具有DP2动力定位功能，电力驱动。

- 2012年3月，太平洋造船集团完成了自主设计的"SPA80"型全电力推进小型三用工作船首制船交付。此外，太平洋造船集团还自主研发和设计了SPP17、SPP35、SPU1000等系列海工船产品。

- 2012年3月，武昌船舶重工有限责任公司交付了世界顶级的UT788CD型深水三用工作船"海洋石油681"号，填补我国在深水大型多用途工作船领域的空白。该船总长93.4米，宽22米，深9.5米，使用柴电混合动力，是新一代集深海抛锚、拖拽、定位及平台供应功能于一体的高端船舶，具有对外进行消防、浮油回收功能及ROV水下机器人功能。"海洋石油681" 3 000米深水钻井平台"海洋石油981"配套建造的主要配套船舶。

- 2012年3月，中远船务（启东）海洋工程有限公司二期建设项目日前顺利通过中远集团总公司的核准，拟新建1座滑道、1座舾装码头、切割加工及部件装焊车间、分段装焊车间等生产设备设施，同时完成办公楼、辅助生活办公楼等设施建设。建成后，启东中远海工将形成每年建造6座海工产品，钢材加工量为13万吨的生产规模。

- 2012年3月，舟山市船舶与海洋工程装备基地被列入第三批"国家新型工业化产业示范基地"，成为继上海长兴岛、江苏南通、青岛经济技术开发区后的又一个国家船舶与海洋工程基地，对加快推进舟山群岛新区现代海洋产业基地建设意义重大。

- 2012年3月5日，财政部、工业和信息化部、海关总署、国家税务总局联合发布《关于调整重大技术装备进口税收政策的通知》，对重大技术装备进口税收政策进行调整，并以附件形式详细列出了《国家支持发展的重大技术装备和产品目录（2012年修订）》、《重大技术装备和产品进口关键零部件、原材料商品清单（2012年修订）》和《进口不予免税的重大技术装备和产品目录（2012年修订）》。其中，船舶类国家支持发展的重大技术装备和产品目录中新增自升式钻井平台、海上浮式生产储卸油装置、深海铺管船（平台）、海上及潮间带风机安装船等产品，而《商品清单》新增了自升式钻井平台钻井包、主发电机组等12类产品。

- 2012年3月，振华重工为阿联酋Oceanic Marine Contractors公司建造的最先进的"Oceanic 5000"号起重铺管船举行交付仪式，新船计划用于海上石油和燃气工程建筑领域。该船是中东地区同类起重铺管船中最大的，将在全球进行运营。这艘在德国劳氏船级社入级的多用途施工船已抵达阿联酋，正在为首次导管架、上建和海底管道的安装作准备。

- 2012年3月，新加坡Swire Pacific Offshore公司最近从青岛前进造船厂接收了8艘P型三用工作船中的最后一艘"Pacific Python"号，从而标志着该公司船队更新计划的结束。该船采用IMT957型三用工作船的设计，功率5 000马力，系柱拖力64吨，配有一台拉力150吨的绞车，可适应各种海上支援工作。

◎ 2012年3月6日，招商局重工建造的15 000吨举力非自航半潜驳交船仪式在深圳前海孖洲岛修造船基地隆重举行。该船具有近海区域运载10 000吨级的沉箱能力（沿海区域进行半潜作业）主要用于运载及下潜安装大型钢筋混凝土沉箱、圆筒或其他混凝土构件，也可兼用于工程船自修和打捞中辅助起浮运载打捞物等工作。

◎ 2012年3月8日，江苏海新船务重工有限公司承建的4 500m^3/h绞吸挖泥船搭载仪式在这里隆重举行。江苏海宏建设工程有限公司董事长兼总经理孟咸宏先生带领公司中层以上管理人员、技术骨干及江苏海新船务重工有限公司生产管理人员参加了搭载仪式。

◎ 2012年3月8日下午，河船重工为比利时JAN DE NUL公司建造的3 700m^{3}开体泥驳在河船重工签字交船。JAN DE NUL 公司项目经理Jan Diels先生、河船重工总经理王金星先生在国家公证员的公正下共同签署《交接船议定书》。

◎ 2012年3月8日，中国石油海洋工程公司与中船集团上海外高桥造船有限公司在北京签约，共同建造“中油海16”自升式钻井平台。这是中国石油第一座400英尺自升式钻井平台，也是迄今投资规模最大和技术最先进的钻井平台。

◎ 2012年3月21日上午，在深圳市孖洲岛修造船基地船体下料车间第一跨举行了JB118自升式平台(JB 118 Self Elevating Unit)项目开工仪式。此项目合同由招商重工和Self Elevating Platform JB 118 N.V.于2012.01.16签订，合同号为CMHI-116，入ABS船级社，挂巴哈马群岛船旗。本平台为矩形船体，4根桩腿，配备MSC液压升降系统的自升式平台。主吊机1 000吨，主要用于北海南部45米水深范围内的风电设备安装等海洋工程建设。

4月

◎ 2012年4月，渤海船舶重工有限责任公司“胜利七号”钻井平台顺利移进船坞，成功实现上船台节点。

◎ 2012年4月，中集来福士为中海油服欧洲钻井公司承建的第3座深水半潜式钻井平台“COSLPROMOTER”号交付，该平台是中集来福士完成交付的第6座深水半潜式钻井平台，。中集来福士在半潜式钻井平台领域已实现批量化建造。

◎ 2012年4月，目前世界最先进的溢油应急回收船“海特191”号投入使用。“海特191”号是全国海事系统中型溢油应急回收船首制船舶，配置的收油技术在世界溢油应急回收船上是首次使用，主要包括自动调节流道翼流板、轴流泵舷外排水、动态斜面（DIP）收油及真空泵抽油方式等最先进的回收溢油技术，可一次性回收中高粘度浮油640立方米，收油效率每小时可达200立方米；同时，该船采用了全方位溢油监视、跟踪、探测雷达系统，能搜索方圆数公里海面溢油。此外，该船在首、尾甲板配备了大型起吊设备，能直接在船上吊装围油栏等围控设备。

◎ 2012年4月，广州中船黄埔造船有限公司承建了海洋石油工程股份有限公司“海洋石油286”号3 000米深水多功能海洋工程船。该船是中国首艘作业能力达到3 000米水深的多功能海洋工程船，具有深水大型结构物吊装、脐带缆与电缆敷设、饱和潜水作业支持、深水设施检验及维护等多项功能。

◎ 2012年4月，珠海市海洋工程装备制造基地成为广东省经济与信息化委员会以省市共建的方式培育建设战略性新兴产业基地，珠海市海洋工程装备制造重点项目总投资达500亿元，全部投产后产值近千亿元，包括中海油深水海洋工程装备制造基地、中船海洋工程装备制造项目、玉柴船用低速柴油机项目、三一集团海洋重工产业园等龙头项目。

◎ 2012年4月，打破以往海工船前期设计多为欧美、新加坡公司垄断的局面，浙江造船有限公司首艘自主设计的全球最先进小型海工船日前成功交付法国船东波邦公司。这艘海工船为三用工作船，它的交付标志着浙船公司的海工船设计能力已经完成了从联合设计到自主设计的转变，已掌握了从前端概念设计、基础设计到后端详细设计、生产设计的整条设计链，大幅提升了对海工船建造项目的整体管控能力，能够更快捷地为客户提供最优的解决方案。与原有国外设计公司设计的同类型海工船相比，该船不但汲取了同类船优点，而且还增加了许多全球最先进的设计和技术特征，安全性、可靠性、操控性、运营效率、绿色环保等综合技术指标达到世界一流水平。

◎ 2012年4月，江苏扬子江船业与卡塔尔投资者合作在江苏太仓港经济技术开发区投资建设扬子江海洋工程制造基地，征用沿江滩地1 500亩，占用长江深水岸线1 500米，计划总投资7.5亿美元，项目全部建成投产后将形成年产海洋钻井平台6~10座等大型海洋工程装备设计制造能力。

◎ 2012年4月，福建省政府发文公布2011年"福建省优秀新产品奖"获奖名单，福建省马尾造船股份有限公司"70米平台供应船"荣膺一等奖，成为获奖的唯一船舶类产品，同时也创下历届评审中同类产品获奖最好名次。

◎ 2012年4月，由上海振华重工股份有限公司建造的"振华振海1号"300英尺自升式钻井平台已完成了桩靴制造。"振华振海1号"是振华重工建造的第一艘海上石油钻井平台，由F&G提供图纸设计。在建造中，振华重工自主创新了对称焊接、工艺平台、船体正造等建造工艺，并利用新工艺主动引导变形，控制精度，取得了良好的效果。

◎ 4月2日，上海外高桥造船有限公司为挪威POD公司设计建造的第一座JU-2000E型自升式钻井平台（H1288）举行了隆重的开工仪式。

◎ 2012年4月5日，由武汉南华黄冈江北造船有限公司建造的5 000立方米全压式远洋LPG运输船"抚龙01号"签订了《交接船议定书》，顺利完成船舶交付工作。据悉，该船总长109.60m，垂线间长102.00米，型宽18.00米，型深7.80米，设计吃水5.60米。

◎ 2012年4月7日上午，福建省东南造船厂为马来西亚船东承接建造的59米海洋工程船SK65顺利下水。目前东南造船厂已交付59米海工船94艘，59米SK65是东南造船厂承接的该系列船126艘中的第一百艘。

◎ 2012年4月8日，南通中远船务为丹麦DONG ENERGY旗下A2SEA公司设计建造的新一代自升式多功能风电安装船"东安吉"（N370）在启东中远海工顺利进坞。该海工专业工程船于3月23日从船台接载后，在"远通驳8号"半潜驳上完成3号伸缩螺旋桨的安装。此次进坞后，将完成发电机动车、800吨吊车安装及预试验、桩腿和提升系统安装等设备设施及系统调试工程。

◎ 2012年4月17日，东方电缆高压海缆工厂一号厂房内举行国家"863"计划 "水下生产系统脐带缆关键技术研究"国内首条水下生产系统脐带缆样缆试制启动仪式。课题总目标是掌握海洋深水脐带缆系统设计、分析、制造等关键技术的能力，研制一条水深1 500米，适合南海环境条件的水下生产系统脐带缆，填补国内空白。

◎ 2012年4月30日至5月3日，国际石油石化天然气展（OTC）在美国休斯顿举行，中国海洋工程相关政府部门、行业机构、企业集团等派出多个团队，通过参展、参观、交流和商务洽谈等多种形式的活动在展会上获取了国外大量市场及技术信息资料，进一步掌握了世界海洋工程装备及技术最新发展动向，对国际海洋工程装备行业发展动态也有了更深入了解，同时充分展示了中国海洋工程装备制造业的快速发展和现有能力，有力促进了国际交流与合作。

5月

◎ 2012年5月，我国首座自主设计、建造的第六代深水半潜式钻井平台“海洋石油981”在南海海域正式开钻，这是我国石油公司首次独立进行深水油气勘探开发。

◎ 2012年5月，上海振华重工承造的“华西5000”号大型全回转海工起重船试吊实验获成功，最重吊起4 958吨的试重水箱，成为“单钩亚洲第一”的起重船。该船长178米、型深17米、型宽48米，臂架固定尾吊时主钩最大起重量4 500吨，全回转主钩最大起重量3 000吨，副钩最大起重量900吨，配备10台额定拉力110吨的工作锚机，适用于无限航区作业。

◎ 2012年5月，我国首艘3 000米深水铺管起重船“海洋石油201”奔赴南海，与“海洋石油981”号半潜式钻井平台会合，进行试铺管。“海洋石油201”是世界上第一艘同时具备3 000米级深水铺管能力、4 000吨级重型起重能力和DP-3级动力定位能力的深水铺管起重船，能在除北极外的全球无限航区作业；配置了包括全电力推进、变频驱动、DP-3动力定位、深水“S”型双节点铺管系统、4 000吨重型海洋工程起重机。

◎ 2012年5月，中海油能源发展股份有限公司投资建造的3万立方米液化天然气（LNG）船设计合同签署。该船总长约185.2米，设计舱容量为3万立方米，采用独立C型货舱技术，主推进系统采用双燃料发动机电力推进（DFDE），废气排放指标将大大降低，是一艘真正意义上的节能减排、环境友好型船舶。该船是国内首艘中小型LNG运输船，也是世界上舱体最大的C型LNG船。

◎ 2012年5月，青岛武船重工有限公司建造交付了亚洲最大吊高臂架式起重船—3 200吨双臂架变幅式起重船“长大海升”号。该船额定起重量为2×1 600t，主钩最大起升高度为100米，副钩最大起升高度为120米，是目前亚洲起升高度最高的臂架式船用起重机，起重系统采用全变频控制技术。

◎ 2012年5月，振华重工获得中国平台桩腿出口第一单，与阿联酋公司签订协议，获得全套起重船抬升机构、桩腿合同。长期以来，国内用于海上石油钻井平台等海工装备的关键配套件，包括抬升机构、桩腿等皆依赖进口。此次合同的签订标志着该公司在2012年年初率先实现出口抬升系统后，又成功出口桩腿关键配套件。

◎ 2012年5月，中国船舶重工集团公司第712研究所成功研制国内首台具有完全自主知识产权的兆瓦级高温超导电机，实现满负载稳定运行，自主研制的深海电机助力“蛟龙”号深潜7 062米。

◎ 2012年5月，广东省珠海市高栏港经济区三一海洋重工产业园正式宣布破土动工，三一集团计划用3~5年时间，将三一海洋重工（珠海）产业园建设成为年产值达300亿元以上的园区，并在10年内实现产业园总投资200亿元，总产值超600亿元的目标。届时，海洋工程装备将继三一重工的工程机械板块、三一国际煤炭机械板块之后，成为三一开展的第三大业务板块。

◎ 2012年5月，挪威船级社（DNV）在上海成立自升式钻井平台中心。该平台中心的成立，是继新加坡、迪拜、休斯敦、里约热内卢和斯塔万格之后，DNV建立的全球海工网络的重要组成部分，可为相关技术领域的客户提供技术标准、专家咨询及技能发展支持。此次成立的自升式钻井平台中心是DNV支持自升式钻井平台行业的又一重要举措，也展示了DNV持续致力于支持中国市场的发展方向。

◎ 2012年5月2日下午，东南造船建造的一艘59M工作拖船DN59M-96顺利签署交接船协议。

◎ 2012年5月6日，国内最大的1000吨"东雷6号"浮油回收船在浙江方圆造船有限公司成功下水。"东雷6号"浮油回收船是上海晟敏船务有限公司委托浙江方圆造船有限公司建造的。被称为"海上清道夫"的浮油回收船是用于回收并处理海上溢油的一种作业船舶,是海洋环境保护的主要设备。

◎ 2012年5月8日下午，振华重工长兴基地锣鼓阵阵，礼炮齐发。负载10 000立方米挖泥船的"振华浮坞1"半潜后，10 000立方米挖泥船在拖轮的拖动下，缓缓下水。嘹亮的船笛声响彻长江水岸线，宣告10 000方挖泥船下水仪式圆满成功。

◎ 2012年5月10日，江苏通洋船舶有限公司建造的首艘双体工作船"博远一号"在青岛成功交付。这标志着江苏通洋船舶成为我国重要的公务用艇制造基地之一。"博远一号"是青岛市港航管理局委托承建，船长38.5米、宽9米，主机采用德国MAN进口设备，功率为956千瓦×2，设计航速20节，可载客60人。全船外形流畅，内饰豪华美观，各项性能优越，将成为青岛沿海重要的指挥和接待用船。

◎ 2012年5月23日~25日，2012年中国国际海洋工程技术装备展览会在江苏南京国际博览中心与中国国际船舶工业博览会同期举办。来自荷兰、丹麦、美国、英国、芬兰、挪威、西班牙、德国、意大利、法国、瑞典、韩国、新加坡、日本等14个国家的展团，超过100家的境外展商及境外机构参展。同期，举办了中国海洋工程发展国际高峰论坛。

◎ 2012年5月25日，长航重工青山船厂为德国麦斯远洋海运股份公司建造的37 000吨多用途船"蓝色长老"号顺利下水。这是湖北省首艘满足PSPC新涂层标准规范的船舶，也是我国长江中上游地区首艘万吨级PSPC船。37 000吨多用途船的成功下水预示着该厂PSPC首战告捷，为后续1 800箱集装箱船，36 000吨、37 500吨散货船等系列船的成功建造奠定了基础。

◎ 2012年5月28日，上海外高桥造船有限公司为中国石油海洋工程有限公司承建的400英尺自升式钻井平台，在临港重装备产业区内开工点火。外高桥造船自建造世界第六代深水半潜式钻井平台"海洋石油981"后，又一高技术、高附加值海洋工程产品落户申城。

◎ 2012年5月31日，浙江造船有限公司为Bourbon Offshore建造的四艘PX105型平台供应船中的第二艘船舶"Bourbon Clear"号举行了交付仪式。该系列船中的首制船"Bourbon Front"号已于去年9月份完工交付。据悉，"Bourbon Clear"号平台供应船全长88.8米，宽19米，4 250载重吨，最大航速为15.5节/小时，住宿区可容纳25人。

6月

◎ 2012年6月，国内首次自主设计并负责建造的深海钻井船在上海船厂船舶有限公司开工，上海船厂船舶有限公司全权负责项目的方案设计、船体建造、重要设备采购、全船设备安装调试等工作，实现了国内水深1 000米左右钻井船自主设计、总包建造的零突破。

◎ 2013年6月，我国首个海洋工程装备——自升式钻井平台国家综合标准化示范项目启动仪式在上海外高桥造船有限公司举行。项目建设周期持续到2015年12月，计划完成约300项技术和管理标准的制定工作，并开展20项国家标准或行业标准的制定工作。此外，力争参与2~3项海工相关的国际标准制定。

◎ 2012年6月，中国海洋石油总公司（中海油）在天津进行的中国首个浮式LNG接收站建设项目破土动工，并租用法国GDF Suez公司145 000立方米级LNG-SRV（LNG穿梭再气化船）用作LNG船兼LNG接收站，运输处于液化状态的LNG，并在海上实施气化后通过管道向陆地运输。

◎ 2012年6月，沪东中华自主研发设计的首艘17.2万方LNG船开工建造。该型船总长290.00米，船宽46.95米，型深26.25米，设计吃水11.50米，结构吃水12.50米，主机为MAN6S70-C8.2，具有良好的航运经济性和绿色环保性。该项目首批建造4艘，业主为美孚/商船三井，至此沪东中华建造的LNG船数量达到10艘。

◎ 2012年6月，武汉船用机械有限责任公司自主研发设计的新产品----油缸变幅吊车顺利通过了中国船级社认证，填补了国产自主研发油缸变幅吊车的空白；自主开发的大型转叶式舵机列入2012年度国家重点新产品计划，标志着该公司转叶式舵机开发转入系列化、批量化生产。

◎ 2012年6月1日，上海船厂船舶有限公司建造的钻井船在崇明基地开工，这是国内船厂首次自主设计并建造深海钻井船。

◎ 2012年6月5日，宁海县建造的最大吨位工程船"围海桩208"顺利下水，该船由宁海县造船厂建造，由宁海县船检承担检验工作，这也是该部门独立负责检验的最大吨位的新建船舶。该船由浙江省围海建设集团股份有限公司投资1 600万元，于2011年11月开工建造，设计为双机双桨推进，总吨位1 175吨，总长68米，型宽23米，型深4.8米。该船舶建成后，将广泛应用于围填海工程。

◎ 2012年6月7日，浙江东红船业有限公司新接环保590吨溢油（污油）回收船四艘同时开工。这是继去年为香港千和船务（集团）有限公司的大连、上海、深圳等分公司建造溢油（污油）回收船后的第四批高档次环保船。

◎ 2012年6月8日，8 000千瓦海洋救助船16~18号船开工仪式在黄埔造船长洲厂区加工车间隆重举行，交通运输部救助打捞局副局长洪冲，交通运输部东海救助局副局长肖跃华，交通运输部南海救助局副局长吴辉，交通运输部北海救助局副局长李凯，中国船级社广州分社副总经理陈林龙，上海船舶研究设计院院长助理吕智勇，黄埔造船董事长、党委书记钟坚等领导共同为开工仪式剪彩。交通运输部救助打捞局洪冲副局长为开工按电钮剪板。

◎ 2012年6月8日，福建省东南造船厂建造并出口东南亚的59米多用途海洋工作船成功交付，此船是该厂承接的125艘同型号船的第100艘。据了解，国际金融危机爆发后，在"一单难求"的大背景下，该厂目前仍手持出口新船订单高达60艘、合同金额8.85亿美元，名列福建乃至全国同类型船舶企业的前茅。

◎ 2012年6月22日，航通公司为新加坡船东建造的一艘60.5米多用途工作船顺利交付使用。该船总长60.5米，型宽14.6米，型深5.5米，总吨1 537吨，系柱拖力70吨；航行无限航区；主要用于海上石油平台的拖带、锚锭作业、消防、安全救助等多用途工作船；入级法国船级社（BV）。

◎ 2012年6月22日，在数艘拖轮的拖动下，一艘蓝白色的起重船缓缓离开长兴分公司0号舾装码头，标志着振华重工为利比里亚用户建造的1 600吨起重船顺利交付。

◎ 2012年6月23日，粤新海工两艘58.7米锚拖供应船YX3156/YX3158在粤新船厂 2号水坞同时下水。YX3156、YX3158分别是挪威的船东以及新加坡Martens Marine Private Limited公司。两船舶均采用新加坡著名设计公司KHIAM CHUAN MARINE 公司的设计。YX3156和YX3158均是为船东建造的第二艘船。

● 2012年6月29日下午17：00，河船重工为比利时JAN DE NUL 公司建造的3 700立方米开体泥驳在河船重工签字交船。JAN DE NUL 公司项目经理Jan Diels先生、河船重工总经理王金星先生在国家公证员的公正下共同签署《交接船议定书》。

7月

● 2012年7月，中国自行设计、自主集成建造的“蛟龙号”载人潜水器成功完成7 000米级海试，最大下潜深度达到7 062米，创造了水下和海底作业11小时零35分的记录，具备了在全球99.99%海底畅行无阻的能力，成为继美、法、俄、日后世界上第五个掌握大深度载人深潜技术的国家。

● 2012年7月，海洋石油工程(青岛)有限公司建造交付了中国自主研发、亚洲最大的深海油气平台“荔湾3－1”导管架。该导管架历时19个月建造完成，是我国深水气田“荔湾3–1”中心采油平台的重要组成部分。

● 2012年7月，山东重工下属潍柴集团以3.74亿欧元成功收购世界游艇大鳄——意大利法拉帝有限公司，完成对法拉帝集团的战略重组，迅速进入全球顶级豪华游艇市场。

● 2012年7月，，中航鼎衡造船公司为伊拉克船东建造的7 850吨多用途船正式交付，这是中航鼎衡造船公司成立以来开工建造并顺利交付的第一艘多用途船，仅用了18个月的时间，就完成了从设计、船体建造到海上试航。

● 2012年7月，浙江造船有限公司已向法国Bourbon Offshore交付了4艘PX 105型PSV订单中的第二艘。

● 2012年7月，青岛武船重工为广东省长大公路工程有限公司建造的100米桩架打桩船顺利交船。该船名为“长大海基”号，由青岛武船重工同武桥重工联合建造，总长74.75米，型宽27.00米，型深5.20米，设计吃水2.80米，结构吃水3.50米，桩架高度100.00米，最大植桩桩径Φ3 200毫米，最大植桩长度85米+水深，最大植桩重150吨，装有精度为厘米级的GPS定位系统，能精确定位打桩，交付后将投入到港珠澳大桥的建造之中。

● 2012年7月2日，黄埔造船为中远航运建造的27 000吨多用途船“平安松”号成功交付。中远航运首席执行官韩国敏、副总经理杜俊明，该船教母廖爱民女士，中国船级社广州分社总经理谭好修，黄埔造船董事长钟坚等领导和嘉宾出席交船仪式。廖爱民女士为新船命名。“平安松”号是黄埔造船承造的4艘系列船中的第三艘，此前该公司已交付“吉祥松”号和“如意松”号，第四艘于7月3日下水。

● 2012年7月3日，启东中远海工建造的“希望3号”海工平台顺利进坞。该平台进坞后，将进行13.4～24.5米主船体总段和后续大型模块的吊装合拢。

● 2012年7月4日，南通中远船务为Dong Energy Power A/S (丹麦国家能源公司)旗下A2SEA A/S 公司承建的“东安吉2号”风电安装船割板开工。

● 2012年7月13日，港达重工为建设集团承建的首艘兼具溢油回收功能拖轮建成顺利交付使用单位。该船为6 000马力全回转拖轮，船长39.8米，设计吃水4.1米，主要应用于港区内水域顶推、拖带作业，协助各类大型船舶靠、离码头作业，并可用于油码头溢油应急处置、回收作业。

● 2012年7月16日，在泰州海事局两艘海巡艇的精心维护下，我国首艘具有完全自主知识产权的绞吸式挖泥船“华夏重工壹号”离开靠泊码头，拖往山东龙口，交付使用。

◎ 2012年7月17日，福建东南船厂为Vroon Offshore Services（VOS）公司建造的一艘“VOS Athos”号三用工作船举行了交付仪式。这艘“A class”三用工作船总长59.25米，型宽14.95米，5 150BHP，相比“H-type”和“T-type”三用工作船更为先进，配备DP-1动力定位系统，更大的艏侧推器和艉侧推器，从而提高了该船的操纵性和海上定位能力。

◎ 2012年7月21号，在灌河南岸由盐城神舟船厂承建的中国第一艘海洋隧道施工船舶——1.5万吨“经纬”号工程船从一号船台顺利下水。该船总投资额8 000多万元，是为了国家重点工程——香港、澳门、珠海的6千米海底隧道建设用的，总长120多米，宽28米，所搭载的设备均为国内目前最先进的。

◎ 2012年7月24日，由南通中远船务公司为丹麦国家能源公司旗下公司设计建造的世界第三代自升式海上风电安装船“SEA INSTALLER”号在江苏启东中远海工基地命名。

◎ 2012年7月25日，STX(大连)海洋重工为美国Noble Drilling Holding公司建造的第二艘深海钻井船“NOBLE GLOBE TROTTER Ⅱ”举行了命名仪式。与原有的大型钻井船相比，此次钻井船在外形缩小的同时，钻井能力大幅提高，维护保修费大幅减少，是一艘新概念的“精巧型钻井船”。

◎ 2012年7月29日，世界首座浮力塔式钻井生产平台在南通惠生重工有限公司交付。该平台由惠生海洋工程总承包，由惠生海工2009年控股收购的合资公司——霍顿惠生深水技术有限公司提供专利技术及详细设计；平台浮力塔主体结构和上部模块的建造在惠生(南通)生产基地完成。惠生海洋工程负责整个项目的项目管理、采购和建造服务。

8月

◎ 2012年8月，青岛武船重工有限公司交付了中国首艘300米饱和潜水母船“深潜号”。至此，中国深水抢险打捞和海洋深水工程作业进入全新深度，从水下200米深入到300米。该船船长123.70米，宽25米，重约1.75万吨，作业范围可覆盖中国70%水域。配备一套300米饱和潜水装备，3人潜水钟可供3名潜水员同时潜入300米海底作业，是目前中国工作深度最深、容纳潜水员人数最多的一套饱和潜水系统。船上还有2台无人遥控潜水机器人，能在水下3 000米作业，最大功率达到150马力。

◎ 2012年8月，广州柴油机厂股份有限公司与挪威船舶技术研究所（MARINTEK）联合开发6230SG天然气机，是目前国内强化度高，经济性、安全性最好，排放最低的燃气发动机。排气氮氧化物的实测值为2.0 g/kW•h满足IMOⅢ的要求，硫氧化物、颗粒的实测值为0，总碳化物约为柴油机的75%，试验结果满足规范要求。

◎ 2012年8月，振华重工建造的4 500吨浮式起重船圆满交付。该船是振华重工为江苏华西村海洋工程服务有限公司量身打造的，长178米、型深17米、型宽48米，臂架固定尾吊时主钩最大起重量4 500吨，单钩起重量亚洲第一。

◎ 2012年8月2日，由黄海造船有限公司为大连船东建造的两艘2.9万吨多用途船，举行了命名仪式。其中，一艘船在命名结束后正式交付船东。

◎ 2012年8月7日，由日照港达船舶重工有限公司为日照港轮驳公司承建的“日港趸六”和为岚山港务有限公司承建的“岚港趸船六”下水出坞。两船的顺利出坞，为后续节点的顺利开展和按时交船提供了有力保障。两艘趸船主要用于为船舶供水、供电、加油等服务。

◎ 2012年8月8日，南通中远船务承建的“腾达18”钻井辅助船开工割板。该船是南通中远船务为挪威Seadrill公司设计建造的系列钻井辅助船中的第四艘。

◎ 2012年8月11日，中航威海船厂为香港仁建集团旗下的泉州安盛船务有限公司建造的第二艘2.84万吨多用途集装箱船下水。这也是中航威海船厂建造的第八艘2.84万吨多用途集装箱船。该船总长179.9米，型宽27.6米，型深14.2米，设计吃水9.8米，结构吃水10.2米，按照中国船级社规范及相关公约设计和建造。

◎ 2012年8月12日，江苏宏强船舶重工1#375呎压载驳顺利交付，该船总长114m,型宽36.6m,型深6.1m,入ABS船级社。

◎ 2012年8月16日，由武桥重工承建的双体海上风电工程专用船在苏通大桥下游太仓市海事局码头顺利完成了起重架上段的吊装任务，也是整个建造工程的关键性节点。

2012年8月18日，中远船务建造的首座第六代深海半潜式多功能修井与钻井平台GM4000，经过周密策划顺利通过启东北支航道到长江口，向舟山锚地进发，将在舟山锚地进行推进器安装、倾斜试验和试航工作。

◎ 2012年8月18日，长航重工青山船厂为德国麦克斯远洋海运股份公司建造的37 000吨多用途船顺利下水，为中部地区建造的最大多用途船，最大特点是满足国际新规范，涂层的使用寿命至少达到15年，德国船东一次性订购4艘，总造价约10亿元。

◎ 2012年8月22日下午3点，沪东中华造船（集团）有限公司总装三部17 300吨#25加长型多用途货轮首只分段CB04PS被稳稳吊入#2船台，标志该船船台建造阶段正式开启。船东是荷兰瓦根博格航运公司。

◎ 2012年8月23日，航通公司在新会厂区开工建造第1艘85米海洋多功能工作船。该船是受新加坡一船东委托建造的，船长85米，宽22米，甲板高8米，设计吃水6.3米，入级ABS船级社。该船主要用于海洋平台工程。

◎ 2012年8月25日上午，浙江造船为法国波邦建造的SPP17系列海洋工程船ZJ3027、ZJ3028在万吨船台顺利下水。这是浙江造船为该船东建造的同类型船的第7、8艘。

◎ 2012年8月30日，由烟台中集来福士海洋工程有限公司自主设计、建造的深水半潜式起重生活平台SSCV 2#完成试航任务后顺利返航，平稳地停靠在中集来福士深水码头。

9月

◎ 2012年9月，中国船舶重工集团公司第710研究所“大万山岛波浪能独立电力系统示范工程”成功获批，该项目的实施，将奠定其在国内波浪能发电领域的领先地位。

◎ 2012年9月，青岛海德威科技有限公司《船舶压载水处理系统的研制》通过专家组验收，项目研制的船舶压载水处理系统已通过了实船试验，获得了国际海事组织的最终认可，通过了中国船级社和挪威船级社的型式认可，其全世界独一无二的电催化高级氧化技术，高效的杀菌能力和极低的功耗等各项优势，已经超越了欧洲品牌，是中国船配产品民族品牌的一大跨越。

◎ 2012年9月，由上港集团复兴公司承接建造的“穗港消拖1”轮在三林船厂顺利下水。该轮是公司为广州港建造的第十艘全回转拖轮，也是该船厂自1999年以来建造的最大马力拖轮。

◈ 2012年9月4日下午，口岸船舶为新加坡船东建造的2.7万吨多用途船（TK0512）举行上船台合拢仪式。该船长179.5米，型宽27.2米，型深14.5米，设计吃水10.2米，按BV规范建造。

◈ 2012年9月，胜利油建海洋平台建造公司在桩西海工建造基地，顺利完成胜利作业七号平台最后一道重要工序——升降试验，成功将平台整体升至58米高度。这是继胜利作业五号平台之后，胜利油田自行建造完成的第二座自升式移动平台。

◈ 2012年9月4日，青岛鹤顺船业有限公司为深圳某船东承建 "航鹏应急1" 和 "航鹏应急2" 2艘浮油回收船下水。浮油回收船总长47.3米，型宽9.5米，型深4.2米，满载吃水2.9米，应急航速不小于12节，回收油工作航速1~4节，回收油储存舱总舱容500立方米，入CCS船级社。适用于沿海、港区溢油应急事故值守任务，可进行海上浮油回收及海上漂浮垃圾清除作业、布设和拖带围油栏进行溢油围控作业、喷洒溢油分散剂作业等。

◈ 2012年9月4日，在河船重工举行了中国航空技术北京有限公司缅甸系列船项目中的CSD600绞吸式挖泥船（NB102-104）、反铲式挖泥船（NB118）的搭载仪式及700HP拖轮（NB105）、10米工作艇（NB107）的下水仪式。

◈ 2012年9月12日，宏强重工建造的2#375压载驳顺利交付。该船为此系列船型的第2艘，总长114米，型宽36.6米，型深6.1米，入ABS船级社。

◈ 2012年9月19日上午，江苏省镇江船厂（集团）有限公司为南京港（集团）有限公司建造的 "宁港22" 全回转拖船完工交付，顺利启航。

◈ 2012年9月19日，启东中远船务海洋工程有限公司新造自升式风车安装船 "中远船务370" 轮进行试航。试船长132.34米、型宽39.00米、型深9.00米，水面以上最大高度77米。

◈ 2012年9月20日，广东中远船务建造的辅助钻井船首制船N490开工。这次建造的辅助钻井船由广东中远船务自主设计建造，项目总长100米，型宽30米，工作水深为20~2 000米，可提供170名船员生活居住功能，能满足国际海事组织船舶躁声级规则、ABS船级社移动式钻井平台规范(MODU)的要求，可为边际油田提供钻井、修井服务， 或需插桩定位的海域进行钻井作业，主要使用在东南亚和西非海域。

◈ 2012年9月21日，航通公司为新加坡船东建造的一艘60.5米多用途工作船在公司广州厂区顺利交付使用。该船总长60.5米，型宽14.6米，型深5.5米，总吨1 537吨，系柱拖力67.5吨；航行无限航区；主要用于海上石油平台的拖带、锚锭作业、消防、安全救助等多用途工作船；入级法国船级社（BV）。

◈ 2012年9月24日，由中国石油辽河油田装备制造总公司自主研制，拥有完全自主知识产权的第一座自升式海上钻井平台CP-300正式交付使用并于2011年11月成功下水。根据国际质量保证要求，经过10个月的调试和试验后，今年9月达到交付条件。适用于浅海海上石油勘探开发，可在全球无限航区施工作业，最大作业水深300英尺（91.44米），最大钻井作业深度9 000米，一次就位可钻井30口，设计定员105人。由渤海装备制造设计的更为先进的CP-400海上钻井平台已通过中国、美国和挪威三国船级社审核，将进一步填补中国石油装备制造技术空白。

◈ 2012年9月25日~26日，2012海洋工程中国峰会在上海召开。国内外海事权威官员、专家以及企业界代表，中外石油公司、海洋工程承包商、供应商、服务商有关人士就全球及中国海洋工程行业所面临的机遇和挑战、南海勘探的现状和市场预测、海洋新能源开发及应用、海洋平台建造的最新施工案例、深水工程技术的现状和未来趋势、最新水下安装设备及其安装技术、最新船舶规定及应用方向、以及海洋工程融资的战略优化等诸多重要问题进行了深入的探讨和交流。

10月

◉ 2012年10月，武昌船舶重工有限责任公司“万马力级三用工作船自主研制”科技成果通过湖北省科技厅组织的科技成果鉴定，认为该项目具有完全自主知识产权，在航行速度、装载量、装载率、单位系柱拖力消耗功率等主要性能指标达到同类船舶国际领先水平，综合性能指标达到国际先进水平。

◉ 2012年10月，由天津航道局投资，联合国内知名船舶(设备)设计院所、建造厂家共同研发和建造的中国最新一代自航耙吸式挖泥船“通程”轮、“通途”轮、“通恒”轮及“通远”轮全面投产。

◉ 2012年10月，上海打捞局建造大型溢油回收船，建造工程已由交通运输部交规划[2011]668号批准建设，建设资金60%来自交通运输部专项资金，40%由交通运输部上海打捞局自行筹措。

◉ 2012年10月，广州中船黄埔造船有限公司为中国交通运输部东海救助局建造的海洋救助船“东海救101”成功交付。“东海救101”总长116.95米，型宽16.2米，型深7.8米，最大救助航速22节，自持力30天，续航力10 000海里。该船是中国目前救捞系统排水量最大、船舶长度最长并首次配有直升机库房的1.4万千瓦全天候远洋救助船，可搭载获救人员200人。

◉ 2012年10月，中国船舶重工集团公司第712研究所研制的第二代波浪能发电机——国家海洋局20千瓦波浪能永磁直流发电机顺利交付。该电机将应用于漂浮直驱式波浪能发电系统“哪吒二号”，较上一代永磁直流发电机功率增大了一倍，并且采用了更好的防腐结构，可更长时间在海水中可靠运行。

◉ 2012年10月8日，上海开埠以来建造的第一座自升式钻井平台，在上海外高桥造船有限公司举行了坞内铺底仪式。该平台由外高桥造船公司负责设计、采购、建造，属于总包项目。由三角形结构的主船体和三条三角形的桁架桩腿组成，桩腿全长166.98米；平台型长70.36米，型宽76.00米，型深9.45米，并带直升机平台。平台作业水深400英尺，钻探深度35 000英尺，入级美国船级社，可容纳最多140人在之上生活和工作，计划于2014年3月完工交付。

◉ 2012年10月10日上午，厦船重工2艘75米平台供应船同时点火开工建造。75米平台供应船是厦船重工在今年4月签订的四艘同类型船舶中的两艘。该型船总长75米，型深8米，型宽17.25米，垂线间长67.85米，航速12.5节，最大载重吨3 300吨，也是厦船重工自主研发的船型。

◉ 2012年10月17日，东南造船厂在二万吨级船台为大连船舶工业工程公司建造的75米平台供应船SK703下水。这是继SK203船之后，为大连船舶工业工程公司建造的又一艘平台供应船。

◉ 2012年10月18日，由江苏省镇江船厂为马来西亚SEALINK公司建造的84.8米多用途海洋工作船“SEALINK 179”顺利下水。该船满足美国船级社HAB ENVIRO ORO入级标志要求，总功率为9 120千瓦，设计航速为15.5节，系柱拖力为150吨，采用柴电混合动力推进形式，DP-2动力定位、无人机舱ACCU、液位遥控等专业技术和流线型外观设计，符合PSPC和SPS2008新标志，并具有溢油回收、平台物资供应、对外消防、海上救生等功能，处于同类产品的国际先进水平。

◉ 2012年10月22日，中国长江航运集团江东船厂为台湾华棋营造股份有限公司建造的1#10 000M3CBM船，在预制分厂四联跨1#跨等离子车间举行隆重的开工点火仪式。据了解，该船总长约137.9米、两柱间长129.8米、型宽26.6米、型深10.0米、设计吃水8.6米、连续航力约22天、载泥量14 500吨、总载重量16 600吨、入级挪威船级社。

◎ 2012年10月23~26日，第十届中国大连国际海事展览会在大连世界博览广场举行。展会同期（10月24~25日）举办了“2012中国大连国际海洋工程装备发展论坛”。

◎ 2012年10月25日，福建东南造船厂为荷兰船东Vroon Offshore Services（VOS）建造“VOS Atlas”三用工作船（AHTS）举行了交付仪式。该船总长59米，船型为A-class，配备DP-1系统，入级ABS，将由Vroon Offshore Services新加坡分公司负责运营。

◎ 2012年10月29日，大船重工为新加坡太平船务有限公司建造的24 000载重吨多用途船5号船签字交付。

◎ 2012年10月30日，江苏海新船务重工为交通部长江口航道管理局建造的4 000马力全回转拖轮,在车间二号线举行开工仪式。该船编号为: HX009，入CCS船级社，为长江口深水航道专用绞吸挖泥船辅助配套船。全船为钢质全焊接、单甲板、双柴油机驱动。

11月

◎ 2012年11月，广东粤新海洋工程装备股份有限公司为中石化集团上海海洋石油局建造的1.6万马力三用工作船“勘探225”成功交付。该船按照海洋工程辅助船最高标准、最新要求进行设计与建造，是世界著名海洋工程辅助船设计公司—挪威哈佛公司最新船型“HAVYARD 843 CD”的全球首制船；是国内第一艘获得挪威船级社颁发的“绿色护照”的三用工作船；是国际、国内第一艘满足国际海事组织规定的“PSPC”涂层新标准的三用工作船；是国内、国内第一艘采用康氏伯格公司全新研发的船舶自动化系统的三用工作船、是国内主机功率最大的三用工作船之一。

◎ 2012年11月，振华重工南通基地为港珠澳大桥施工量身定做的“津平1号”抛石整平船正式交付使用。该船既是目前世界上最大的外海施工船舶，也是我国第一艘首次成型的带桩腿提升自升平台的高精度深水抛石整平船。

◎ 2012年11月，中海油服半潜式钻井平台COSL Promoter近日获得挪威石油安全管理局(PSA)颁发的AOC证书。该证书是在挪威运营的必要条件，且认证门槛颇高，只有获得该证书的公司及平台才有资格在挪威海域进行作业。

◎ 2012年11月，敦煌海装新能源有限公司在敦煌北湖百万千瓦级风电基地举行了5万千瓦风电项目开工奠基仪式。这标志着敦煌市风力发电项目实现了“零”的突破，掀开了中船重工（重庆）海装风电设备有限公司在敦煌清洁能源领域发展新的一页。该项目是海装风电开工建设的第三个风电场，实施该项目是海装风电稳健落实“调整结构、做大能源板块”战略部署的重要举措。

◎ 2012年11月6日，由江苏省镇江船厂有限公司为温州港集团有限公司建造的2942kW全回转拖船“温拖6”、“温拖8”竣工出厂。

◎ 2012年11月9日，由镇江中船现代发电设备有限公司完成的江苏省科技成果转化专项资金项目“自主品牌CMXD630-64K大功率船用发电机开发及产业化”通过江苏省科技厅验收。

◎ 2012年11月12日，泰州口岸船舶为中远航运建造的27 000吨多用途船“紫荆松”轮在江苏泰州口岸船厂交付。该船是口岸船舶为中远航运建造的10

艘同类型船的最后一艘。至此中远航运该类型船舶“松”字号已达14艘，在全球特种船运输领域的综合竞争力进一步增强。

◎ 2012年11月14～16日，2012中国（北京）国际海洋石油天然气技术展览会（简称CIOTC 2012）在北京举办，展会同期举办2012中国（北京）国际石油石化技术展览会（简称CIPTC 2012），2012中国海洋工程国际研讨会和2012中国天然气国际高峰会议也同期举行。CIOTC 2012全方位、多角度展示了海洋油气产业链的技术与装备。海洋工程国际研讨会就深海油气技术装备需求、建造重点和合作机遇进行了深入探讨。在2012中国天然气国际高峰会议上，国内外专家学者就天然气市场的机遇和挑战，以及非常规天然气的工艺、装备、技术和发展前景等进行了详细解读。展会期间吸引了来自美国、俄罗斯、挪威和英国等20多个国家的政府部门与企业参观交流，观展人数超过8 000人。

◎ 2010年11月14日～15日，“COES 2012中国海洋工程国际研讨会”在金茂北京威斯汀大饭店召开。会议以“抓住钻井船和FLNG设备建造领域新商机，紧跟海工创新潮流”为主题，从国际环境和国内机遇全方面诠释了海洋油气产业的海工商机。COES 2012契合中国海工产业“引进来、走出去”的发展思路，对深海油气技术装备需求、建造重点、合作机遇进行了分享，为国内外专注于海洋油气市场的企业和机构有着重要的启示。

◎ 2011年11月15日，中船重工第七一四研究所主办，中船重工经济研究中心与中船重工展览办公室、中国海洋工程网联合承办，德国劳氏船级社和上海佳豪共同协办的“2012南海深水油气钻采装备与技术研讨会”在北京举行，是作为“2012中国（北京）国际海洋石油天然气技术展览会”期间的重要活动。由中船重工第七一四研究所主办，中船重工经济研究中心与中船重工展览办公室、中国海洋工程网联合承办，德国劳氏船级社和上海佳豪共同协办的“2012南海深水油气钻采装备与技术研讨会”以“深度解析南海战略，探讨行业发展机遇”为主题，就南海资源开发现状与展望、南海深水油气开发装备的机遇与挑战、海洋石油981的自主研制及应用、国际海上钻井设备供应商在中国南海的机遇与挑战、深海极端环境腐蚀模拟研究等多个议题进行了探讨。

◎ 2012年11月15日，沪东中华造船厂为荷兰最大的航运公司之一——Royal Wagenborg公司承建的“Thamesborg”号多用途船举行了下水仪式。该船是Royal Wagenborg公司订购的6艘20 000吨多用途船中的首制船，冰级符号为1A，全长172.34米，垂线间长161.34米，宽21.5米，配备7 500千瓦Wartsila 6L46F型主机。

◎ 2012年11月16日上午10时58分，长航重工青山船厂为德国MACS航运公司建造的37 000吨多用途船顺利下水。这艘37 000吨多用途船入级德国劳氏船级社。其总长199.97米，型宽30.2米，型深16.4米，船舶自重13 170吨，设计吃水11米，设计航速16节，航行于无限航区。该船特有的压载水处理装置能有效的杀死通过海水进入到压载舱中的微生物，防止排出的压载水对海洋生物链的破坏。其货舱结构复杂，5个大货舱中有两个属于三层两甲结构，科技含量和建造难度都很高。是青山船厂继19 800吨不锈钢化学品船、3 750吨电力驱动油轮、19 100吨重吊船等代表青山船厂技术水平船型之后的又一品牌船型。

◎ 2012年11月24日，中国海运集团在上海与中国船级社签署了船舶能效合作框架协议。根据协议内容，双方将在船舶能效领域开展合作，包括能源/能效管理体系的建立、船舶能效管理及认证、船舶能效数据库及应用系统、船舶能效最佳实践项目合作、节能技术论证和节能量审核、节能技术开发、应用与推广、合同能源管理等。

◎ 2012年11月26日，黄埔造船承接的两艘中海油6500HP LNG双燃料港作拖轮在长洲厂区举行了开工仪式。该型船由上海佳豪设计，船长38.6米，型宽11.6米，型深6.0米，设计吃水4.1米。LNG罐容积20立方米×2，取得CSAD、CSMD船级符号，按我国沿海航区要求设计。该船同时具有对外消防功能，设有全回转舵桨装置。这两艘拖轮最大的特点是主机使用双燃料，即LNG气体燃料和船用轻柴油，并增加了一套LNG系统，具有能耗低、清洁排放指标大大改善等优势，在其28年的全生命期内，可实现减排二氧化碳25 142.41吨、二氧化硫17.8吨、氮氧化物11 015.38吨，是一种节能减排清洁能源的新型船舶，可以很好地满足航行、拖带、消防等多项作业需求。

◎ 2012年11月30日，沪东中华建造的17 300吨28号加长型多用途货船在总装三部加工车间开工。

12 月

◎ 2012年12月，国家海洋局组织编制的《中国钓鱼岛地名册》由海洋出版社正式对外出版发行。该书以图文并茂的形式向读者解读了我国钓鱼岛及其附属岛屿等地理实体的标准名称。《中国钓鱼岛地名册》分为概况、地名、附录3个部分，概况部分包括了钓鱼岛及其附属岛屿的分布示意图和位置示意图。地名部分包括钓鱼岛、黄尾屿等71个岛屿及其周边海域部分地理实体的名称、名称含义、面积、长度、宽度、位置以及现场照片、位置示意图和三维效果图，并以大量文献和史料再次明确钓鱼岛自古以来就是中国的固有领土。

◎ 2012年12月，中集来福士海外建造的300英尺Super M2 自升式钻井平台Caspian Driller在俄罗斯阿斯特拉罕OJSC ‘Krasnye Barrikady’ Shipyard船厂完工交付。同月，中集来福士成功交付中国首座自主设计建造，具有完整知识产权的深水半潜式起重生活平台EXPLORER LIFTER。

◎ 2012年12月，国家质量监督检验检疫总局、国家标准化管理委员会联合发布了2012年第41号国家标准公告，批准发布了由青岛北海船舶重工有限责任公司主编的GB/T 29127-2012《救生艇及吊钩释放系统定期检验维护方法》国家标准，将于2013年7月1日起正式实施。该标准可以指导并规范救生设备的检验和维修行为，加强在航船舶救生设备的维修与检验，确保航行时人员的安全。

◎ 2012年12月，由浙江欣海船舶设计研究院设计、浙江凯灵船厂建造的多功能电力电缆敷设船，正式交付舟山电力公司并投入使用。该船是国内首艘拥有综合施工能力、设备先进的海缆敷设船，集海缆敷设、全程打捞、埋设于一身，其中多项技术属国内首创。有效解决了过去电缆不能埋入式敷设的技术瓶颈，埋设的电缆直径可达到20厘米，埋设深度最大为3米，电缆敷设偏移不大于2米，电缆敷设最长可达30千米。

◎ 2012年12月，CCS厦门分社为厦门轮船所属“新红宝石”、“新绿宝石”、“红宝石2”和“红宝石3”四艘国际航线船舶签发了能效管理计划符合声明，标志着厦门轮船公司《船舶能效管理计划》顺利获得CCS审核批准。

◎ 2012年12月，镇江市永安船舶修造有限公司“汇鸿50”于2012年12月12日从船台下水，该新船基本尺度：船长91.54米，型宽24.4米，型深5.5米，设计吃水：3.5米。

◎ 2012年12月，厦门港务船务向江苏镇江船厂订造4艘3 728千瓦拖轮，总价值为1.1亿元人民币，预期2013年12月至2014年1月期间交付。其中两艘新造船只将于明年12月18日或之前交付，而其余两艘新造船只将于2014年1月18日或之前交付。

◎ 2012年12月，航通公司建造的一艘带有无人机舱系统的75米抛锚供应船顺利交付船东使用。航通公司陆续交付船东使用的三艘该类型船舶，均带有无人机舱系统。无人机舱操作系统的运用能有效提高大型船舶的管理水平。这艘带有无人机舱系统的75米抛锚供应船自动化程度高，取得了美国船级社ACCU的入级符号。

◎ 2012年12月，镇江船厂为美国潮水公司建造的83.8米平台供应船于2012年12月18日开工下料。该船由挪威STX公司设计，该船总长83.80米，垂线间长76.10米，型宽18.00米，型深8.40米，设计吃水5.90米，结构吃水6.80米，总吨位4 100吨，该船采用电力驱动，入级ABS。

◎ 2012年12月3日，由靖江南洋船舶制造有限公司建造的目前中国最大海上风电安装船“华尔辰”号正式完工交付。

◎ 2012年12月7日下午15：30分，河船重工为中航技缅甸系列船项目中的CSD600绞吸式挖泥船（NB103）举行下水仪式。

◎ 2012年12月9日上午，东方造船股份有限公司新建一艘“皖江6”工程船顺利下水，并由拖轮拖带至该公司舾装码头停靠。

◎ 2012年12月15日，黄埔造船为新加坡Pacific Radiance.LED公司建造的86米电推平台供应/溢油回收船1#船开工。86米平台供应/溢油回收船为多用途工作船，主要用途为海上平台与岸基之间货物和人员的运输，包括淡水、柴油等消耗品。此外它还具备对外消防营救和溢油回收的功能。

◎ 2012年12月15日，南通中远船务承建的“腾达18”（N512）钻井辅助船在船台铺龙骨。

◎ 2012年12月18日，南通中远船务建造的我国首艘海工钻井辅助船“T-15”在江苏成功交付。“T-15”钻井辅助船属于自动浮动辅助钻油船（Drilling Tender Assitant Rig），全长98米，型宽27米，型深11米，可供160人生活和居住，主要用于为油田提供钻井、修井服务，还可与世界先进的轻量钻井设备配套使用，在浅海到深海从事钻井作业。

◎ 2012年12月18日，武船建造的自航式绞吸挖泥船“长狮9号”正式交付长江航道局，专用于三峡库尾航道清淤。“长狮9号”是由上海交大设计、拥有自主知识产权，船长91米、宽22.4米、深5.3米，每小时可打捞泥沙2 000立方米，最大挖泥深度为22.5米。在长江上，该船总功率最大，作业率最高，较之其他普通船，挖泥、航行两不误。在泥水密度为20%时，其疏浚泥沙的效率为2 000立方米/小时，可以挖淤泥、粘土、砂和砾石等，持续作业13天，续航6 500千米。

◎ 2012年12月21~22日，紫金山船厂江北厂在建的长燃59轮、长燃60轮相继试航，并取得圆满成功。长燃59轮、长燃60轮是紫金山船厂江北厂为中石化长江燃料公司建造的供油船，船长72米，宽12.8米，型深3.5米。两条船分别于2011年8月和11月动工建造。

◎ 2012年12月26日，上海振华重工建造的10 000立方米自航耙吸式挖泥船“新海虎8”号正式交付中交上海航道局。这艘代表国内领先、国际一流水平的智能化疏浚船，是中交集团自行建造的第一艘大型自航耙吸挖泥船。该轮采用高效双导管桨、双尾鳍、长球鼻艏、带导流鳍的流线型船型设计，满载吃水8米，最大舱容达10 000立方米，最大挖深达35米，是一艘真正意义上的浅吃水大型耙吸挖泥船，将适用于国内外近海、航道、港口的疏浚施工及吹填造地作业，具有良好的工程适应性，是科技含量高、生产效率强的疏浚工程船。

（编写：王 颖 赵泽华 王 婧 周长江 李东亮）